全国农业职业技能培训教材

农业技术指导员

（渔　　业）

农业部人力资源开发中心
全国水产技术推广总站　编

U0291200

中国农业出版社

内 容 简 介

　　《农业技术指导员（渔业）》是根据国家职业标准编写的农业技术指导员培训教材。本教材分为四大部分。第一部分为基础知识，是各等级渔业技术指导员共用的知识内容，包括职业道德、渔业基础知识和相关法律法规知识。第二至第四部分分别为三级、二级、一级渔业技术指导员需掌握的专业相关理论知识和专业操作技能，各等级均由信息采集处理、试验示范推广指导、技术咨询培训三个方面内容构成。渔业专业理论涉及的知识和技能包括水产养殖、捕捞学、渔业资源、水产品加工利用、渔业环境及其保护、水产养殖工程等领域。根据职业标准要求，所有内容遵循由低到高、由浅入深、由易到难的分级递进原则进行阐述。

　　本教材是渔业技术指导员职业培训和技能鉴定考核用书，也可作为从事水产养殖、渔业资源开发管理和相关专业的科技人员学习和参考用书。

编写人员名单

主　　编	魏宝振	向朝阳	
副主编	朱　岩	莫广刚	高　勇
	赵　文		
编　者	向朝阳	朱　岩	高　勇
	赵　文	莫广刚	邢培林
	何兵存	殷守仁	赵兴文
	朱莉萍	唐　虹	肖友红
	郭　凯	魏　杰	徐立蒲
	谢　颜	牛　静	张治霆

前　　言

　　党的十七届三中全会强调要加快农业科技创新，深化农业科技体制改革，稳定和壮大农业科技人才队伍，加强农业技术推广普及。实施农业科技入户示范工程，大力推进农业科技入户，解决农技推广"最后一公里、最后一道坎"问题，是创新农技推广机制，提高农业综合生产能力和转变农业发展方式的重要举措。

　　农业技术指导员是农业科技入户工作中推广主导品种和主推技术，开展主体培训和分户技术指导的重要力量，既是专家与农民之间沟通的桥梁，又是农业科技入户工作的主体，在农业科技成果转化和重大技术推广中发挥着重要的作用。为进一步提高农业技术指导员业务水平，增强其推广和指导能力，加快科技成果转化速度，增强农业综合生产发展能力，我们组织有关专家、技术人员和具有丰富实践经验的培训教学人员编写了《农业技术指导员（渔业）》培训教材。该教材以《农业技术指导员国家职业标准》为依据，在内容上力求体现"以职

·1·

业活动为导向，以职业能力为核心"的指导思想，突出技术指导与推广人员工作的特点，在章节编排上，按照基础知识、三级水产技术指导员、二级水产技术指导员、一级水产技术指导员等三个部分分别编写。该教材在保证学员了解农业技术推广与指导知识的基础上，着眼于实践技能操作，突出针对性、典型性、实用性。本教材既可作为从事农业技术（渔业）推广与指导人员的学习参考资料，也可作为农业技术指导员（渔业）职业技能培训和考核鉴定的辅导资料，还可供农业职业技能开发管理人员和专家学习、研究参考。

本教材在编审过程中得到了农业部科技教育司和各参编单位的大力支持，在此一并表示感谢。

本教材按职业功能模块进行编写，是一种新的尝试，由于缺乏经验，加之水平有限、时间仓促，不妥之处敬请读者批评指正。

编　者

2010 年 11 月

目　　录

第一部分 基础知识

第一章 职业道德的基本知识

第一节 职业道德

一、职业道德的概念、特点及作用

1. 职业的概念 所谓职业，就是指人们由于社会分工而从事具有专门业务和特定职责，并为此作为主要生活来源的工作。

2. 道德的概念 所谓道德，就是指依靠社会舆论、传统习惯、教育和人的信念的力量，去调整人与人、个人与社会之间关系的一种特殊行为规范。

3. 职业道德的概念 所谓职业道德，就是与人们的职业活动密切联系的符合职业特点和要求的道德准则、道德情操与道德品质的总和。职业道德不仅是从业人员在职业活动中的行为标准和要求，而且是本行业对社会所承担的道德责任和义务。职业道德是社会道德在职业生活中的具体化。

4. 职业道德的特点

（1）具有适用范围的有限性。任何职业道德的适用范围都不是普遍的，而是特定的、有限的。某一特定行业的职业道德，也只适用于专门从事本职业的人。

（2）内容的稳定性和连续性。由于职业分工有相对的稳定性，与其相适应的职业道德也就有较强的稳定性和连续性。

（3）有表达形式上的多样性。由于各种职业道德的要求都较为具体、细致，因此，其表达方式也是多种多样。

（4）兼有强烈约束的纪律性。纪律也是一种行为规范，但它是介于法律和道德之间的一种特殊的规范。它既要求人们能自觉遵守，又带有一定的强制性。就前者而言，它具有道德的色彩；就后者而言，又带有一定法律的色彩。也就是说，一方面遵守纪律是一种美德；另一方面，遵守纪律又带有强制性，具有法令的要求。

5. 职业道德的作用 职业道德是社会道德体系的重要组成部分，它一方面具有社会道德的一般作用，另一方面又具有自身的特殊作用。具体表现在：

（1）调节作用。调节职业交往中从业人员内部以及从业人员与服务对象间的关系。

（2）有助于维护和提高本行业的信誉。提高单位的信誉主要靠产品的质量和服务质量，而从业人员的良好职业道德，是产品质量和服务质量的有效保证。

（3）促进本行业的发展。高经济效益和社会效益源于高素质的员工。员工素质主要包含知识、能力、责任心三个方面。职业道德水平的高低，决定从业人员的责任心。

（4）有助于提高全社会的道德水平。职业道德是整个社会道德的重要内容，职业道德水平提高后，对整个社会道德水平的提高会发挥重要的作用。

社会主义职业道德：是指社会主义社会各行各业的劳动者都在职业活动中必须遵守的基本行为准则，是社会各行各业根据自己的特点，在社会实践中逐步形成的某些公认的衡量职业活动好坏的标准。社会主义职业道德是社会主义道德体系的重要组成部分，它受社会主义道德原则和道德规范的指导、影响和制约，集中反映着社会主义社会的道德要求和道德面貌。社会主义职业道德的核心是为人民服务，原则是集体主义，重点是树立社会主义主人翁的劳动态度。

二、加强社会主义职业道德培养的意义

在社会生活中，职业道德具有特殊的社会作用，是一般社会道德所不能代替的。因此，加强社会主义职业道德培养具有以下特殊重要的意义：

1. 促进行业兴旺发达　一个行业或部门的职业道德状况，将直接影响到本行业、本部门的社会信誉和经济效益，关系到事业的兴衰成败。而一个行业或部门的职业道德状况，往往通过每个从业人员的职业道德修养程度表现出来。每个从业人员加强职业道德修养，是形成职业群体美好形象的基本要求，是维护本行业在社会中的道德信誉、促进本行业兴旺发达的必不可少的重要前提条件。

2. 有助于调整和建立和谐的人际关系　社会主义道德建设的基本任务，是在全社会形成团结互助、平等友爱、共同前进的人际关系。在社会主义社会，人人都是服务对象，人人都为他人服务，社会对人的关心、人际关系的和谐，是与各个岗位上从业人员的服务态度、服务质量密切相关的。由于职业活动都是在一定组织与一定社会集中进行的，因此，各行各业的职业道德状况将对整个社会道德水平产生很大影响。

3. 促进做好本职工作　从业人员能否出色地完成本职工作，固然与从业人员的文化知识、能力等因素有关，也与职业道德修养密切相关。只有职业道德水平高的从业人员，才能产生强烈的事业心和崇高的使命感，才能出色地完成工作。

4. 实现人的全面发展　各行各业的从业人员要实现自己的全面发展，成为社会主义"四有"劳动者，就必须加强社会主义职业道德修养，而"多才少德"或"有才无德"早晚都会自食恶果。

第二节　职业守则

作为渔业技术指导员，应该遵守"服务水产，心系渔民，推广技术，精益求精，吃苦耐劳，团结协作，刻苦钻研，求实创新"的职业守则。

一、爱岗敬业

1. 爱岗敬业的内涵　爱岗就是热爱自己的工作岗位，热爱本职工作，亦称热爱本职。爱岗是对人们工作态度的一种普遍要求。热爱本职，就是职业工作者以正确的态度对待各种职业劳动，努力培养热爱自己所从事工作的幸福感、荣誉感。

所谓敬业，就是用一种严肃的态度对待自己的工作，勤勤恳恳，兢兢业业，忠于职守，尽职尽责。

爱岗与敬业总的精神是相通的，是相互联系在一起的。爱岗是敬业的基础，敬业是爱岗的具体表现。不爱岗就很难做到敬业，不敬业也很难说是真正的爱岗。

2. 爱岗敬业的要求

（1）提倡爱岗敬业，热爱本职，并不是要求人们终身只能干一行，爱一行，也不排斥人的全面发展。

（2）求职者是不是具有爱岗敬业的精神，是用人单位挑选人才的一项非常重要的标准。

另外，现实生活中能够找到理想职业人必定是少数的。对于多数人来说，必须面对现实，去从事社会所需要、而自己内心不太愿意干的工作。在这种情况下，如果没有干一行，爱一行的精神，那么你就很难干好工作，做到爱岗敬业。

3. 如何做到爱岗敬业

（1）要正确处理职业理想和理想职业的关系。

（2）要正确处理国家需要与个人兴趣爱好的关系。

（3）要正确处理选择职业与个人自身条件的关系。

（4）要正确处理所从事职业与物质利益的关系。

4. 爱岗敬业的具体体现 如果每个人都能做到爱岗敬业，尽职尽责，忠于职守，每个岗位上的事情都将办得非常出色，从而达到为人民服务的目的。作为从事水产技术推广工作的人员，应尊重自己的选择，为水产技术推广事业的发展应尽心尽力、尽职尽责地去工作。

二、遵纪守法

所谓遵纪守法，指的是每个从业人员都要遵守纪律和法律，尤其要遵守职业纪律和与职业活动相关的法律法规。遵纪守法是从业人员的基本义务和必备素质。遵守职业纪律是对每个从业人员的基本要求。要做到遵纪守法，一是要学法、知法，增强法制意识；二是要守法，做个文明公民。

三、诚实守信

所谓诚实，就是忠诚老实，不讲假话。诚实的人能忠实于事物的本来面目，不歪曲，不篡改事实，同时也不隐瞒自己的真实思想，光明磊落，言语真切，处事实在。诚实的人反对投机取巧，趋炎附势，吹拍奉迎，见风使舵，争功诿过，弄虚作假，口是心非。所谓守信，就是信守诺言，说话算数，讲信誉，重信用，履行自己应承担的义务。诚实和守信两者意思是相通的，是互相联系的。诚实是守信的基础，守信是诚实的具体表现。不诚实很难做到守信，不守信也很难说是真正的诚实。诚实守信不仅是做人的准则，也是做事的基本准则。诚实守信作为推广人员的职业道德，其基本要求是树立良好的信誉，树立起值得渔民信赖的推广人员形象。所谓信誉，包括信用和名誉两重含义，信用是指在职业活动中诚实可信，名誉是指在职业活动中重视名声和荣誉。职业信誉是职业信用和名誉的有机统一。它体现了社会对职业活动中的价值的认可，从而影响到该行业在未来活动中的地位和作用。

推广人员要做到诚实守信，一要重视服务质量，树立服务意识；二要诚实劳动，合法经营；三要实事求是，不讲假话；四要提高技能，为渔业作贡献。

四、团结协作

团结协作可以营造人际和谐氛围，增加凝聚力。团结协作的基本要求有：

一要平等尊重，上下级之间平等尊重，同事之间相互尊重，师徒之间相互尊重，尊重服务对象；二要顾全大局，在处理个人和集体利益的关系上，要树立全局观念，不计较个人利益，自觉服从整体利益的需要；三要互相学习，取长补短；四要加强协作，工序之间、工种之间、岗位之间、部门之间在完成职业工作任务时，彼此之间互相帮助、互相支持、密切配合，搞好协作。

五、勤劳节俭

勤劳是人生存的必要条件，勤劳是人致富的铺路石，勤奋是事业成功的重要保证。节俭是维持人类生存的必然要求，节俭是持家之本，节俭是安邦定国的法宝。勤劳节俭有利于防止腐败。古人云："天下兴亡多少事，自身腐败遭厄运"；"官廉则政举，官贪则政危"。

要做到勤劳节俭，首先，必须有高度的事业心，热爱祖国和人民，对人类幸福无比关怀，对社会发展具有高度责任感、义务感和强烈愿望，追求高尚的道德生活，这是勤奋的基础。其次，要不怕劳苦。勤奋与节俭都是与劳苦并肩而行的。

勤劳节俭有利于可持续发展，可持续发展就是走经济、社会、人口、环境和资源相互协调，既能满足当代人需要，又不对后人的生存发展构成危害的发展道路。一个社会的可持续发展，必须重视生产资源的节约。我国是一个人口众多、资源相对贫乏的国家，土地、水源、矿藏的人均占有量均比较低。因此，节约对我们有着特别重要的意义，必须要节水、节电、节能、节财、节粮，千方百计地减少资源的占用和消耗，以实现经济的可持续发展。

六、文明礼貌

文明礼貌要求人们仪表端庄，语言规范，举止得体，待人热情。

七、服务群众与奉献社会

服务群众就是为人民群众服务。时时刻刻为群众着想，急群众所急，忧群众所忧，乐群众所乐。要做到服务群众，首先要树立服务群众的观念；其次要做到真心待群众；再次，要尊重群众；最后，做每件事都要方便群众。

奉献社会，就是全心全意为社会作贡献，把一切都奉献给国家、人民和社会，这是为人民服务精神的最高体现。

八、勤奋好学，增强技能

当今社会是科学技术突飞猛进的时代，人不学习就要落后。要适应当今科技发展的需要，关键在于学习。更新观念，变要我学习为我要学习，不但要有扎实的基础知识，还要掌握岗位业务的专项技能、生产经营方法和技能技巧，提高职业技能。职业技能也称职业能力，是人们进行职业活动、履行职业责任的能力。它包括从业人员的实际操作能力、业务处理能力、技术技能以及与职业有关的理论知识等。

◆【本章习题】

1. 职业和道德的概念是什么？

2. 职业道德的概念及其特征是什么？

3. 职业道德的作用是什么？

4. 简述社会主义职业道德的含义及其培养意义。

5. 渔业职业守则的内容是什么？

6. 爱岗敬业的含义是什么？

7. 如何做到爱岗敬业？

8. 谈谈遵纪守法的含义。

9. 遵纪守法的具体要求是什么？

10. 什么是诚实守信？

11. 怎样才能做到诚实守信？

12. 团结协作的基本要求是什么？

13. 谈谈勤劳节俭怎么才能有利于可持续发展。

14. 什么是文明礼貌？

15. 文明礼貌的具体要求是什么？

16. 怎样服务群众？

17. 简述奉献社会的含义。

18. 什么是职业技能？

第二章　渔业基础知识

第一节　水产养殖

一、主要养殖种类

（一）主要养殖鱼类

鱼类是终生生活在水中的变温脊椎动物；通常用鳃呼吸，靠躯干、鳍的运动游泳和维持平衡。现知世界上的鱼类有 21 700 余种，广泛分布于海洋和内陆水域。在我国各类水域分布的鱼类有 2 800 余种，其中，内陆水域 800 余种，海水鱼类 2 000 余种。

1. 淡水养殖鱼类

（1）鲤。隶属鲤形目、鲤科、鲤属，是典型的杂食性鱼类。主要以底栖动物为食，人工饲养可投喂颗粒饲料。鲤 2～3 龄性成熟，每年春季水温达 15℃以上开始繁殖。鲤的卵为黏性，附着在水草上，大约 4d（20℃左右）孵出仔鱼。鲤是世界上分布最广、养殖最普遍的淡水鱼类。地理亚种有西鲤（分布于额尔齐斯河、伊犁河流域）、华南鲤（分布于珠江水系和海南岛）、桤麓鲤（分布在云南）等。培育品种有鳞鲤、散鳞镜鲤、德国镜鲤、锦鲤、荷包红鲤、兴国红鲤、建鲤和松浦鲤（又称高寒鲤）等。杂交鲤生长速度快，池塘饲养当年鱼平均体重可达100g以上，2龄鱼体重可达1kg左右。

（2）鲫。隶属鲤形目、鲤科、鲫属。它分布广，适应力强，群体产量高，肉味鲜美，经济价值较高，我国南北方广泛养殖；但其个体较小，生长速度稍慢。在我国东北一些水体中分布有鲫的一个亚种——银鲫，其个体大，生长速度快，广泛移植和养殖。鲫养殖的品种还有异育银鲫（兴国红鲤♂×银鲫♀"杂交、异源雌核发育"的后代）、澎泽鲫、湘云鲫等。金鱼为鲫的变种（型）。

（3）鲢。隶属鲤形目、鲤科、鲢亚科、鲢属。自然分布于我国各大江河及其附属水体，属大型经济鱼类。它适应性强，生长速度快，食浮游生物，被广泛移植到各地区人工饲养。鲢4～6龄达性成熟，产漂流性卵，在大江大河的上游才能自然产卵繁殖。

（4）鳙。隶属鲤形目、鲤科、鲢亚科、鳙属。自然分布于我国各大江河及其附属水体，属大型经济鱼类。它适应性强，生长速度快，食浮游生物（主要是浮游动物），被广泛移植到各地区人工饲养。鳙5～6龄达性成熟，产漂流性卵，在大江大河的上游才能自然产卵繁殖。

（5）草鱼。隶属鲤形目、鲤科、雅罗鱼亚科、草鱼属。自然分布于我国各大江河及其附属水体，属大型经济鱼类。它适应性强，生长速度快，是典型的草食性鱼类，被广泛移植到各地区人工饲养。草鱼3～5龄达性成熟，产漂流性卵，在大江大河的上游才能自然产卵繁殖。

（6）青鱼。隶属鲤形目、鲤科、雅罗鱼亚科、青鱼属。自然分布于我国各大江河及其附属水体，属大型经济鱼类。它适应性强，生长速度快，为肉食性鱼类，被广泛移植到各地区人工饲养。青鱼3～5龄达性成熟，产漂流性卵，在大江大河的上游才能自然产卵繁殖。

（7）团头鲂。又名武昌鱼。隶属鲤形目、鲤科、鲂亚科、团头鲂属。自然分布于我国长江水系，属中小型鱼类。它适应性强，生长速度快，为草食性鱼类，被广泛移植到各地区人工饲养。团头鲂2～3龄达性成熟，产黏性卵。

（8）鳜。又称翘嘴鳜，俗称鳌花、桂鱼等。隶属鲈形目、脂科、鳜属，是我国淡水养殖的名贵鱼类。它以其他小型鱼类为食，生长速度快，肉味鲜美，商品价格高。该属养殖种类还有大眼鳜、长体鳜和斑鳜等。

（9）罗非鱼。隶属鲈形目、丽鱼科、罗非鱼属。罗非鱼为热水性鱼类中的小型种类，其生存温度范围多在 10～40℃，生长、发育适宜水温为 20～32℃；广泛分布于非洲和中东地区，共有 100 余种。罗非鱼为杂食性，适应各种养殖方式（土池塘、网箱和工厂化），可投喂颗粒饲料；在适宜条件下 3～6 个月达性成熟，性周期为 20～40d。

除尼罗罗非鱼外，个体大、生长速度快的养殖种类还有奥利亚罗非鱼、福寿鱼（莫桑比克罗非鱼♀×尼罗罗非鱼♂）、奥尼鱼（尼罗罗非鱼♀×奥利亚罗非鱼♂）、彩虹鲷〔尼罗罗非鱼♀×莫桑比克变种（红色）♂〕等。

（10）大口黑鲈。又称加州鲈。隶属鲈形目、太阳鱼科（棘臀鱼科）、黑鲈属。原产于美国密西西比河水系，为大型淡水鲈鱼。

（11）条纹鲈。又称条纹狼鲈。隶属鲈形目、鮨鲈科、狼鲈属，是一种朔河性鱼类。条纹鲈广泛分布于大西洋沿岸温暖地区，其个体大，生长快，对环境条件适应性强，尤其对盐度和温度适应范围广，是美国传统的淡水养殖鱼类之一，我国南方已引进养殖。

（12）鲇。隶属鲇形目、鲇科、鲇属。该属中的养殖种类还有大口鲇、南方鲇、欧洲六须鲇和怀头鲇等。鲇是肉食性的经济鱼类，肉质细腻，味道鲜美，近年来成为养殖对象。

鲇形目养殖鱼类中还有胡子鲇科的一些种类。

（13）斑点叉尾鲴。为大型的淡水鱼类，最大个体可达 35kg。隶属鲇形目，原产于美国密西西比河，重点分布在伊利湖、安大略湖、安艾达湖以及其他河流和附属水体内。通过驯养，已成为美国的主要淡水鱼类。生存水温 0～38℃，最适生长为 15～32℃。食性为杂食性，生长快，当年达 200g 以上，2 年达 800g 以上。3 龄性成熟，产卵水温 20～30℃，筑巢产卵，产出卵为黏性。目前，我国南北方均有养殖。

（14）黄颡鱼。又称嘎鱼、黄腊丁。隶属鲇形目、鲿（鲹）科、黄颡鱼属。黄颡鱼体色黄褐色，体侧有褐色斑纹，生长稍慢，为小型鱼类。食性杂，池塘饲养当年生长一般达 15～20g，翌年达 100（♀）～200g（♂）。它肉质细腻，味道鲜美，无肌间刺。黄颡鱼属中，除黄颡鱼外，还有瓦氏黄颡鱼（江黄颡鱼）、光泽黄颡鱼、岔尾黄颡鱼和中间黄颡鱼等，其中，黄颡鱼和瓦氏黄颡鱼为主要养殖对象。

（15）泥鳅。隶属鲤形目、鳅科、鳅属。为小型淡水鱼类。它分布广，多栖息于湖泊、池塘和沼泽地。泥鳅为杂食性，幼鱼阶段主要为动物食性，长大后逐渐转向植物食性，它对环境条件的适应能力极强，适于稻田粗放养殖。

（16）鲑鳟类。隶属鲑形目、鲑科，均为冷水性鱼类。具有个体大，生长快，肉质好，经济价值高等优点，为世界性的养殖鱼类。主要养殖种类有虹鳟、道纳尔逊虹鳟、金鳟、山女鳟、硬头鳟、银鲑、大西洋鲑、高白鲑和细鳞鱼等。

（17）鲟鱼类。隶属鲟形目。养殖对象有鲟科和白鲟科的种类。鲟科鱼类有吻须 2 对，内骨骼为软骨，鱼体背部、体侧和腹部有成行的硬鳞或骨板；白鲟科鱼类有吻须一对，身体裸露无鳞。养殖种类主要有西伯利亚鲟、俄罗斯鲟、小体鲟、施氏鲟、中华鲟、达氏鳇、匙吻鲟、杂交鲟和鲟鳇杂交等。

（18）日本鳗鲡。隶属鳗鲡目、鳗鲡科。体细长如蛇形，前部近圆筒状，后部稍侧扁。头扁平，略长，其长等于或大于背、臀两鳍起点间的垂直距离。吻短，口大，端位，唇厚肉质。下颌稍长于上颌，上、下颌具细齿。眼小。鳞小，埋于皮下，呈席纹状排列。养殖的鳗鲡还有欧洲鳗鲡和美洲鳗鲡。前者分布欧洲大陆沿海；后者自然分布在大西洋西部、北美东部格陵兰至美国、加拿大等国沿海。

（19）黄鳝。俗称鳝鱼。隶属合鳃目、合鳃科。体细长，前部圆筒形，后部渐侧扁，尾部尖细，呈蛇形。头部膨大，吻端尖，口裂伸越到眼后。眼小，为皮膜覆盖。体呈黄褐色，具不规则黑色斑点，腹面灰白色。除青藏高原外，全国各地均产，长江流域较多，4～8月为生产旺季。

2. 海水养殖鱼类

（1）大黄鱼。隶属鲈形目、石首鱼科、黄鱼属，主要分布在东海和黄海。其生长快，适应性强，肉味鲜美，成为目前我国海水养殖的主要对象。

（2）真鲷。隶属鲈形目、鲷科。俗称红加吉。为我国名贵的海产鱼类，现已广泛养殖。该科养殖的种类还有黑鲷、平鲷和花尾胡椒鲷等。

（3）鲈。又称花鲈。隶属鲈形目、脂科、鲈属。为凶猛的肉食性鱼类，喜栖于河口咸淡水中下层，亦可进入淡水生活。生长速度快，肉味鲜美，是目前我国北方地区海水池塘养殖的主要对象。我国南方养殖的为尖吻鲈亚科、尖吻鲈属的尖吻鲈。

（4）石斑鱼。隶属鲈形目、脂科、石斑鱼属。多栖息在辽阔的热带海洋中，为珍贵的食用鱼类，经济价值很高。在我国多分布在广东、广西、福建、台湾沿海一带。养殖的主要种类有青石斑鱼、鲑点石斑鱼、网点石斑鱼和赤点石斑鱼等。

（5）眼斑拟石首鱼。俗称美国红鱼。隶属鲈形目、石首鱼科。主要分布于北美的大西洋沿岸海域，1997年引进我国，广泛用于网箱养殖和工厂化养殖。

（6）褐牙鲆。俗称牙片、比目鱼等。隶属鲽形目、鲆科、牙鲆属。在我国主要分布于渤海和黄海，目前是海水工厂化养殖和网箱养殖的主要对象。鲆科主要养殖种类还有大菱鲆和墨斑牙鲆。前者1992年从欧洲引进我国，主要在北方地区饲养；后者2001年从北美引进，在海水中养殖，也可通过驯化在淡水中饲养。

（7）黄盖鲽。俗称黄盖、沙板、小嘴鱼等。隶属鲽形目、鲽科。主要分布于我国黄海和渤海，目前成为海水工厂化和网箱养殖的对象。该科主要养殖种类还有高眼鲽和石鲽等。

（8）红鳍东方鲀。俗称河鲀，廷巴鱼等。隶属鲀形目、鲀科、东方鲀属。该科鱼类的肝脏、性腺和血液等有剧毒，食鱼应谨慎。我国主要在辽宁、河北、山东等地养殖，产品主要出口日本。该属养殖对象还有假睛东方鲀和暗纹东方鲀等，后者可以在淡水中养殖。

（二）主要养殖贝类

1. 双壳类

（1）扇贝。隶属于瓣鳃纲、珍珠贝目、扇贝科。扇贝有足丝，营附着生活，主要滤食浮游生物、细菌和有机碎屑等。在我国扇贝有 30 余种，主要养殖种类有栉孔扇贝、海湾扇贝和虾夷扇贝。

栉孔扇贝属我国自然生长的种类，适应广大海域，特别是北方沿海养殖。其贝壳一般为紫色或淡褐色，间有黄褐色、杏红色或灰白色等。壳高略大于壳长，前耳腹面有一凹陷，形成一孔即为栉孔；在孔的腹面右上端边缘有小型栉状齿 6～10 枚，壳面有放射肋，其中，左壳面主要放射肋约 10 条、具棘，右壳放射肋较多。该属养殖种类中还有华贵栉孔扇贝，产于我国南海及东海南部，其壳高与壳长相等，放射肋大。

海湾扇贝是暖水种，原产于美国大西洋沿岸，20 世纪 80 年代初引进我国。它以其广温、广盐性，生长速度快等特点深受养殖业者欢迎。海湾扇贝个体较小，成贝壳高仅为 6～7cm。两壳几乎相等，壳前耳下方与前背缘相接部位有一个向内凹陷的足丝孔，壳面放射肋均匀，约 18 条，肋较宽而高起，肋上无棘。

虾夷扇贝为冷水种，主要分布在太平洋西部、北部和日本沿岸。它以其个体硕大、味道鲜美被誉为"扇贝之极品"。左壳较平，略带紫褐色；右壳较凹，略带白色。右壳前耳下方与前缘相接部位有一凹陷的足丝孔，壳表面放射肋约 17 条，均匀。

（2）贻贝。隶属于瓣鳃纲、贻贝目、贻贝科。我国贻贝养殖的主要种类有贻贝、翡翠贻贝和厚壳贻贝等。

贻贝俗称海红，干制品称淡菜。它是冷水种，自然分布于黄海、渤海。贻贝属滤食性贝类，主要饵料包括单细胞藻类、原生动物、双壳类面盘幼虫、微生物和有机碎屑等。此外，翡翠贻贝为暖水种，分布于东海南部和南海；厚壳贻贝分布于黄海、渤海、东海和台湾等海域。

（3）缢蛏。隶属瓣鳃纲、帘蛤目、竹蛏科。贝壳呈长圆柱形，壳质脆薄，贝壳前后端开口，为广温、广盐性种类，我国南北方均有分布，垂直分布多在软泥或沙泥底质的中、低潮区，营穴居生活。生长的适宜水温为 8～30℃，北方种冬季能忍受 −3～0℃ 的低温；南方种在 35℃ 以上也能正常生活。

（4）栉江珧。俗称江珧、江瑶等。隶属瓣鳃纲、江珧科。贝壳大，壳顶尖，呈楔形；铰合部线形，无铰合齿。壳尖端，直立插入泥沙中。足丝发达，用足丝附着在粗沙或碎壳上，终生不移动。我国南北沿海都有分布。江珧后闭壳肌称"干贝"，是海味珍品。

（5）魁蚶。俗称毛蛤、赤贝和血贝等。隶属瓣鳃纲、列齿目、蚶科。为大型贝类，成体贝高 8cm、长 9cm 以上，壳质坚厚，壳顶突出，壳面放射肋发达，42～48 条；壳内面灰白色，壳缘有毛，边缘有齿，铰合部直。魁蚶生活在 3～50m 深的泥沙质海底，埋栖或半埋栖生活，无出入水管，活动能力差。主要分布于渤海和黄海北部，生长适宜水温 5～27℃，产卵水温 18～24℃。魁蚶个体大，出肉率高，肉质细腻，味道鲜美，口感好，是海鲜中珍品。养殖的其他列齿类还有毛蚶和泥蚶等。

（6）牡蛎。俗称"蚝"、海蛎子。隶属瓣鳃纲、珍珠贝目、牡蛎科。我国沿海约有 20 余种，牡蛎营固着生活，以其左壳固着于外物上，一旦固着，终生不再移动，仅靠右壳的开闭呼吸和摄食。牡蛎对温度、盐度的适应范围广，生长速度快，主要养殖种类有太平洋牡蛎、褶牡蛎、近江牡蛎和大连湾牡蛎等。

（7）蛤仔。隶属瓣鳃纲、帘蛤目、帘蛤科。壳呈三角卵圆形，壳面灰黄色或深褐色，有的带有褐色斑点。壳面放射肋与生长线交错呈布纹状。在我国南北沿海均有分布，以中、低潮区最多。喜栖息于内湾风平浪静、水流通畅并有淡水注入的泥沙滩上，生长适宜温度为5～35℃，主要滤食单细胞藻类。我国养殖的蛤仔主要是菲律宾蛤仔。另有杂色蛤，也称"花蛤"，其外形和生活习性与菲律宾蛤仔基本相同。

（8）文蛤。隶属瓣鳃纲、帘蛤目、帘蛤科。壳略呈弧底的三角形，厚而结实，长5～10cm；壳面光滑似瓷质，表面生长线清晰，具有放射状褐色斑纹。文蛤营埋栖生活，多栖息在潮间带泥沙质滩涂，成贝可靠斧足缓慢迁移。肉可食用，味道鲜美；壳可作盛蛤蜊油、雪花膏等的容器。

（9）西施舌。俗称海蚌。隶属瓣鳃纲。壳脆薄呈圆三角形，壳面光洁，壳表具有黄褐色发亮外皮，顶部为淡紫色，壳内面淡紫色或白色，内韧带极发达。在我国主要分布于福建闽江口一带，生活在低潮区至水深10m以内的细沙或沙泥底质，营埋栖生活，埋栖深度一般为7～10cm。索饵和呼吸时升到表层，后段朝上伸出水管，退潮时潜居沙中，沙滩上留下8字形的进出水孔痕迹。

（10）象拔蚌。俗称太平洋象拔蚌、巨大象拔蚌和皇蛤等。隶属软体动物、双壳纲、海螂目的大型贝类。原产于美国阿拉斯加到加利福尼亚的西部沿海，属北太平洋冷水性埋栖贝类，生活海区水温0～23℃，盐度27.5～32.5，生活水深9～20m，泥沙底质，埋栖深度为60～90cm。

（11）河蚌。隶属瓣鳃纲、蚌目、蚌科。我国淡水育珠的主要种类有无齿蚌、三角帆蚌和褶纹冠蚌。三角帆蚌壳大而扁平、坚硬；后背缘向上突起呈三角帆状的翼，壳面黄褐色，壳内面珍珠层光泽晶莹；皱纹冠蚌壳大、壳薄，外形略呈不等边三角形，后背缘向上伸展成冠状，壳面黄绿色，从壳顶向后有十余条粗大纵肋，壳内面珍珠层一般为白色。

2. 单壳类

（1）鲍。属腹足纲、原始腹足目、鲍科。它具有一个大而坚厚的壳，螺层三层，缝合线浅，壳顶钝。壳边缘有一列突起，末端有 4～5 个开口，壳外面深褐绿色，生长纹明显，壳内面银白色。杂色鲍主要分布在南方，它缝合线深，但顶部不明显。螺层中部至末端边缘有突起 20 余个，靠体螺层边缘具 7～9 个开口。壳内面银白色，具珍珠光泽。

鲍喜栖息于水质清晰，水流通畅，海藻茂盛，水深一般 1～20m 的海区，营匍匐生活。鲍的足部吸附力很强，昼伏夜出，移动缓慢。鲍主要舐刮食褐藻，也食绿藻、红藻和硅藻。鲍的种类很多，目前养殖的主要有皱纹盘鲍和杂色鲍两种。皱纹盘鲍分布于我国北方，以辽宁、山东最多。

（2）大瓶螺。又名苹果螺、福寿螺等。隶属腹足纲、中腹足目、瓶螺科。贝壳右旋，薄而脆，壳面呈黄褐色，螺旋部有 4～5 个螺层，体螺层膨大。为淡水种类。大瓶螺的形态与田螺很相似，但比田螺大得多，生长快。大瓶螺原产于南美亚马孙河热带地区，适宜在高温下、阴暗处营匍匐生活，舐吸式摄食，主要以水生植物和叶菜类为食。

（三）主要养殖甲壳类

1. 虾类

（1）中国对虾。又称东方对虾。主要分布于渤海、黄海。具广温、广盐性，肉质细腻，味道鲜美，是我国北方地区的主要养殖种类。中国对虾在人工饲养条件下性腺可发育成熟，人工育苗技术成熟，苗种来源有保证，我国最大年产量超过 20 万 t。

（2）日本对虾。又称蓝尾虾、车虾、竹节虾等。主要分布于印度洋和西太平洋沿岸，我国江苏以南沿海也有少量分布。日本对虾广温性，适应能力强，耐粗饲，特别是它易暂养，可以销售活虾，商品价格较高，成为目前我国虾类中的主要养殖对象。

（3）斑节对虾。俗称鬼虾、虎虾。主要分布于东南亚海域，我国广西、广东和福建沿海也有少量分布。斑节对虾个体大，生长快，耐粗饲，但对低温适应性较差，是我国南方地区的主要养殖对象。

（4）凡纳滨对虾。又称南美白对虾、万氏对虾等。主要分布西半球东太平洋沿海海域。它广盐性，耐粗饲，抗病强，生长速度快，特别是经驯化后可以在淡水中饲养的优点，成为我国虾类的主要养殖对象。

（5）罗氏沼虾。又称马来西亚大虾。主要分布于印度西太平洋热带、亚热带地区。它个体大，生长快，杂食性，适应能力强，是世界上养殖产量最大的淡水虾类。

2. 蟹类

（1）中华绒螯蟹。又称河蟹。在淡水中生长，海水中繁殖。在我国渤海、黄海的沿岸及长江流域以北地区均有分布。河蟹营养丰富，味道鲜美，除直接食用外，蟹壳等可溶物可供医学、工业等方面应用。20世纪70年代以来，随着人工育苗技术的突破，河蟹的养殖面积和规模不断扩大。

（2）三疣梭子蟹。又称梭子蟹、飞蟹和海蟹等。三疣梭子蟹为海水种类，个体大，生长快，肉质细腻，味道鲜美，是人们喜爱的海鲜品。广泛分布于我国南北各海域，是重要的海产甲壳类。目前，人工育苗技术成熟，已实现人工放流和养殖生产。

（3）锯缘青蟹。又称青蟹。广泛分布于温带、亚热带和热带半咸水海域，我国南方各海区均有分布，尤其是广东福建、浙江等地产量较多。锯缘青蟹个体大，生长快，适应性强，营养丰富，出肉率高，风味独特，在南方各地广泛养殖。近年来，我国北方也相继移植或进行养殖。

（四）其他水产养殖动物

1. 爬行类（爬行纲） 适合养殖的主要有龟鳖目、鳖科和龟科的种类。鳖与龟的区别为背腹甲，前者为革质，后者为角质。

鳖科养殖动物主要有中华鳖、山瑞鳖、鼋。中华鳖是我国目前养殖最普遍的爬行动物，除食用外，还有滋补和药用价值；山瑞鳖是我国二类保护动物，分布于广西、广东、贵州等地；鼋是我国一类保护动物，分布于江苏、浙江、福建、广东、广西、云南等地的山区，种群数量很少。

龟科动物种类繁多，有淡水、海水种类，也有陆生类型。龟类的肉质一般比鳖类更为鲜美，除食用价值外，均有重要的药用价值，有些还具观赏价值。目前，养殖种类主要有乌龟、三线闭壳龟和鳄龟等。乌龟又称草龟、香龟，是我国分布最广、数量最多的龟类，除西北、东北和西藏的少数地区外，其他地区均有分布。三线闭壳龟又称金钱龟，是我国二类保护动物，主要分布于广东、广西和海南。鳄龟原产于美国，1997 年开始引进我国饲养。鳄龟的腹甲小，四肢和尾部发达，出肉率达 80％以上。它食性杂，适应能力强，个体大，生长速度快，一周年体重可达 500～1 000g，是目前养殖龟类中个体最大、生长速度最快的一种。

2. 两栖类 适合养殖的种类主要有无尾目（蛙形目）、蛙科的虎纹蛙、棘胸蛙、棘腹蛙、中国林蛙、牛蛙、河蛙、美国青蛙和大鲵等。

牛蛙生活于池沼、水田等处，以昆虫、小鱼等为食。因其鸣声洪亮，远闻似牛叫，故名。雌蛙体长约 20cm，背部褐色，有黑斑，腹部白色；雄蛙稍小，背部深绿色，有淡黑色斑点，腹部白色。原产于北美洲，1962 年由古巴引进一批蛙种后进行人工养殖。

大鲵又称娃娃鱼，是我国二类保护动物，主要分布于湘、黔、鄂和秦岭的部分山区。大鲵喜欢栖息在水质清澈、水温较低、有回流的溪流洞穴中，昼伏夜出。大鲵肉质细腻，味道鲜美，是有名的珍馐。近年来，我国科技人员已基本掌握了大鲵的生物学特性及人工繁殖技术，开始进行较大规模的人工养殖。

3. 棘皮动物 目前，我国养殖的棘皮动物主要有海参纲和海胆纲的种类。

据报道，全球大约有海参900余种，约有40种可以食用。我国有20余种（多数为盾手目种类），其中，经济价值和产量最高的当属北方产的刺参；其次是南方产的明玉参、乌元参、花刺参和梅花参等。近年来，我国海参人工育苗和养殖技术有了新突破，其中利用土池、投放附着物饲养海参，取得了较好的效果。

世界上海胆大约有800余种，分布在我国海域的约有100余种，具有经济价值的种类不足10种，其中人工养殖的种类有正形月目、球海胆科的虾夷马粪海胆、马粪海胆和光棘球海胆（又称大连紫海胆）。近年来，海胆的人工育苗和养殖技术有了新突破，目前的主要养殖方式为筏式和陆上工厂化养殖。

4. 腔肠动物 世界上腔肠动物有9 000余种，我国有1 000余种，大部分生活在海洋中。迄今为止，作为养殖对象的仅有海蜇一种。海蜇隶属钵水母纲、根口水母目、根口水母科。近年来，我国科技工作者已基本掌握了海蜇的生物学特性，突破了人工育苗技术，北方地区已开展海蜇池塘养殖。

（五）主要栽培藻类

1. 海带。隶属褐藻门、海带目、海带科。世界上海带约有50余种，分布在太平洋西部海域的有20余种。通常见到的海带是孢子体，由叶片、柄和固着器三部分组成，主要食用部分是叶片。海带的人工养殖过程，主要是孢子体（或配子体）采集—育苗（分苗）—筏式养殖。

2. 裙带菜。隶属海带目、翅藻科、裙带菜属。该属除裙带菜外，还有阔叶裙带菜、绿裙带菜等。裙带菜的叶状体又称孢子体，由叶片、柄和固着器组成，叶片和叶柄均可食用。裙带菜的养殖过程与海带基本相同。

3. 紫菜。欧美称 Laver，日本称 Nori，我国称紫菜。紫菜隶属红藻门、原红藻纲、红毛菜目、红毛菜科、紫菜属。我国自然生长的紫菜都属于真紫菜亚属。紫菜叶状体可分为叶片、柄和固着器三部分。叶状体大小、形状、其边缘有无刺状突起等是其分类的主要依据。目前，大规模人工养殖的主要种类有条斑紫菜、坛紫菜等。

4. 江蓠。隶属红藻门、真红藻纲、衫藻目、江蓠科、江蓠属。该属约有 10 余种，广泛分布于亚寒带至热带地区沿海的潮间带和浅海水域，一般在有淡水流入的海湾浅滩易形成较大的藻场。我国栽培的主要种类有江蓠、脆江蓠、粗江蓠和细基江蓠等。江蓠藻体形状大体可分为圆柱形、圆柱扁平形和叶状形。藻体直立，大的个体可高达 1m 以上，小的个体高仅有几厘米。藻体分支常为互生、偏生或分叉；分支基部有缢缩，呈明显的节或节间，固着器为盘状。

5. 石花菜。隶属真红藻纲、石花菜目、石花菜科、石花菜属。主要经济种类有石花菜、小石花菜、中肋石花菜、大石花菜和细毛石花菜等，其中，石花菜和大石花菜是主要栽培对象。石花菜藻体扁平细线状，羽状分支互生或对生，呈紫红色。

二、全国及区域性主推养殖品种及种类

（一）全国性主推品种及种类

2008—2010 年，全国性主推的水产养殖品种有"新吉富"罗非鱼、中国对虾"黄海 1 号"、奥尼鱼、异育银鲫、津新鲤、团头鲂浦江 1 号、彭泽鲫、德国镜鲤、湘云鲫、甘肃金鳟等品种；全国性主推的养殖种类有对虾、斑点叉尾鮰、鳜、鲈、河蟹、紫菜、大黄鱼、牡蛎、泥鳅、鳗鲡等种类。

（二）区域性主推品种及种类

2008—2010 年，区域性主推的水产养殖品种有"大连 1 号"杂交鲍、"蓬莱红"扇贝、"中科红"扇贝、"东方 2 号"杂交海带、"荣福"海带、乌克兰鳞鲤、豫选黄河鲤鱼、"夏奥 1 号"奥里亚罗非鱼、"981 龙须菜"；区域性主推养殖种类有鲇（大口鲇、怀头鲇）、黄颡鱼、乌鳢、三疣梭子蟹、锯缘青蟹、贻贝、裙带菜、中华鳖、鳄龟、乌龟、黄鳝等种类。

三、水产动物疾病防治

（一）疾病的发生和预防

疾病是由致病因素作用于生物机体时，扰乱了正常生命活动的现象。疾病的发生，是由于外界各种致病因素的作用和机体自身反应特性相互作用的结果。正确认识疾病发生的原因和条件，可以帮助我们理解疾病的本质，探究有效的预防和治疗方法。

1. 疾病的发生

（1）原因和条件。疾病发生的原因主要是机体受到致病性刺激、缺乏必需的物质和自身的改变。

致病性刺激包括机械刺激（如拉网、运输操作引起的外伤等），物理刺激（如气压、温度变化引起的"气泡病"和冻伤等），化学刺激（如药物刺激）和生物病原体（如致病菌传染、寄生虫侵袭）四大类。当机体必需的物质缺乏或不足时，机体的机能将发生变化，甚至死亡。如养殖鱼类饲料中缺乏必需的营养物质而患上疾病（营养缺乏症）。随着机体的生长和发育，正常的环境、条件下自身机能发生了变化，也可能成为致病的原因。

疾病的发生不仅需要原因，而且还需要一定的条件。由于条件不同，即使有病原存在，疾病可能发生也可能不发生。疾病发生的条件，可分为机体自身和外界环境两个方面。前者包括种类、年龄、性别和健康状况等；后者包括气候、水质、饲养管理和生态环境等。

（2）水产动物常见疾病。按病原（或病因）可将水产动物疾病分为由生物和非生物引起的两大类。由病毒引起的疾病（如草鱼出血病、对虾白斑病等）；由细菌引起的疾病（如烂鳃、肠炎病、疖疮病等）；由真菌引起的疾病（如水霉病）；由寄生虫引起的疾病（黏孢子虫病、车轮虫病、绦虫病等）；由藻类引起的中毒等；由营养引起的缺乏症；由环境引起的冻伤、气泡病等。

上述疾病的病原、症状、流行情况和治疗方法将在有关章节中介绍。

2. 疾病的预防　根据疾病发生的原因和条件，应从增强机体抵抗能力和控制环境、消灭病原三方面做好疾病的预防工作。

（1）增强机体抵抗力。病原体的存在，对养殖对象能否引起疾病，要看机体的抵抗能力和当时的环境条件。很多情况下，病原体对体质弱的养殖对象易引起疾病。因此，为了使养殖对象不得病或少得病，最根本的办法是增强机体的抵抗力。具体措施有：①选择和培育抗病力强的养殖品种。在养殖生产中，人们常常发现一些发病严重的水域，大部分种类因病而死亡，有少数种类安然无恙地生存下来。这些生存下来的种类，可能由于其本身有较强的抵抗能力，或体内产生了某种抗体，对病原体有免疫作用。实践证明，这种天然免疫在水产动物中广泛存在，而且还可以通过选育、杂交和人工免疫等方法获得。②改进饲养管理。合理、科学的饲养，是提高水产养殖动物机体抵抗力的有效措施之一。在这方面，广大渔民具有丰富的经验。如合理混养，可发挥养殖对象间的互补互利作用；合理密度，可减少养殖种类在水体空间、饵料等方面的竞争；合理选择饲料和投饵，可增强体质；调节和控制好水质，也是保证养殖对象身体健康的有效措施。

（2）控制环境，努力创造防病条件。①在建设养殖场之前，应对水源和周围环境进行详细调查，确保防病工作不受自然和人为因素的干扰；②在设计进排水系统时，应使每个养殖池独立，即应有独立的进、排水口，以防止和避免疾病的流行和传播；③

从环保和节水的角度考虑，水产养殖场应有蓄积废水和水处理措施，具有用水的自净能力。

（3）控制和消灭病原。①建立检疫制度。在水产养殖中，苗种购入和售出往往使一些病原传播和扩散，给生产造成巨大经济损失。因此，树立防疫意识、重视检疫工作是十分重要的。水产养殖工作者可根据疾病学知识进行检验，必要时将可疑苗种送至有关检疫和研究单位进行检验。②彻底清塘，保持水体清洁。养殖池是养殖动物栖息、生活的地方，也是病原体滋生和繁殖场所，池塘环境直接影响养殖动物的健康。所以，做好养殖池的清整工作尤为重要，通常用生石灰、漂白粉和二氯异氰尿酸钠等药物彻底清塘。③苗种放养时，要进行体表消毒，方法是用药物浸洗（药浴）。常用于浸洗鱼体的药物有高锰酸钾（$20\sim40mg/L$，$15\sim20min$）、食盐（$2\%\sim4\%$，$5\sim10$ 分钟）、硫酸铜（$0.7mg/L$，$5\sim10min$）、漂白粉（$10\sim20mg/L$，$10\sim15min$）、90%晶体敌百虫（$10mg/L$，$15min$）。④饲养过程中，应经常对工具和食场进行消毒。网具用 $10\sim20mg/L$ 硫酸铜浸洗，也可用高锰酸钾浸泡。食场除每天打扫外，每隔 $1\sim2$ 周用漂白粉消毒 1 次，将 $250g$ 漂白粉用 $10\sim15kg$ 水溶解，在食场水面泼洒。⑤疾病流行季节前，进行药物预防。预防疾病的方法，主要有投喂药饵和全池泼洒药物。体内病原体的预防，常采用投喂药饵方法；将药物均匀混合在饲料中，制成药饵投喂。预防疾病及其用药方法见有关章节。

（二）水产动物疾病的初步检查和诊断

1. 病状与健康的鉴别 病体和健康个体无论在外表表现和内部组织或生理上都有区别，大多数疾病要用多种检测手段才能确诊，有些则可以通过临诊征象判断。判断病体和健康个体的主要临诊征象有：

（1）活动特征。健康个体游动正常，活泼，反应灵活；病体活动缓慢，反应迟钝，离群独游，或作不规则的狂游、打转，或平衡失调。

（2）体色、体态特征。健康个体体表（鳞片）完整，体色鲜艳，有光泽；有病个体体色发黑或退色，失去光泽，有时出现异常的白色、红色。有时黏液增多，鳞片脱落，鳍条缺损，身体消瘦，腹部膨大，肛门红肿等。

（3）摄食情况。健康个体频繁觅食，摄食旺盛，食量大；病态个体食欲减退，摄食缓慢或不摄食，或接触到饵料也无摄食表现。

（4）内部脏器特征。健康个体的鳃丝完整、鲜红，肠道均匀、光滑，肝胰肾脏为紫红色，胆囊大小正常，胆汁黑绿色；病态个体常出现鳃丝缺损、发白，肠道无光泽或有节，肝胰肾脏颜色变浅，胆囊增大，胆汁颜色浅并有积水。

2. 发病的现场调查 水生动物发病、死亡的原因很多，为了较确切地诊断病征和发病原因，必须对发病现场做周密调查。

（1）发病情况调查。包括水体放养种类、时间、数量及其来源，发病或死亡的种类、规格、时间和数量，病态个体的活动、摄食表现，有无发病史等。

（2）饲养管理情况调查。包括饵料及其质量、来源，投饵时间和数量，有无拉网、注水、泼洒药物和投喂药饵等。

（3）饲养环境调查。要对水源的水质、养殖池水质、气候和天气，特别是溶氧、pH、氨氮、亚硝酸盐等进行详细调查，还要对有无污染等进行调查。

3. 初步检查和诊断 一般可采用肉眼检查（目检）和显微镜检查相结合的方法。

（1）取材。应选择正在发病的个体作为检查材料。为了准确和有代表性，一般要检查病状相同的个体 3～5 个，保存和运输应用原池水，以保持鲜活状态。

（2）检查的顺序。疾病检查要按一定顺序进行，原则上是从外到内，由表及里，先检查体表裸露部位，然后检查血液和脏器组织。体表、鳃、肠道、肝胰脏和胆囊为必须检查的部位。

（3）诊断。疾病诊断是较复杂的一环，初学者或没有经验的都要从实践中反复学习才能掌握。有些疾病只是单一的感染，有些则是多种病原复合感染。有的疾病凭目检就可以诊断，大多数还要靠镜检，有时还要靠微生物学、组织学、病理学、病毒学和生化手段才能得出结论。随着水产养殖业发展，新的养殖对象、新的病种不断出现，更增加了诊断的难度。

病原的分析要与其危害性、侵袭力、毒性、数量以及环境条件等多种因素结合起来进行。少量的病原体在正常条件下不足以致动物死亡，只有在环境条件恶化，病原体毒力、数量达到一定时才能导致死亡。

（三）常用药物及使用方法

1. 卤素类

（1）无机氯消毒剂。常用的有漂白粉（为次氯酸钙、氯化钙和氢氧化钙的混合物）和漂白剂（次氯酸钙），两者的含氯量分别为 $28\%\sim32\%$ 和 60% 以上。此外，还有次氯酸钠和二氧化氯等。漂白粉是一种廉价而广泛使用的消毒杀菌剂，但性质不稳定，容易失效。漂白粉用于清塘的浓度为 $20g/m^3$；用于防治（淡水鱼类）疾病，全池泼洒的浓度为 $1.0g/m^3$；用于浸洗（药浴）浓度为 $10mg/L$，时间为 $10\sim30min$。漂白精的消毒效力比漂白粉大 $2\sim3$ 倍，性质也比较稳定；用药量为漂白粉的 $1/2$ 即可。次氯酸钠是一种强氧化剂，既能杀菌，又能杀虫；用于育苗池消毒的浓度为 $250mL/m^3$（$6\sim8h$），然后，再用 $35g$ 硫代硫酸钠中和（余氯）。二氧化氯也是一种强消毒剂，杀菌能力强，对鱼类的毒性较低；防治疾病，全池泼洒浓度为 $0.1\sim0.2mg/L$。

（2）有机氯消毒剂。①二氯异氰尿酸钠：又名优氯净、鱼康等。含有效氯 60%，为白色结晶粉末，易溶于水，性质稳定，对细菌、芽孢、真菌孢子、病毒都有强烈的杀灭作用，药效持久，常用于海淡水池塘消毒和传染病防治；②三氯异氰尿酸：又名强氯精、鱼安等。含氯 80%～85%，性质稳定，药效强烈而持久，为广谱性消毒剂，防治细菌性疾病效果较为理想。

（3）聚乙烯吡咯酮碘（PVP-I）。简称碘伏。为高分子载体药物，商品为棕白色粉末，略有臭味，溶于水。PVP-I 与动物机体接触后能慢慢释放出碘，对体外病毒、细菌有较好的杀灭作用。常用于鲑鳟类卵（50mg/L，15min）、虾类卵（50mg/L，30～60s）和亲体的消毒。

2. 有机磷类（农药） 常用的为晶体敌百虫（90%），它能使胆碱酯酶活性受到抑制，从而使昆虫、甲壳类等中毒死亡。敌百虫对鱼类安全范围广，全池泼洒浓度 0.2～1.0mg/L，可杀死三代虫、指环虫等；内服每千克体重 0.5mg，可防治黏孢子虫病。虾蟹类养殖池禁用敌百虫。

3. 磺胺类 常用的有磺胺甲噁唑，又名新诺明，用于治疗鲤科鱼类肠炎病。内服每千克体重 100mg，连用 5～7d。

4. 氧化剂 常用高锰酸钾，用于治疗寄生虫类鱼病。药浴浓度 10～20mg/L，15～30min；全池泼洒浓度为 4～7mg/L。

5. 重金属类 常用为硫酸铜和硫酸亚铁，应用合剂（5：2）治疗纤毛虫、鞭毛虫类鱼病。药浴浓度 7～8mg/L，15～20min；全池泼洒浓度为 0.7mg/L。

6. 喹诺酮类 常用恩诺沙星，又称诺氟沙星，为第三代喹诺酮类药物，对阳性和阴性细菌均有抑制作用。可防治多种疾病，如海淡水鱼的烂鳃病、肠炎病、赤皮病，鳖皮肤溃疡病，河蟹的烂鳃病、甲壳溃疡病等。口服每千克体重 10～50mg，连续投喂 3～5d。药浴浓度 4mg/L，30～60min。

7. 抗生素类 常用红霉素，用于青鱼、草鱼、鲢、鳙等鱼苗、鱼种的白头白嘴病，草鱼、青鱼细菌性烂鳃病，鲢、鳙等鱼的白皮病及罗非鱼的链球菌病，对虾肠道细菌病，贝类幼体面盘解体病等。拌饵投喂，每千克体重 50mg，连用 5～7d。

8. 中草药类 常用的有：①大蒜素粉，用于治疗细菌性肠炎，口服每千克体重 0.2g，连用 4～6d；②大黄，用于治疗细菌性肠炎和烂鳃，全池泼洒 2.5～4.0mg/L；口服每千克体重 5～10g，连用 4～6d。

水产养殖允许用药名录见表 2-1。

表 2-1　水产养殖允许用药名录

一、抗微生物药

（一）抗生素

β-内酰胺类（青霉素类）

序号	药品通用名称	出　处
1	注射用青霉素钠	兽药典——兽药使用指南（化学药品卷）

氨基糖苷类

序号	药品通用名称	出　处
2	注射用硫酸链霉素	兽药典——兽药使用指南（化学药品卷）
3	注射用复方硫酸庆大霉素	农业部 784 号公告
4	硫酸新霉素粉	农业部 627 号公告

四环素类

序号	药品通用名称	出　处
5	盐酸多西环素粉	农业部 627 号公告

酰胺醇类

序号	药品通用名称	出　处
6	甲砜霉素粉	兽药典——兽药使用指南（化学药品卷）
7	甲砜霉素粉	农业部 627 号公告
8	复方氟苯尼考粉	农业部 910 号公告
9	氟苯尼考粉	兽药典——兽药使用指南（化学药品卷）
10	氟苯尼考粉	农业部 627 号公告

大环内酯类

（续）

序号	药品通用名称	出　处
11	红霉素片	兽药典——兽药使用指南（化学药品卷）
12	硫氰酸红霉素可溶性粉	兽药典——兽药使用指南（化学药品卷）

（二）合成抗菌药

磺胺类药物

序号	药品通用名称	出　处
13	磺胺间甲氧嘧啶片	兽药典——兽药使用指南（化学药品卷）
14	磺胺对甲氧嘧啶片	兽药典——兽药使用指南（化学药品卷）
15	复方磺胺嘧啶粉	农业部 627 号公告
16	复方磺胺二甲嘧啶粉 II 型	农业部 627 号公告
17	复方磺胺甲噁唑粉	农业部 627 号公告
18	复方磺胺二甲嘧啶粉 I 型	农业部 627 号公告
19	磺胺间甲氧嘧啶钠粉	农业部 627 号公告
20	磺胺二甲嘧啶片	兽药典——兽药使用指南（化学药品卷）
21	磺胺噻唑片	兽药典——兽药使用指南（化学药品卷）
22	甲氧苄啶片（抗菌增效剂）	兽药典——兽药使用指南（化学药品卷）

喹诺酮类药

序号	药品通用名称	出　处
23	恩诺沙星粉	农业部 627 号公告
24	乳酸诺氟沙星可溶性粉	农业部 627 号公告
25	盐酸沙拉沙星可溶性粉	农业部 627 号公告
26	诺氟沙星粉	农业部 627 号公告
27	烟酸诺氟沙星预混剂	农业部 627 号公告

（续）

序号	药品通用名称	出　处
28	诺黄散	农业部 627 号公告
29	诺氟沙星、盐酸小檗碱预混剂	兽药典——兽药使用指南（化学药品卷）
30	诺氟沙星、盐酸小檗碱预混剂	农业部 627 号公告
31	恩诺沙星片	兽药典——兽药使用指南（化学药品卷）
32	噁喹酸	兽药典——兽药使用指南（化学药品卷）
33	噁喹酸散	兽药典——兽药使用指南（化学药品卷）
34	噁喹酸混悬溶液	兽药典——兽药使用指南（化学药品卷）
35	噁喹酸溶液	兽药典——兽药使用指南（化学药品卷）
36	复方噁喹酸粉	农业部 910 号公告
37	氟甲喹粉	农业部 474 号公告
38	盐酸环丙沙星、盐酸小檗碱预混剂	兽药典——兽药使用指南（化学药品卷）
39	维生素 C 磷酸酯镁、盐酸环丙沙星预混剂	兽药典——兽药使用指南（化学药品卷）

其他合成抗菌药

序号	药品通用名称	出　处
40	大蒜素粉	农业部 910 号公告

二、杀虫驱虫药

（一）抗原虫药

序号	药品通用名称	出　处
41	硫酸铜、硫酸亚铁粉、氧化铁粉	农业部 910 号公告
42	硫酸锌	兽药典——兽药使用指南（化学药品卷）
43	硫酸锌粉	农业部 627 号公告
44	复方硫酸锌粉 I 型	农业部 627 号公告

（续）

序号	药品通用名称	出 处
45	复方硫酸锌粉 II 型	农业部 627 号公告
46	硫酸铜、硫酸亚铁粉 I 型	农业部 627 号公告
47	盐酸氯苯胍粉	农业部 627 号公告
48	地克珠利预混剂	农业部 627 号公告

（二）驱杀蠕虫药

序号	药品通用名称	出 处
49	敌百虫溶液	农业部 910 号公告
50	阿维菌素溶液	农业部 910 号公告
51	复方甲苯咪唑粉	兽药典——兽药使用指南（化学药品卷）
52	盐酸左旋咪唑片	兽药典——兽药使用指南（化学药品卷）
53	阿苯达唑粉	农业部 627 号公告
54	吡喹酮预混剂	农业部 627 号公告
55	复方阿苯达唑粉	农业部 627 号公告
56	甲苯咪唑溶液	农业部 627 号公告
57	伊维菌素溶液	农业部 910 号公告
58	精制敌百虫粉	农业部 627 号公告

（三）杀寄生甲壳动物药

序号	药品通用名称	出 处
59	锌硫磷溶液	农业部 910 号公告
60	溴氰菊酯溶液	农业部 910 号公告
61	氰戊菊酯溶液	农业部 910 号公告
62	敌百虫、辛硫磷粉	农业部 627 号公告
63	氯氰菊酯溶液	农业部 627 号公告
64	精制马拉硫磷溶液	农业部 627 号公告

三、消毒制剂

（续）

（一）醛类

序号	药品通用名称	出　处
65	戊二醛溶液	农业部 627 号公告

（二）卤素类

序号	药品通用名称	出　处
66	含氯石灰	兽药典——兽药使用指南（化学药品卷）
67	含氯石灰	农业部 627 号公告
68	蛋氨酸碘	兽药典——兽药使用指南（化学药品卷）
69	蛋氨酸碘粉	兽药典——兽药使用指南（化学药品卷）
70	蛋氨酸碘溶液	兽药典——兽药使用指南（化学药品卷）
71	复合亚氯酸钠	兽药典——兽药使用指南（化学药品卷）
72	二氯异氰脲酸钠粉	农业部 627 号公告
73	高碘酸钠溶液	农业部 627 号公告
74	聚维酮碘粉	农业部 627 号公告
75	聚维酮碘溶液	兽药典——兽药使用指南（化学药品卷）
76	聚维酮碘溶液	农业部 627 号公告
77	三氯异氰脲酸片	农业部 627 号公告
78	三氯异氰脲酸粉	农业部 627 号公告
79	三氯异氰脲酸粉	兽药典——兽药使用指南（化学药品卷）
80	溴氯海因粉	农业部 627 号公告
81	复合碘溶液	农业部 627 号公告
82	次氯酸钠溶液	农业部 627 号公告

（续）

序号	药品通用名称	出　处
83	碘伏（Ⅰ）	农业部 850 号公告
84	二氧化氯（Ⅰ）	农业部 850 号公告
85	二氧化氯	农业部 850 号公告
86	复合氯酸钠	农业部 850 号公告
87	复合亚氯酸钠粉Ⅱ	农业部 850 号公告
88	复合亚氯酸钠（Ⅳ）	农业部 850 号公告
89	复合亚氯酸钠（Ⅴ）	农业部 850 号公告
90	复合亚氯酸钠Ⅰ	农业部 850 号公告
91	复合亚氯酸钠Ⅲ	农业部 850 号公告
92	复合亚氯酸钠溶液（Ⅰ）	农业部 850 号公告
93	复合亚氯酸钠溶液（Ⅲ）	农业部 850 号公告
94	癸甲溴铵、碘溶液	农业部 850 号公告

（三）季铵盐类

序号	药品通用名称	出　处
95	苯扎溴铵溶液	农业部 627 号公告

（四）氧化剂

序号	药品通用名称	出　处
96	高锰酸钾	兽药典——兽药使用指南（化学药品卷）

（五）盐类

序号	药品通用名称	出　处
97	碳酸氢钠片	兽药典——兽药使用指南（化学药品卷）

（六）其他

序号	药品通用名称	出　处
98	戊二醛、苯扎溴铵溶液	农业部 910 号公告

四、中药

（续）

序号	药品通用名称	出　处
99	肝胆利康散	农业部 627 号公告
100	山青五黄散	农业部 627 号公告
101	双黄苦参散	农业部 627 号公告
102	板蓝根大黄散	农业部 627 号公告
103	双黄白头翁散	农业部 627 号公告
104	百部贯众散	农业部 627 号公告
105	青板黄柏散	农业部 627 号公告
106	蒲甘散	农业部 627 号公告
107	大黄芩蓝散	农业部 627 号公告
108	清健散	农业部 627 号公告
109	青莲散	农业部 627 号公告
110	鱼肝宝散	农业部 627 号公告
111	六味黄龙散	农业部 627 号公告
112	三黄散	农业部 627 号公告
113	柴黄益肝散	农业部 627 号公告
114	首乌散	农业部 627 号公告
115	川楝陈皮散	农业部 627 号公告
116	六味地黄散	农业部 627 号公告
117	五倍子末	农业部 627 号公告
118	芪参免疫散	农业部 627 号公告
119	龙胆泻肝散	农业部 627 号公告
120	南板蓝根末	农业部 627 号公告
121	板蓝根末	农业部 627 号公告
122	十大功劳末	农业部 627 号公告
123	地锦草末	农业部 627 号公告
124	青蒿末	农业部 627 号公告

（续）

序号	药品通用名称	出　处
125	大黄末	农业部 627 号公告
126	烂鳃灵散	农业部 627 号公告
127	虎黄溶液	农业部 627 号公告
128	苦参末	农业部 627 号公告
129	雷丸槟榔散	农业部 627 号公告
130	五倍大青散	农业部 627 号公告
131	脱壳促长散	农业部 627 号公告
132	利胃宝	农业部 627 号公告
133	根莲解毒散	农业部 627 号公告
134	健鱼灵散	农业部 627 号公告
135	芪藻散	农业部 627 号公告
136	扶正解毒散	农业部 627 号公告
137	黄连解毒散	农业部 627 号公告
138	苍术香连散	农业部 627 号公告
139	加减消黄散	农业部 627 号公告
140	驱虫散	农业部 627 号公告
141	清热散	农业部 627 号公告
142	穿心莲末	农业部 627 号公告
143	大黄五倍子散	农业部 627 号公告
144	穿梅三黄散	农业部 627 号公告
145	七味板蓝根散	农业部 627 号公告
146	青连白贯散	农业部 627 号公告
147	银翘板蓝根散	农业部 627 号公告
148	大黄解毒散	农业部 894 号公告
149	黄芩苦参散	农业部 894 号公告
150	苦参百部散	农业部 894 号公告

（续）

序号	药品通用名称	出　处
151	虾蟹脱壳促长散	兽药典
152	蚌毒灵散	兽药典——兽药使用指南（化学药品卷）
153	连翘解毒散	农业部 894 号公告
154	大黄末	兽药典——兽药使用指南（化学药品卷）
155	虾康颗粒	国家兽药质量标准（2003 版）

五、调节水生动物代谢或生长的药物

（一）激素

序号	药品通用名称	出　处
156	注射用促黄体素释放激素 A_2	兽药典——兽药使用指南（化学药品卷）
157	注射用促黄体素释放激素 A_3	兽药典——兽药使用指南（化学药品卷）
158	注射用复方绒促性素 A 型	农业部 784 号公告
159	注射用复方鲑鱼促性腺激素释放激素类似物	农业部 865 号公告
160	注射用复方绒促性素 B 型	农业部 784 号公告

（二）维生素

序号	药品通用名称	出　处
161	维生素 C 钠粉	农业部 627 号公告
162	维生素 K_3 粉	农业部 627 号公告
163	维生素 AD 油	兽药典——兽药使用指南（化学药品卷）

（三）微量元素

序号	药品通用名称	出　处
164	亚硒酸钠维生素 E 预混剂	兽药典——兽药使用指南（化学药品卷）

（续）

序号	药品通用名称	出　处
165	硫酸亚铁	兽药典——兽药使用指南（化学药品卷）

（四）诱食剂

序号	药品通用名称	出　处
166	盐酸甜菜碱预混剂	农业部 627 号公告

六、环境改良剂

序号	药品通用名称	出　处
167	腐植酸钠溶液	农业部 627 号公告
168	过硼酸钠粉	农业部 627 号公告
169	过碳酸钠	农业部 627 号公告
170	过氧化钙粉	农业部 627 号公告
171	过氧化氢溶液	农业部 627 号公告
172	硫代硫酸钠粉	农业部 627 号公告
173	硫酸铝粉	农业部 627 号公告
174	硫酸铝钾粉	农业部 627 号公告
175	扑草净粉	农业部 627 号公告
176	氯硝柳胺粉	农业部 627 号公告

七、水产用疫苗

序号	药品通用名称	出　处
177	草鱼出血病灭活疫苗	兽药典——兽药使用指南（生物制品卷）
178	鱼嗜水气单胞菌败血症灭活疫苗	兽药典——兽药使用指南（生物制品卷）
179	牙鲆鱼溶藻弧菌、鳗弧菌、迟缓爱德华菌病多联抗独特型抗体疫苗	农业部 750 号公告

　　备注：兽药典（2005 版）——兽药使用指南（化学卷）中，将①红霉素片、②硫氰酸红霉素可溶性粉、③盐酸环丙沙星、盐酸小檗碱预混剂、④维生素 C 膦酸酯镁、盐酸环丙沙星预混剂列为水产养殖允许用药名录；但在《无公害食品　渔用药物使用准则》中，将红霉素、环丙沙星列为禁用药物。

四、水产养殖方式

1. 池塘养殖

（1）静水（土）池塘养殖。为目前我国淡水养殖的主要形式。由于面积较小（一般不超过 10 000m²），管理方便，水体环境容易控制，通常采取集约化养殖。

（2）普通流水池塘养殖。为静水池塘养殖的演化方式。池塘面积小（一般不超过 1 000m²），通常池壁用砖石、水泥砌成；养殖池由注排水形成水流，溶氧充足，水质良好，通常采取高密度放养和强化投饵的养殖方式。

2. 工厂化养殖

是指将养殖池建在室内（车间里），应用自动化装备和技术对养殖用水进行处理并循环使用，对水温、水质、溶氧、光照等自动监测和调控，采取高密度放养和强化投饵的方式生产，是一种高度集约化的养殖方式。

3. 网箱养殖

是指利用合成纤维网片或金属网片，经剪裁、缝合，装配成一定性状的箱体，将其置于较大水域并在其中进行的养殖生产。由于网箱内外水体不断交换，溶氧高、水质好，通常采取高密度放养和强化投饵的方式生产，是一种高度集约化的养殖方式。

4. 围栏养殖

是指在湖泊、水库、河道和浅水海湾等水域，利用网围、网栏等设施开展的养殖生产，是一种集约化养殖方式。适宜围栏养殖的种类主要有鱼类和虾蟹类。

5. 浅海浮筏养殖

是指在 8～40m 深的海域打桩或抛砣设置浮筏，在浮筏上栽培海藻或吊（笼）养贝类和育珠等，是一种集约化养殖方式。适宜筏式养殖的种类主要有海带、裙带菜、虾夷扇贝、海湾扇贝、栉孔扇贝、鲍、海胆和三疣梭子蟹等。

6. 稻田养殖

是指利用稻田水体在稻田中开挖鱼沟和鱼凼开展养殖生产，饲养水产动物的同时进行水稻生产。这种方式能发挥稻鱼间的互利作用，实现稻鱼双丰收。适宜稻田养殖的种类有淡水鱼类、中华绒螯蟹和青蛙等。

7. 湖泊、水库粗放养殖　是指在一定生产周期内，向水体投放苗种，当它们达到商品规格时进行捕捞获得鱼产品。这种方式的特点是，养殖对象的生长和产量全部（或主要）依靠水体中天然饵料资源。因此，必须根据水体自然条件，选择适当的放养对象、确定放养数量和规格，同时，建立拦鱼防逃、控制凶猛鱼类、合理捕捞和资源保护措施，以充分发挥水体的生产潜力。目前，我国大多数湖泊、水库粗放养殖的对象主要是鲢和鳙。

8. 浅海底播增养殖　是指在适宜的海区直接向海底播撒贝类、棘皮动物苗种，利用自然或半人工条件开展的粗放式养殖贝类和棘皮动物等迁移范围较小，长成后回捕率较高，可进行一般的饲养管理。投放的养殖对象长成后能自然繁殖，有增殖意义，所以又叫浅海底播增养殖。

五、水产养殖技术

（一）放养技术

1. 放养种类的选择　一个养殖对象渔业品质的高低为其客观属性，而一个水体究竟是否适宜这种对象的养殖，则要看这个水体的自然条件。在选择放养种类时，应主要考虑以下几个条件：

（1）养殖水体的水温和水质。有什么水就养什么鱼，这是一般原则。如山泉水体的水温较低，水质清澈，水温年变化在 2～22℃，可考虑养殖冷水性鱼类；在我国绝大多数地区，一般的土池池塘适合养殖鲤形目、鲇形目的温水性鱼类。

（2）水体的天然饵料和人工饲料供应条件。在粗放式养殖中，选择放养种类应主要考虑它的天然饵料基础；在有施肥条件时，首先应考虑浮游生物食性种类（鲢、鳙）。实行精养，即使用配合饲料和强化投喂，必须考虑饲料原料的来源、运输和加工等条件。

（3）苗种来源。只有苗种来源广、规格齐全、数量充足的种类，才能成为主要养殖对象。解决养殖对象苗种来源的根本途径是，实现人工育苗。选择放养种类时，苗种供应、运输等条件都要加以考虑。

（4）商品鱼市场和销售条件。该条件是生产经营的核心，关系到整个养殖生产的经济效益。所以，确定养殖对象应选择市场前景好、价格高、商品鱼畅销的种类。另外，活鱼运输和销售条件、产品的深加工和出口等条件也是应当考虑的。

2. 放养鱼种规格　食用鱼饲养中，放养鱼种的适宜规格是，应在一个生长季节或规定的时间里达到商品鱼规格。确定放养鱼种规格，应考虑市场对商品鱼规格要求、鱼的生长速度和饲养时间。养殖鱼类都有一个消费者认可的市场规格，而且与价格有一定关系。以鲤为例，市场上商品鱼规格在 1 000g 左右最受欢迎，价格较高。在北京地区，池塘养鲤的饲养时间为 200d 左右；根据目前的饲养技术水平和鲤的生长速度，放养鱼种的适宜规格为100g。确定放养鱼种规格时，还要考虑到放养密度、生长期水温、饲料质量和数量等。

目前，几种淡水养殖鱼类适宜的商品规格为草鱼 1.5～2.5kg，鲤 750～1 500g，鲢、鳙为 1 000g 左右，鲫 400g 以上，团头鲂 600g 以上。根据我国北方地区气候条件和饲养水平，在一定密度下，实行春放、秋捕的饲养模式。几种鱼类鱼种放养的适宜规格为草鱼 200～300g，鲤 150～200g，鲢、鳙 150g 左右，鲫和团头鲂为 50g 以上。

目前，上述鱼类的养鱼周期（从鱼苗养到商品鱼）均为两年（一般不超过 20 个月）。养鱼周期和养成规格与经济效益关系密切，缩短养鱼周期是提高养鱼生产效率的途径之一。

3. 混养生物学原理和类型　混养的生物学原理：将不同食

性、不同摄食方式和不同栖息习性的种类放养在同一水体中，以充分利用水体空间、天然饵料资源和人工饲料，发挥各种类间的互补互利作用，实现高产、高效养殖。

池塘养鱼一般以一种（或两种）鱼为主，搭养其他鱼类，实行多种类混养，以充分利用水体空间、天然饵料资源和人工饲料。池塘合理混养，首先要确定主体鱼，即它在放养和产量中所占比例较大，为饲养管理的主要对象。其次确定搭养鱼类，即它们在放养和产量中所占比例较小，在饲养管理中处于次要地位。确定搭养种类时，应尽量避免或减少养殖鱼类间在食性、摄食方式和能力、栖息水层上的矛盾。池塘养鱼混养的主要方式有异种同龄混养、异种异龄混养和同种异龄混养（套养）等。

我国淡水池塘养鱼混养的典型有：①以草鱼为主，混养鲢、鳙等。草鱼比例为50%，鲢30%，鳙10%，鲤和团头鲂分别为5%。饲养方法是投喂各种旱草和水草，饲养草鱼的同时，培养了浮游生物，为鲢、鳙提供了饵料；放养的鲢、鳙可控制水体肥度，为草鱼、鲤等净化水质。②以鲤为主，混养鲢、鳙等。鲤比例为70%，鲢15%，鳙、鲫、团头鲂分别为5%。这种方式的特点是鲤放养密度大，投喂颗粒饲料，主养鲤的同时肥水，为鲢、鳙提供了饵料；放养的鲢、鳙可控制水体肥度，为鲤、鲫、团头鲂等净化水质。③以鲢、鳙为主，混养鲤、鲫、团头鲂、鲴等。鲢占比例为40%，鳙10%，鲤、鲫、团头鲂、鲴分别占10%，其特点是以施肥为主，依靠培养饵料生物获得鱼产量，是一种"节粮型"饲养方式。

4. 放养密度的确定　放养密度，通常以单位水面放养鱼种的尾数和重量来表示；池塘混养时，放养密度包括每种鱼类放养密度和总密度两层含义。在一定范围内，每种鱼类放养密度与产量呈正相关，与养成规格呈负相关。确定放养密度时，应从以下几方面考虑：①依据饲养条件、技术水平和能力确定产量目标；

②以放养鱼种在预定时间内达到商品规格为前提，充分发挥养殖鱼类的生长潜力；③以高产、高效为目标，最大限度发挥池塘的生产潜力。

表 2 - 2　以鲤为主池塘鱼种放养情况

放养种类	放养规格 (g)	出塘规格 (g)	成活率 (%)	放养尾数 (尾/hm²)	放养重量 (kg/hm²)	比例 (%)	产量（估算） (kg/hm²)
鲤	175	1 175	95	13 260	2 320	70	12 600
鲢	150	1 000	90	4 230	635	18	3 240
鳙	150	1 200	95	1 260	189	7	1 260
鲫	60	500	95	2 150	129	5	900
合计				20 900	3 273	100	18 000

以池塘主养鲤为例（表 2 - 2），投喂颗粒饲料，计划产量达 $1.8 \times 10^4 \, \text{kg/hm}^2$，各种鱼适宜的放养密度为鲤 13 260 尾，鲢 4 230 尾，鳙 1 260 尾，鲫 2 150 尾。放养密度的计算公式为：

$$X_n = \frac{P \times n}{(W_t - W_0) \times K}$$

式中　X_n——某种鱼的放养密度；

　　　P——计划亩净产量；

　　　n——该种鱼在产量中的比例；

　　　W_t——出塘时规格；

　　　W_0——放养规格；

　　　K——成活率。

5. 实行轮养　轮养是指根据鱼类生长与其贮存量、水体鱼载量的关系，在饲养过程中，用调节密度（贮存量）来保持养殖鱼类快速生长的一种措施。众所周知，春放秋捕方式存在因放养初期贮存量低，池塘生产潜力没有得到充分发挥；而饲养后期又因贮存量达到或接近鱼载量，而抑制了鱼类生长。实行轮养就是加大放养量，使养殖鱼类（生长）产量与水体生产能力相适应；当鱼的贮存量达到或接近鱼载量时，采用捕捞调节贮存量方法，保持贮存量与鱼载量相适应和养殖鱼类的快速生长，最大限度发挥水体的生产潜力。

养殖池轮养的主要形式有：①一次放足，分期捕捞，捕大留小；②分期放养，分期捕捞，捕大补小；③多级轮养。多级轮养是指从鱼苗养到商品鱼分级（分池塘）饲养，即不同规格鱼种采用不同密度饲养，当密度（贮存量）达到或接近鱼载量时，捕捞、分塘降低密度，保持池塘贮存量与鱼载量相适应和养殖鱼类的快速生长。

（二）养殖池水质调节与控制措施

1. 生石灰清塘 清塘，是指用药物杀灭池塘中各种敌害生物、病原体和野杂鱼的过程。用生石灰清塘，既能完成清塘作用，又能起到改良底质和水质的作用。

生石灰遇到水产生氢氧化钙，氢氧化钙为强碱性，其氢氧根离子在短时间内使池水的 pH 升高到 11 以上，能杀死野杂鱼、敌害生物和病原体。生石灰清塘产生的氢氧化钙，吸收二氧化碳生成碳酸钙沉淀。碳酸钙能疏松淤泥，改善底泥的通气性和酸性环境，释放营养盐类，加速有机质分解，起到改良底质和施肥的作用。生石灰清塘提高了池水硬度，增加缓冲性，起到改良水质的作用。

生石灰清塘分干池清塘和带水清塘两种方法。干池清塘，是将池水排干（或留有少量水），将生石灰均匀堆放池中，加水溶化，不待冷却立即把石灰浆均匀泼洒，干池清塘生石灰的用量为 $0.1\sim0.2kg/m^2$；带水清塘，是将溶化的石灰浆趁热向池塘均匀泼洒，水深 1m，生石灰的用量为 $0.25\sim0.3kg/m^2$。

2. 清淤和改良底质 精养池塘每年积存大量的淤泥。淤泥的主要成分是腐殖质和生物、各种无机盐类和泥沙。淤泥对养殖池具有保水、保肥、供肥和调节水质的作用，但过多淤泥易恶化水质和诱发鱼病。

在养殖的空闲季节，将池水排干，使淤泥充分得到风吹、日晒或冰冻，加速有机物的分解和转化。施用生石灰等底质改良剂，改变淤泥的酸性环境，杀死有害生物和致病菌。有条件的地方，可采取养鱼和作物轮作的方法改良养殖池底质。池塘使用多年后，塘泥淤积过多，需要清除。清除淤泥的主要方法有使用推土机、泥浆泵和水底吸淤泵等。

3. 搅动塘泥　搅动塘泥的目的是翻松淤泥，增加其通气性；使上下水层混合，向底层输送氧气和对上层补充营养盐；从而防止有机物在池底积存，加速底层有机物的分解和转化，为浮游生物繁殖和生长创造条件，起到改良底质和水质的作用。

搅动塘泥每 1~2 周进行 1 次，操作方法有拉铁链和人下水用耙子搅等。为了防止池水缺氧，搅动塘泥应选择在晴天的上午进行。

4. 合理施肥　施肥是池塘养殖一项重要生产措施。施肥的目的，一是直接或间接地为养殖对象提供饵料；二是调节水质，培养绿色植物行光合作用产氧和净化水质。养殖池施肥必须建立在合理基础上，否则将会产生不良影响。

化肥是养殖池的常用肥料，其营养成分准确，肥效快，一次施用量少，不污染水质，操作方便。养殖池施用化肥的注意事项：①了解化肥的有效成分和含量，了解其化学性质、特点和使用方法；②掌握养殖池营养盐状况，做到缺什么肥料就施什么肥料；③施用量要准确，控制一次施用量，化肥过多对养殖动物有毒，要做到少施勤施；④复合施肥时，要注意化肥间的颉颃性和协同性，避免产生不良效果和造成浪费；⑤要将化肥完全溶解后，在池水表层均匀泼洒；⑥要注意天气、温度等对施肥的影响。

有机肥种类多，来源广，价格廉，营养成分全面，肥效持久；它最突出的优点是含有大量腐屑和细菌，可直接充当水生动物的饵料。有机肥的缺点是构成复杂，成分不清，不易掌握确切的施用量，一次施用量大、操作繁重。有机肥直接施入易污染水质，在塘内分解耗氧易恶化水质，有时会引起疾病发生。因此，集约化高产养殖池一般不施有机肥。

5. 加注新水 加注新水的意义在于带入溶氧和营养盐类，冲淡代谢产物，包括抑制生长和有毒物质。当池水缺氧告急时，注水也是最实际、最有效的抢救措施。当池水老化（藻类生理老化、有机物多、氨氮含量高），及时排出老水和加注新水，是静水养殖池水质调节最有效的措施之一。

6. 使用增氧机 使用增氧机除了通过搅水、曝气直接增加水体溶氧外，还可造成养殖池水对流，散发有害气体，防止水质恶化，促进浮游生物繁殖和生长，从而改善水质，提高养殖产量。

增氧机的直接增氧作用毋庸置疑，但使用不当也会产生不良效果。为了充分发挥增氧机在调节养殖池水质中的作用，必须合理使用增氧机。①要根据养殖池特点和养殖对象合理选择增氧机。目前，水产养殖生产中使用的增氧机主要有叶轮式、水车式、喷水式、空压射流式和微孔管道增氧技术等。养鱼池一般采用叶轮式增氧机，可按 $6.0kW$（电机）$/hm^2$ 配备。养虾池一般采用水车式增氧机，按 $10kW/hm^2$ 配备。②根据养殖池溶氧变化规律和溶氧量，合理使用增氧机。增氧机增氧效果与养殖池溶氧饱和度有关，溶氧越低，增氧效果越好。当池水溶氧低于养殖对象要求时，如凌晨、连绵阴雨缺氧和"浮头"时，要开增氧机。③晴天中午开增氧机，可克服水的热阻力，改变溶氧分布的不合理性，将高溶氧的水送至下层，以减少底层"氧债"。阴天的中午和晴天的傍晚开增氧机，会降低浮游植物的产氧，增加耗氧，易引起"浮头"。

微孔管道增氧技术（或称底充式增氧技术），是指采用铺设在池塘底部的充气管对池塘充气增氧，以满足池塘水体的溶解氧需求。2008 年起，农业部将微孔增氧技术列入优势农产品重大技术推广项目。微孔增氧机安装由风机，主、辅管，曝气管及辅助配件组合而成，主机可根据池塘情况，选择一塘一台小功率风机或多塘一台大功率风机，后者可节省更多的电能。一般微孔管的功率配置为 $3.75\sim4.5kW/hm^2$，PVC 管的功率配置为 $2.25\sim3.0kW/hm^2$。

7. 施用化学剂和药物

（1）控制浮游植物。当浮游植物数量过多，池水透明度＜10cm 时，可用漂白粉或硫酸铜全池泼洒，浓度分别为 1.0mg/L 和 0.7mg/L。当池水中出现微囊藻并形成"水华"时，可以用硫酸铜或生石灰在"水花"处泼洒，浓度分别为 0.7mg/L 和 $20\sim30g/m^2$。

（2）控制浮游动物。当池水中轮虫、枝角类和桡足类数量过多，引起缺氧时，可用 90％的晶体敌百虫全池泼洒，浓度分别为 1.0mg/L、0.5mg/L 和 0.7mg/L。

（3）化学增氧剂。当池水缺氧出现"浮头"，又没有增氧机和不能及时注水时，可施用化学增氧剂，如过氧化钙（CaO_2）、二硫酸铵 $[(NH_4)_2S_2O_3]$ 等。

（4）水质改良剂。目前，应用于养殖池水质改良剂很多，主要有活性腐殖酸、光合细菌等微生态制剂、氧化剂等。

（三）饲料选择和投饲技术

1. 饲料的选择 动物生命活动所需的营养物质，包括蛋白质、脂肪、碳水化合物、矿物质和维生素等，在营养学上称之为营养素。养殖动物所需的营养素，绝大多数要从饲料中获得。如果饲料中某种或多种营养素缺乏，将导致动物生长减慢（或停滞）、发病等；长期缺乏必要的营养素，将引起养殖动物死亡。饲料是动物饲养的物质基础，也是主要的开支项目，水产集约化养殖中饲料成本常占总成本的 70％。所以，掌握饲料的营养学基础和对饲料的选择、调配、加工以及投喂等技术是十分必要的。水产养殖选择饲料的一般原则为：

（1）根据动物对营养素需要，选择合理的饲料（配方）。如池塘养鲤饲料的主要营养指标为蛋白质28%～32%，脂肪8%～10%，能量14.64～15.89kJ/g。选择和调配饲料时，除考虑蛋白质、脂肪和能量需要外，还要考虑必需氨基酸、必需脂肪酸、微量元素和维生素的需要。

（2）根据水温和鱼的生长情况，及时调整饲料配方。如水温低、鱼的生长速度慢，可适当降低饲料蛋白质含量或降低投喂量；相反，水温适宜、鱼的生长速度快，需要增加饲料蛋白质含量。幼鱼阶段生长速度快，对饲料蛋白质需要量高，应选择高蛋白、低脂肪的饲料。

（3）根据养殖对象的摄食方式，选择饲料类型。如滤食方式的鲢、鳙，选择粉状饲料；猎食方式的花鲈、虹鳟、大口鲇等，选择软颗粒饲料；吞食方式的鲤、鲫、团头鲂、草鱼等，选择硬颗粒饲料或膨化饲料；撕咬方式的鳗鲡、鳖等，选择面团饲料等。

（4）根据养殖对象个体大小，选择适宜颗粒的饲料。吞食方式的养殖鱼类，饲料的适宜颗粒大小应与其口径相适应（表2-3）。

表2-3　鲤体长、体重与适应的饲料粒径

饲料编号	颗粒直径（mm）	体重（g）	体长（cm）
1	2.0～2.5	20	8～10
2	3.0	30～50	12～15
3	3.5	50～100	15～18
4	4.5	100～300	18～23
5	6.0	300以上	13以上

2. 投饲技术　池塘养鱼投喂颗粒饲料的方法，有人工手撒和自动投饵机投喂。不论采取哪种方法，都应遵循"四定"的基本原则，即"定时、定位、定质、定量"。

（1）设投饵台。选择背风向阳处作为饲料投喂点，搭设投饵台。一般一口池塘只设一个投喂点。

（2）驯食鱼种上浮抢食。鱼种放入池塘后，应立即开始驯食。每天在固定时间，用少量诱饵吸引鱼种到投饵点摄食；同时，用少量饵料诱导鱼种上浮抢食。

（3）合理确定投饵时间和次数。养鲤的投饲时间应选择在白天，要根据水温和鱼的摄食情况，确定投喂次数和时间。水温和日投喂次数可参考以下方法：12～16℃为2～3次，7～22℃为4次，23～25℃为5次，25℃以上为6次。以8月中旬为例，水温25℃以上日投喂6次，投喂时间分别为7:00、10:00、13:00、15:00、17:00、19:00。投喂时应观察鱼的摄食情况，控制投喂频率、范围和一次的投喂时间。

（4）日投饵量。日投饵量用日投饵率表示，即日投饵重量占投喂对象体重的百分数。确定日投饵率的原则是满足鱼类快速生长的同时，又要保证较高的饲料利用率。实践证明，"八分饱"时鱼类生长速度快，饲料利用率高。

影响投饵和饲料利用率的因素很多，应根据具体情况灵活掌握。如阴雨天，不投饵或少投饵；池水缺氧或发生鱼病，不投或少投；拉网、注水或施药可能对鱼的摄食有影响，可适当减少投饵量。应定期（一般5～7d）检查鱼类的生长情况，根据鱼的体重和生长情况，及时调整日投饵量（表2-4）。

（四）活鱼运输技术

1. 影响活鱼运输成活率的因素　影响活鱼运输成活率的因素很多，归纳起来有三个方面：①运鱼水体的理化因素；②鱼类生物学特性和生理状态；③运输工具、方法和操作。下面，着重介绍运输水体的理化因素和鱼类的生理状态对运输成活率的影响。

表2-4 池塘养鲤的投饵率（％）

水温（℃）\体重（g）	50～100	100～200	200～300	300～700	700～800	800～900
15	2.4	1.9	1.6	1.3	1.1	0.3
16	2.6	2.0	1.7	1.4	1.1	0.8
17	2.8	2.2	1.8	1.5	1.2	0.9
18	3.0	2.3	1.9	1.7	1.3	1.0
19	3.2	2.5	2.0	1.8	1.4	1.0
20	3.4	2.7	2.2	1.9	1.5	1.1
21	3.6	2.9	2.3	2.0	1.6	1.2
22	3.9	3.1	2.5	2.2	1.7	1.3
23	4.2	3.3	2.7	2.3	1.8	1.4
24	4.5	3.5	2.9	2.5	2.0	1.5
25	4.8	3.8	3.1	2.7	2.1	1.6
26	5.2	4.1	3.3	2.9	2.3	1.7
27	5.5	4.2	3.5	3.1	2.4	1.8
28	5.9	4.7	3.8	3.3	2.6	1.9
29	6.3	5.0	4.1	3.5	2.8	2.1
30	6.8	5.4	4.4	3.8	3.0	2.2

（1）溶解氧。活鱼运输的水体小，鱼的密度大，开放式运输水和鱼的比例大约为20∶1。在这样的密度下，水中溶氧很快被耗尽。所以，必须采取措施，解决活鱼运输水体的溶解氧问题。开放式运输，振荡可以增加大气中氧气向水体的溶解速度。将运输水体封闭起来，用空气压缩机向水中充气、输入纯氧、使用化学增氧剂等，都是解决运输水体溶氧的有效措施。

（2）水温。随着水温升高，鱼的代谢增强，活动量增大，耗氧量也增大，而水体溶解氧的饱和度却下降；在较高温度下，鱼的活动量增大，尤其是性情暴躁的鲢、鲈等，狂游、碰撞、跳跃，容易受伤；同时在高温下，微生物繁殖迅速，有机物分解耗氧快，产生有害物质。所以，在高温下进行活鱼运输有很多不利因素，应适当降低水温，以提高运输成活率和运输效率。

但运鱼水体温度不是越低越好，鱼类对低温和变温都有一定的适应能力。温水性鱼类适应温度的下限为 2℃左右，耐受变温幅度为 4～6℃，而且对降温的适应能力较强。实践证明，温水性鱼类运输的适宜水温为 10～15℃，在运输过程中采取适当低温、保温和控温措施，可大大提高运输的成活率。

（3）其他理化因素。除溶解氧和水温外，影响活鱼运输成活率的理化因子还有 CO_2、pH 和氨氮等。

运输水体鱼的密度大，排出的 CO_2 在水中积累，当 CO_2 达到较高浓度（＞100mg/L）时，导致鱼类中毒死亡。运输中鱼类排泄物、粪便及脱落的黏液，在水中积累、分解和转化，导致溶氧、pH 下降，氨氮（或非离子氨）升高，也会引起鱼类中毒死亡。所以，保持水体清洁和防止污染，是提高活鱼运输成活率的有效措施之一。

（4）鱼类的体质和生理状态。鱼的体质和生理状态好坏与运输成活率有关，体质瘦弱、有病和有伤的鱼耐低溶氧的能力差，对颠簸、震动、恶劣水质等环境的抵御能力也差。因此，在运输前应加强饲养管理，增强体质，如加强营养和保持营养平衡、拉网锻炼等，提高鱼类对恶劣环境的抵抗能力。

2. 常用活鱼运输方法

（1）封闭充氧运输鱼苗、鱼种。

①使用容器具：主要有塑料袋、橡皮胶囊等。常用运鱼的塑料袋（均为一次性）有两种，一种是高压聚乙烯薄膜材料，厚度为 0.1～0.18mm；专门为运输鱼苗设计的圆筒形塑料袋，直径 40cm 左右，长 80～110cm。另一种是借用农用地膜的塑料筒，直径大约为 1m；使用时根据需要确定长度，将一段扎起来形成袋状，适合运输鱼苗和夏花鱼种。橡皮胶囊是用无毒橡胶特制的

运鱼容器，适合运输鱼种和商品鱼。橡胶皮厚度为 2～4mm，形状为囊状正方体或长方体，有装水、装鱼口和放水、出鱼口，有充氧口和排气口（均为袖口，有袖 1～2m，以便于封扎）。

②装运方法和管理：以塑料袋运输鱼苗、鱼种为例，简要介绍装运方法、过程和管理。第一步是检查塑料袋是否破损，将两个完好的塑料袋套在一起（双层袋）。第二步加水，水量为塑料袋容积的 1/3 左右。第三步是装鱼，一般装运鲤、草鱼水花鱼苗的密度为 $0.5～0.6×10^4$ 尾/L；夏花鱼种密度为 150～200 尾/L；用地膜筒装运 50g 左右鱼种密度为 100～200kg/m³。第四步是排除空气和充入氧气，一般使用工业用瓶装氧气。第五步是扎口和包装，两层塑料袋要分别扎口，以防漏水和漏气；包装物可因地制宜选择材料，起到保温、隔热、防日晒、防磨损的作用，如保温泡沫箱、纸箱、聚丙烯棚布或帆布等。运输途中应随时检查塑料袋是否漏水和漏气，及时采取措施。如果运输时间长或温度高，可采取换水、换气和加冰块、泼凉水等方法解决。运输到达目的地，一般要经过缓鱼后才放到水体中，即采取先解封口放气，再将一些放养水体的水加入塑料袋中，或直接将未开封的运鱼袋放入养殖池水中，待袋内外水温接近时再打开塑料袋包装，缓解溶氧、水温、水质等环境的剧烈变化对鱼的伤害。

（2）半封闭充气（氧）运输商品鱼。

①使用容器具：半封闭充气（氧）运输的交通工具通常为汽车，汽车上装有用玻璃钢或钢板焊接的箱体，用于装水和装鱼；箱体高度 1.2～1.5m，长度与车的箱板相等。装鱼箱内部分隔，每隔容积为 5～6m³。箱的上方设装水、装鱼口，并配有带螺旋的封盖，装水、装鱼后可封闭鱼箱。在装鱼箱的底部设有放水和出鱼口，并装有闸门和袖状软管，用于放水和出鱼。一般运鱼车上都配有柴油机、空气压缩机或氧气瓶。

②装运方法和管理：运输商品鱼一般装地下水，装水量与鱼箱的容积相等（装满）。装鱼的密度一般为 500～1 000kg/m³，

装鱼完毕后将盖封好，就可以起运了。装鱼和运输过程要不间断充氧（或充气），运输时间较长，需在中途换水。

（3）开放式运输亲鱼。

①装鱼容器具：目前，开放式活鱼运输使用交通工具通常为汽车，装鱼的容器具为帆布篓或玻璃钢、钢板焊接的水槽；规格大小不一，一般运输亲鱼的容器具不小于 $5m^3$。

②装运方法和管理：为了减少运输过程中亲鱼受伤，一般在水槽内衬筛绢网或塑料布。水槽装水 $1/3\sim1/2$，装鱼密度一般为 $40\sim60kg/m^3$。装鱼后，篓上口用网片覆盖，以免亲鱼跳出或因颠簸随水溅出。车上备有氧气瓶或充气泵，以防水体缺氧。有时鱼篓内装有大的塑料袋，充氧或充气时将塑料袋封闭或半封闭，既保证了水体溶氧，又可防止亲鱼碰撞和颠簸。运输时间较长，需在途中换水。

（4）麻醉运输亲鱼。由于运输水体小，亲鱼个体大，特别是大型鱼类，如鲢、鳙、草鱼、青鱼等，性情暴躁，在运输中乱窜、乱跳，如何防止鱼体撞伤和擦伤是运输的关键。用药物将亲鱼麻醉后运输，可减轻鱼体碰撞和擦伤，可大大提高运输效率和成活率。下面，介绍几种活鱼运输常用的麻醉剂和使用方法。

①巴比妥钠：麻醉方法有两种。一种方法是采用肌肉注射，每千克亲鱼体重注射剂量为 $0.05\sim0.1mg$；注射 10min 左右就可麻醉，仰浮于水面，呼吸缓慢。运输中若发现亲鱼清醒，跳跃或冲撞，表示药量不足或药效已过，应再注射适量药剂。如果亲鱼呼吸极度衰竭，表明麻醉过渡，可注射 25％可拉明（又称尼可刹米）或苯甲酸钠咖啡因溶液，每尾亲鱼剂量均为 1.0mL 左右。另一种方法是水体中投放，浓度为 $10\sim15mg/L$。水温 10℃左右，麻醉时间大约 10h，放入池塘后 $5\sim10min$ 即可苏醒。

②MS-222（间氨基苯甲酸乙酯烷基磺酸盐）：肌肉注射剂量为 $0.01\sim0.05mg/kg$。水体投放浓度为 $10\sim30mg/L$，$20\sim30min$ 内麻醉，鳃盖保持正常的呼吸运动，可持续 40h。放入清

水后迅速恢复。

③乙醚（或 95％酒精）：用棉球蘸乙醚（亲鱼体重 10～15kg，用量 2.5mL）塞入亲鱼口腔内，2～3min 后就被麻醉；麻醉后的鱼可放在清水的鱼篓中运输，也可在淋水下干运。此法一次的麻醉时间为 2～3h。

六、水产养殖主推技术

1. 水产养殖集成技术 2008—2010 年，农业部主推的水产养殖集成技术有淡、海水池塘健康养殖技术，网箱无公害养殖技术，海水工厂化健康养殖技术，稻田生态养殖技术，盐碱地生态养殖技术，大中型水面移植增殖技术，浅海筏式生态养殖技术，滩涂贝类健康养殖技术等。

2. 水产养殖综合技术 2008—2010 年，农业部主推的水产养殖集成技术有水产养殖水质综合调控技术，优质渔用饲料配制及使用技术，淡水优质珍珠培育及加工技术等。

3. 主推种类健康养殖技术 2008—2010 年，农业部主推种类的健康养殖技术有对虾健康养殖技术，河蟹生态养殖技术，鳗鲡标准化养殖技术，罗非鱼无公害养殖技术，大黄鱼健康养殖技术，龟鳖无公害养殖技术，海水蟹类健康养殖技术，海参健康养殖技术等。

第二节 捕 捞 学

一、捕捞学的研究范围

1. 渔具材料和工艺学的研究 渔具材料和工艺学，是研究渔具材料结构和性能、渔具装配工艺与计算的一门学科。在捕捞学研究范围内，主要是合理选择设计、制造渔具的材料，并正确地运用各项工艺技能装配渔具，以延长渔具的使用期限，提高渔具的渔获效率。而渔具材料本身的结构和制造，由专门的学科进行研究（如合成纤维的研制，由化工有关专业学科承担），但对某些渔具材料的质量、性能指标和要求，则应是水产捕捞学所研究的重要内容。

渔具材料品种很多，主要有网线、网片、绳索、浮子和沉子及其他属具等，特别是网线、网片和绳索，是渔具材料最重要的组成部分。不同类型的渔具，根据其捕鱼原理和工作条件，对渔具材料性能各有不同重点要求。如对刺网渔具网材料的要求，在鱼类被刺缠之前，网具要不易被鱼的视觉和侧线器官发觉为前提，因此，要求制作刺网的网材料尽可能细而软，有足够的强度，以承受被刺缠鱼的挣扎力，要有适当的伸长和弹性，以保持良好的网结牢度和网目尺寸的稳定性。同时，要求网材料的颜色与水色相近，或更不易被捕捞对象发现等。又如对围网渔具的网材料要求，希望它具有沉降速度快、强度高、水阻力小、滤水性好、价廉，同时，要求它的颜色对捕捞对象有威吓作用，以便减少鱼类对围网网衣的刺挂等。

各类渔具渔获效果的好坏，除了设计时选用的渔具材料是否恰当外，还与渔具的制造工艺和装配技术密切相关，同时，还与网材料的结构和制造工艺有关。如围网渔具的有结节网片改用无结节网片；拖网渔具的菱形网目改用为六角形网目，或大网目网片等，均可达到降低成本，减小劳动强度，提高捕捞效益。

2. 渔具、渔法基础理论的研究　随着渔业科学技术的发展，对渔具、渔法基础理论的研究也日益深化，研究的成果对促进渔业生产起着积极的作用。目前，渔具、渔法基础理论的研究，主要有渔具力学、捕捞对象（鱼类和其他捕捞对象）的生态和行为活动规律等方面。

渔具是在水中使用，受到水的作用力，在设计制造渔具时，要求渔具在作业时具有合理的形状和受力。由于渔具中大部分是用网线、网片、纲索等柔性体构成，而渔具又在多种变化外力

（如船舶拖曳力、渔具阻力、潮流、风力和海底摩擦力等）的作用下作业，其受力和形状多变，更增加了渔具力学分析的难度。随着流体力学、实验空气动力学、数学力学模型、电子计算机技术等在渔具力学上的应用，以及渔具模型水池试验、海上实测、水下仪器设备的观察和测试等，使渔具、渔法的基础理论研究进入了一个新阶段，向更深化方面发展。

　　在渔具、渔法基础理论研究中，还着重捕捞对象对渔具的反应，以及它们自身的生态、行为活动规律等方面的研究。对它们的视觉、游泳能力、听觉和触觉，以及趋光、趋电、趋流性产生定向行为反应等特性的研究，为捕鱼工具和渔法的设计和改革，创造更好的科学依据。如利用有些鱼类、头足类的趋光性（如鲐、鯵、秋刀鱼、柔鱼等），设计了光诱围网、光诱舷提网和光诱柔鱼钓；又如，近年来得到迅速发展的大网目拖网或绳子拖网，就是在渔具力学分析与鱼类行动研究成果的基础上发展起来的。人们通过各种观察和试验，发现鱼群在拖网前部网目处，没有直接穿刺逃逸行为，特别是在较大宽广的网口前面部位，鱼类与网具保持一定的距离活动，待鱼群驱入较狭窄的网身、网囊部位时，才会产生直接穿刺逃逸行为。为此，人们逐步扩大拖网前部的网目尺寸，减少网具水阻力，扩大网口面积，提高了拖网的捕捞效果。

　　3. 渔具、渔法的设计和研究　　渔具、渔法的设计和研究，是捕捞学的最重要组成部分，它是根据捕捞对象的基本习性和捕捞水域的环境条件，进行设计和研究渔具、渔法。随着水产经济动物（鱼类、虾类等）的生态学和行为学的发展，水域环境科学的不断完善，机械化、自动化、电脑技术的日益广泛应用，渔具、渔法的设计和研究，已从经验和渔具力学分析研究，发展到与捕捞对象行为和生态学相结合，与高科技相联系，使捕捞技术发展到选择性捕捞、瞄准捕捞和自动化捕捞。

　　人们在开发水产资源的生产实践过程中，为捕捞栖息于不同水域环境中的各种水产经济动物，创造了形式多种多样、生产规模大小不一、结构简单或复杂等千百计数的渔具、渔法。随着科学技术的发展，人们创造了从水深较浅的近岸沿海水域，一直到水深数千米的深海大洋，都能捕捞这些水域里的鱼类、虾类、蟹类；软体动物的螺、贝、乌贼、柔鱼；棘皮动物和腔肠动物的各种海参、海胆、海蜇等。随着渔具基础理论的发展，渔具、渔法的改革和创新也将是无穷尽的。

4. 渔业资源、渔场、渔期和环境条件的研究　在海洋广阔的水域里，有着丰富的渔业资源（水产经济动物），但并非随意能捕捞到密集鱼群或其他水产动物。因为，它们并不均匀地分布于某个水域的水层中，而是根据它们本身的生物学特性和受外界环境因素的影响，处在不同的分布状态，并且经常有所变动。因此，有的水域鱼类（或其他水产动物）比较密集，有的比较稀疏；有的水域具有开发利用价值，有的则没有开发价值。凡经济鱼类或其他水产动物比较集中，且可以利用捕捞工具进行作业，具有开发利用价值的水域称为渔场。在渔场中可以完成较高产量（或产值）的时期称为渔期。每一种经济鱼类或水产动物都有一定的渔业资源量、一定的渔场和渔期。根据捕捞学的含义，欲达到捕捞某一种经济鱼类或水产动物的目的而进行设计、研究渔具、渔法前，必须根据有关资料，认真分析研究其整体或局部水域的资源量、渔场和渔期，这是捕捞科技工作者必须研究的内容，非其他学科人员能替代。实践经验表明，在一定条件下形成的良好渔场，并非一成不变，分析、研究某捕捞对象的渔场、渔期和环境条件的变化关系，也是渔法的主要内容。

5. 渔船和捕捞设备、仪器等配置的研究　渔船和装备的优劣，将直接影响到捕捞效率，它是捕捞的三大要素（渔船、渔具、渔场）之一。现代化的捕捞业，以及今后捕捞业的发展，均离不开渔船及装备的革新。目前，深海大型拖网作业，在水深1 000m以下的海底拖曳，没有排水量数千吨级的渔船，以及

100KN 拉力的绞纲机械等设备，是不能进行深海底拖网作业的；没有先进的助渔、助航仪器仪表，也不能进行安全航行和瞄准捕捞。因此，科研设计人员必须对渔具、渔法进行不断创新，还应对渔船的性能、规格以及捕捞装备的性能等提出要求，交有关专业技术人员和工厂研制。新的捕捞方法的产生和现有捕捞方法的改革，必然需要对渔船、捕捞设备、仪器等配置提出新的要求，这些都是捕捞学研究的内容之一。

二、捕捞学的分类

1. 按作业水域（海域）划分

（1）内陆水域（江、湖、水库）大水面捕捞。它是指江、湖、水库大水面捕捞作业。由于水面宽广，水深一般较深，如长江、珠江、黑龙江、太湖、洞庭湖、青海湖等，以及大型水库（库容 1 亿 m^3 以上）和中型水库（库容 0.1 亿～1 亿 m^3）。这些水域大多为自然群体鱼类或其他经济水产动物，都有着较丰富的渔业资源可以利用。由于这些大水面的外界环境条件各不相同，其中渔业资源又是多种多样，因此，其捕捞的渔具、渔法也各不相同，常用的有刺网、拖网和地拉网等。特别是大、中型水库，由于底形复杂，水深有的可达百米，有采用拦、赶、刺、联合渔法，以及围网、浮拖网、变水层拖网等。在冬季的内蒙古、黑龙江等地，还采用冰下大拉网作业。

（2）沿岸（水域）捕捞。又称沿海水域捕捞，它是指从潮间带起到水深 40m 以内海域的捕捞作业。这一海域既是各种主要经济鱼类、虾类、蟹类等的产卵、育肥场所，又是广阔的潮间带区域，历来是我国海洋捕捞作业的主要渔场。主要捕捞作业方式有刺网、围网、拖网、地拉网、张网、建网、插网、敷网、掩网和钓渔具等。过去，我国各大鱼汛生产（如大黄鱼、小黄鱼、带鱼、乌贼、对虾等），大量的海产水产品，均在该海域生产。

（3）近海（水域）捕捞。它是指水深 40～100m 范围内水域里的捕捞作业。这一海域是各种主要经济鱼类、虾类、蟹类的洄游、索饵和越冬的场所，渔业资源比较丰富，也是我国海洋捕捞作业的主要渔场。主要捕捞作业方式有刺网、围网、拖网和钓渔具等。随着沿海水域捕捞强度的加大，渔业资源显著减少后，强大的捕捞强度相继在该海域发展。因此，渔业资源的利用也较大，应严格控制捕捞强度，合理利用渔业资源是当务之急。

（4）外海（水域）捕捞。它是指水深在100m以上的东海、南海外海水域捕捞作业。东海外海的鲐、鲹类、拟沙丁鱼和绿鳍马面鲀、黄鳍马面鲀等有着较多的资源量，石首鱼类、头足类、方头鱼、短尾大眼鲷、蛇鲻、鲆、鲽等底层鱼类也有一定潜力。南海外海的渔业资源较为丰富，中上层主要鱼类有鲐、竹笑鱼、蓝圆鲹、无斑圆鲹、印度双鳍鲳、高体若鲹等；底层主要鱼类有金线鱼、黄鲷等；大洋性鱼类有黄鳍金枪鱼、鲣、箭鱼等，此外，还有鲨、鳐、头足类和甲壳类。主要捕捞作业方式有刺网、围网、拖网和钓渔具等。由于外海海域离陆岸较远，对渔船、渔具装备要求较高，捕捞成本较大，而产量、产值并不很大，直接制约了捕捞业的发展。但从长远利益考虑，外海捕捞的发展，可以充分利用海洋渔业资源，减轻沿海和近海海域渔业资源的压力，政府应在政策上给予支持，鼓励外海捕捞的发展。

（5）远洋捕捞。它有两个概念，即远离本国大陆200海里外远洋海域的捕捞作业，其中包括深海（水深超过200m以上）和公海海域的捕捞作业；另一种是远离本国大陆，到其他国家或地区的沿海和近海海域捕捞作业，称为过洋性远洋捕捞。由于过洋性远洋捕捞是在其他国家和地区的沿海和近海海域进行，因此，除了要与他们签订渔业协定，缴纳捕捞税或资源使用费外，可以用较小的渔船和渔具装备进行捕捞作业，如我国目前在西非、南亚等有关海域的捕捞作业，均属过洋性远洋捕捞；而目前我国在北太平洋西部和中部进行的单船狭鳕中层拖网捕捞，光诱鱿鱼钓捕捞则属于前一种远洋捕捞。

2. 按使用的渔具、渔法划分　有刺网捕捞、围网捕捞、拖网捕捞、地拉网捕捞、张网捕捞、敷网捕捞、延绳钓捕捞、曳绳钓捕捞、渔笼捕捞和光诱捕捞等。

3. 按使用的渔船数和捕捞对象、作业特点划分　目前，世界上常用的有单船狭鳕中层拖网捕捞、双船底拖网捕捞、光诱鲐鲹鱼围网捕捞、单船金枪鱼围网捕捞和金枪鱼延绳钓捕捞等。

三、渔具分类

1. 渔具分类的原则　渔具分类依据捕捞原理、结构特征和作业方式，划分类、型、式三级。第一级为类，以捕捞原理作为划分"类"的依据；第二级为型，在同类渔具中，以其结构特征为划分"型"的依据；第三级为式，在同一类、型渔具中，以其作业方式划分为"式"的依据。

2. 渔具分类的命名　类、型、式的名称，根据分类原则命名。渔具分类的名称，按下列规定顺序书写：式的名称＋型的名称＋类的名称──→渔具分类名称。

3. 渔具的分类与名称　按分类原则，我国渔具分为刺网、围网、拖网、地拉网、张网、敷网、抄网、掩罩、陷阱、钓具、耙刺和笼壶12类。

（1）刺网类。以网目刺挂或网衣缠绕原理作业的渔具。按结构分为单片、双重、三重、无下纲、框格5个型；按作业方式分为定置、漂流、包围、拖曳4个式。

（2）围网类。由网翼和取鱼部或网囊构成，用以包围集群对象的渔具。按结构分为有囊、无囊2个型；按作业船数分为单船、双船、多船3个式。

（3）拖网类。用渔船拖曳网具，迫使捕捞对象进入网内的渔具。按结构分为单片、单囊、多囊、有翼单囊、有翼多囊、桁杆、框架7个型；按作业船数和作业水层，分为单船表层、单船中层、单船底层、双船表层、双船中层、双船底层、多船7个式。拖网作业时，网具的上缘到达水面、而下缘不触底的属表层；上缘不到水面、下缘不触底的属中层；凡下缘到底的均属底层。

（4）地拖网类。在近岸水域或冰下放网，并在岸、滩或冰上曳行起网的渔具。按结构分为有翼单囊、有翼多囊、单囊、多囊、无囊、框架 6 个型；按作业方式分为船布、穿冰、抛撒 3 个式。

（5）张网类。定置在水域中，利用水流迫使捕捞对象进入网囊的渔具。按结构分为张纲、框架、桁杆、竖杆、单片、有翼单囊 6 个型；按作业方式分为单桩、双桩、多桩、单锚、双锚、船张、墙张、并列 8 个式。

（6）敷网类。预先敷设在水中，等待、诱集或驱赶捕捞对象进入网内，然后提出水面捞取渔获物的渔具。按结构分为箕状、撑架两个型；按作业方式分为岸敷、船敷、拦河 3 个式。

（7）抄网类。由网囊（网兜）、框架和手柄组成，以舀取方式作业的渔具。按结构分为兜状一个型；按作业方式分为推移一个式。

（8）掩罩类。由上而下扣罩捕捞对象的渔具。按结构分为掩网、罩架两个型；按作业方式分为抛撒、撑开、扣罩、罩夹 4 个式。

（9）陷阱类。固定设置在水域中，使捕捞对象受拦截、诱导而陷入的渔具。按结构分为插网、建网、箔筌 3 个型；按作业方式分为拦截、导陷两个式。

（10）钓具类。用钓线结缚装饵料的钩、卡或直接缚饵引诱捕捞对象吞食的渔具。按结构分为真饵单钩、真饵多钩、拟饵单钩、拟饵复钩、无钩、弹卡 6 个型；按作业方式分为漂流延绳、定置延绳、曳绳、垂钓 4 个式。

（11）耙刺类。耙刺捕捞对象的渔具。按结构分为滚钩、柄钩、叉刺、箭铦、齿耙、锹铲 6 个型；按作业方式分为漂流延绳、定置延界、拖曳、投射、铲耙、钩刺 6 个式。

（12）笼壶类。利用笼壶状器具，引诱捕捞对象进入而捕获的渔具。按结构分为倒须、洞穴两个型；按作业方式分为漂流延绳、定置延绳、散布 3 个式。

4. 渔具分类的代号 类的代号按类的名称，用汉语拼音的首字字母表示；型的代号按型的名称，用汉语拼音的首字字母表示；式的代号按式的名称，分别用两位阿拉伯数字表示。渔具分类的代号，按下列规定书写：式的代号＋型的代号＋类的代号——→渔具分类代号。

渔具分类的类、型、式名称与代号见表 2-5。

表 2-5　渔具分类的类、型、式名称与代号

序号	类		型		式	
	名称	代号	名称	代号	名称	代号
1	刺网	C	单片	DP	定置	20
			双重	shch	漂流	21
			三重	Sch	包围	22
			无下纲	WG	拖曳	23
			框格	KG		
2	围网	W	有囊	YN	单船	00
			无囊	WN	双船	01
					多船	02
3	拖网	T	单片	DP	单船表层	50
			单囊	DN	单船中层	51
			多囊	DuN	单船底层	52
			有翼单囊	YD	双船表层	53
			有翼多囊	YDu	双船中层	54
			桁杆	HG	双船底层	55
			框架	KJ	多船	02

（续）

序号	类		型		式	
	名称	代号	名称	代号	名称	代号
4	地拖网	Di	有翼单囊	YD	船布	44
			有翼多囊	YDu	穿冰	40
			单囊	DN	抛撒	38
			多囊	DuN		
			无囊	WN		
			框架	KJ		
5	张网	zh	张纲	zhG	单桩	03
			框架	KJ	双桩	04
			桁杆	HG	多桩	05
			竖杆	shG	单锚	06
			单片	DP	双锚	07
			有翼单囊	YD	船张	26
					强张	27
					并列	25
6	敷网	F	箕状	Jzh	岸敷	42
			撑架	ChJ	船敷	43
					拦河	41
7	抄网	ch	兜状	Dzh	推移	32
8	掩罩	Y	掩网	YW	抛撒	38
			罩架	zhJ	撑开	31
					扣罩	33
					罩夹	34
9	陷阱	X	插网	chW	拦截	10
			建网	JW	导陷	11
			箔筌	BQ		

（续）

序号	类		型		式	
	名称	代号	名称	代号	名称	代号
10	钓具	D	真饵单钩	zhD	定置延绳	56
			真饵复钩	zhF	漂流延绳	57
			拟饵单钩	ND	曳绳	24
			拟饵复钩	NF	垂钓	30
			无钩	Wgo		
			弹卡	TK		
11	耙刺	P	齿耙	chP	铲耙	37
			滚钩	GG	定置延绳	56
			柄钩	BG	漂流延绳	57
			叉刺	chC	拖曳	23
			箭铦	JX	投射	35
			锹铲	Qch	钩刺	36
12	笼壶	L	倒须	DaX	定置延绳	56
			洞穴	DX	漂流延绳	57
					散布	45

四、渔具主尺度表示方法

1. 刺网类

（1）单片刺网。每片网具结附网衣的上纲长度×网衣拉直高度（或侧纲长度）。如鳌鱼刺网：80.52m×3.14m。

（2）三重刺网。每片网具结附网衣的上纲长度×大网目网衣拉直高度或侧纲长度。如三重刺网：56.70m×0.83m。

（3）无下纲刺网。表示法与单片刺网相同。

2. 围网类

（1）无囊围网。结附网衣的上纲长度×网衣最大拉直高度。

如机轮灯光围网：842.00m×205.69m。

（2）有囊围网。结附网衣的上纲长度×网口网衣拉直周长×网囊纵向拉直长度。如大围缯：478.00m×403.26m×62.68m。

（3）箕状围网。结附网衣的上纲长度×结附网衣的下纲长度。如遮阳网：226.97m×188.27m。

3. 拖网类

（1）有翼拖网。网口网衣拉直周长×网衣纵向拉直总长（结附网衣的上纲长度）。如"430"目拖网：68.80m×56.24m（31.20m）。

（2）桁杆拖网。网口网衣拉直周长×网衣纵向拉直总长（桁杆总长）。如毛蟹拖网：12.04m×5.44m（4.00m）。

（3）桁架拖网。网口网衣拉直周长×网衣纵向拉直总长（结附网衣的网口纲长）。如划网：71.82m×9.07m（9.00m）。

（4）单片拖网。表示法与单片刺网相同。

4. 地拉网类

（1）有翼单囊地拉网。表示法与有囊围网相同。

（2）单囊地拉网。表示法与桁杆拖网相同。

（3）无囊地拉网。表示法与无囊围网相同。

5. 张网类

（1）单囊张网。结附网衣的网口纲长×网衣纵向拉直总长。如帆张网：180.00m×124.97m。

（2）单片张网。表示法与单片刺网相同。

（3）有翼单囊张网。表示法与有翼拖网相同。

6. 敷网类

（1）箕状敷网。表示法与箕状围网相同。

（2）矩形撑架敷网。结附网衣的任意一边纲长×另一相应边纲长。如八角缯：71.44m×64.80m。

（3）梯形撑架敷网。结附网衣的前边纲长×后边纲长－侧边纲长。如船缯：7.51m×5.45m－7.42m。

7. 抄网类

（1）囊状抄网。网口网衣拉直周长×网衣纵向拉直总长（框架周长或网口纲长）。如鱿鱼抄网：4.50m×0.75m（2.20m）。

（2）梯形抄网。表示法与梯形撑架敷网相同。

（3）三角形抄网。结附网衣的前边纲长×侧边纲长。如稍网：1.10m×0.90m。

8. 掩罩类 掩网：结附网衣的沉子纲长×网衣纵向拉直总长。如手撒网：34.80m×6.90m。

9. 陷阱类

（1）插网。结附网衣的上纲总长度×网衣拉直高度（或侧纲长度）。如插茜网：200.00m×2.35m。

（2）建网。结附圈网衣的上纲总长度×圈网衣拉直高度（或侧纲长度）×网圈个数（结附墙网衣上纲长度）。如拦箔：22.4m×3.15m×2（322.00m）。

（3）箔筌。陷阱部分的箔帘总长度×箔帘高度（导墙长度×导墙列数）。如渔箔：58.28m×4.00m×（685.54m×2）。

10. 钓具类

（1）延绳钓。每条干线长度×每条支线总长度（每条干线系结的钩数或饵料数）。如鲽鱼延绳钓：500.20m×2.70m（130HO）。

（2）曳绳钓。钓线总长度范围×每作业单位所拖曳的钓线总条数（每作业单位所拖曳的总钩数）。如拖钓：（26.40～130.40）×7（7HO）。

（3）垂钓。每条钓线总长度（每条钓线系结的钩数）。如石斑鱼手钓：51.30m（1HO）。

（4）竿钓。钓竿长度×每条钓线长度（每竿钓系结的总钩数）。如鲈鱼天平钓：7.00m×2.40m（2HO）。

11. 耙刺类 延绳滚钩：表示法与延绳钓相同。

12. 笼壶类 延绳笼壶：每条干线长度×每条支线总长度

（每条干线系结的笼壶数）。如乌贼笼：280.00m × 5.20m（40BAS）。

第三节　渔业资源

一、渔业资源的概念和相关特性

1. 渔业资源的概念　渔业资源是天然水域中可供捕捞的经济动、植物（鱼类、贝类、甲壳类、海兽类、藻类）种类和数量的总称。

渔业资源种类繁多，主要的类别有鱼类、甲壳类、软体类、藻类和哺乳类等，各类群的数量相差很大。鱼类是渔业资源中数量最大的类群，全世界有 20 000 多种，中国有记录的 2 800 余种，但主要的捕捞鱼类全世界仅为 100 多种；甲壳类主要指虾类和蟹类；软体动物主要包括贝类和头足类，头足类包括柔鱼类、枪乌贼类、乌贼类和章鱼类；藻类包括海带、紫菜等。

2. 渔业资源的特性　渔业资源是自然资源的一种，但它既不同于如潮汐能、风能等不可耗竭的自然资源，又不同于如矿物等能耗竭而不能再生的自然资源。它是一种可更新（或再生）的生物资源，并且大部分种类具有跨区域和大范围的流动性，因此，具有其所特有的属性和变化规律。渔业资源除了自然资源所具有的有限（稀缺）性这一共性外，还具有以下特性：

（1）再生性。渔业资源是一种可再生资源，具有自我繁殖的能力。通过种群的繁殖、发育和生长，资源能够得到不断更新，种群数量能够不断获得补充，并通过一定的自我调节能力，使种群的数量在一定点上达到平衡。如果有适宜的环境条件，且人类开发利用合理，则渔业资源可世代繁衍，并持续为人类提供高质量的蛋白质。但如果生长的环境条件遭到自然或人为的破坏，或者遭到人类的酷渔滥捕，渔业资源自我更新能力就会降低，生态平衡则遭破坏，并将导致渔业资源的衰退甚至枯竭。

（2）洄游性或流动性。渔业资源中除少数固着性水生生物外，绝大多数都有洄游移动的习性，这是渔业资源与其他可再生生物资源如草原、森林等所不同的，是区别与其他资源的最显著特征之一。许多鱼类产卵时洄游到近岸海区，产卵后游向外海，在不同发育阶段生活在不同海域。不少渔业资源种类在整个生命周期中，会在多个国家或地区管辖的水域内栖息。

（3）共享性。除领海和专属经济区外，海洋的极大部分没有划分国界，即使是在一国的领海，或跨区域的河流，一般也没有明显的省市或州郡等界线。由于渔业资源具有洄游性（流动性），因此在某一水域中，对于某一种渔业资源，甚至是同一种群，常常是几个国家或地区共同开发利用的对象。由于人们难以将其局限在某一海区进行管理，同样某一渔民也无法阻止别人前来捕鱼，即具有利用或消费无排他性的特征。这是一种典型的共享性资源。

（4）渔获物的易腐性。如果渔获物腐败变质，就会完全失去财富的效用和使用价值，即使没有腐败变质，若鲜度下降，水产品利用效果也会降低。

（5）波动性。渔业资源除了受到人为捕捞因素的作用下，还极易受到气象、水文环境等自然因素的影响，不可预见的因素较多，资源量波动性较大。水温、水流等因素的异常变化，会给渔业资源造成极大的危害，如厄尔尼诺现象造成秘鲁鳀鱼产量的剧降。渔业资源的波动性，造成捕捞生产和水产养殖等生产活动的不确定性和更大的风险性。

（6）整体性。渔业资源与它生存的各种自然环境条件以及人类生产活动之间存在着密切的关系，它们既互相联系，又互相制约。一种资源要素或环境条件的变化，会引起其他相关资源要素的相应变化。

二、我国渔业资源的特点

在我国，横跨热带、亚热带和温带三大区域。渔业资源的种类组成复杂，但其单鱼种的资源量和渔获量较低，渔业资源的种类按黄海、东海和南海依次递增。各海区的主要经济种类见表2-6。

表2-6 中国沿海主要水产经济动植物种类的分布

海区	主要经济动植物种类
黄海	小黄鱼、带鱼、鲐、太平洋鲱、蓝点马鲛、日本鳀、海鳗、青鳞鱼、白姑鱼、牙鲆、日本枪乌贼、对虾、中国毛虾、鹰爪虾、毛蚶和海带等
东海	带鱼、大黄鱼、小黄鱼、绿鳍马面鲀、银鲳、蓝圆鲹、鲐、海鳗、马鲛、竹筴鱼、曼氏无针乌贼、鳓、梭子蟹、中国毛虾、牡蛎、缢蛏、泥蚶、海带、紫菜等
南海	蓝圆鲹、蛇鲻、金线鱼、马六甲鲱鲤、二长棘鲷、大眼鲷、黄鲷、日本金线鱼、深水金线鱼、红鳍笛鲷、黄鳍马面鲀、鲐、金色小沙丁鱼、牡蛎等

第四节 水产品加工利用

一、水产品的特点

1. 渔获物的不稳定性与多样性 渔获物与农业畜牧业相比较，受外来因素的影响更大，如自然环境中的水温、季节等因素。海洋捕捞渔获受风力、海流、赤潮及资源变动情况的影响较大。水产养殖则主要是受养殖品种和养殖方式的影响。

渔业生产季节性很强，海洋捕捞一般春秋两季在海上作业，这与鱼类的觅食、产卵等洄游习性有关，其他时间则形不成大的鱼汛；水产养殖也存在着秋季集中上市问题。

2. 水产品的营养性与功能性 从氨基酸组成和蛋白质的生物价来看，鱼贝类蛋白质的营养价值并不逊于鸡蛋、肉类等优质蛋白。

鱼贝类优质蛋白质的利用，已为人们所广泛认识。同时，人们还注意到病后体弱的人，智力低下的儿童及有特殊疾病的人，如营养缺乏症、甲状腺肿大等人群，在食用了水产品以后，他们的身体健康会有不同程度的恢复和提高。由此推断出，鱼贝类中还存在着某些特殊的营养成分或生理活性物质。

所谓的生理活性物质，是指对生命现象具有影响的微量或少量物质。现在已成功地从环节动物沙蚕中提取出杀虫成分沙蚕毒素，并制成杀虫剂；从红藻中提取出的海人草酸，可用于驱蛔虫；从软骨中提取出的硫酸软骨素，可用于治疗肿瘤；从鱼肝中提取出的鱼肝油，可治疗夜盲症等。最新研究发现，鱼油中的二十二碳六烯脂肪酸和二十碳五烯脂肪酸等，2～3 型不饱和脂肪酸具有抗血栓、降低血脂、提高记忆力的功能。

水产品中还有许多未知的有效成分，等着人们去研究开发。

3. 水产品的易腐败性 水产品中海藻属易保鲜的品种，而对于鱼贝类来说，则特别容易腐败变质。原因是：

（1）鱼体在消化系统、体表、鳃丝等处都黏附着细菌，鱼体死后这些细菌开始向纵深渗透，且细菌种类繁多。

（2）鱼体内含有活力很强的酶，如内脏中的蛋白质、脂肪等分解酶，肌肉中的 ATP（三磷酸腺苷）分解酶等。

（3）温度对腐败有促进作用，一般鱼贝类栖息的环境温度较低，当它们被捕获后往往被放置在温度稍高的环境中，因此酶促反应大大提高，加快了腐败的进程。

（4）鱼贝类相对于畜肉来说，个体小，组织疏松，表皮保护能力弱，水分含量高，因此造成了腐败速度的加快。

二、水产品的鲜度

鲜度是水产品原料的一种品质，狭义上的鲜度是指新鲜度，是我们大家共同认可的一个概念。广义的鲜度除了新鲜度以外，还应概括鲜美度、安全性、营养性和适口性等多种含义。

1. 新鲜度 新鲜度是通常所说的鲜度，鱼贝类从活体到腐败变质的过程，同时也是从新鲜到不新鲜的过程。人们的印象是，鱼的新鲜度越好，口味就越好。活鱼应是最新鲜的，但是口味是否就最好呢？这就引出了一个新的话题，鲜美度与鲜度之间到底是怎样的关系呢？

2. 鲜美度 这是一个相当复杂的概念，鱼贝类的鲜美度所受到的影响因素很多，如鱼贝类的饥饿程度、脂肪酸含量、糖原含量、死亡方式、死后所处的状态以及温度等外部的因素。活鱼与鲜鱼在口感方面有所不同，主要表现在以下几个方面：

（1）在烹调前将鱼敲死或摔死，总之是立即杀死，这样做鱼体内还会存有大量的糖原、ATP（三磷酸腺苷）等物质，烹调后在口感方面起作用的主要是糖原，而ATP基本上没有呈味方面的贡献。

（2）将活鱼立即杀死后，不马上烹调，而是在5℃以下放置1～2d再烹调，这样做相对于立即烹调的口味上要鲜美得多。尽管此时新鲜度略有下降，但是ATP分解出了强烈的呈鲜成分IMP（肌腺苷）。真鲷、牙鲆、金枪鱼肉等大多数鱼，都是在此状态下最好吃。

（3）如果将一条活鱼暂养在一个狭小的不能流动的水体中，让其苦闷挣扎一段时间，那么即使是活鱼，鲜美度也大大地下降了。因为它体内的糖原、部分脂肪、ATP等都消耗殆尽了，也就是平时所说的"鱼太瘦了"。

3. 安全性 养殖的活鱼，从新鲜度来看是最新鲜，但是养殖的活鱼也存在着一些问题，如养殖水体狭小，生长呈紧张状态，其排泄物和残余饲料促进了细菌的增殖，个别养殖水体中存在着一些抗生素、重金属、农药等有害物质，这些有害物质经鱼体富集后积蓄在体内，人食用后就会给身体带来危害。所以，最好将这些鱼在食用前放于洁净的水体中暂养数日。从这个方面来看，养殖活鱼尽管新鲜度好，但鲜美度并不一定好。

此外，一些渔获物可能使用了保鲜剂来进行保鲜，这些保鲜剂能抑制细菌繁殖，还能使鱼体表面鲜艳好看等。但使用这类添加剂，必须考虑对人体的安全性。

三、水产品的主要成分

1. 蛋白质 鱼贝类水产品肌肉中的蛋白质，主要有水溶性的肌浆蛋白、盐溶性肌原纤维蛋白以及不溶性的肌基质蛋白。其中，肌原纤维蛋白是支撑动物运动的主要结构蛋白质，也是水产品肌肉富有弹性的重要组织成分。

2. 脂肪 鱼贝虾类体内的脂肪分积蓄性脂肪和组织性脂肪两大类。前者主要存在鱼皮下、腹部及肝脏等部位，起着积蓄机体能量的作用；后者则分布在机体的细胞组织内，起着维持细胞生命的作用。构成体内的脂肪酸大多是不饱和的，其营养价值很高，鱼种及生长环境不同，其脂肪酸不饱和程度及含量也不同。

3. 糖原 水产品体内存在少量糖原，一般仅占体重的千分之几，但鱼体死后，糖原易分解成乳酸而使 pH 下降。

4. 维生素 鱼贝虾类维生素含量随鱼种、渔场、鱼龄、季节有很大的差异。其维生素主要集中在肝脏中，如维生素 A、维生素 D、维生素 E 及维生素 B 族等，以维生素 A 及维生素 D 为多。

5. 无机盐 水产品体内的无机盐，主要是磷、钠、钾、铁、铜、锌、镁、锰、钙等成分。其中，钙、锌、镁、锰等成分的含量通常大于畜产动物，而红色肉鱼类铁的含量比白色肉鱼类高。

四、水产品的保鲜与加工

1. 低温保鲜 捕获的水生动物死亡后，如不采取任何处理，通常会经过僵硬期、解硬、自溶、腐败变质四个阶段，最终无法食用。影响水产品腐败速度的因素有很多，其中，最重要的原因就是鱼体死后的温度。这是由于鱼体内自溶酶和微生物的活性受温度的影响很大，许多细菌在 10℃ 以下的温度是不繁殖的，在 0℃ 时连适应低温的嗜冷菌繁殖也很缓慢。因此，如需保证鱼体的新鲜度，最普遍的做法是低温贮存鲜鱼，水产品在低温条件下保存，将会不同程度地延长保鲜期，便于长途运输和长期保藏。

常用的低温保鲜方法有冷空气保鲜法、冰鲜法、微冻保鲜法和气调低温保鲜法。

2. 冷冻加工 冷冻食品即为采用前处理、速冻等加工方式，使物品中心温度达－15℃以下，并保持在－18℃温度左右存放（日本等国家定为－18℃以下），然后，以冻结状态卖给消费者的食品。冷冻是水产品保藏的一种重要方法，当水产品在－18℃低温以下时，其保藏时间可达几个月以上。在－18℃的低温条件下，水产品组织冻结后生成了冰结晶，此时，鱼体表面及内脏等部分的许多微生物在无水的环境下无法继续生存，而微生物自身的细胞水分也基本冻结而受到破坏。此外，鱼体内各种酶的活力受到严重抑制，对鱼体组织的酶解作用变得相当缓慢。由于微生物及鱼体自身酶活力降低甚至丧失，鱼体的生化活动减弱、减慢，这些因素使得鱼体可较长时间地保藏而不易腐败变质。

3. 冷冻鱼糜 在碎鱼肉中加入一定量的食盐，然后，再经过擂溃（研磨、搅拌），碎鱼肉即成为黏度较高的鱼肉糊，这种鱼肉糊就称为"鱼糜"。将鱼糜根据市场需要，进一步添加调味剂等辅助材料，并加热定型为有弹性的胶凝性食品，这类食品统称为"鱼糜制品"。在水产旺季或大量捕捞的低值鱼、小杂鱼资源集中上市时，可用这种方法先将原料鱼加工成鱼糜，经一定条件的冷冻成为冷冻鱼糜。这种冷冻鱼糜在冷藏库中贮存很长的时间，仍能保持鱼肉本身的弹性和质量。然后，可以用冷冻鱼糜作为原料，再逐步加工成各种鱼糜制品。

4. 水产干制品 水产品中丰富的水分是微生物的繁殖及酶的活动必要条件之一，如果将水产品中的水分减少到一定的程度，则可有效地抑制微生物的生长，降低生物体内的各种酶的活性及减慢各种生化反应的速度。

水产品中通常含有75％～80％的水分，这些丰富的水分给微生物的生长及酶类活动提供了良好的条件。干制加工就是采用干燥脱水的方法使水产品的大部分水分除去，防止水产品腐败变质，从而延长其保藏期。当然，微生物的生长除了水分外，还需要温度、光照、氧气、营养成分等其他的综合因素。因此，干制品也经常采用抽真空包装、低温保藏等方法，以制造低温、低氧的环境，达到长期保藏的目的。

5. 水产腌渍、糟醉渍、醋渍、熏制及调味品　水产腌渍、糟醉渍、醋渍、熏制及调味品，是我国历史悠久的传统产品。长期的生产实践中，在制取食用的水产腌、糟、熏等水产品及水产调味品方面积累了丰富的经验，花式品种丰富多样，加工方式也多变不一，都具有各自独特的工艺及风味。

6. 水产罐头及软罐头制品　罐头加工是将食品经过预处理或调理配制后，装入排气后的密封容器中，再进行高温杀菌处理，使罐内的食品达到商业无菌。采用115~125℃的高温高压杀菌工艺，基本杀灭有害微生物，破坏酶的活性，同时排气后密封容器，使外界的微生物无法侵入，罐内残存的好氧性细菌不能继续繁殖，食品中的脂肪等成分也不会氧化，从而保证了食品可以长期保存而不致腐败变质。

7. 水产保健食品及水产药物　在水产品中有着许多对人体有益的生物活性和药效成分，主要表现在对人体的抗菌、抗病毒、抗衰老、抗癌，并具有降血脂、血压、血糖，改善和调节消化功能、甲状腺机能和性机能，增加红、白细胞等作用。这些活性成分和药效成分，是制取水产药物和保健食品的物质基础。

第五节　渔业环境及其保护

一、环境和生态学的概念

（一）环境的定义

广义的环境，是指某一主体（通常指人）周围一切事物的总和。在生态学中，环境是指生物周围存在的一切事物，即影响有机体反应的外界条件的总和，亦即环境是生物的栖息地，而生物是环境的主体。构成环境的各要素称为环境因子（环境因素）。环境因子中一切对生物的生长、发育、生殖、行为和分布有直接或间接影响的因子，则称为生态因子。生态因子中生物生存不可缺少的因子，称为生物的生存因子或生存条件（生活条件）。水体中生态因子可分为三大类：

1. 非生物因子 又称自然因子，或称理化因子。一般可包括气候因子、土壤因子和地形因子。在水域生态系统中，主要的非生物因子为光照、温度、溶解盐、溶解气体、底质、pH、悬浮物、水流、水位和水体容积大小等。总之，非生物因子包括无机物、有机物和气候因素。

2. 生物因子 环境中的动物、植物和微生物，即指同种或异种的其他生物。

3. 人为因子 人类活动对生物和环境的影响。

（二）生态学的定义

生态学是研究生物与其有机及无机环境相互关系的科学。

二、水生生物学的概念

水生生物学广义上说，是研究水中生活的各种生物生命活动的规律和控制利用的科学，范围十分广泛，包括水生生物形态、分类、生理、生态各个方面。生态分类包括浮游植物、浮游动物、底栖动物和水生大型植物。

1. 浮游植物 浮游植物是一个生态学概念，是指在水中营浮游生活的微小植物，通常是指浮游藻类，藻类是无胚而具叶绿素的自养叶状体孢子植物。浮游植物主要包括蓝藻门、硅藻门、金藻门、黄藻门、甲藻门、隐藻门、裸藻门和绿藻门。

2. 浮游动物 浮游动物主要包括原生动物、轮虫、枝角类、桡足类、毛颚类和浮游幼虫等。

3. 底栖动物　底栖动物主要包括水生环节动物（如多毛类沙蚕、寡毛类水丝蚓、蛭纲的蚂蟥）、软体动物（螺蚌等）、水生昆虫（龙虱、摇蚊幼虫等）等。

4. 水生大型植物　水生大型植物，是指肉眼可见的丝状或膜状绿藻类（水绵、刚毛藻、水网藻、石莼、浒苔、礁膜等），轮藻，红藻（紫菜、江蓠、石花菜等），褐藻（海带、裙带菜、鼠尾藻、马尾藻、羊溪菜等）和水生维管束植物。

水生维管束植物，是指在水中或岸边生活着的体内具有维管束的植物，通常称为水草。水生维管束植物是生态学范畴上的类群，是不同分类群植物通过长期适应水环境而形成的趋同性生态适应类型。水生植物的生活型，代表了水生植物对水环境的不同适应程度。水生植物绝大部分生活在淡水中，小部分生活在海水或盐碱水体中。根据其生活型，一般可分为沉水植物（菹草、苦草），挺水植物（芦苇、香蒲、莲），浮叶植物（睡莲、芡实、菱），漂浮植物（水葫芦）四大生物类群。

三、水域生态系统的结构和功能

（一）生态系统的概念

生态系统，是指生物群落与其生境相互联系、相互作用、彼此间不断地进行着物质循环、能量流动和信息联系的统一体。每个生态系统占有一定的地理位置和整个说来比较匀质的生境，具有确定的生物群落。简言之，生态系统就是生物群落和非生物环境（生境）的总和。

（二）生态系统的组成成分

1. 生境　即指非生物环境，是生态系统中生物赖以生存的物质和能量的源泉及活动的场所。包括参加物质循环的无机物、有机物，如蛋白质、糖类、脂类和腐殖质等和气候或其他物理条件，如温度、压力。

2. 生产者　生产者是指能利用无机物制造有机物的自养生

物，主要是绿色植物（包括藻类）、光合细菌及化能合成细菌。它们都把环境中的能量，以化学能的形式固定到有机体内。对于较大、较深的水域生态系统，微藻比有根植物更重要，是有机物质的主要制造者。

3. 消费者 消费者是针对生产者而言，即直接或间接利用绿色植物有机物作为食物源的异养生物。主要是指动物和寄生性生物。根据食性的不同可将它们分为：

（1）草食动物。也称素食者或一级消费者、初级消费者。它们直接以绿色植物为食，如草食性兽类和大部分昆虫等。

（2）肉食动物。也称肉食者。它们以草食动物或其他弱小动物为食，包括次级消费者和三级消费者等。次级消费者以初级消费者为食，三级消费者又以次级消费者为食……如在"杨树→蝉→螳螂→黄雀→猫头鹰"食物链中，蝉靠吸吮杨树根的汁液为生，是初级消费者（草食动物或一级消费者）；蝉被螳螂捕食，螳螂为次级消费者；螳螂又被黄雀捕食，黄雀则为三级消费者；猫头鹰为四级消费者。如果以肉食动物捕食与被捕食的顺序划分，则螳螂为一级肉食动物，黄雀为二级肉食动物，猫头鹰为三级肉食动物。

（3）寄生动物。它们寄生于其他动、植物体上，靠吸取宿主营养为生。如赤眼蜂和金小蜂，赤眼蜂寄生在玉米螟的卵块中；金小蜂产卵在红铃虫幼虫体内，孵化后的幼虫吸取红铃虫体内的养分生活。

（4）腐食动物。它们以腐烂的动、植物残体为食，如蝇蛆和秃鹰等。

（5）杂食动物。它们的食物是多种多样的，既吃植物，也吃动物，如麻雀、熊、鲤等。

4. 分解者 又称还原者。主要为细菌、真菌等微生物，也包括某些营腐生生活的原生动物。它们以动、植物的残体和排泄物中的有机物质作为维持生命活动的食物源，并把复杂的有机物分解为简单的无机物归还环境，供生产者再度吸收利用。分解者也属于异养生物。

由于自然生态系统纷繁复杂，生态系统中生物成员的划分也不是绝对的，有时甚至很难区分。如有些植物可吃动物，如捕蝇草专吃昆虫；有些鞭毛虫（如眼虫），既是自养生物又是异养生物。

（三）生态系统的功能

1. 能量流动　生态系统的主要功能之一。在生态系统中，所有异养生物需要的能量都来自自养生物合成的有机物质，这些能量是以食物形式在生物之间传递的。当能量由一个生物传递给另一个生物时，大部分能量被降解为热而散失，其余的则用以合成新的原生质，从而作为潜能贮存下来。由于能量传递不同于物质循环而具有单向性，因此，生态系统中的能量传递通常称之为能量流动。

所有生物进行各种生命活动，都需要能量，并且其能量的最初来源是太阳辐射能。在太阳辐射能中约有 56%，其波长是植物色素所不能吸收的。此外，除去植物表面反射、非活性吸收和大量用于蒸腾作用的能量以外，在最适条件下，也只有 3.6% 的太阳辐射能构成有机物生产量，并且其中有 1.2% 用于植物本身的呼吸消耗。换言之，在最适条件下，也只有约 2.4% 的太阳辐射能贮存于以后各营养级所能利用的有机物质内。

生态系统中的能量流动，是通过牧食食物链和腐质食物链两个渠道共同实现的。由于这些食物链及其各环节常彼此交联而形成网状结构，其能量流动的全过程非常复杂。就所述的两类能量线路来看，虽然两者以类似的形式而结束，但是它们的起始情况却完全不同。简单地说，一个是牧食者对活植物体的消费，另一个是碎屑消费者对死亡有机物质的利用。这里所讲的碎屑消费者，是指以碎屑为主要食物的小型无脊椎动物，如猛水蚤类、线虫、昆虫幼虫、软体动物、虾、蟹等，它们是很多大型消费者的摄食对象。碎屑消费者所利用的能量，除了一部分直接来自碎屑物质之外，大部分是通过摄食附着于碎屑的微生物和微型动物而获得的。因此，按照上述的营养类别，碎屑消费者不属于独立的营养级，而是一个混合类群。由于不同生态系统的碎屑资源不同，碎屑线路所起的作用也有很大的差别。在海洋生态系统中，初级消费者利用自养生物产品的时滞很小，因此，通过牧食线路的能量流明显地大于通过碎屑线路的能量流。相反，对于很多淡水（尤其是浅水）生态系统来说，碎屑线路在能量传递中往往起着主要的作用。

2. 物质循环　　所谓物质循环，又称"生物地球化学循环"，是指生物圈里任何物质或元素沿着一定路线从周围环境到生物体，再从生物体回到周围环境的循环往复的过程。

那些为生物所必需的各种化学元素和无机化合物，在生态系统各部分之间的循环通常称为营养物循环。通常，用分室或"库"一词来表示物质循环中某些生物和非生物环境中某化学元素的数量。即可把生态系统的各个部分看成不同的分室或库，一种特定的营养物质可能在生态系统的这一分室或那一分室滞留一段时间。如硅在水层中的数量是一个库，在硅藻体内的含量又是一个库。这样，物质循环或物质流动就是物质或化学元素在库与库之间的转移。

3. 信息联系　　一般把信息联系归纳成以下几种：营养信息、化学信息、物理信息和行为信息。

（1）营养信息。在某种意义上说，食物链、食物网就代表着一种信息传递系统。英国牛的青饲料主要是三叶草，三叶草传粉受精靠的是土蜂，而土蜂的天敌是田鼠，田鼠不仅喜欢吃土蜂的蜜和幼虫，而且常常捣毁土蜂的窝，土蜂的多少直接影响三叶草的传粉结籽。而田鼠的天敌则是猫。一位德国科学家说："三叶草之所以在英国普遍生长是由于有猫，不难发现，在乡镇附近，土蜂的巢比较多，因为在乡镇中养了比较多的猫，猫多鼠就少，三叶草普遍生长茂盛，为养牛业提供了更多的饲料。"不难看出，以上推理过程实际上也是一个信息传递的过程。

（2）化学信息。在生态系统中生物代谢产生的物质，如酶、维生素、生长素、抗生素和性引诱剂，均属于传递信息的化学物质。化学信息深深地影响着生物种间和种内的关系。有的相互制约，有的互相促进，有的相互吸引，也有的相互排斥。

（3）物理信息。声、光、色等都属于生态系统中的物理信息，鸟之鸣叫，狮虎咆哮，蜂飞蝶舞，萤火虫的闪光，花朵艳丽的色彩和诱人的芳香都属于物理信息。这些信息对生物而言，同样是有的吸引，有的排斥，有的表示警告，有的则是恐吓……

（4）行为信息。许多同种动物、不同个体相遇，时常会表现出各种特定的行为格式，即所谓的行为信息。这些信息有的表示识别，有的表示威胁、挑战，有的向双方炫耀自己的优势，有的则表示从属，有的则为了配对等。行为生态学已成为一个独立的分支。

（四）水域生态系统的结构特点

水域生态系统与陆地生态系统不同，即水域生态系统具有其自己的特点：

（1）非生物组分（生境）有3～4个自然体，如水、水底、大气和冰盖，而陆地通常仅有土壤和空气两个自然体。

（2）水域生态系统生境有垂直分层，而陆地不明显。

（3）水域生态系统中非生物组分所占的比重远超过陆地生态系统。温度较陆地稳定，光照条件较差，氧状况也较差。

（4）水域生态系统的生境是活动性大。

（5）水域生态系统中有固着动物和浮游生物。

（五）水域生态系统的功能特点

（1）浮游植物整个身体可以进行光合作用，生产效率高，但现存量较低，远低于陆草。

（2）水中物质循环速度比陆地快，藻类所形成的全部有机质都是较易利用的成分，陆地植物则因木质部存在少数动物利用之。

（3）水生生物渗透营养发达，且细菌、腐质具有重要营养意义，水域腐质链的意义显著。

四、水体富营养化和赤潮

（一）什么是水域富营养化

富营养化一般是指由于水中氮、磷等生源物质不断增加，水域生物生产力不断提高的过程。有时也指水域营养性状演化的一个阶段，即已具富营养型特征，如水生植物特别是浮游植物大量繁殖，引起水华或赤潮、溶解氧周日波动剧烈等。

（二）富营养化对渔业的危害

从水产养殖来说，适度的富营养化意味着水肥、饵料丰富，有其有利的方面。但从环境保护角度来看，富营养化会给水和水体的利用带来多方面的问题。水体适度富营养化，虽然对渔业有有利的方面，如水体富营养化直接引起浮游植物数量增加，提高水域的初级生产力，从而使一些渔业品种的产量增加。但也同样有不利的方面，国外因湖泊较深，养殖鱼类又以对氧要求高的冷水性鱼类为主，因此，富营养化引起的缺氧常使鱼类大批死亡，并使鱼类组成变为他们不喜欢食用而称之为野杂鱼的鲤科鱼类。我国类似的问题也有。如浮游植物，尤其是微囊藻、夜光藻、有毒裸甲藻、漆沟藻、褐胞藻和小三毛金藻等能形成有毒有害赤潮，对淡水、半咸水和海洋渔业都有不利影响。氮磷含量在近海的大量增加，大幅度增大了海水中 $N:Si$ 和 $P:Si$ 的比例。使海洋生态系统从需要硅的硅藻主导群落向不需要硅的鞭毛藻、小型蓝藻等主导群落转移，最终导致整个海洋生态系统结构和功能的本质改变。

（三）富营养化的防治

防治富营养化的措施主要有以下几项：

1. 清洁生产　在生产过程中采用清洁的能源，防止污染。如生产过程中减少废水中磷的含量。洗涤剂中把支链型烷基苯磺酸钠改为直链型。改用磷酸盐的代用品。农业上合理控制施肥。

2. 深海排污　华盛顿湖用 5 年时间修建管道，把经过两级处理后的出水不排入湖中而改为排入海中。7 年后完全恢复，表现在磷量下降，浮游植物数量下降，种类改变，这是一个成功的典型。

3. 深层排水　深水湖泊或水库中，底层水中营养物含量高于表层水，当水流转时，进入湖上层，往往引起"水华"现象。而一般流出水均是表层水，为此设法将深层水排出，可降低富营养化程度。如波兰一湖中，用此法得到较好效果。奥地利一湖中采用"虹吸装置"，进行深层排水。

4. 挖除底泥　截流和其他措施，用以减少外部营养物负荷。但富营养型湖泊中的底部沉积物常是一个营养库，在一定条件下可不断释放磷，这称为内部负荷。当外部负荷减少后，内部负荷可补偿，使富营养化现象继续存在。如瑞典的 Trumman 湖，因生活污水严重污染而出现蓝藻水华，采取截流措施后 10 年仍未恢复，主要原因是底泥释放营养物，经研究后决定挖去底泥，挖除的底泥相当于去除了 50t 磷和 450t 氮。随之，该湖恢复到接近贫营养湖的水平。杭州西湖每年挖泥 3 万～6 万 t，耗费比引水法高，但去除的氮、磷亦高于引水法。

5. 泥水隔离　也是为了减少内部负荷，但泥不挖出，而是就地处理。如加入凝聚剂，塑料薄膜覆盖。这种方法只能用于小水体，而且费用也不低，在目前我国要采用不太现实。

6. 杀藻除草　用药剂来除藻类和水草。美国环保局批准使用的杀藻剂有 27 种，其中，最常用的是硫酸铜。但这种方法只有局部治标作用，而且还要考虑残毒问题；美国用得较多，每年要使用近万吨杀藻剂。

7. 收藻利用　富营养化后藻类"水华"出现，能否直接利用，化害为利呢？非洲乍得人有食用蓝藻的习惯，目前有用作农肥、饲料、制沼气和提取有用物质的试验。但收集是一个问题，美国曾试验过机械的藻类收集船。前苏联曾试验研究过利用水库中蓝藻"水华"于农肥、饲料及其他方面，认为花钱少，收益大，并可改善水质。我们也曾实际测算了东湖内可利用的蓝藻"水华"量，表明数量相当可观，且含有很高的氮、磷量，如果加以利用，可减少东湖氮负荷的 14.5% 和磷负荷的 9.1%。

8. 生物防治 过去，对富营养化防治的措施都集中在理化方法和工程措施。对利用生态学方法，即从生态系统结构和功能的调整来进行治理很少注意。1970 年，有不少学者强调了生物的作用，提出了生物操纵这一名词，并举出了不少实际观察和试验事例，表明这是一个有潜力的、有生命力的措施。这种观点强调的是整个生态系统的管理，从营养环节来控制富营养化，使营养物改变为人类需要的终产品（鱼）而不是"水华"。

（四）赤潮和赤潮生物

1. 赤潮的基本概念 所谓赤潮，是海洋或近岸海水养殖水体中某些微小的浮游生物在一定条件下暴发性增殖，而引起海水变色并使海洋动物受害的一种生态异常现象。与淡水中"水华"相近，但水华不一定有害。

2. 赤潮生物的类别 能形成赤潮的浮游生物称为赤潮生物。据报道，全世界已记录的赤潮生物有 300 种左右，隶属于 10 个门类。我国海域分布的约有 127 种，隶属于 8 个门类。其中，在我国沿海发生赤潮的赤潮生物有 30 多种，主要是甲藻类（15种），其次是硅藻类（7 种）和蓝藻类（4 种）（张水浸等，1994）。

据国内外的报道，最常见的赤潮生物有以下几个属：

甲藻类——夜光藻、膝沟藻、原甲藻、角藻、多甲藻、鳍藻等。

硅藻类——骨条藻、角毛藻、根管藻、海链藻、菱形藻等。

蓝藻类——束毛藻等。

此外，有些红藻，某些裸藻、金藻和纤毛虫（中缢虫）等，有时也能引起赤潮。

（五）赤潮的危害

赤潮严重时，会毒死鱼、贝、虾等海洋动物，甚至使人类中毒，是一种海洋灾害。其危害途径有以下几方面：

（1）赤潮生物大量死亡后，在微生物分解过程中大量消耗溶氧甚至产生硫化氢，使水产动物缺氧或因硫化氢致毒而死亡。

（2）赤潮生物大量繁殖覆盖海面或黏附在鱼贝类鳃上，使动物呼吸困难而窒死。

（3）有些赤潮生物（主要是甲藻类）在体内或其代谢产物中含有生物毒素，引起动物中毒死亡。

（4）人类由于摄食中毒的鱼贝类而受害。

（六）赤潮的防治

当赤潮已经出现时，迄今还没有一个有效的治理方法。最早试用的方法是，用硫酸铜杀死赤潮生物，即将硫酸铜装在布袋中放在船后拖曳，使药物缓慢地溶解水中。当海水中硫酸铜浓度达到 $50\sim100mg/L$ 时，可杀死裸甲藻而对养殖贝类无害。但海区面积太大且海水不断流动，化学药品很难奏效。引入食浮游生物鱼贝类来滤食赤潮生物，或用超声波杀死赤潮生物等方法，在实验室试验取得成效，但也难应用于大海。因此，当前的对策应该以防为主。

主要措施是控制海区富营养化的发展。首先，要根据海区的自净能力确定城市生活污水、工业污水、畜牧业排水和农田排水的流入量；其次，对浅海海域的渔业发展要有计划地合理布局，不要盲目扩大养殖面积，避免出现局部过度养殖局面。在发展养殖业中，应注意贝、藻、虾、鱼和不同食性、不同生活空间种类的混养，这样既可提高单产，又能强化水体的自净性能。

对富营养化海区，可利用各种不同生物的吸收、摄食、固定、分解等功能，加速各种营养物质的利用与循环，以达到生物净化的目的。如利用海生植物吸收剩余的营养盐类，利用浮游动物和底栖动物摄取各种碎屑有机物，利用细菌同化、分解有机物，等等。其中，植物的净化作用特别重要。如在水体富营养化的内湾或浅海，有选择地养殖海带、裙带菜、羊栖菜、紫菜、江蓠等大型经济海藻，既可净化水体，又有较高的经济效益。

五、水污染生态学

（一）水污染的概念及其指标

1. 水污染的概念 由于人为的原因使水质发生变化，导致水的任何有益的用途受到现实的或潜在的损害。即水体进入某种污染物使水的质量恶化，并使水的用途受到不良影响，称为水污染。

2. 水污染指标 包括物理、化学和生物等方面。主要指标有：

（1）固体物质。固体物质的组成包括有机性物质（又称挥发性固体）和无机性物质（又称固体性物质）。固体物质又可分为悬浮固体和溶解固体两类，而固体物质总量则称为总固体（TS）。悬浮固体（SS）是污水的重要污染指标，包括浮于水面的漂浮物质、悬浮于水中的悬浮物质和沉于底部的可沉物质。

（2）有机污染物。有机污染物质对水体的污染和自净有很大影响，是污水处理的重要对象。其指标有：①生物化学需氧量（BOD）。是指在温度、时间都一定的条件下，微生物在分解、氧化水中有机物的过程中所消耗游离氧的数量，其单位为 mg/L 或 kg/m^3。②化学需氧量（COD）。该指标表示的是污水中有机污染物，被化学氧化剂氧化分解所需要的氧量。用重铬酸钾作强氧化剂，在酸性条件下能够将有机物氧化为 H_2O 和 CO_2，此时，所测得的耗氧量即为化学需氧量（COD_{Cr}）。用高锰酸钾作氧化剂，所测得的耗氧量称高锰酸钾耗氧量或简称耗氧量（COD_{Mn}）。③总有机碳（TOC）。这一指标最宜用于表示污水中微量有机物。将一定数量的污水注入高温炉中，在触媒的参与下，有机碳被氧化成二氧化碳。

（3）有毒物质。毒物污染是水污染中特别重要的一大类，种类繁多。共同的特点是，对生物有机体的正常生长和发育造成毒性危害。

（4）酸碱性。酸性污水能够腐蚀排水管、污水处理设备以及其他水工构筑物。酸性或碱性污水，都能抑制水生生物及微生物的生活活动。

（5）生物指标。主要有细菌总数、大肠杆菌和病原菌等。

（二）水体中主要污染物的类型及其危害

水体中的污染物主要来自于城市污水排放、水土流失、水产和畜禽养殖和其他人为活动的影响。造成水体污染的污染物，包括物理、化学和生物三大类。

1. 物理污染物　主要包括固体悬浮物、热污染和放射性水污染物。

（1）固体悬浮物。不溶于水的非生物性颗粒物及其他固体物质。

（2）热污染。它是一种能量污染。水体受热污染后造成溶解氧减少（直到零），使某些毒物的毒性提高，破坏水生态平衡的温度环境条件，加速某些细菌的繁殖，助长水草丛生、厌氧发酵，产生恶臭。鱼类等水生动植物的生长与水温密切相关，有一定的适温范围，过低或过高都不利于水生生物的生长和生存，并破坏某一特定水域的生物种群结构。

（3）放射性水污染物。放射性水污染主要由放射性核素引起的一类特殊污染。有的放射性核素在水体、土壤中会转移到水生生物等生物中，并发生明显的浓缩，难以处理和消除。它不能用物理、化学、生物等作用改变其辐射的固有特性，只能靠自然衰变来降低放射性强度。生物体对辐射最敏感的是增殖旺盛的细胞组织，如血液系统和造血器官、生殖系统、肠胃系统、皮肤和眼睛的水晶体等。射线引起的远期效应，主要有白血病和再生障碍性贫血、恶性肿瘤及白内障等。

2. 化学污染物

（1）需氧有机物污染。需氧有机物包括碳水化合物、蛋白质、油脂、氨基酸、脂肪酸和脂类等有机物质。需氧类有机物质没有毒性，在生物化学作用下容易分解，分解时消耗水中的溶解氧。易引起水体缺氧，对水生生物造成危害。水体中需氧有机物越多，耗氧也越多，水质就越差，说明水体污染越严重。大多数污水都含有这类污染物质。

（2）富营养化污染。主要指水流缓慢、更新周期长的地表水体，接纳大量氮、磷、有机碳等富营养素，引起的藻类等浮游生物急剧增殖的水体污染。

（3）毒物污染。造成水体污染的有毒污染物可分为四类：一是非金属无机毒物（CN^-、F^-、S^{2-}等）；二是中重金属无机毒物（Hg、Cd、Pb、Cr、As等）；三是易分解有机毒物（挥发酚、醛、苯等）；四是持久性有机污染物等（DDT、六六六、狄氏剂、多环芳烃、芳香胺等）。

①氰化物：氰化物是剧毒物质，可在生物体内产生氰化氢，使细胞呼吸受到麻痹而窒息死亡。在鱼对氰化物慢性中毒实验中，对许多生理、生化指标进行的观察后表明，为保证在生态学上不产生有害作用，CN^-在水体中不允许超过 0.04mg/L，对某些敏感的鱼不允许超过 0.01mg/L。世界卫生组织规定鱼的中毒限量为游离氰 0.03mg/L。

②重金属无机毒物：重金属主要是通过食物链进入生物体内，不易排泄，并在生物体的一定部位积累。进入体内以后，使人慢性中毒，极难治疗。20 世纪 50 年代发生在日本的水俣病事件，就是在脑中积累了甲基汞，致使神经系统遭受破坏，导致较高死亡率。

③易分解有机毒物（酚类化合物）：酚是一种高毒的污染物。

低浓度的酚能使蛋白质变性，高浓度的酚能使蛋白质沉淀，酚对各种细胞可产生直接损害，对皮肤和黏膜有强烈的腐蚀作用，长期饮用被酚污染的水源，可引起头昏、出疹、瘙痒。

④持久性有机污染物（POPs）：其特点是毒性高，持续性强，易生物积累，可长久在大气中迁移，远距离传输和沉积，生物、化学与光难降解，难溶于水而易溶于油脂，其分析测定也相当困难。该类型的污染物主要有二噁英和有机氯农药。

（4）油污染。它是水体污染的重要类型之一，特别是河口、近海水域更为突出。排入海洋的石油，估计每年可高达数百万吨。油污染主要是由于工业排放，石油运输船舱、机件及意外事件的流出、海上采油等造成的。

（5）酸、碱污染。酸、碱污染使水体 pH 发生变化，破坏水体的缓冲作用，不利于水生动植物的生长和水体自净，还可腐蚀桥梁、船舶、渔具。酸与碱往往同时进入同一水体，中和之后可产生某些盐类；酸性和碱性废水进入水体，也可与水体中的某些矿物元素相互作用而产生盐类。产生的各种盐类会提高水的渗透压，不利于植物根系对水分的吸收，影响植物的正常生理活动。

3. 生物污染物

（1）病原微生物。主要来自生活污水、医疗垃圾以及地面径流。病原微生物水污染的危害历史久远，至今仍是破坏水生生物资源、威胁人类生命健康的重要污染类型。

（2）寄生虫。包括血吸虫、痢疾变形虫以及多种肠道寄生虫，还有一些原生动物等也会危害水生动物。

（3）藻类。特别是蓝藻或甲藻的大量繁殖，分泌藻毒素，形成水华或赤潮，造成水质恶化，对养殖生产带来危害。

六、水环境保护的措施和技术

（一）保护生物学的基本原理

保护生物学是一门综合性的交叉学科，是将基础科学和应用科学结合，为保护生物多样性提供原理和工具，并为科学研究和管理实践架起一座桥梁。其主要内容包括物种的灭绝规律，物种的进化潜能，物种多样性与群落和生态系统的关系，保护区的设计，生境的恢复，物种的再引入和迁地保护，生物技术在保护生物学中的应用，等等。

保护生物学最基础的理论是岛屿生物地理学。许多生物赖以生存的环境都可以看做是大小、形状、隔离程度不同的岛屿，如湖泊可以看做是陆地海洋中的岛屿。岛屿生物地理学是研究岛屿中物种数目与面积的关系，物种的进入、迁出规律和达到平衡的过程，为解释生物的地理分布和保护区的设计提供理论基础。

岛屿生物地理学理论认为，物种数随面积的增加而增加，并且有以下关系：

$$S = CA^z$$

式中　S——物种数；

　　　A——岛屿面积；

　　　C、Z——常数。

对于这一现象的原因有多种解释：①栖息地异质性假说，这一假说认为，面积增大就增加了更多类型的栖息地，因而可以容纳更多的物种；②随机样本假说，这一假说认为，物种在不同大小的岛屿上的分布是随机的，大的岛屿为大的样本，因而包含较多的物种。

岛屿上物种的平衡受以下两个因子的影响：

（1）面积效应。即面积大的岛屿，物种数多。对于某一大陆边缘距离相等的一系列岛屿，物种从陆地迁到这些岛屿的速率是一样的，但物种的消失率不一样，小岛屿上的物种消失率高些，因为空间小，种间竞争激烈，允许容纳的物种数目相对较少。

（2）距离效应。岛屿与陆地和其他岛屿的距离越远，其上的物种数目就越少。因为在岛屿的面积相等时，岛屿与其他岛屿及陆地的距离越远，其上物种的迁入就越慢。因此，岛屿的片断化和隔离，将造成物种数的减少。

依据岛屿生物地理学的理论，Diamond（1975）总结了设计自然保护区的几点原则：

①保护区面积越大越好。

②单个保护区要比面积相同、但分隔成若干个小保护区好。

③若干个分隔的小保护区越靠近越好。

④若干个分隔的小保护区排列紧凑较好，线性排列最差。

⑤有走廊连接的若干小保护区比无走廊连接的好。

⑥圆形保护区比条形保护区好。

但是有人认为，物种数随栖息地异质性增加而增加，因此不赞成设一个大的保护区，而建议在一个较大的地理尺度上选择多个小型保护区。

由于岛屿生物地理学在物种数变动的具体机制上不清楚，特别是对具体哪些物种有影响不清楚，因而其应用有一定的局限性。尽管如此，岛屿生物地理学将人们的注意力吸引到岛屿化这一现象上来，研究物种迁入、迁出的动态变化和相关的因子，对于生物多样性的保护仍有一定的启发作用。

（二）水生生物资源保护

1. 天然渔业对象的数量保护 随着经济的发展，应当将渔业的重点逐渐从天然渔业转向为养殖渔业，保护天然渔业资源和水环境。对于现在天然渔业仍占相当比重的地区，应当严格执行渔业法，规定禁渔期，保护产卵场。同时，进行科学的管理，控制捕捞强度。

2. 养殖种类种质资源保护 对于养殖种类应当采用高新技术培养新品种，而对于它们的野生种则应予以保护，避免近亲繁殖与不适当的杂交。

3. 慎重引种驯化 引入新种一定要考虑它对本地种的影响，控制引入种的范围。

4. 保护栖息地，建立保护区 对于一些重要的类群，如中华鲟、白暨豚等，要重点保护它们的栖息环境。

由于经济建设的需要，对水体的干扰是不可避免的，特别是河流的梯级开发，对水生生物资源影响极大。因此，要选择适当的地区，主要是多样性高的地区建立保护区。如长江上游，随着葛洲坝、三峡大坝、乌江大坝的建成，建立保护区很有必要。

第六节　水产养殖工程

一、养殖池系统工程

养殖池系统工程，主要包括养殖池、供排水系统。水产养殖池主要有土池池塘和应用建筑材料制成的水池（槽）。

1. 养殖土池池塘

（1）池塘形状。池形以长方形为宜，通常是一短边与进、排水渠平行，另一边靠近注水渠（管道）和道路；长边尽量与养殖季节主要风向垂直。长宽比例一般为 4:1～10:1。功能相近池塘的宽度应尽量一致，以便于饲养管理、配备网具和拉网操作。

（2）池塘面积和深度。淡水鱼类养殖池面积以 3 000～10 000m² 为宜；蓄水深度应达到 2.5m，不宜超过 4m。养虾池塘面积可以稍大些，但一般不超过 5×10^4 m²。要求池底平坦，有倾斜，坡降一般为 1/100～1/200。

（3）池堤。一般为土堤，有条件可采用水泥或沥青堤面。为了方便饲养作业、车辆通行和机械化管理，池堤顶面宽度不应小于 8m。土质为沙壤土、壤土和黏土，适宜的堤面坡度分别为 1:4、1:3～4 和 1:2.5～3.5。采用石块或水泥板护坡时，堤面坡度可适当增大到 1:2～2.5。

2. 供排水系统　养殖池的供水系统包括引水渠（或管道）和闸门（阀门），排水系统包括排水渠和闸门等。

引河水、湖水或水库水为水源，一般需要建引水渠或提水站。养殖场内部的注水渠道分主干渠和分支渠，主干渠为水源，分支渠为鱼池注水渠。使用地下水为水源，一般采用管道注水。淡水养鱼池塘的排水，一般都需要用水泵提水排放，还应设立排水渠。

海水养虾池的供水，一般要修建引水渠和闸门，涨潮开闸纳水，落潮可以开闸放水。养虾池注水，也可使用水泵提水。

3. 流水养殖池（水槽）　流水养鱼和工厂化育苗，通常使用水泥池或玻璃钢、PVC 材料制成的水槽。

（1）形状、面积和深度。流水养殖池有正方形、长方形和圆形等，面积 30～100m²，深度为 0.8～1.8m。池底有向排水口倾斜坡度，坡降为 1/20～1/30。方形池的池角通常为半圆形。

（2）注排水。注水管直径 8cm 左右，设在池壁上缘，进水方向与池壁呈锐角。排水口设在池底中心或池底一侧，有暗管（直径 15cm 左右）通向池外（排水沟），并有活结弯头和竖管连接，以控制池水水位。人工育苗水泥池在池底可埋设充气管，可通过小孔向池水充气增氧。还可在池底部铺设加热管，通热气（或水）对池水进行加热。

（3）建筑要求。产卵池一般为钢筋混凝土结构，要求坚固、不渗漏，水流畅通、无死角；要求池底、池壁平整，表面光滑。为防止亲体磨伤，池底可用瓷砖铺设。产卵池建在室外，需要用砂石和水泥打好地基，地基深度应超过冰冻层，以防受冻发生断裂。注排水管和阀门可采用 PVC 材料，也可采用钢铁材料。

二、普通网箱养殖设施

养殖网箱类型和设置方式多种多样，有浮动式、固定式和浮潜式等。下面以湖泊、水库使用最多的浮动式网箱为例，介绍其结构和装配方法。

普通浮动式网箱由箱体（网衣）、框架和浮子、沉子和固定装置组成。

1. 箱体（网衣）

（1）形状和规格。网箱的平面形状主要有正方形、长方形和圆形等。淡水网箱多为正方形或长方形，海水网箱多为圆形。大型网箱面积超过 100m²，深度达 10m 以上；海水使用的大型抗风浪深水网箱面积达数百甚至上千平方米，深度达 20m 以上。淡水网箱养殖生产中多采用中小型，即长、宽、高为 5m×5m×2.5m 或 12m×8m×4m。网箱箱体多为封闭的，也有不加盖网的敞口网箱。

（2）网衣材料。网线材料有聚酰胺（尼龙）、聚乙烯（乙纶）和聚丙烯（丙纶）等。目前，应用最广的是低压聚乙烯线，由直径为 0.21mm 和 0.25mm 的单丝捻制而成，常用规格是——0.21/3/3（直径 0.21mm，3 根单丝为一股，共 3 股）。网箱使用最多的为聚乙烯多股线编织的有结网片（小网目多采用无结网片），使用前要经拉伸定型处理，以防在使用过程中结节松动和网目变形（多数出厂时已经过定型处理）。网目大小应以不逃鱼、节约材料、有利于水体交换为原则。

（3）网片剪裁与拼接。网片先按设计尺寸和缩结系数剪裁，然后，按缩结系数将网片固定在网纲上。缩结系数是指网片装纲后，网目长度与网目拉直长度之比。装配网箱一般选择垂直缩结系数为 0.8，水平缩结系数为 0.6，网目保持菱形的自然状态。网纲一般采用直径 4～5mm 的聚乙烯绳子；固定网片通常用直径 3mm 左右的聚乙烯线逐目与纲绳连接。网箱上盖网片可采用双套法活络结缝合，以方便拆卸。

2. 框架和浮子

（1）框架。框架的作用是撑起箱体（网衣），使其保持固定的形状。用于制作网箱框架的材料有毛竹、木料、钢管、高密度聚乙烯（HDPE）管和碳纤维管等。用封闭管做框架能起到浮子的功能，通过向管内注水或充气，调节浮力大小和网箱在水层中的位子。

（2）浮子。浮子的作用是，使箱体和框架浮于水面或水层中。用于浮子的材料主要有泡沫塑料、塑料桶和铁桶等。

3. 沉子和固定装置

（1）沉子。用作网箱沉子的材料，主要有瓷质沉子、水泥块、铅块和铁管（框）等，其作用是固定网箱和保持箱体形状。

（2）固定装置。在风浪较大的大型水域设置网箱，沉子的作用微不足道，还需要有一些固定装置，如铁锚、水泥桩（砣）等，用缆绳将其与网箱连接。

三、围栏养殖设施

围栏养殖是指在大型水域，通过围、圈、拦、隔等工程设施，围拦一定面积的水域，在其中从事集约化养殖生产。

1. 围栏面积和形状 围栏养鱼，通常以网箔作为拦鱼设施，其结构与建造方法和拦鱼设施中的网栏相似，但也有其自身的特点。

（1）围栏的面积。面积的确定要以有利于水体交换、方便于饲养、投饵和捕捞为原则。小型围栏面积 $0.2 \sim 0.3 hm^2$，大型围栏超过 $2 hm^2$。

（2）围栏区形状。多为圆形或椭圆形，其优点是抗风浪能力强，能减小波浪对网箔的压力；能满足鱼类正常活动需要，鱼群可沿墙网作顺时针或逆时针的游泳。

2. 围栏的结构与安装 围栏主要由栏网和固定设施组成。栏网为主要部件，固定设施为支持和固定墙网的桩、栏杆或石笼等。

（1）栏网。包括主网和敷网。为保证安全和不逃鱼，有时设置两层栏网，内外墙网间距为 $4 \sim 5m$。

①主网：又称墙网。由若干网片拼缝而成，主网各网片的缝合处还应设有纵向拉力的绳索（纵力纲），以加固主网。主网有上纲和下纲，上纲装浮子，下纲与敷网连接。主网的高度视水深而定，一般要高出水面 $0.5 \sim 1.0m$。

②敷网：沿墙网内折敷设在水底的网片，以防止鱼类从主网

下纲逃逸。敷网宽 2～3m，一侧安装在主网的下纲上，另一侧装有沉子或被石笼压贴于水底。

（2）支撑与固定设施。包括以下结构：

①墙网桩：直立水中，下端打入水底泥土 1m 左右，上端超出水面 1m 左右。在水浅、风浪小的水域设置，墙网桩可采用毛竹或木桩；在风浪大、深水区的水域设置，一般均采用水泥桩。墙网桩为毛竹或木桩时，桩间距为 2～4m；水泥桩的间距一般为 8～10m。将墙网的纵力纲捆绑在墙网桩上。

②栏杆（绳）：横向连接墙网桩，使各墙网桩连成一体，以增加其牢固性。有时，也可用拉绳固定墙网桩。

③石笼：固定墙网和压敷网于水底的固定设施。石笼是用网目为 2～3cm 的聚乙烯网片缝合的圆筒状网袋，直径 10～20cm，长 1m 左右；内装直径 3～5cm 卵石。有的用铁链作为敷网的底纲，铁链重量应大于 10kg/m。

四、浅海浮筏养殖设施

目前，海上筏式养殖较为普遍，养殖种类有海带、裙带菜、扇贝、贻贝、鲍和海胆等。养殖筏设置多种多样，其中，单式筏较为普遍。

1. 养殖筏结构 单式养殖筏由浮绠、橛缆、橛桩、砣子和浮子组成。浮绠上系浮子，两端分别与橛桩连接；橛桩由橛缆与投放于海底的砣子连接固定。

（1）浮绠。材料为聚乙烯、聚丙烯等化学纤维绳缆。根据海流风浪情况，浮绠直径 1.5～2cm 即可。筏身长度山东地区标准为 50～60m，辽宁地区为 60～70m，福建地区为 60～70m，浙江地区为 30～40m。

（2）橛缆。材料规格与浮绠相同，长度随水深而异，一般是水深的 2 倍（橛缆：水深＝2：1），风浪、海流较大的海区为 2.5～3 倍（橛缆：水深＝2.5～3：1）。

（3）橛桩。采用软质干燥的木料去皮制成，直径 15cm 左右，长度 1～1.5m。

（4）砣子。为石砣或水泥砣，重量 1 000kg 以上；砣子的高度要低，一般为砣子底边的 1/3，砣子直径为 20～22mm。

（5）浮子。用塑料制成，直径 28～30cm，重量 1 600g 左右，浮力 12.5kg。绑浮子绳材料为聚乙烯绳，直径 0.2～0.3mm。

2. 养殖筏设置 筏式养殖区应设在无城市污水、工业污水和河流淡水排放的海域。水质应符合 GB 11607 和 NY 5052 的要求。海流的流速在 0.17～0.7m/s 之间，以 0.41～0.7m/s 为宜。透明度变化幅度小于 3m 比较适宜。水深 10～50m 可养殖海带，其中，20～30m 海区是高产海区。

养殖区应统一规划，每个养殖小区一般设 20～40 台筏，小区间距 30～50m，筏间距 5～8m。根据风浪和海流的方向，一般顺风顺流设筏。

在筏身两端打橛桩和下砣子固定筏身。筏身设施的松紧程度，应当在高潮时筏身保持较松弛的状态，使筏能够随风浪浮动有一定的幅度。绑系浮子的绳扣应结紧结死，绳索与浮缆衔接处要绑紧。在大风大浪的软泥底海区，橛桩的长度要求在 1～1.5m 以上，一般海区橛桩长度不小于 0.8m，橛缆要绑在橛桩的下端 3/5 或 1/2 处，以防拔起橛桩。

3. 养殖器材

（1）海带栽培。将海带苗夹在多股的苗绳中，然后用吊绳将苗绳垂挂在浮缆上。苗绳为红棕绳或红棕丝与聚乙烯纤维混纺绳，均为 3 股合成，直径为 1.3cm，松紧适宜。北方的苗绳长 2～2.5m，南方的苗绳长 3.5～4m。吊绳材料为聚乙烯绳，直径 3～5mm，长度按各海区的养育水层而定。

（2）笼养贝类。养殖笼为圆筒形，骨架用粗铁丝制成，直径 30～40cm，中间用带多孔（孔径≥0.5cm）的聚乙烯圆盘，将整个养殖笼分隔成 5~18 层，每层间距 20cm 左右。养殖笼采用聚乙烯网片缝合（活络结或塑料拉链）。网目根据养殖对象大小确定。这种养殖笼可以养殖扇贝、鲍等，也可以养殖海胆、三疣梭子蟹等。

五、稻田养殖工程

稻田养殖工程主要包括加高、加宽、加固田埂和开挖鱼沟、鱼凼。

1. 加高、加宽、加固田埂 一般养殖稻田的田埂高为 0.8m（高出水面 30cm），上宽 0.5m、下宽 1.0m；打夯压实，以防被水冲垮。

2. 开挖鱼沟和鱼凼 20 世纪 80 年代以来，各地对传统稻田养殖工程做了修改，将平板式稻田改为宽沟、深坑，增加了养鱼水体，实现了高产。即在稻田中开挖田或口字形鱼沟和鱼凼，其面积占稻田总面积的 5%~10%，供水产养殖动物栖息。鱼沟上口宽一般为 1.5m，下底宽 0.8m，深 0.8~1.0m；鱼沟每隔 3~5m 开一个缺口与稻田相通，鱼类可自由进出稻田；每隔 15~20m，开挖一个鱼凼，面积在 20m² 左右，深度为 1~1.5m，鱼凼面积越大，养鱼效果越好。

3. 设置进、排水口和拦鱼栅 一块稻田的进、排水口按对角线设置，以利于水的交换。在养鱼时，进、排水口应设拦鱼栅，以免养殖鱼类逃逸。拦鱼栅插入土中 20cm 以上，高度超过田埂 30cm。拦鱼栅也可用网片代替，栅或网目视放养鱼种大小而定，以鱼类不能逃逸为原则。

第七节　水产技术推广

一、水产技术推广的流程

1. 推广程序 推广程序是水产技术推广原则在推广工作中

的具体应用，它是一个动态的过程。进入 20 世纪 80 年代中期，我国渔业推广开始受到政府、教学和科研等部门的高度重视，渔业推广程序也在理论的指导下，不断丰富、完善了其内容。概括起来，可分为"项目选择、试验、示范、培训、服务、推广、评价"等七个步骤。

（1）项目选择。项目选择是一个收集信息、制订计划、选定项目的过程，也是推广工作的前提。如果选准了好的项目，就等于推广工作完成了一半。项目的选定首先要收集大量信息，项目信息主要来源于四个方面：①引进外来技术；②科研、教学单位的科研成果；③渔民群众先进的生产经验；④推广部门的技术改进。推广部门根据当地自然条件、经济条件、产业结构、生产现状、渔民的需要及渔业技术的障碍因素等，结合项目选择的原则，进行项目预测和筛选，初步确定推广项目。推广部门聘请有关的科研、教学、推广等各方面的专家、教授和技术人员组成论证小组，对项目所具备的主观与客观条件进行充分论证。通过论证认为切实可行的项目，则转入评审、决策、确定项目的阶段，即进一步核实本地区和外地区的信息资料，详细调查市场情况，吸收群众的合理化建议，对项目进行综合分析研究，最后做出决策。推广项目确定后，就应制订试验、示范、推广等计划。

（2）试验。试验是推广的基础，是验证推广项目是否适应当地的自然、生态、经济条件及确定新技术推广价值和可靠程度的过程。由于渔业生产地域性强，使用技术的广泛性受到一定限制，因此，对初步选中的新技术必须经过试验。而正确的试验可以对新成果、新技术进行推广价值的正确评估，特别是引进的成果和技术，对其适应性进行试验就更为重要。如新品种的引进和推广就需要先进行试验。历史上不经试验就引种而失败的例子很多。因此，掌握推广试验的方法，对推广人员搞好推广工作十分重要。

（3）示范。示范是进一步验证技术适应性和可靠性的过程，又是树立样板对广大渔民、乡镇干部、科技人员进行宣传教育、转化思想的过程，同时，还要逐渐扩大新技术的使用面积，为大面积推广做准备。示范的内容可以是单项技术措施、单个养殖品种，也可以是多项综合配套技术或模式化增养殖技术。

目前，我国多采用科技示范户和建立示范点的方式进行示范。搞好一个典型，带动一方渔民，振兴一地经济，示范迎合了渔民的直观务实心理，达到"百闻不如一见"的效果。因此，示范的成功与否对项目推广的成效有直接的影响。

（4）培训。培训是一个技术传输的过程，是大面积推广的"催化剂"，是渔民尽快掌握新技术的关键，也是提高渔民科技文化素质、转变渔民行为最有效的途径之一。培训时多采用渔民自己的语言，不仅通俗易懂，而且渔民爱听，易于接收。培训方法有多种，如举办培训班、开办科技夜校、召开现场会、巡回指导、田间传授和实际操作，建立技术信息市场、办黑板报、编印技术要点和小册子，通过广播、电视、电影、录像、VCD、电话等方式宣传介绍新技术、新品种。

（5）服务。服务不仅局限于技术指导，还包括物资供应及水产品的贮藏、加工、运输、销售等利农、便农服务。各项新技术的推广必须是行政、供销、金融、电力、推广等部门通力协作，为渔民进行产前、产中、产后一条龙服务，为渔民排忧解难。具体来说：帮助渔民尽快掌握新技术，做好产前市场与价格信息调查、产中技术指导、产后运输销售等服务；为渔民做好采用新技术所需的化肥、渔药、渔机具等生产资料供应服务；帮助渔民解决所需贷款的服务。所有这些是新技术大面积推广的重要物质保证，没有这种保证，新技术就谈不上迅速推广。以上也是新技术、新产品推广过程中必不可少的重要环节。

（6）推广。推广是指新技术应用范围和面积迅速扩大的过程，是科技成果和先进技术转化为直接生产力的过程，是产生经济效益、社会效益和生态效益的过程。新技术在示范的基础上，一经决定推广，就应切实采取各种有效措施，尽量加快推广速度。目前，常采取宣传、培训、讲座、技术咨询、技术承包等手段，并借助行政干预、经济手段的方法推广新技术。在推广一项新技术的同时，必须积极开发和引进更新更好的技术，以保持渔业推广旺盛的生命力。

（7）评价。评价是对推广工作进行阶段总结的综合过程。由于渔业的持续发展，生产条件的不断变化，一项新技术在推广过程中难免会出现不适应渔业发展的要求，因此，推广过程中应对技术应用情况和出现的问题及时进行总结。推广基本结束时，要进行全面、系统地总结和评价，以便再研究、再提高，充实、完善所推广的技术，并产生新的成果和技术。

对推广的技术或项目进行评价时，技术经济效果是评价推广成果的主要指标。同时，也应考虑经济效益、社会效益和生态效益之间的关系。不论进行到哪一步，都应该有一个信息反馈过程，使推广人员及时准确掌握项目推广动态，不断发现问题和解决问题，加快成果的转化速度。

推广工作要遵循推广程序，但更重要的是推广人员要根据当地实际情况灵活掌握和运用，不可生搬硬套。

2. 推广程序的灵活应用 推广程序中，试验、示范、推广是水产技术推广的三个基本程序。一般来讲，按照"试验、示范、推广"这一基本顺序进行，特别是某项技术的适应性、有效性来得到充分论证。组装配套技术没有相应配合的情况下盲目大面积推广，往往会给生产造成损失。但在实际推广过程中，有很多情况需要灵活掌握。通常在下列情况下，可以灵活运用推广程序。

（1）同一自然条件下，由于发达地区和欠发达地区思想观念和经济条件的不同，某项新技术已在发达地区大面积推广开来，而欠发达地区尚未采用。在这种情况下，可以组织渔民到发达地区参观，运用示范等各种推广手段直接进行推广。

（2）渔民自身在多年实践总结出的行之有效的实用技术、先进经验等要点的同时，采用召开现场会等方式大力宣传，不必进行试验、示范，就可以在同类地区直接大力推广。

（3）科研部门在当地自然条件和生产条件下培育的某些新品种等成果，由于在本地进行了多年多点试验和一定面积的示范，在渔民中产生了一定的影响。这样的品种一经审定后，就可直接进入推广领域，不必重复试验。

（4）由于科研单位研究的某项技术就是针对某一地区存在的主要问题进行研究的。当研究成功后，就可以减少中间环节，直接在当地进行大面积推广。

（5）由于综合组装的技术多数是在当地进行多年摸索的单学科的各项技术，或是正在推广应用的技术，实践证明是行之有效，所以组装起来后不必进行试验、示范就可推广，达到增产、增收的目的。

（6）由于现代科技成果管理上的规定，某项科研成果在取得成果前，必须有一定的示范面积，而这些示范工作多是科研部门和推广部门共同完成的。因此，这样的成果推广部门不必进行试验，就可以在其适应的范围内迅速推广。

（7）20世纪80年代采用的"教、科、推"三结合的协调攻关项目。"教、科、推"统一制订试验研究和示范推广方案，由攻关人员在试验基点进行试验研究后，筛选出最优调控模式并进行示范推广。这样的成果通过鉴定后，即可直接在适宜地区推广。

综上所述，渔业推广程序在推广过程中起着非常重要的作用，是推广工作的步骤和指南，不但要求每个推广人员必须掌握，而且还要求推广人员根据项目的性质及当地自然条件和经济条件，灵活运用好推广程序。

二、水产技术推广方法

1. 大众传播法 推广者将渔业技术和信息经过选择、加工和整理，通过大众传播媒体传播给广大渔民群众的推广方法。大众传播媒体分为印刷品媒体、视听媒体和静态物像媒体等三大类型。

（1）印刷品媒体。依靠文字、图像组成的渔业推广印刷品媒体，包括报纸、书刊和活页资料。这些读物可以不受时间限制，供渔民随时阅读和学习；可以根据推广项目的要求，提前散发，能较及时、大量、经常地传播各种渔业信息。

（2）视听媒体。渔业推广活动中的声像传播是指利用声、光、电等设备，如广播、电视、录像、电影、VCD、幻灯等，宣传渔业科技信息。这种宣传手段，比单纯的语言、文字、图像（图画、照片）有着明显的优越性。视听媒体以声像与渔民沟通。

（3）静态物像传播媒体。以简要明确的主题展现在人们能见到的场所，从而影响推广对象的方式，如广告、标语、科技展览陈列等。静态物像媒体以静态物像与渔民沟通。

2. 集体指导法 又称团体指导或小组指导法。即在同一类型地区、生产和经营方式相同的条件下，采取小组会议、示范、培训、参观考察等方法，集中地对渔民进行指导和传递信息的方法。采用此方法，一次可向多人进行传播，达到多、快、广的目的，是一种介于大众传播和个别指导之间的比较理想的推广方法。集体指导有集会、小组讨论、培训班、示范、现场指导等多种形式。

3. 个别指导法 推广人员和渔民单独接触，研讨共同关心或感兴趣的问题，是向个别渔民直接提供信息和建议的推广方法。渔民因受教育程度、年龄层次、经济和环境条件的不同，对创新的接受反应也各异。个别指导宜采取循循善诱，有利于渔民智力开发及行为的改变。个别指导法有农户访问、办公室咨询、信函咨询、电话咨询、田间插旗法和电脑服务等形式。

◆【本章习题】

1. 水产动物疾病发生的原因及条件有哪些？

2. 水产动物常见的疾病有哪些？

3. 怎样做好水产动物疾病预防工作？

4. 水产动物疾病的初步检查及诊断方法有哪些？

5. 水产养殖方式有哪些？

6. 养殖水质调控措施有哪些？

7. 简述水产养殖动物饲料的选择原则和投饲技术。

8. 影响活鱼运输成活率的主要因素及常见的运输方法有哪些？

9. 渔具分类的原则及名称有哪些？

10. 渔具主尺度表示的方法有哪些？

11. 我国淡水鱼类主要的养殖种类有哪些？

12. 主要养殖的海水鱼类有哪些？

13. 主要养殖的甲壳动物有哪些？

14. 养殖的棘皮动物和腔肠动物有哪些？

15. 常见的栽培藻类有哪些？

16. 水产品的自身特点及主要成分有哪些？

17. 水产品的保鲜与加工方法有哪些？

18. 浮游生物、底栖动物和大型水生植物的种类有哪些？

19. 水域生态系统组成成分有哪些？

20. 水生态系统的结构及功能特点有哪些？

21. 水体富营养化产生的原因、渔业危害及防治措施有哪些？

22. 赤潮生物的主要种类及其危害有哪些？

23. 水污染的指标和类型有哪些?
24. 水生生物资源保护的措施有哪些?
25. 养殖池系统工程主要包括哪些内容?
26. 普通网箱、围栏养殖设施包括哪些内容?
27. 水产技术推广的程序及方法有哪些?

第三章　法律法规基础知识

第一节　农业技术推广相关法律法规

一、《中华人民共和国农业技术推广法》

颁布《农业技术推广法》（简称推广法）的目的是，为了加强农业技术推广工作，促进农业科研成果和实用技术尽快应用于农业生产，保障农业的发展，实现农业现代化。它的适用范围是农业技术推广工作。

推广法中所称的农业技术，是指应用于种植业、林业、畜牧业、渔业的科研成果和实用技术，包括良种繁育、施用肥料、病虫害防治、栽培和养殖技术，农副产品加工、保鲜、贮运技术，农业机械技术和农用航空技术，农田水利、土壤改良与水土保持技术，农村供水、农村能源利用和农业环境保护技术，农业气象技术以及农业经营管理技术等。

农业技术推广，是指通过试验、示范、培训、指导以及咨询服务等，把农业技术普及应用于农业生产产前、产中、产后全部过程的活动。

按照推广法的要求，开展农业技术推广应遵循以下原则：即有利于农业的发展；尊重农业劳动者的意愿；因地制宜，经过试验、示范；国家、农村集体经济组织扶持；实行科研单位、有关学校、推广机构与群众性科技组织、科技人员、农业劳动者相结合；讲求农业生产的经济效益、社会效益和生态效益。

农业技术推广机构职责是：参与制订农业技术推广计划并组

织实施；组织农业技术的专业培训；提供农业技术、信息服务；对确定推广的农业技术进行试验、示范；指导下级农业技术推广机构、群众性科技组织和农民技术人员的农业技术推广活动。

农业技术推广机构的专业科技人员，应当具有中等以上有关专业学历，或者经县级以上人民政府有关部门主持的专业考核培训，达到相应的专业技术水平。

对向农业劳动者推广的农业技术，必须在推广地区经过试验证明具有先进性和适用性。向农业劳动者推广未在推广地区经过试验证明具有先进性的适用性的农业技术，给农业劳动者造成损失的，应当承担民事赔偿责任，直接负责的主管人员和其他直接责任人员，可以由其所在单位或者上级机关给予行政处分。

农业劳动者根据自愿的原则应用农业技术，任何组织和个人不得强制农业劳动者应用农业技术。强制农业劳动者应用农业技术，给农业劳动者造成损失的，应当承担民事赔偿责任，直接负责的主管人员，可以由其所在单位或者上级机关给予行政处分。

国家农业技术推广机构向农业劳动者推广农业技术，实行无偿服务。

农业技术推广机构、农业科研单位、有关学术以及科技人员，以技术转让、技术服务和技术承包等形式提供农业技术的，可以实行有偿服务，其合法收入受法律保护。进行农业技术转让、技术服务和技术承包，当事人各方应当订立合同，约定各自的权利和义务。

二、《中华人民共和国农产品质量安全法》

国家颁布农产品质量安全法的目的是，保障农产品质量安全，维护公众健康，促进农业和农村经济的发展。它的适用范围来源于农业生产的初级产品，即在农业活动中获得的植物、动物、微生物及其产品。在本法中规定：

1. 农产品生产政策 国家引导、推广农产品标准化生产，鼓励和支持生产优质农产品，禁止生产、销售不符合国家规定的农产品质量安全标准的农产品。

2. 农产品质量安全标准体系　国家建立健全农产品质量安全标准体系。农产品质量安全标准时强制性的技术规范。农产品质量安全标准的制定和发布，依照有关法律、行政法规的规定执行。

3. 农产品禁止生产区域　县级以上地方人民政府农业行政主管部门按照保障农产品质量安全的要求，根据农产品品种特性和生产区域大气、土壤、水体中有毒有害物质状况等因素，认为不适宜特定农产品生产的，提出禁止生产的区域，报本级人民政府批准后公布。具体办法由国务院农业行政主管部门同国务院环境保护行政主管部门制订。

4. 禁止行为　禁止在有毒有害物质超过规定标准的区域生产、捕捞、采集食用农产品和建立农产品生产基地。禁止违反法律、法规的规定向农产品产地排放或者倾倒废水、废气、固体废物或者其他有毒有害物质。农业生产用水和用作肥料的固体废物，应当符合国家规定的标准。

5. 农业投入品许可制度及监督抽查　对可能影响农产品质量安全的农药、兽药、饲料和饲料添加剂、肥料、兽医器械，依照有关法律、行政法规的规定实行许可制度。国务院农业行政主管部门和省、自治区、直辖市人民政府农业行政主管部门，应当定期对可能危及农产品质量安全的农药、兽药、饲料和饲料添加剂、肥料等农业投入品进行监督抽查，并公布抽查结果。

6. 生产记录　农产品生产企业和农民专业合作经济组织应当建立农产品生产记录，如实记载下列事项：①使用农业投入品的名称、来源、用法、用量和使用、停用的日期；②动物疫病、植物病虫草害的发生和防治情况；③收获、屠宰或者捕捞的日期。农产品生产记录应当保存 2 年。禁止伪造农产品生产记录。国家鼓励其他农产品生产者建立农产品生产记录。

7. 投入品管理　农产品生产者应当按照法律、行政法规和国务院农业行政主管部门的规定，合理使用农业投入品，严格执行农业投入品使用安全间隔期或者休药期的规定，防治危及农产品质量安全。

8. 禁止销售的农产品　有下列情形之一的农产品，不得销售：①含有国家禁止使用的农药、兽药或者其他化学物质的；②农药、兽药等化学物质的残留或者含有的重金属等有毒有害物质不符合农产品质量安全标准的；③含有致病性寄生虫、微生物或者生物毒素不符合农产品质量安全标准的；④使用的保鲜剂、防腐剂、添加剂等材料不符合国家有关强制性技术规范的；⑤其他不符合农产品质量安全标准的。

第二节　渔业法及其相关法律法规知识

一、《中华人民共和国渔业法》知识

颁布《渔业法》，是为了加强渔业资源的保护、增殖、开发和合理利用，发展人工养殖，保障渔业生产者的合法权益，促进渔业生产的发展，适应社会主义建设和人民生活的需要，特制定本法。该法分总则、养殖业、捕捞业、渔业资源的增殖和保护、法律责任和附则共六章五十条。从事水生动物苗种繁育生产的技术人员，必须熟悉掌握《渔业法》的基本内容。该法适用范围是在中华人民共和国的内水、滩涂、领海、专属经济区以及中华人民共和国管辖的一切其他海域从事养殖和捕捞水生动物、水生植物等渔业生产活动，都必须遵守本法。主要内容为：

1. 对养殖生产业的规定　国家鼓励全民所有制单位、集体所有制单位和个人，充分利用适于养殖的水域、滩涂发展养殖业，并要遵守以下规定：

（1）养殖证的规定。国家对水域利用进行统一规划，确定可以用于养殖业的水域和滩涂。单位和个人使用国家规划确定用于养殖业的全民所有的水域、滩涂的，要向县级以上地方人民政府渔业行政主管部门申请办理养殖证。集体所有的或者全民所有由农业集体经济组织使用的水域、滩涂，可以由个人或者集体承包，从事养殖生产。

（2）苗种的管理规定。水产新品种必须经全国水产原种和良种审定委员会审定，由国务院渔业行政主管部门公告后推广。水产苗种的进口、出口由渔业行政主管部门审批。除了生产者自育、自用水产苗种以外，水产苗种的生产者需要向县以上渔业行政主管部门办理生产许可证。

（3）苗种检疫规定。水产苗种的进口、出口必须实施检疫，防止病害传入境内和传出境外。引进转基因水产苗种，必须进行安全性评价。

（4）对养殖业者的要求。养殖生产者应当保护水域生态环境，科学确定养殖密度，合理投饵、施肥、使用药物，不得使用含有毒有害物质的饵料、饲料，不得造成水域的环境污染。

2. 对渔业资源的增殖和保护的规定　国家保护水产种质资源及其生存环境，并在具有较高经济价值和遗传育种价值的水产种质资源的主要生长繁育区域，建立水产种质资源保护区。未经国务院渔业行政主管部门批准，任何单位或者个人不得在水产种质资源保护区内从事捕捞活动。

《渔业法》禁止使用炸鱼、毒鱼、电鱼等破坏渔业资源的方法进行捕捞。禁止捕捞有重要经济价值的水生动物苗种，如特殊需要捕捞的，须经渔业行政主管部门批准；在水生动物苗种重点产区引水用水时，应当采取保护苗种措施；在鱼、虾、蟹洄游通道建闸、筑坝的，建设单位应当采取补救措施。

3. 对捕捞业的规定　国家对捕捞业实行捕捞许可制度。国务院渔业行政主管部门和省、自治区、直辖市人民政府渔业行政主管部门，应当加强对捕捞限额制度实施情况的监督检查，对超过上级下达的捕捞限额指标的，应当在其翌年捕捞限额指标中予以核减。

二、水产苗种管理办法知识

农业部颁布《水产苗种管理办法》，是为了保护和合理利用水产种质资源，加强水产品种选育和苗种生产、经营、进出口管理，提高水产苗种质量，维护水产苗种生产者、经营者和使用者的合法权益，促进水产养殖业持续健康发展，根据《中华人民共和国渔业法》及有关法律法规制定的。本办法分总则、种质资源保护和品种选育、生产和进出口管理、检验和检疫及附则共五章二十八条。本办法适用范围为在中华人民共和国境内从事水产种质资源开发利用，品种选育、培育，水产苗种生产、经营、管理、进口、出口活动的单位和个人。该办法的主要内容：

1. 水产苗种的基本概念　水产苗种包括用于繁育、增养殖（栽培）生产和科研试验、观赏的水产动植物的亲本、稚体、幼体、受精卵、孢子及其遗传育种材料。

2. 管理　农业部负责全国水产种质资源和水产苗种管理工作。县级以上地方人民政府渔业行政主管部门，负责本行政区域内的水产种质资源和水产苗种管理工作。农业部设立全国水产原种和良种审定委员会，对水产新品种进行审定。对审定合格的水产新品种，经农业部公告后方可推广。

国家保护水产种质资源及其生存环境，并在具有较高经济价值和遗传育种价值的水产种质资源的主要生长繁殖区域建立水产种质资源保护区。未经农业部批准，任何单位或者个人不得在水产种质资源保护区从事捕捞活动。

省级以上渔业行政主管部门根据需要和自然条件及种质资源特点，合理布局和建设水产原、良种场。

用于杂交生产商品苗种的亲本必须是纯系群体。对可育的杂交种不得用作亲本繁育。

养殖可育的杂交个体和通过生物工程等技术改变遗传性状的个体及后代的，其场所必须建立严格的隔离和防逃措施，禁止将其投放于河流、湖泊、水库、海域等自然水域。

单位和个人从事水产苗种生产，应当经县级以上地方人民政府渔业行政主管部门批准，取得水产苗种生产许可证。但是，渔业生产者自育、自用水产苗种的除外。

从事水产苗种生产的单位和个人应具备以下条件：有固定的生产场地，水源充足，水质符合渔业用水标准；用于繁殖的亲本来源于原、良种场，质量符合种质标准；生产条件和设施符合水产苗种生产技术操作规程的要求；有与水产苗种生产和质量检验相适应的专业技术人员。

县级以上渔业行政主管部门应当组织有关质量检验机构，对辖区内苗种场的亲本和稚、幼体质量进行检验。检验不合格的给予警告，限期整改；到期仍不合格的，由发证机关收回并注销水产苗种生产许可证。

单位和个人从事水产苗种进口和出口，应当经农业部或省级人民政府渔业行政主管部门批准，并对进口的水产苗种进行出入境检验检疫合格，苗种入境后应立即向所在地省级渔业行政主管部门报告，由其委托相关部门进行入境后的监督检查。

对于进口未列入水产苗种进口名录的水产苗种的，要设置专门场所进行试养，试养期一般为进口水产苗种的一个繁殖周期。

第三节　水产质量安全管理相关法律法规基础知识

一、水产养殖质量安全管理有关规定

水产养殖单位和个人应当填写"水产养殖生产记录"，记载内容：养殖种类、苗种来源及生长情况、饲料来源及投喂情况、水质变化等。并就"水产养殖生产记录"保存规定应当保存至该批水产品全部销售后 2 年以上。

水产养殖单位销售自养水产品应当附具"产品标签",注明单位名称、地址,产品种类、规格,出池日期等。对水产养殖销售的养殖水产品,应当符合国家或地方的有关标准。不符合标准的产品应当进行净化处理,净化处理后仍不符合标准的产品禁止销售。

养殖使用的饲料质量要符合《饲料和饲料添加剂管理条例》的有关规定。养殖使用的水质要符合海、淡水渔业水质标准的要求。水产养殖用药要按照水产养殖用药使用说明书的要求或在水生生物病害防治员的指导下科学用药,不得使用渔业行政部门公布的禁止使用的渔药来防治鱼病,并按规定填写《水产养殖用药记录》,记载病害发生情况,主要症状,用药名称、时间、用量等内容。该记录应保存至该批水产品全部销售后 2 年以上。

二、水生动物疫病及处置

动物疫病分为一、二、三类疫病。水生动物疫病共有 33 种,其中,一类疫病有鲤春病毒血症、白斑综合征 2 种。一类疫病是指对人与动物危害严重,需要采取紧急、严厉的强制预防、控制、扑灭等措施的。《动物防疫法》第三十一条规定,发生一类动物疫病时,应当采取下列控制和扑灭措施:当地县级以上地方人民政府兽医主管部门应当立即派人到现场,划定疫点、疫区、受威胁区,调查疫源,及时报请本级人民政府对疫区实行封锁。疫区范围涉及两个以上行政区域的,由有关行政区域共同的上一级人民政府对疫区实行封锁,或者由各有关行政区域的上一级人民政府共同对疫区实行封锁。必要时,上级人民政府可以责成下级人民政府对疫区实行封锁;县级以上地方人民政府应当立即组织有关部门和单位采取封锁、隔离、扑杀、销毁、消毒、无害化处理、紧急免疫接种等强制性措施,迅速扑灭疫病;在封锁期间，禁止染疫、疑似染疫和易感染的动物、动物产品流出疫区，禁止非疫区的易感染动物进入疫区，并根据扑灭动物疫病的需要对出入疫区的人员、运输工具及有关物品采取消毒和其他限制性措施。

水生动物二类动物疫病中，鱼类有草鱼出血病、传染性脾肾坏死病、锦鲤疱疹病毒病、刺激隐核虫病、淡水鱼细菌性败血症、病毒性神经坏死病、流行性造血器官坏死病、斑点叉尾鮰病毒病、传染性造血器官坏死病、病毒性出血性败血症、流行性溃疡综合征 11 种；甲壳类有桃拉综合征、黄头病、罗氏沼虾白尾病、对虾杆状病毒病、传染性皮下和造血器官坏死病、传染性肌肉坏死病 6 种。二类疫病是指可能造成重大经济损失，需要采取严格控制、扑灭等措施，防止扩散的。《动物防疫法》第三十二条规定，发生二类动物疫病时，应当采取下列控制和扑灭措施：①当地县级以上地方人民政府兽医主管部门应当划定疫点、疫区、受威胁区；②县级以上地方人民政府根据需要组织有关部门和单位采取隔离、扑杀、销毁、消毒、无害化处理、紧急免疫接种、限制易感染的动物和动物产品及有关物品出入等控制、扑灭措施。

水生动物三类动物疫病中，鱼类病有鮰类肠败血症、迟缓爱德华氏菌病、小瓜虫病、黏孢子虫病、三代虫病、指环虫病、链球菌病 7 种；甲壳类有河蟹颤抖病、斑节对虾杆状病毒病 2 种；贝类病有鲍脓疱病、鲍立克次体病、鲍病毒性死亡病、包纳米虫病、折光马尔太虫病、奥尔森派琴虫病 6 种；两栖与爬行类有鳖腮腺炎病、蛙脑膜炎败血金黄杆菌病 2 种。三类疫病是指常见多发、可能造成重大经济损失，需要控制和净化的。《动物防疫法》第三十四条规定，发生三类动物疫病时，当地县级、乡级人民政府应当按照国务院兽医主管部门的规定组织防治和净化。第三十五条：二、三类动物疫病呈暴发性流行时，按照一类动物疫病处理。

三、兽药管理条例中对渔药规定

渔药属于兽药范畴，是指专门用于渔业方面为确保水生动物植物机体健康成长的兽药。兽药管理条例中规定，渔业行政主管部门及其所属的渔政监督管理机构负责水产养殖中的兽药使用、兽药残留检测和监督管理，以及水产养殖过程中违法用药的行政处罚。

国家实行兽用处方药和非处方药分类管理制度。兽用处方药，指需凭兽医处方方可购买和使用的兽药；兽用非处方药，是指由国务院兽医行政管理部门公布的、不需要凭兽医处方就可以购买并按照说明书使用的兽药。

在饲料中允许添加的药物、饲料添加剂品种，由国务院兽医行政管理部门负责公布。国家禁止在饲料和动物饮用水中添加激素类药品和规定的其他禁用药品。禁止将人用药品用于动物，禁止使用假、劣兽药，禁止销售含有违禁药物或者兽药残留超标准的食用动物产品。

对假兽药的规定：①以非兽药冒充兽药或者以他种兽药冒充此种兽药的；②兽药所含成分的种类、名称与兽药国家标准不符合的；③国务院兽医行政管理部门规定禁止使用的；④依照本条例规定应当经审查批准而未经审查批准即生产、进口的，或者依照本条例规定应当经抽查检验、审查核对而未经抽查检验、审查核对即销售、进口的；⑤变质的；⑥被污染的。

对劣兽药的规定：①成分含量不符合兽药国家标准或者不标明有效成分的；②不标明或者更改有效期或者超过有效期的；③不标明或者更改产品批号的；④其他不符合兽药国家标准的。

四、饲料和饲料添加剂管理条例中的规定

饲料，是指经工业化加工、制作供动物食用的物质。饲料分为单一饲料、添加剂预混合饲料、浓缩饲料、配合饲料和精料补

充料。

国务院农业行政主管部门负责全国饲料、饲料添加剂的管理工作。饲料添加剂的品种目录，也由国务院农业行政主管部门制定并公布。饲料添加剂，是指在饲料加工、制作、使用过程中添加的少量或者微量物质，包括营养性饲料添加剂和一般饲料添加剂。使用的药物添加剂种类及用量应符合《饲料药物添加剂使用规范》、《禁止在饲料和动物饮用水中使用的药物品种目录》、《食品动物禁用的兽药及其他化合物清单》的要求。使用的渔用饲料质量要符合《无公害食品　渔用配合饲料的安全指标限量》。

五、食品动物禁用的兽药及其他化合物清单

2002年4月，农业部发布了第193号公告《食品动物禁用的兽药及其他化合物清单》列出了食品动物（各种供人食用或其产品供人食用的动物）禁止使用的兽药和其他化合物。水产养殖生产的单位和个人应予以遵守。

禁止使用的渔药名称如下：①β-兴奋剂类：克仑特罗、沙丁胺醇、西马特罗及其盐、酯及制剂；②性激素类：乙烯雌酚及其盐、酯及制剂；③具有雌激素样作用的物质：玉米赤霉醇、去甲雄三烯醇酮、醋酸甲孕酮及制剂；④氯霉素及其盐、酯（包括琥珀氯霉素及制剂）；⑤氨苯砜及制剂；⑥硝基呋喃类：呋喃唑酮、呋喃它酮、呋喃苯烯酸钠及制剂；⑦硝基化合物：硝基酚钠、硝呋烯腙及制剂；⑧催眠、镇静类：安眠酮及制剂；⑨林丹（丙体六六六）；⑩毒杀芬（氯化烯）；⑪呋喃丹（克百威）；⑫杀虫脒（克死螨）；⑬双甲脒；⑭酒石酸锑钾；⑮锥虫胂胺；⑯孔雀石绿；⑰五氯酚酸钠；⑱各种汞制剂包括：氯化亚汞（甘汞）、硝酸亚汞、醋酸汞、吡啶基醋酸汞；⑲性激素类：甲基睾丸酮、丙酸睾酮苯丙酸诺龙、苯甲酸雌二醇及其盐、酯及制剂；⑳催眠、镇静类：氯丙嗪、地西泮（安定）及其盐、酯及制剂；㉑硝基咪唑类：甲硝唑、地美硝唑及其盐、酯及制剂。

禁止使用的渔药，会对人类的健康和生态环境造成严重危害。

六、无公害水产食品的有关要求

（一）无公害水产品的质量的药残限量要求

无公害水产品的药残不得超过《无公害食品 水产品中渔药残留限量》规定的限量。具体限量如下：

1. 抗生素类

（1）四环素类。金霉素少于 100（MRL）/（μg/kg），土霉素少于 100（MRL）/（μg/kg），四环素少于 100（MRL）/（μg/kg）。

（2）氯霉素类。氯霉素不得检出。

2. 磺胺类及增效剂

（1）磺胺嘧啶、磺胺甲基嘧啶、磺胺二甲基嘧啶总量少于 100（MRL）/（μg/kg）。

（2）磺胺甲噁唑、甲氧苄啶总量少于 50（MRL）/（μg/kg）。

3. 喹诺酮类 噁喹酸少于 300（MRL）/（μg/kg）。

4. 硝基呋喃类 呋喃唑酮不得检出。

5. 其他 己烯雌酚不得检出；喹乙醇不得检出。

（二）《无公害食品 渔用药物使用准则》

在该准则中规定，渔用药物使用基本原则为：渔用药物的使用，应以不危害人类健康和不破坏水域生态环境为基本原则；水生动植物增养殖过程中对病虫害的防治，坚持"以防为主，防治结合"；渔药的使用应严格遵循国家和有关部门的有关规定，严禁生产、销售和使用未经取得生产许可证、批准文号与没有生产执行标准的渔药；积极鼓励研制、生产和使用"三效"（高效、速效、长效）、"三小"（毒性小、副作用小、用量小）的渔药，提倡使用水产专用渔药、生物源渔药和渔用生物制品；病害发生时应对症用药，防止滥用渔药与盲目增大用药量或增加用药次数、延长用药时间；食用鱼上市前，应有相应的休药期。休药期的长短，应确保上市水产品的药物残留限量符合 NY 5070 要求；水产饲料中药物的添加应符合 NY 5072 要求，不得选用国家规定禁止使用的药物或添加剂，也不得在饲料中长期添加抗菌药物。渔药的使用方法、无公害食品禁止使用的渔药及休药期的规定，参见《无公害食品　渔用药物使用准则》。

（三）《无公害食品　渔用配合饲料安全限量》

无公害渔用饲料加工所用原料应符合各类原料标准的规定，不得使用受潮、生虫、腐败变质及受到石油、农药、有害金属等污染的原料。使用的药物添加剂种类及用量，应符合 NY 5071、《饲料药物添加剂使用规范》、《禁止在饲料饮用水中使用的药物品种目录》、《食品动物禁用的兽药及其他化合物清单》的规定。安全指标应符合表 3-1 的规定。

表 3-1　渔用配合饲料的安全指标限量

项　目	限　量	适用范围
铅（以 Pb 计）/（mg/kg）	≤5.0	各类渔用配合饲料
汞（以 Hg 计）/（mg/kg）	≤0.5	各类渔用配合饲料
无机砷（以 As 计）/（mg/kg）	≤3	各类渔用配合饲料
镉（以 Cd 计）/（mg/kg）	≤3	海水鱼类、虾类配合饲料
	≤0.5	其他渔用配合饲料
铬（以 Cr 计）/（mg/kg）	≤10	各类渔用配合饲料
氟（以 F 计）/（mg/kg）	≤350	各类渔用配合饲料
游离棉酚/（mg/kg）	≤300	温水杂食性鱼类、虾类配合饲料
	≤150	冷水性鱼类、海水鱼类配合饲料
氰化物/（mg/kg）	≤50	各类渔用配合饲料
多氯联苯/（mg/kg）	≤0.3	各类渔用配合饲料
异硫氰酸酯/（mg/kg）	≤500	各类渔用配合饲料
噁唑烷硫酮/（mg/kg）	≤500	各类渔用配合饲料

（续）

项 目	限 量	适用范围
油脂酸价（KOH）/（mg/kg）	≤2	渔用育苗配合饲料
	≤6	渔用育成配合饲料
	≤3	鳗鲡育成配合饲料
黄曲霉素 B_1/（mg/kg）	≤0.01	各类渔用配合饲料
六六六/（mg/kg）	≤0.3	各类渔用配合饲料
滴滴涕/（mg/kg）	≤0.2	各类渔用配合饲料
沙门氏菌/（cfu/25g）	不得检出	各类渔用配合饲料
霉菌/（cfu/g）	$≤3×10^4$	各类渔用配合饲料

七、海、淡水养殖用水水质标准

（一）海水养殖用水水质标准

海水养殖用水水质应符合表 3-2 要求。

表 3-2 海水养殖用水水质要求

序 号	项 目	标 准 值
1	色、臭、味	海水养殖水体不得有异色、异臭、异味
2	大肠菌群，个/L	≤5 000，供人生食的贝类养殖水质≤500
3	粪大肠菌群，个/L	≤2 000，供人生食的贝类养殖水质≤140
4	汞，mg/L	≤0.000 2
5	镉，mg/L	≤0.005
6	铅，mg/L	≤0.05
7	六价铬，mg/L	≤0.01
8	总铬，mg/L	≤0.1
9	砷，mg/L	≤0.03
10	铜，mg/L	≤0.01
11	锌，mg/L	≤0.1

（续）

序　号	项　目	标　准　值
12	硒，mg/L	≤0.02
13	氰化物，mg/L	≤0.005
14	挥发性酚，mg/L	≤0.005
15	石油类，mg/L	≤0.05
16	六六六，mg/L	≤0.001
17	滴滴涕，mg/L	≤0.000 05
18	马拉硫磷，mg/L	≤0.000 5
19	甲基对硫磷，mg/L	≤0.000 5
20	乐果，mg/L	≤0.1
21	多氯联苯，mg/L	≤0.000 02

（二）淡水养殖用水水质标准

淡水养殖用水水质应符合表 3-3 要求。

表 3-3　淡水养殖用水水质要求

序　号	项　目	标　准　值
1	色、臭、味	不得使养殖水体带有异色、异臭、异味
2	总大肠菌群，个/L	≤5 000
3	汞，mg/L	≤0.000 5
4	镉，mg/L	≤0.005
5	铅，mg/L	≤0.05
6	铬，mg/L	≤0.1
7	铜，mg/L	≤0.01
8	锌，mg/L	≤0.1
9	砷，mg/L	≤0.05
10	氟化物，mg/L	≤1
11	石油类，mg/L	≤0.05

（续）

序　号	项　　目	标　准　值
12	挥发性酚，mg/L	≤0.005
13	甲基对硫磷，mg/L	≤0.000 5
14	马拉硫磷，mg/L	≤0.005
15	乐果，mg/L	≤0.1
16	六六六（丙体），mg/L	≤0.002
17	DDT，mg/L	0.001

第四节　环境保护相关法律法规

一、中华人民共和国环境保护法

为保护和改善生活环境与生态环境，防治污染和其他公害，保障人体健康，促进社会主义现代化建设的发展，制定本法。本法适用于中华人民共和国领域和中华人民共和国管辖的其他海域。国务院环境保护行政主管部门，对全国环境保护工作实施统一监督管理。县级以上地方人民政府环境保护行政主管部门，对本辖区的环境保护工作实施统一监督管理。县级以上人民政府的土地、矿产、林业、农业、水利行政主管部门，依照有关法律的规定对资源的保护实施监督管理。

开发利用自然资源，必须采取措施保护生态环境。各级人民政府应当加强对农业环境的保护，防治土壤污染、土地沙化、盐渍化、贫瘠化、沼泽化、地面沉降和防治植被破坏、水土流失、水源枯竭、种源灭绝以及其他生态失调现象的发生和发展，推广植物病虫害的综合防治，合理使用化肥、农药及植物生长激素。向海洋排放污染物、倾倒废弃物，进行海岸工程建设和海洋石油勘探开发，必须依照法律的规定，防止对海洋环境的污染损害。

违反本法规定，造成土地、森林、草原、水、矿产、渔业、野生动植物等资源的破坏的，依照有关法律的规定承担法律责任。

二、中华人民共和国海洋环境保护法

本法适用于中华人民共和国内水、领海、毗连区、专属经济区、大陆架以及中华人民共和国管辖的其他海域。在中华人民共和国管辖海域内从事航行、勘探、开发、生产、旅游、科学研究及其他活动，或者在沿海陆域内从事影响海洋环境活动的任何单位和个人，都必须遵守本法。在中华人民共和国管辖海域以外，造成中华人民共和国管辖海域污染的，也适用本法。本法规定的渔业水域，是指鱼虾类的产卵场、索饵场、越冬场、洄游通道和鱼虾贝藻类的养殖场。

1. 海洋环境监督管理　国务院环境保护行政主管部门主管全国的环境保护工作，国家海洋行政主管部门负责海洋环境的监督管理。国家海事行政主管部门负责所辖港区水域内非军事船舶和港区水域外非渔业、非军事船舶污染海洋环境的监督管理。国家渔业行政主管部门负责渔港水域内非军事船舶和渔港水域外渔业船舶污染海洋环境的监督管理，负责保护渔业水域生态环境工作，并调查处理前款规定的污染事故以外的渔业污染事故。

2. 海洋生态保护　开发利用海洋资源，应当根据海洋功能区划合理布局，不得造成海洋生态环境破坏。引进海洋动植物物种，应当进行科学论证，避免对海洋生态系统造成危害。国家鼓励发展生态渔业建设，推广多种生态渔业生产方式，改善海洋生态状况。新建、改建、扩建海水养殖场，应当进行环境影响评价。

3. 防治陆源污染物对海洋环境的污染损害　海水养殖应当科学确定养殖密度，并应当合理投饵、施肥，正确使用药物，防止造成海洋环境的污染。

入海排污口位置的选择，应当根据海洋功能区划、海水动力条件和有关规定，经科学论证后，报设区的市级以上人民政府环境保护行政主管部门审查批准。环境保护行政主管部门在批准设置入海排污口之前，必须征求海洋、海事、渔业行政主管部门和军队环境保护部门的意见。在海洋自然保护区、重要渔业水域、海滨风景名胜区和其他需要特别保护的区域，不得新建排污口。

4. 防止倾倒废弃物对海洋环境的污染损害 禁止向海域排放油类、酸液、碱液、剧毒废液和高、中水平放射性废水，严格控制排放有害环境的废水、污水。向海域排放含热废水，必须采取有效措施，保证邻近渔业水域的水温符合国家海洋环境质量标准，避免热污染对水产资源的危害。

三、水生野生动物保护实施条例相关知识

本条例所称水生野生动物，是指珍贵、濒危的水生野生动物；所称水生野生动物产品，是指珍贵、濒危的水生野生动物的任何部分及其衍生物。

国务院渔业行政主管部门主管全国水生野生动物管理工作。县级以上渔业行政主管部门负责本行政区域内水生野生动物管理工作。

任何单位和个人发现受伤、搁浅和因误入港湾、河汊而被困的水生野生动物时，应当及时报告当地渔业行政主管部门或者其所属的渔政监督管理机构，由其采取紧急救护措施；也可以要求附近具备救护条件的单位采取紧急救护措施，并报告渔业行政主管部门。已经死亡的水生野生动物，由渔业行政主管部门妥善处理。

捕捞作业时误捕水生野生动物的，应当立即无条件放生。禁止捕捉、杀害国家重点保护的水生野生动物。

因进行水生野生动物科学考察、资源调查、驯养繁殖、科学研究、国家医药生产、展览宣传普及水生野生动物知识等原因，

必须从自然水域或者场所获取国家重点保护的水生野生动物的，需要向水生动物管理部门申请办理特许捕捉证。

违反野生动物保护法律、法规，出售、收购、运输、携带国家重点保护的或者地方重点保护的水生野生动物或者其产品的，未取得驯养繁殖许可证或者超越驯养繁殖许可证规定范围，驯养繁殖国家重点保护的水生野生动物的，由渔业行政主管部门或工商行政管理部门进行处罚。

四、水产资源繁殖保护条例

水产资源繁殖保护条例，于 2005 年 1 月 18 日发布施行。凡是有经济价值的水生动物和植物的亲体、幼体、卵子、孢子等，以及赖以繁殖成长的水域环境，都按本条例的规定加以保护。

1. 应当重点加以保护的重要或名贵的水生动物和植物种类

（1）鱼类。海水鱼：带鱼、大黄鱼、小黄鱼、蓝圆鲹、沙丁鱼、太平洋鲱鱼、鳓、真鲷、黑鲷、二长棘鲷、红笛鲷、红笛鲷、梭鱼、鲆、鲽、石斑鱼、鳕、狗母鱼、金线鱼、鲳、鲵、白姑鱼、黄姑鱼、鲐、马鲛、海鳗；淡水鱼：鲤、青鱼、草鱼、鲢、鳙、鳇、红鳍鲌鱼、鲮、鲫、鲥、鳜、鲂、鳊、鲑、长江鲟、中华鲟、白鲟、青海湖裸鲤、鲚、银鱼、河鳗、黄鳝、鲴。

（2）虾蟹类。对虾、毛虾、青虾、鹰爪虾、中华绒螯蟹、梭子蟹、青蟹。

（3）贝类。鲍鱼、蛏、蚶、牡蛎、西施舌、扇贝、江瑶、文蛤、杂色蛤、翡翠贻贝、紫贻贝、厚壳贻贝、珍珠贝、河蚌。

（4）海藻类。紫菜、裙带菜、石花菜、江蓠、海带、麒麟菜。

（5）淡水食用水生植物类。莲藕、菱角、芡实。

（6）其他。白暨豚、鲸、大鲵、海龟、玳瑁、海参、乌贼、鱿鱼、乌龟、鳖。

2. 水生动物可捕标准的规定 应当以达到性成熟为原则，

对各种捕捞对象应当规定具体的可捕标准（长度或重量）和渔获物中小于可捕标准部分的最大比重。捕捞时应当保留足够数量的亲体，使资源能够稳定增长。各种经济藻类和淡水食用水生植物，应当待其长成后方得采收，并注意留种、留株、合理轮采。各地应当因地制宜地采取各种措施增殖水产资源。

3. 对禁渔区和禁渔期的规定 对某些重要鱼虾贝类产卵场、越冬场和幼体索饵场，应当合理规定禁渔区、禁渔期，分别不同情况，禁止全部作业，或限制作业的种类和某些作业的渔具数量。凡是鱼、蟹等产卵洄游通道的江河，不得完全截断河面拦捕，应当留出一定宽度的通道，以保证足够数量的亲体上溯或降河产卵繁殖。更不准在闸口拦捕鱼、蟹幼体和产卵洄游的亲体，必要时应当规定禁渔期。因养殖生产需要而捕捞鱼苗、蟹苗者，应当经省、自治区、直辖市水产部门批准，在指定水域和时间内作业。

4. 对渔具和渔法的规定 各种主要渔具，应当按不同捕捞对象，分别规定最小网眼（箔眼）尺寸。严禁炸鱼、毒鱼、滥用电力捕鱼，以及进行敲䑩作业等严重损害水产资源的行为。

5. 对水域环境维护的规定 禁止向渔业水域排弃有害水产资源的污水、油类、油性混合物等污染物质和废弃物。因卫生防疫或驱除病虫害等，需要向渔业水域投注药物时，应当兼顾到水产资源的繁殖保护。农村浸麻应当集中在指定的水域中进行。修建水利工程，要注意保护渔业水域环境。在鱼、蟹等洄游通道筑坝，要相应的建造过鱼设施。已建成的水利工程，凡阻碍鱼、蟹等洄游和产卵的，由水产部门和水利管理部门协商，在许可的水位、水量、水质的条件下，适时开闸纳苗或捕苗移植。

◆ **【本章习题】**

1. 推广法包括哪些内容？
2. 农产品质量安全法的主要内容有哪些？

3. 渔业法的主要内容有哪些?

4. 水产苗种管理办法的主要内容有哪些?

5. 动物防疫法中对动物检验检疫的规定有哪些内容?

6. 兽药管理条例中对渔药使用管理有哪些规定?

7. 食品动物禁用药物有哪些?

8. 什么是假兽药? 什么是劣兽药?

9. 渔业药物使用的基本原则是什么?

10. 渔用配合饲料的安全指标限量是什么?

11. 淡水养殖用水水质标准是什么?

12. 海水养殖用水水质标准是什么?

13. 海洋生态保护主要内容有哪些?

14. 禁止倾倒污染海洋环境的废弃物有哪些?

15. 水生野生动物保护条例规定的哪些行为需要向水生动物管理部门申请办理特许捕捉证?

16. 水产资源繁殖保护条例对水域环境维护有哪些规定?

第二部分　三级水产技术指导员

第四章　信息采集处理

第一节　水产信息的获取和整理

改革开放以来，我国水产信息业有了很大发展，取得了一定成绩。首先，人们的观念发生了很大变化，逐步认识到信息具有商品属性，可以进入市场和产生直接的经济效益，如文献、声像制品、数据库检索、广告、咨询等的有偿服务，为渔业管理、科研、生产和流通提供了大量有价值的信息，有力地促进了科技的进步，生产和经济建设的发展，本身也创造了一定的经济效益。

一、信息的获取

目前，获取信息的主要手段有以下五种方式：

1. 印刷型读取方式　由于它便于传递和阅读，便于大量印刷，成本较低，不需要特殊设备。

2. 缩微型文献　这类文献存贮密度大，重量轻，便于保管与传递，并能与电子计算机系统联网，只是不能直接阅读，需要专门的阅读设备。

3. 计算机阅读机　它以磁性材料为载体，用卡片读入或键盘输入方式，将文字和图像转换成计算机二进制机器代码进行阅读，它存贮密度很高，处理速度快，能以极快的速度从中获取所需信息，满足多种需要。

4. 视听型信息　如利用唱片、录音带、录像带、电影胶卷、幻灯片等技术，直接记录声音与图像。所以，它能把物体的高速运动过程、微生物的繁殖生长情况、罕见的自然现象、瞬变的物理化学过程等直观地表现出来。

5. 互联网上获取信息　互联网上有大量的信息，可以根据自己的需要选择信息。

随着科学技术的发展，还会出现更多的获取、保存和阅读信息的技术。

二、计算机在信息整理中的应用

计算机系统是由硬件系统和软件系统所组成的。硬件系统由输入设备、输出设备、存储器、运算器和控制器组成，其中，运算器和控制器结合在一起，称为中央处理器（CPU）。CPU（即运算器和控制器）和存储器合称为主机。计算机软件系统分为系统软件和应用软件两大类。系统软件是使用和管理计算机的软件；主要操作系统软件有 Windows、DOS、UC-DOS、MS‐DOS、Unix、OS/2、Linux 等系统。其中，Windows 是常用的多任务可视化图形界面，DOS 是字符命令形式的单任务操作系统。应用软件是为了某个应用目的而编写的软件，主要有 Office 办公软件、辅助教学软件、辅助设计软件、文字处理软件、工具软件以及其他的应用软件。

计算机的出现使得信息的管理变得更加方便、快捷，利用计算机可以对数据进行快速的处理和存储，通过建立数据库，可以准确地查阅相关的信息，极大地提高了信息管理的效率。

第二节　水产信息的管理

一、水产信息的归档

1. 加强电子文件归档的组织领导　从电子文件的形成到归档，跨越了多个部门。这些部门往往通过电子计算机网络联成一个有机的整体，有时工作互有交错，职责界限难以区分清楚。所以，应加强组织管理，由主管部门或负责人统一协调，指定专门机构或专人负责。形成电子文件的人员要对电子文件进行整理，移交给档案部门，档案管理部门要按照电子档案的管理要求进行入档和管理。

2. 明确电子文件归档的工作程序、内容和要求　一般来说，电子文件的归档工作程序包括：一是电子文件形成签署、审批；二是收集积累；三是编制目录；四是整理需归档的电子文件；五是鉴定归档的电子文件，确定归档电子文件的档案属性；六是检测归档的电子文件；七是编制归档说明；八是存入磁、光介质（含压缩归档等方式）；九是复制备份；十是确定载体标识。

归档的电子文件必须真实、完整，要系统地反映工作的过程和结果，对一些研究成果的归档，还应要求其产品与实际的技术状态要保持一致。电子文件的归档应由形成者进行整理并编制归档说明，经有关领导审批后向档案部门移交。归档前，档案部门应协助电子文件形成者或承办者进行整理，同时，对归档的电子文件进行检查、检测、验收。电子文件归档的时间视具体情况，可分为阶段归档和任务完成后归档，公文处理周期长和周期长的工程项目可按阶段归档。

3. 要采取措施，保证电子文件归档的质量要求　归档工作是由文件管理转换为档案管理的基础，它的质量关系到整个档案管理水平，因此，必须有质量控制措施，以保证这项工作的正常进行。应当搞好档案部门和电子文件形成单位的协调工作，使电子文件管理和电子档案管理形成一个有机的整体，避免相互推诿扯皮。把归档工作列入有关部门计划，落实到人头，纳入有关管理制度和职责范围，并按计划进行检查和考核。

二、水产信息的查询

水产科技信息资源，要通过网络开展信息服务。这就需选择一个实用、可靠，同时在经济上又可接受的强大的软件支持系统。选择以"金信桥全文检索管理软件"作为开发平台，在此基础上，对不同类型的数据按照一定的要求和规范进行标引和分类处理，同时，进行各类数据库的结构设计，最后把各类数据转入相关的数据库中。利用 Internet 浏览器水产科技信息、全国水产技术推广总站和各省水产技术推广机构等网站查询所需的信息。

◆【本章习题】

1. 水产信息获取的手段有哪些？
2. 信息记录方式有几种？
3. 电子文件归档的工作程序及内容、要求有哪些？

第五章 试验示范推广指导

第一节 试验示范推广

一、推广试验

(一)试验的目的

渔业科技成果是在特定的试验条件下产生的,具有一定的局限性。而各地的气候条件、生产条件、经济状况等差异很大,引进的科技成果能否在当地生产中发挥预期的效果,存在很大的不确定性。因此,对拟推广的科技成果需通过试验检验其在当地的适应性,以确定新技术成果的推广价值和可靠程度,可以避免推广的盲目性,减少经济损失。同时,在试验中可根据生产条件,对新技术进行改进或辅以配套设施,以便在示范推广中更切合生产实际。

(二)试验的类型

1. 技术适应性试验 将国内外科研单位、大专院校的科研成果,或外地养殖群众在生产实践中总结出来的经验成果,引入本地区、本单位后,在较小规模进行的检验新技术成果在本地区适应性和推广价值的试验。技术适应性试验,一般为简单的单因子对比试验。

2. 探讨性开发试验 对于某些引进的新技术、新品种、新项目进行探讨性的改进实验,以寻求该项新技术成果在本地最佳实施方案,使其更加符合当地的生产实际,技术的经济效益得到更充分的发挥。开发性试验,是理论联系实际对原有技术成果进行改进创新的重要过程。

3. 综合性试验 综合性试验从理论上讲也是一种多因子试验，将若干因素已知的最佳水平组合在一起进行处理。以第一目标为主线，多个相关内容的技术成果的组装集成。综合性实验的目的，在于探讨一系列相关因素的某些处理组合的综合作用，它不研究亦不能研究个别因素的独立效应和各因素间的交互作用。所以，这类试验必须在对起主导作用的若干因素及其交互作用基本清楚的基础上才能进行。选择一种或多种综合性实验作为新的技术处理与当地传统技术作对照，对迅速推广某些组装配套技术，可收到良好的效果。

（三）试验的基本要求

1. 试验要有针对性 要从渔业发展的需要出发，针对生产中存在的急需解决的问题，引进先进科技成果，开展推广实验。

2. 试验要有代表性 推广实验的实验条件要与拟推广地区的自然环境条件和生产条件一致，只有在同样的条件下进行试验，新品种、新技术的优势才能真正反映出来，并预测在拟应用推广的地区实际生产中的表现。否则，就可能存在很多不确定的影响因素，很难把握试验结果在这些地区良好的重要性。自然条件包括气候、地形、水源、饲料资源等；生产条件主要包括养殖设施设备、机械化程度、生产者技术水平和经济条件等。

3. 实验结果要准确可靠 试验的准确性和可靠性包括两个方面，即试验结果的准确度和精确度。准确度是指实试验对象某一性状的测定值与其真值之间的接近程度。两者越接近，表示试验的结果越准确。但在一般的试验中，真值往往是未知数，因为测定仪器和试验方法都会带来一定的系统误差，所以，试验的准确度是难以确定的。要减小系统误差，使试验结果接近真实值，提高试验准确度的途径是改进试验方法，采用先进的测定仪器。精确度是指试验中同一性状的测定值在各重复中彼此接近的程度，即试验偶然误差的大小。试验的偶然误差越小，则表示试验的精确度越高；反之，精确度越低。但要说明的是，试验的精确度高，不一定准确度亦高；但如果实验的精确度较差时，准确度肯定亦差。所以，每个技术指导员必须以科学严谨的态度对待每个试验，在试验方法和观测仪器设备选定之后，在整个试验操作的过程中必须尽最大努力，规范操作环节，准确地执行试验的各项操作技术，保证足够的重复，认真核对每一个试验数据，力求避免人为的错误，减少试验的偶然误差。

4. 试验结果要能够重复 严格地说，在科学试验中，在相同条件下，完全重复的试验应该获得相同或相近的结果，即试验结果要能够经得起实践的检验，具有重现性。但在渔业技术推广试验中，由于受气候等复杂自然条件的影响，不可控因素较多，因此，试验的重演性较差。但在气候等生态条件基本相同的条件下，应该能获得与原试验基本类似的结果，这就是科技成果推广应用必须的前提条件。为了保证试验结果的重复获得，必须严格把握试验的每一个环节：①对每个试验，必须有一个严密细致的操作规程，要求每一个技术指导员要严格执行；②要了解和掌握试验生物生长发育过程及其对应的各项环境条件变化，详细记载观测数据，做好试验档案，经过分析研究，明确相互作用和影响的关系；③如果条件许可，应当用多点重复试验，了解同一试验在不同地区的表现，使试验结果在当地推广后与其试验结果相一致。

（四）试验实施步骤

1. 制订实施计划 总体方案确定后，需做一个详细的实施计划。主要内容包括简要的实验目的和意义，实验地点，时间，试验点概况，试验点布局，绘制试验动物分布图，详尽制定观察记载和测试的项目内容，时期、标准和测定方法等。

2. 准备试验材料 试验进行之前，严格按照计划要求购置或准备各类物质材料。如试验对象的选择，实验材料的准备，测试仪器设备的配置等。不同试验需要的物质材料不同，使用时期也不同，但一定要在使用前按计划规定的规格型号准备好。

3. 落实工艺操作 试验的实施过程，应严格按照唯一差异原则落实各项工艺操作，做到适时、准确、一致、到位。只有这样，才能保证各处理的真实特征表现出来，将误差降低到最低限度，不至于因误差掩蔽处理的实际效应。

4. 观测记载试验数据 观测记载数据是分析鉴别各处理间差异及其形成原因的主要依据。要求在调查标准、测量工具、取样方法等方面尽量做到统一。对一些需要同一个体不同生育期进行反复调查的项目，应采取固定调查。对那些必须取样测定的项目，采取随机取样的方法，但必须运用局部控制原则保证样本的代表性。对一些难以判别的调查项目，尽量由一个人完成，以避免掌握标准的不一致性；如果一个人确实不能在规定时间内完成，也要每人完成一个重复。

二、技术示范

（一）技术成果示范

1. 技术成果示范的概念 技术成果示范是指在渔业推广专家的直接指导下，在养殖场或科技示范园等特定的场地中，把经过当地适应性和开发性试验取得成功的某个单项技术成果或综合组装配套技术，严格按照其技术规程要求实施，将其优越性和最终效果尽善尽美地展现出来，作为示范样板，以引起周围生产者的兴趣及采纳激情，并采取适当的方式鼓励、敦促他们效仿的过程。

2. 技术成果示范的作用

（1）充分体现科技成果的优越性，激发生产者接受和采纳新技术的欲望。技术示范一般在经过适应性和开发性试验的基础上，选择效益显著的项目，并进行严格科学的技术操作，使新科技成果的优越性充分展现出来，且示范点一般选在具有代表性的生态、生产和经济社会区域中，效仿者可通过直观认识和对比，容易产生心理冲动，进入感兴趣阶段，从而激发采纳的欲望和迫切感。

（2）提供新技术实施的实际过程，增强生产者采用新技术的信心。目前，我国的渔业生产以散养户占主导地位，生产水平较低，受教育程度和科技素质偏低，主动学习采用新技术的自觉性较差。技术示范不但直观地展现了新科技成果，而且是生产单位及生产者直接参与、亲手操作完成，亲身体验最终结果优越性的过程，对其他生产者容易产生影响，使他们排除疑虑，树立信心，接受和采纳新技术。

（3）培养技术普及人才，完善技术规程，为大规模推广提供技术保障。技术示范一般选择有较高文化知识和技能水平的生产者参与完成，这些人一般在当地具有较高的威望，他们掌握了新技术以后，就等于培养了一批义务推广员，对新技术的推广起到更大的推动作用。另外，技术示范与大规模推广应用的生产实际更为接近，科技人员和生产者一起参与实施，从而为大规模推广应用培养了技术人才。

（二）技术成果示范的基本要求

1. 技术要成熟可靠 技术成果示范要求必须选用经过当地适应性和开发性试验，增产、增收效果显著的技术成果。不能采用没把握，或尚属试探性开发阶段的不成熟技术。

2. 示范目标与渔业发展目标相一致 在选择示范技术成果时，即要从当地渔业可持续发展的高度出发，将当前利益和长远利益结合起来，也要结合当地渔业发展实际，针对生产中存在的突出问题，选择那些高产、优质、高效益的技术进行示范，建设高质量的样板，这样才能受到生产者的欢迎。

3. 具备技术示范相应的必须条件 成果示范需要技术人员和生产者共同努力创建出示范样板，因而必须具备使样板得以充分体现的必要条件，主要包括两方面：

（1）每个示范点必须有既掌握新技术原理，又熟练操作技能的技术人员，他们要有足够的时间精力，经常到示范点进行技术指导，帮助解决生产中遇到的技术难题，以保证示范技术规程的正确实施。

（2）要有一个理想的养殖户或者其他形式的生产实体作为示范点。示范点应符合下列条件：

①有适合技术示范的生产规模，并与推广地区的生产条件相一致。

②有一定的文化水平，热爱科技，接受新事物的能力强，并愿意与推广人员合作。

③有较强的责任感、荣誉感，在当地有一定的威信和影响力。

④有丰富的生产实践经验，有一定的经济基础，并有充足的劳动力和相应的生产资料。

4. 示范点的选择和布局要合理　示范的目的和意义在于展示。为了给更多的参与者提供方便，基础设施完善，环境和生产条件要符合成果要求。示范点的多少及布局应酌情而定，应选择生产相对集中的区域。

（三）推广方法示范

1. 方法示范的概念和作用　方法示范是推广人员利用动物、机具或其他实物做直观教具，将某些仅通过语言、文字和图像来表达显得困难，传授效果极差的操作性技能，通过实际操作演示与语言传授相结合的方式传授给生产者，并现场指导他们亲自操作，直至掌握要领的推广教学方法。方法示范属于技能类示范。方法示范可使生产者通过视觉、听觉、触觉等全部感官进行体验学习，并将听、看、做和讨论交流相结合，能在较短时间内领会并掌握语言和文字较难描述的技能。所以，方法示范是一种被普遍采用且效果显著的推广教学方法。方法示范具有很大的局限性，因为，它必须具备适宜的直观实物做教具，并要有操作技能娴熟和讲演口才好的教员，而且只适宜小范围、小规模和短时间内进行。因此，为了提高新科技的扩散速率，需要长时间、多场次的演示。随着科技的发展和生产者科技素质的提高，方法示范可借助现代声像传媒技术，以克服以上缺点，提高新技术传播的效率和准确性。

2. 方法示范的基本要求

（1）内容少而精，时间不宜过长。方法示范的内容和题材，要根据技术创新的时效性和实用性特点，结合当地生产实际，选择生产中需要解决的技术问题，并且应适合当众表演，短时间内能够学会。同时，参加方法示范的人数不宜过多，以保证示范中每个人都能看得见、听得清，有亲手操作演练的机会。

（2）方法演示以操作为主，讲解为辅。示范者要事先做好充分准备，根据参加学习人员科技素质和接受能力的具体情况，力求在示范过程中要将每个操作展现清楚，对一些关键性的技术操作，可安排适当重复，表达力求准确通俗。

（3）让学员亲手操作，及时纠正和指导。方法示范的根本目的是，让参加学习的人员尽快掌握一项新技术，然后传播给更多的人。因此，要求参加学习的每个学员都要亲自练习操作，对较难的技术还应该让他们反复操作，及时纠正，直到全部掌握、达到技术要求为止。

三、示范技术的推广

技术示范的目的是推广示范技术。因此，我们在抓好示范样板建设的同时，一是要通过广播、电视、报纸等新闻媒体加强对示范技术的宣传，使群众对示范技术的优越性有比较全面的了解，激起他们采用示范技术的欲望；二是通过政府部门组织群众到示范点参观学习，增加他们对示范技术的感性认识；三是可以通过组织召开现场会等形式，推广示范技术；四是在技术示范的基础上，进一步完善技术资料，向政府部门申报技术推广项目，申请立项，以项目的形式推广示范技术。

第二节　水产养殖技术

一、池塘养鱼

1. 池塘养鱼的基本条件

（1）水源和水质。未被污染的河水、湖水和水库的水，都是养鱼的好水源。水温适宜，溶氧高，营养盐丰富，但生物组成复杂，特别当有野杂鱼和敌害，引用时应过滤。泉水和地下水水质清澈，无野杂鱼和敌害，也是养鱼好水源；但水温、溶氧较低，引用时应曝气。有些地下水含二氧化碳、硫化物、氮化物较高，引用要注意。沼泽和芦苇地的水，通常呈酸性，溶氧少，为养鱼的劣等水，一般不使用。

优质水源的水质标准：溶氧 4mg/L 以上，pH 7～8.5，非离子氨＜0.1mg/L，有机物耗氧＜30mg/L，总硬度≥8°（德国度），总含盐量≤2，不含二氧化碳和硫化氢。

（2）土质和淤泥。修建养鱼池的土质最好是壤土，其保水、保肥性适中，透气性好，易培养饵料生物。砂壤土保水保肥性稍差，但透气性好，可以在砂壤土上建造鱼池。黏土也可挖鱼池，其保水保肥性好，但透气性差，池水易混浊。沙质土和砾质土上不宜建造鱼池。

养过几年鱼后，池底沉积了大量淤泥。淤泥中含有大量的腐殖质和病原体，易使池水恶化。一般池塘淤泥厚度 10～20cm 为宜。

（3）面积和深度。养鱼池面积以 5 000～15 000m² 、容纳水深 2～3m 为适宜。面积小管理方便，但水质不稳定；面积过大（超过 20 000m²），饲养管理和操作不便，一般也难以实现高产。

（4）形状和周围环境。养鱼池的形状要规则、整齐，以东西方向的长方形池塘为好；长与宽的比例为 2∶1 或 3∶1。池塘的宽度应统一，以便于使用网具和拉网操作。池塘周围不应有高大的树木和建筑物，以避免遮挡阳光，影响浮游生物的繁殖和生长。

（5）池塘养鱼机械。池塘养鱼常用机械有自动投饵机、潜水泵和增氧机等。上述机械配备的一般原则为：按投饵池塘配备自动投饵机（台/塘），按面积配备潜水泵（$2\sim3hm^2$/台）和增氧机（$0.5hm^2$/台）。

2. 放养前的准备

（1）池塘修整。养殖空闲时间，应把池水排干，清除过多淤泥，让池底充分得到风吹和日晒；应修整池边，加固堤埂，疏通注排水渠道等。

（2）药物清塘。用药物杀灭池塘中各种敌害、野杂鱼和致病菌。淡水池塘常用清塘药物有生石灰、漂白粉；海水池塘常用清塘药物有茶粕、鱼藤精。

①生石灰清塘：生石灰遇到水产生氢氧化钙，氢氧化钙为强碱性，其氢氧根离子在短时间内使池水的 pH 升高到 11 以上，能杀死野杂鱼、敌害生物和病原体。生石灰清塘产生的氢氧化钙，吸收二氧化碳生成碳酸钙沉淀。碳酸钙能疏松淤泥，改善底泥的通气性和酸性环境，释放营养盐类、加速有机质分解，起到改良底质和施肥的作用。生石灰清塘提高了池水硬度，增加缓冲性，起到改良水质的作用。

生石灰清塘分干池清塘和带水清塘两种方法。干池清塘是将池水排干（或留有少量水），将生石灰均匀堆放池中，加水溶化，不待冷却立即把石灰浆均匀泼洒，干池清塘生石灰的用量为 $0.1\sim0.2kg/m^2$；带水清塘是将溶化的石灰浆趁热向池塘均匀泼洒，水深 1m，生石灰的用量为 $0.25\sim0.3kg/m^2$。

②漂白粉清塘：漂白粉（一般含有效氯 30% 左右）经水解产生次氯酸和碱性氯化钙，次氯酸立即释放出新生态氧；新生态氧有强烈杀菌和杀死敌害生物的作用。漂白粉干池清塘的用量是

$7\sim8g/m^2$，方法是将漂白粉溶解后立即向池塘中均匀泼洒；带水清塘，水深1m的用量为$20g/m^2$。

③茶饼（粕）清塘：茶粕（饼）是山茶科植物（油茶、茶梅或广宁茶等）的果实榨油后所剩余的渣滓。茶粕含有皂角苷，是一种溶血性毒素，可使动物血红素分解。用于清塘，能杀死野杂鱼、蛙卵和蝌蚪、螺蛳和部分水生昆虫等，但不能杀灭细菌。

茶粕清塘的用量：水深15cm，用量为$15\sim25g/m^2$；水深1m，用量为$60\sim70g/m^2$。清塘方法是将茶粕粉碎，用水浸泡1h后，向池塘中均匀泼洒。

④鱼藤精清塘：鱼藤精是豆科植物（鱼藤、毛鱼藤）根部的提取物，内含25%的鱼藤精（酮），为黄色结晶体，能溶解于有机溶剂，对鱼类和水生昆虫有杀灭作用。

鱼藤精清塘的浓度为$2.0\sim2.5mg/L$。清塘方法是先用酒精稀释、加水后，向池塘中均匀泼洒。

（3）注水和肥水。放养前加注新水，水深$70\sim80cm$为宜；以后，随养殖对象生长和水温升高，还需加注新水，加深水位。放养前还应肥水，培养饵料生物。

3. 鱼种放养

（1）放养种类。确定放养种类时应考虑以下条件：①放养种类与当地气候、水体的水温、水质相适应；②要拥有饲养鱼类的饵料和肥料；③具有可靠的苗种来源；④养殖鱼类具有较好的市场前景。

（2）放养方式。池塘养鱼以高产、高效为目的，鱼种放养应采取混养或轮养方式。

①合理混养：根据养殖鱼类的生物学特性，将不同种类或不同规格的鱼种放养在同一口池塘中，以达到充分利用水体空间、天然饵料资源和人工饲料的目的。池塘合理混养，首先要确定主体鱼，即它在放养和产量中所占比例较大，为饲养管理的主要对象。其次，确定搭养鱼类，即它们在放养

和产量中所占比例较小，在饲养管理中处于次要地位。池塘养鱼主要有异种同龄混养、异种异龄混养和同种异龄混养（套养）等形式。

我国淡水池塘养鱼混养的典型有：a. 以草鱼为主，混养鲢、鳙等。草鱼比例为50%，鲢30%，鳙10%，鲤和团头鲂分别为5%。饲养方法是投喂各种旱草和水草，饲养草鱼的同时，培养了浮游生物，为鲢、鳙提供了饵料；放养的鲢、鳙可控制水体肥度，为草鱼、鲤等净化了水质。b. 以鲤为主，混养鲢、鳙等。鲤比例为70%，鲢15%，鳙、鲫、团头鲂分别为5%。这种方式的特点是鲤放养密度大，投喂颗粒饲料，主养鲤的同时肥水，为鲢、鳙提供了饵料；放养的鲢、鳙可控制水体肥度，为鲤、鲫、团头鲂等净化了水质。c. 以鲢、鳙为主，混养鲤、鲫、团头鲂、鲴等。鲢比例为40%，鳙10%，鲤、鲫、团头鲂、鲴分别占10%。其特点是以施肥为主，依靠培养饵料生物获得鱼产量，是一种"节粮型"养殖方式。

②放养规格：放养的鱼种应在一个生长季节或在预定的时间内达到商品规格。养殖鱼类都有一个消费者认可的食用规格，而且与价格有一定关系。目前，几种淡水养殖鱼类适宜的商品规格为草鱼1.5～2.5kg，鲤750～1 500g，鲢、鳙为1 000g左右，鲫400g以上，团头鲂600g以上。根据我国北方地区气候条件和饲养水平，在一定密度下实行春放秋捕，几种鱼类鱼种放养的适宜规格为草鱼200～300g，鲤150～200g，鲢、鳙150g左右，鲫和团头鲂为50g以上。

目前，上述鱼类的养鱼周期（从鱼苗养到商品鱼）约为2年（一般不超过20个月）。养鱼周期和养成规格与经济效益关系密切，缩短养鱼周期是提高养鱼生产效率的途径之一。

③放养密度：通常以单位水面放养鱼种的尾数和重量来表示；池塘混养时，放养密度包括每种鱼类放养密度和总密度两层含义。在一定范围内，每种鱼类放养密度与产量呈正相关，

与养成规格呈负相关。确定放养密度时应从以下几方面考虑：a. 根据饲养条件、技术水平和能力确定产量目标；b. 以放养鱼种在预定时间内达到商品规格为前提，充分发挥养殖鱼类的生长潜力；c. 以高产、高效为目标，最大限度发挥池塘的生产潜力。

以池塘主养鲤为例，投喂颗粒饲料，计划产量达 1.8 万 kg/hm²。各种鱼适宜的放养密度为鲤 13 260 尾，鲢 4 230 尾，鳙 1 260 尾，鲫 2 150 尾（表 5-1）。

表 5-1　鱼种放养情况

放养种类	放养规格 (g)	出塘规格 (g)	成活率 (%)	放养尾数 (尾/hm²)	放养重量 (kg/hm²)	比例 (%)	产量（估算）(kg/hm²)
鲤	175	1 175	95	13 260	2 320	70	12 600
鲢	150	1 000	90	4 230	635	18	3 240
鳙	150	1 200	95	1 260	189	7	1 260
鲫	60	500	95	2 150	129	5	900
合计				20 900	3 273	100	18 000

放养密度可根据下列公式计算：

$$X_n = \frac{P \times n}{(W_t - W_0) \times K}$$

式中　X_n——某种鱼的放养密度；

P——计划公顷净产量；

n——该种鱼在产量中的比例；

W_t——出塘时规格；

W_0——放养规格；

K——成活率。

④轮养：根据鱼类生长与其贮存量、水体鱼载量的关系，在饲养过程中，用调节密度（贮存量）来保持养殖鱼类快速生长的一种措施。

众所周知，春放秋捕方式存在因放养初期贮存量低，池塘生产潜力没有得到充分发挥；而饲养后期又因贮存量达到或接近鱼载量，而抑制了鱼类生长。实行轮养就是加大放养量，使养殖鱼类（生长）产量与水体生产能力相适应；当鱼的贮存量达到或接近鱼载量时，采用捕捞调节贮存量方法，保持贮存量与鱼载量相适应和养殖鱼类的快速生长，最大限度发挥水体的生产潜力。

养殖池轮养的主要方式：a. 一次放足，分期捕捞，捕大留小；b. 分期放养，分期捕捞，捕大补小；c. 多级轮养。多级轮养是指从鱼苗养到商品鱼分级（分池塘）饲养，即不同规格鱼种采用不同密度饲养，当密度（贮存量）达到或接近鱼载量时，捕捞、分塘降低密度，保持池塘贮存量与鱼载量相适应和养殖鱼类的快速生长（表5-2）。

表5-2　池塘养鳙的轮养模式

池塘级别	1	2	3	4	5	6
每667m² 放养密度（尾）	10～15	4 500	900	200～250	70～90	27～32
养成规格（cm/尾）	2.8	8.3	13.3	23.4	0.5kg/尾	1～1.25kg
饲养天数	20	25	20	40	40	40

4. 饲养管理（以主养鲤为例）

（1）饲料选择及投喂。

①饲料选择：池塘养鲤饲料的主要营养指标为蛋白质28%～32%，脂肪8%～10%，能量14.64～15.89kJ/g。首先，根据鱼类对营养素需要选择适宜的配合饲料（配方）。其次，要根据水温和鱼的生长情况及时调整饲料配方。如水温低，鱼的生长速度慢，可适当降低饲料蛋白质含量或降低投喂量；相反，水温适宜，鱼的生长速度快，需要增加蛋白质含量。第三，要根据鱼体大小，确定投喂饲料颗粒（表5-3）。

表 5-3　鲤体长、体重与适应的饲料颗粒

饲料编号	颗粒直径（mm）	体重（g）	体长（cm）
1	2.0~2.5	20	8~10
2	3.0	30~50	12~15
3	3.5	50~100	15~18
4	4.5	100~300	18~23
5	6.0	300 以上	23 以上

②投喂方法：池塘养鱼投喂颗粒饲料方法，有人工手撒和自动投饵机投喂。不论采取哪种方法，都应做好以下几方面工作：a. 设投饵台。选择背风向阳处作为饲料投喂点，搭投饵台。一般 1 口池塘只设 1 个投喂点。b. 驯食鱼种上浮抢食。鱼种放入池塘后，应立即开始驯食。每天在固定时间用少量诱饵吸引鱼种到投饵点摄食；同时，用少量饵料诱导鱼种上浮抢食。c. 确定投饵时间和次数。养鲤的投饵时间应选择在白天，要根据水温和鱼的摄食情况，确定投喂次数和时间。水温和日投喂次数可参考以下方法：12~16℃为 2~3 次；7~22℃为 4 次；23~25℃为 5 次；25℃以上为 6 次。以 8 月中旬为例，水温 25℃以上日投喂 6 次，投喂时间分别为：7：00、10：00、13：00、15：00、17：00、19：00。投喂时应观察鱼的摄食情况，控制投饵频率、范围和一次的投喂时间。d. 确定日投饵量。日投饵量用日投饵率表示，即日投饵重量占投喂对象体重的百分数。确定日投饵率的原则是，满足鱼类快速生长的同时，又要保证较高的饲料利用率。实践证明，"八分饱"时鱼类生长速度快，饲料利用率高。

影响投饵和饲料利用率的因素很多，应根据具体情况灵活掌握。如阴雨天，不投饵或少投饵；池水缺氧或发生鱼病，不投或少投；拉网、注水或施药可能对鱼的摄食有影响，可适当减少投饵量。应定期（一般 5~7d）检查鱼类的生长情况，根据鱼的体重和生长情况及时调整日投饵量（表 5-4）。

表 5-4 池塘养鲤的投饵率（%）

体重(g) / 水温(℃)	50～100	100～200	200～300	300～700	700～800	800～900
15	2.4	1.9	1.6	1.3	1.1	0.3
16	2.6	2.0	1.7	1.4	1.1	0.8
17	2.8	2.2	1.8	1.5	1.2	0.9
18	3.0	2.3	1.9	1.7	1.3	1.0
19	3.2	2.5	2.0	1.8	1.4	1.0
20	3.4	2.7	2.2	1.9	1.5	1.1
21	3.6	2.9	2.3	2.0	1.6	1.2
22	3.9	3.1	2.5	2.2	1.7	1.3
23	4.2	3.3	2.7	2.3	1.8	1.4
24	4.5	3.5	2.9	2.5	2.0	1.5
25	4.8	3.8	3.1	2.7	2.1	1.6
26	5.2	4.1	3.3	2.9	2.3	1.7
27	5.5	4.2	3.5	3.1	2.4	1.8
28	5.9	4.7	3.8	3.3	2.6	1.9
29	6.3	5.0	4.1	3.5	2.8	2.1
30	6.8	5.4	4.4	3.8	3.0	2.2

（2）水质调节与控制。养殖池良好水质指标是：溶氧＞3mg/L，非离子氨＜0.1mg/L，透明度25～30cm，pH为7～8.5，化学耗氧量COD＜30mg/L，活性磷＞0.1mg/L，总氮0.5～1.0mg/L。但池塘水质指标往往不尽如人意，需要采取水质调节和控制。

养殖池水质调节与控制措施已在第一篇第四章第一节中介绍，这里不再重复。

（3）日常管理和防范措施。包括以下四个方面：

①巡塘：每天在一定时间里到养殖池巡视，查看鱼的活动情

况、水质和水位以及各种生物有无异常迹象等，以便发现问题及时解决。巡塘的意义在于能及时发现问题，能抓住一些蛛丝马迹的变化，准确判断可能要发生的问题，及时采取措施，将问题和事故消灭在萌芽之中。

②搞好池塘清洁卫生：池塘杂草、污物应随时清除，定时打扫投饵点，及时清除残饵，保持池塘清洁和卫生。发现死鱼应查明原因并及时捞出，死鱼不能乱丢，以免病原扩散。

③防止浮头和泛塘：浮头是由于水体缺氧养殖鱼类上浮到水面的一种现象；泛塘是指由于水体缺氧、水质恶化等原因造成的死鱼事故。高产养殖池缺氧的主要原因有：a. 池水有机物含量高，耗氧量大，溶氧昼夜变化幅度大；b. 池水老化，即浮游植物细胞老化或大批死亡，产氧能力低或分解耗氧；c. 连绵阴雨，光照差，影响浮游植物光合作用产氧；d. 浮游动物或养殖鱼类数量多，耗氧严重。

如何防止养殖鱼类浮头和泛塘？首先，要把水质培养好；其次，要坚持巡塘，掌握养殖池水质状况；第三，要有准备和防范措施。防止浮头和解救泛塘的有效措施，有加注新水、开动增氧机和使用化学增氧剂等。

④建立池塘管理日志：日志包括日期、天气、水温、放鱼和捕鱼记录、生长检查记录、投饵记录和鱼的吃食情况、疾病发生情况和死鱼记录、施药记录、注水记录、水质化学指标和浮游生物测定记录、使用增氧机记录等。

二、池塘养对虾

1. 池塘清整和准备

（1）池塘底质处理。包括阳光曝晒、清淤、浸泡冲刷和药物消毒等。

①阳光曝晒：在养虾的空闲季节要将池水排干，让池底充分经阳光曝晒，使池底有机物彻底得到分解和氧化。

②清淤：将池底淤积物清除，一般使用推土机，也可用人力清除。清除的淤积物要远离池塘，以免再被冲回。

③浸泡冲刷：在养虾空闲季节，先将池底用拖拉机进行浅翻耕，然后靠涨潮、落潮用水反复浸泡冲刷，将有机物带走。

④药物消毒：常用生石灰对养虾池底处理，它可改善池底酸性环境，又可杀死有害生物。生石灰用量为 $600\sim800kg/hm^2$。

（2）清除有害生物。主要包括敌害、竞争者、致病生物和一些藻类等。

①敌害生物：主要是以虾蟹为捕食对象的鱼类。清除方法是用茶粕（$15\sim20g/m^3$）或鱼藤精（$2.0\sim2.5mg/L$）清塘。另外，注水时用网过滤，以防鱼类进入。

②其他甲壳类动物：它们与养殖对虾争夺饵料、水体空间，传播疾病，应彻底清除。方法是用农药杀虫剂杀灭，待药物毒性消除后，才可以放养虾苗。

③致病微生物：包括细菌、病毒等，可使用消毒剂、抗生素类处理和抑制。

④藻类：虽然藻类可维持和改善池塘环境，但有些藻类，如刚毛藻、水绵、浒苔等，它们大量繁殖吸收养分、占据水体空间，妨碍浮游生物和对虾的生长。

（3）肥水和培养饵料生物。肥水是指培养浮游植物，它可行光合作用产氧，改善池水环境和溶氧状况。对虾早期阶段主要以浮游动物、底栖动物和底栖藻类为主要饵料。肥水方法是施肥，养虾池施肥应以化肥为主。培养饵料生物除施肥外，还可以引种移植，如蜾蠃蜚、拟沼螺和底栖硅藻等。

2. 虾苗放养

（1）虾苗的中间培育。1cm 左右的虾苗仍属于尚未发育完全的幼体，对环境条件的适应能力差，成活率很不稳定；如果直接放入大的养虾池，往往效果很差。因此，最好把这样的小虾苗育成 3cm 左右的大虾苗再进行放养。

虾苗中间培育池面积较小，一般为 1 000m² 左右；可采用专门池塘，也可利用成虾池。如有条件可在池上搭建简易塑料大棚，抗寒保温，有利于小虾苗生长。

小虾苗的放养密度根据池塘条件确定，土池塘放苗 150～300 尾/m²；塑料大棚可略为增多；可控温、充气池塘密度，增至 1 500～2 000 尾/m²。

培育虾苗最好的饲料是卤虫幼体、桡足类和糠虾，也可投喂豆粕、花生粕或搅拌的杂鱼、虾、蛤肉等，日分 4～6 次投喂，投喂量为每 1 万尾虾苗 10～20g。

培育期间，经常向池内加注新水，必要时可进行换水改善水质；有充气条件的，可昼夜连续充气增氧。大约经过 20d 左右的培育，虾苗长到 3cm 时就可以分池饲养了。

（2）虾苗放养。决定放养密度，主要看池塘和水质条件、饵料质量和数量、虾苗规格和质量、增氧机等机械配备情况和饲养管理水平等。池塘面积超过 5hm²，通常采取粗放粗养方式，每公顷放养密度不超过 10 万尾。池塘面积在 3hm² 左右，深度＞3m，换水条件好，饲料充足、质量好，虾苗质量也好的情况下，可采用精养或半精养方式，每公顷可放养小虾苗 30 万～40 万尾或大虾苗 20 万～30 万尾。

3. 饲养管理

（1）饲料选择及投喂。饲料分为鲜活饵料和配合饲料两类。前者包括低值贝类、杂鱼、杂虾和卤虫等；后者为营养配比较完善，经加工方便于运输、储存和投喂的颗粒饲料。配合饲料已取代鲜活饵料，成为对虾养殖的主要饲料。

对虾饲料投喂量的确定较为复杂，应根据多种因素综合考虑，主要依据有：不同规格对虾的日摄食量、水温、水质和对虾的生长情况以及饲料的质量等。投喂各类鲜活饵料，可以通过可食部分干重折算成标准饲料，如卤虫、糠虾、杂鱼与标准饲料比为 4∶1，蛤类为 10∶1，螺类为 12∶1。

对虾日摄食量与体长、体重关系密切。体长 1～2cm 虾苗，日摄食量约为体重的 150%～200%，3～4cm 为 50%～100%，5～7cm 为 20%～35%，8～12cm 为 10%～20%，13cm 以上为 5%～8%。

不同饲料在投喂前应作相应的处理，以便对虾采食。小型贝类（如蓝蛤）、杂鱼、杂虾要经过冲洗后投喂，大型螺类需要先将硬壳碾碎再冲洗投喂，配合饲料可直接投喂，豆饼、花生饼等应敲碎浸泡 2～3h 后投喂。

投喂场所应根据对虾的生活、活动习性而定。仔虾多在浅水区活动，池边至 0.5m 深水域是投饵范围；随着生长对虾逐渐向深水区移动，应追虾投喂。对虾觅食能力差，投饵要撒均匀，以方便采食。对虾摄食有明显的昼夜节律，即傍晚摄食量大，中午和午夜摄食少。水温超过 32℃ 或低于 10℃，对虾摄食量明显下降，应少投饵或不投饵。对虾在蜕皮时一般不摄食，通常在其蜕皮前后少投饵或停止投喂。

（2）水质调节和环境控制。良好水质的指标是：盐度 10～28，pH 7.5～8.5，溶氧＞4mg/L，非离子氨＜0.1mg/L，硫化氢＜0.01mg/L，COD＜10mg/L，透明度 40～60cm。但精养和半精养虾池的水质指标往往不尽如人意，应采取措施调节水质和控制环境。

①换水：通常，通过低潮时开闸排水和涨潮时灌水实现的。对虾养殖池换水应在以下情况下进行：a. 近海海水水质良好；b. 非疾病流行期，无赤潮；c. 池水理化指标超标，如溶氧低于 3.0mg/L，氨氮超过 0.4mg/L，COD 超过 20mg/L；d. 池塘生物状况不佳，如游动物过量繁殖；e. 对虾摄食量下降，出现缺氧现象。

②增氧：养虾池使用增氧机增氧，是维持和改善水质、提高对虾生长和产量的重要措施之一。目前，养虾池普遍采用水车式增氧机，它靠水轮转动，搅水增氧，可使池水流动，改善水体环境。使用增氧机，要根据池水水质和天气等，灵活掌握开增氧机的时间。

③混养其他水生动物：养虾池以虾为主，还可搭养一定数量的贝类、鱼类或藻类，利用生物间互利共生关系，优化生态系统结构，产生生物效应和经济效应。目前养虾池混养其他动物的主要目的是，为对虾清理废物、污物和预防疾病。混养的贝类有缢蛏、牡蛎、文蛤和扇贝等，鱼类有罗非鱼、鲻、梭鱼和遮目鱼等，藻类有江蓠、石莼和大叶藻等。

三、内陆水域大水面粗放式养殖

内陆水域大水面，通常指湖泊、水库。在基本清除凶猛鱼类和设置防逃设施的水体，开展以鲢、鳙为主的粗放养殖，可提高渔业的经济效益。

1. 养殖水域基本条件

（1）水域鱼产力。水域的鱼产力大小，主要取决于天然饵料的丰歉和鱼类对其资源的利用效率。鲢、鳙主要以浮游生物为食，水域的浮游生物状况在某种程度上代表了鱼产力水平；而水域浮游生物状况，通常用营养类型表示。适合以鲢、鳙为主，粗放式养殖水域应是中、富营养型。水质清瘦或混浊、软水或酸性水等，初级生产力和鱼产力极低，不适宜放养鲢、鳙。

（2）根据大中型水域中凶猛鱼类的捕食习性和活动水层，对放养鲢、鳙危害最大的是鳡，其次，是蒙古红和翘嘴红鲌等。具有上述凶猛鱼类的水体，一般不宜放养，需彻底清野后再做考虑。如果水域中有其他中小型凶猛鱼类，包括红白鱼、马口鱼等，加强清野和提高放养规格后可以选用。

（3）出入水口状况。出入水口较少，水流平缓，易于设置拦鱼设备的水域，适宜放养。而水的出口多，水流湍急，又不宜设置拦鱼设备的水体一般不作放养水体。

（4）交通和社会条件。交通运输方便，有利于器材、鱼种和产品的运输。鱼种来源方便，有较好的捕捞条件等，都是应考虑的因素。另外，水体的归属和管理问题也应考虑。

2. 放养种类、规格和数量

（1）主养鱼和搭养鱼。鲢、鳙是世界上利用浮游生物效率最高、生长速度最快的大型鱼类之一。它在水体的中上层活动和觅食，容易集中捕捞，起捕率高；其人工繁殖及苗种培育技术成熟，鱼种来源有保证。目前，我国大中型淡水水域粗放养殖绝大多数以鲢、鳙为主，无论是放养量还是产量都占绝对优势。

除鲢、鳙外，其他鱼类的放养要根据水域温度、水质、饵料基础和其生物学特性，特别是生活、繁殖习性以及捕捞方法、能力等综合考虑。具有水草资源的大中型湖泊、水库，可考虑放养草鱼、鳊和鲂。但水草的增殖能力有限，资源一旦破坏，短期内难以恢复，因此，放养需谨慎或控制其数量，以不破坏水草的再生产能力为宜。其他搭养鱼类还有鲤、鲫、鲴，有条件的可移植驯化银鱼、公鱼和香鱼等。

（2）放养规格、比例和数量。

①放养规格：大型水域环境复杂，要求鱼种有较强的适应能力、避敌能力和觅食能力，放养大规格鱼种，才能有较高的成活率和生长率。确定放养规格，还要考虑成本、生长和成活率等。依据大中型湖泊、水库凶猛鱼类危害、拦鱼能力和鱼种成活率等，经过多年的实践证明，放养鲢、鳙1龄鱼种的适宜规格为13cm左右。

②放养比例：水质肥度一般的大型水域，总放养量不足时，鳙的放养比例应稍大些。因为在这种情况下，浮游动物能维持较大生物量，鳙在这种水体中能发挥其摄食低浓度饵料的特点。这种水域鲢∶鳙比例一般为2∶8或3∶7，还可以根据同龄鱼捕捞时的规格进行调整。

一些较小型的水质肥沃水域，总放养量较多时，鲢的放养比例应适当增加，鲢、鳙比例可以在5∶5或4∶6。

③放养密度：a.适宜养殖面积的计算方法。我国大中型湖泊、水库水位波动较大，如何计算适宜养殖的水面，目前方法有

两种：一是根据水文资料，统计出多年的平均水位与之相应的面积作为养殖面积；二是根据正常水位核定出养殖水位，核定的养殖水位相应的面积为养殖面积，即养殖水位＝（正常蓄水水位＋死水位）×（2/3 或 1/2）＋死水位。前者以实际情况为基础，比较准确，但需要有系统的水温资料；后者为理论值，比较接近实际，但可能有较大的误差。b. 放养密度的确定。目前，大中型水体养殖放养密度确定有两种方法：一是根据水体的供饵能力，确定放养密度；二是根据鱼类生长情况，确定和调整放养密度。鱼类的生长速度，综合地反映了鱼类种群数量与水体饵料资源之间相适应程度，因此，可以作为调整放养量的依据。使用这一方法时，通常是根据经济效益、生产周期、鱼类生长特性等综合考虑，制订出一个适当的生长速度指标，到捕捞时实测放养鱼类的生长速度。如果实际的生长速度大于制订的指标，表明放养量偏小，翌年应适当增加放养量；如果实际生长速度小于制订的指标，表明放养量过多，翌年应相应的减少放养量。

3. 渔业生产管理

（1）确定养殖周期。就是确定捕捞鱼的年龄和规格问题，养殖周期影响到水域的鱼产量和经济效益。大型水域的养鱼周期，应根据放养鱼类生长的规律和特点、鱼种的来源和成本、水域中饵料生物的丰度、凶猛鱼类的危害程度、拦鱼设备的完善程度、捕捞能力、商品鱼的价格等多方面因素来确定。

一般来说，性成熟前生长快，鲢、鳙的养殖周期不宜超过 4 龄。水域条件较差，鱼种成活率低，鱼种来源困难，成本高，捕捞能力较差。而商品鱼价格差价不大时，可适当延长养殖周期，提高捕捞规格，以降低鱼种的数量和单位产量的鱼种成本，保证一定的经济效益；反之，应尽量缩短养鱼周期，捕较小规格商品鱼，以加快资金的周转和提高经济效益。

放养 1 龄鱼种，在大水域中养 2～3 年，捕捞 3～4 龄商品鱼。这种体制适用于水体较大，水质肥度一般，凶猛鱼类的危害中等严重的水域。这种水域放养鱼种的成活率不理想，在养鱼的经济核算中，鱼种的成本较高，采用较长的养殖周期，可以减少鱼种来源的困难，降低养鱼成本；而且水域中有多个年龄组的鱼类，可充分利用水域空间和饵料资源及鱼种鱼类的快速生长期，达到较大商品规格和较高鱼产量。

（2）确定鱼种放养季节和地点。放养时间有秋季和春季两种做法。大部分地区在秋季放养，秋季放养一方面可免除出塘越冬的麻烦和消耗，另一方面是因为冬季凶猛鱼类不捕食，鱼种有较长时间恢复体质。在南方一些水库、湖泊则采用春季放养，他们认为南方水温下降较少，凶猛鱼类不停食，正好捕食低温下游动迟缓的鱼种，春季水温逐渐上升，有助于鱼种迅速恢复运输造成的体质减弱和损伤，能更好更快地适应大水域的自然条件。但这两种做法的合理性都缺乏数据证实。

以灌溉为主的水库，冬、春季大量泄水，鱼种放养应避开这一时间，提前1～2个月进行。有的水库由于特殊困难，如冬季鸟类危害严重，不宜在晚秋或初冬放养，应安排在早春水温6～7℃时进行。就地培育鱼种的水域，放养方便，在鱼种培育过程中，只要有部分鱼种达到放养规格，即可将这部分鱼种筛出放养。这样做其生长速度远大于留在原培育水体，同时，也改善了剩余鱼种的生长条件。

放养地点应顺应鱼种在不同季节对生态环境的要求。秋末、冬初应选择避风向阳地段；夏秋季或春季以中上游幼鱼索饵场为目标，选择水质较肥的浅水区。无论何时放养，都须远离输水洞、溢洪道和泵站，以免鱼种被水流裹挟流出库外。也不宜在下风沿岸浅滩投放，以免被拍岸浪推拥上岸。还应选择数处投放点，把鱼种投放在不同区域，避免凶猛鱼类集中吞食。

（3）凶猛鱼类控制。凶猛鱼类的存在，常是造成放养鱼类存活率低的主要原因，必须采取有效措施进行控制。由于不同的凶猛鱼类栖息水层不同，对放养鱼种的危害程度也有很大差异。

鳜、鲇、乌鳢等底层凶猛鱼类，对鲢、鳙等鱼种的危害相对小些；而且鳜、乌鳢等属于名贵经济鱼类，应适当保持一定的种群数量，使其成为水域渔获物的合理组成部分。鳡、翘嘴红鲌和蒙古红鲌属上层鱼类，对鲢、鳙鱼种的危害较大，应尽可能彻底清除。对凶猛鱼类种群的控制，一般采用常年捕捞的办法，尤其是在它们的繁殖季节，集中围捕效果较好。使用的网具一般是浮拖网。

（4）安全和越冬管理。安全管理的主要工作是防逃、防盗。水域的进出水口要设拦鱼设施，并定期检查和维修。防盗要建立必要的治安机构，维护好渔业秩序，禁止违法捕鱼，尤其要严禁炸鱼和毒鱼。

越冬管理主要针对北方寒冷地区的一些浅水湖泊、水库而言。主要采取以下措施：保持较高的水位；适当施无机肥培养浮游植物；越冬期间经常扫雪或打扫冰面；必要时可采取注水的方法。

（5）捕捞。总的要求是将达到一定规格的鱼及时捕起，选用适宜的渔具、渔法。适时、合理的捕捞，是大型水域渔业生产重要的环节。

"赶、拦、刺、张"联合渔法，是一种以捕鲢、鳙为主的大型作业方式。它使用多种渔具，联合作业，相互配合，将鱼群强行驱赶，集中捕捞。这种方法网次产量较高，适于较大型水域集中作业，是比较成熟、效果好的渔法，已广泛推广。

网箔渔法，是利用鱼类活动规律和水域水位变化的特点而设置的定置网具，主要捕中、上层鱼类，对底层鱼的起捕也有一定效果。它的捕鱼效果，主要取决于适宜的时间和网箔设置地点。这种网具适用于大中型山谷、丘陵水库。

机轮拖网和围网，也是捕捞鲢、鳙鱼群的有效生产工具。它具有机动灵活，机械化程度高，鱼产量集中，投资较少等优点，适于水面较宽阔的水域作业。

四、网箱（围栏）养鱼技术

网箱（围栏）养殖适用范围广，可在湖泊、水库、河道和池塘中设置，也可在大海中设置；既能养殖鱼类，又能养殖虾和蟹。下面以淡水湖泊、水库中设置网箱（或围栏）养殖鲤、鲫等为例，介绍网箱（围栏）养鱼技术。

1. 设置水域的选择

（1）面积和水深。网箱（网栏）养鱼应设置在大型水域中，最好超过 $10hm^2$，设置区水深应超过 4m（围栏养鱼则不宜超过 4m）。面积大、水较深，有利于网箱内外水体的交换，水质清新，溶氧高，鱼类生长迅速；否则，失去网箱养鱼的意义。

（2）水流、水位和风浪。网箱设置区应有微小水流，流速以 $0.1\sim0.2m/s$ 为宜；既保证了箱内外水体的交换，又不至于因水流过大而消耗鱼类的体力。网箱设置区域水位波动不宜过大，水面应开阔，但不应受大风浪和洪水的威胁。

（3）水温和水质。我国北方地区大多数水体冬季结冰，网箱养鱼一般不越冬；这就要求网箱设置水域的水温、水质有利于鱼类的生长。养殖鲤、鲫、草鱼等温水性鱼类，水体 15 以上的积温应大于 3 500℃。网箱设置水域的水质应符合《渔业水质标准》，另外，水体溶氧、透明度和浮游生物等应有利于鱼类生长。

2. 网箱（围栏）设置方式 有单箱放牧式、多箱串联式和组合筏排式等，大规模生产多采用单排串联式和组合筏排式。

（1）多箱串联式设置。多个网箱串联成一排，箱间距 2～4m；网箱排列尽可能与水流方向垂直，每排两端用锚（或砣）和缆绳固定，也可在岸上用绳索固定。

（2）组合筏排式设置。一般将 4 口、6 口、8 口网箱组合在一起，箱间距1～2m，用跳板连接，形成一个筏式平台。整个平台用锚（或砣）和缆绳固定。

网围是位于敞水区，四周全部用网围住；网栏是指位于岸边、港汊，至少有一边靠岸，其余用网拦截。目前，多采用网围方式，水体交换好，鱼的生长速度快，产量高。

3. 苗种放养和密度调整　网箱养鱼一般为单养，有时为了清除网衣上的附生生物，可混养少量其他鱼类。

（1）放养夏花。网箱网目 0.3～0.4cm，放养密度 1 000～1 400尾/m²。随着鱼体生长，应调整密度和网目，体重 5g 密度为 700 尾/m²、10g 密度为 400 尾/m²、20g 密度为 500 尾/m² 左右，上述规格鱼种适应网目分别为 1～1.5cm、2～3cm 和 5～6cm。

（2）放养鱼种。确定鱼种放养规格，应考虑生长速度、生长季节和养成规格。北京地区选用 50～100g 的鲤鱼种，当年可养成 1 000g 左右的商品鱼。放养 7.5kg/m²，产量 60～70kg/m²；放养 12.5kg/m²，产量 80～90kg/m²；放养 15kg/m²，产量超过了 100kg/m²。根据我国网箱养鲤的经验，放养 50～100g 鱼种，适宜放养量为 15～25kg/m²。

围栏养鲤，放养鱼种的适宜规格为 50～100g，放养量为 0.4～0.8kg/m²，产量可达到 2.5～3.0kg/m²。

4. 饲养管理

（1）饵料选择与投喂。网箱养鱼应使用配合饲料。关于营养标准、颗粒类型、投喂时间、次数和日投喂量等与池塘养鱼类似，不在这里一一介绍。网箱养鱼的投饵一般为人工手撒，有条件的可采用自动投饵机。

（2）检查网箱和附着物的清洗。

①检查网箱：结合投喂，观察鱼的活动和吃食情况，发现病情及时治疗；平时，要定期做好防病工作。要经常检查网箱，观察有无破损，缝合线是否断裂，发现损坏立即修补；检查浮子浮力情况，绳索及固定是否牢固，在水位变化时，要及时调整锚绳长度；如预报有大风或台风，要及时将网箱移至安全地方。

②清理附着物方法：a. 人工清洗，提起网衣，用手揉搓抖

动或用韧性很强的竹条抽打。操作要仔细，防止损坏网衣；b. 机械清洗，将网衣吊起，用高压水泵和喷枪冲洗网衣，清洗效果好，普遍采用；c. 沉箱法，将网箱沉于水下 3~5m（补偿点以下），黑暗条件使藻类死亡，但沉升箱较麻烦；d. 生物清理，网箱中放养罗非鱼（10~20g，1~2 尾/m²）、鲴、鳊、鲂（20g，10 尾/m²）等，可达到清理附着物的作用。

③换箱、移箱和调整密度：随着鱼体的长大，应及时换箱，将鱼移至较大网目的网箱中，可使箱内外水的交换量增加，又可减少生物附着，有利于鱼类的生长。换箱的同时，还应调整鱼的密度，提大留小，保持规格整齐。另外，洪水季节来临前，要及时移动网箱到深水区，避开行洪区、浅水水域和混水流入水域。海上网箱在有台风时，也要提前将网箱移至安全水域。如果网箱养殖区因长期养鱼，造成水体污染（底质污染），应将网箱移到非污染区域。

五、浅海浮筏养殖技术

1. 养殖区选择 筏式养殖区应设在无城市污水、工业污水和河流淡水排放的海域。水质应符合 GB 11607 和 NY 5052 的要求。海流的流速在 0.17~0.7m/s，以 0.41~0.7m/s 为宜。透明度变化幅度小于 3m 比较适宜。水深 10~50m 可养殖海带，其中，20~30m 海区是高产海区。养殖区应统一规划，每个养殖小区一般设 20~40 台筏，小区间距 30~50m，筏间距 5~8m。根据风浪和海流的方向，一般顺风顺流设筏。

2. 放养方式与管理

（1）吊养海带。主要包括：

①夹苗：将海带苗夹在多股的苗绳中，然后用吊绳将苗绳垂挂在浮绠上。苗绳为红棕绳或红棕丝与聚乙烯纤维混纺绳，均为三股合成，直径为 1.3cm，松紧适宜。北方的苗绳长 2~2.5m；南方的苗绳长 3.5~4m。夹苗前先将苗绳在海水中浸泡，使苗绳

处于湿润状态。夹苗分簇夹和单株夹，根据海况条件，北方 2m 长的苗绳夹苗 30～40 株；南方 3.5～4m 的苗绳夹苗 90～130 株。

②挂苗：我国目前普遍采用平养法，即用吊绳将苗绳水平悬挂在两行浮缆之间。浮筏设置与海流平行，使海带受光均匀，有利于海带的生长。

③调节养殖水层：根据透明度的变化适时调节水层，初挂苗时透明度较大，悬挂水层 80～120cm；当水温上升至 12℃ 以上时，透明度较低时，应适当提升水层至 30～40cm。

④倒置：平养后每 30d 倒置 1 次。

⑤切梢：养殖过程应切梢，北方切梢一般在 3 月底、4 月初进行，水温 5～6℃ 比较适宜；一般切去海带全长的 2/5 至 1/3，切下的海带梢不得扔入海内。

⑥收割：北方海区收割在 5 月上中旬，鲜干比达到 6.5：1 即可间收，水温 15℃ 以上应整绳收割。南方海区在 4 月中下旬开始，海区水温达到 17℃ 以上，苗绳上部的海带鲜干比达到 6.5：1 即可收割，浙江一些海区，由于海水混浊，海带受光不足，鲜干比 8～9：1 即可收割，但也应在 17℃ 以上。

（2）笼养扇贝。主要技术要求有：

①海区选择：水深 15～40m，水面宽阔，风浪较小，潮流畅通，以 0.5～0.7m/s 为宜。适宜水温变化：虾夷扇贝 0～23℃，最适生长 10～20℃；栉孔扇贝 0～35℃，最适生长 20～25℃；海湾扇贝 0～31℃，最适生长 8～28℃。适宜海水盐度 20～40。扇贝为滤食性贝类，要求养殖区无工业污染，饵料丰富，尤其是浮游生物饵料丰富。

②分苗：壳长 1.5cm 左右的扇贝苗，就可以分到养殖笼中进行养殖。初分苗密度 40～100 个/盘，并随着生长，不断调整和降低密度。以虾夷扇贝为例，1.5cm，60～80 个/盘；3cm，30～40 个/盘；5cm，15～20 个/盘；10cm，7～10 个/盘。分苗

时，应调整网笼的网目，并将规格大小不同的贝苗分开养殖，及时清除一些病苗和死苗。

③调节水层：水温适宜，饵料丰富，养殖笼应悬挂在表层（3m以内）；水温偏高或大风浪季节，在深水层（6～7m）养殖。

④适当施肥：为了培养扇贝的饵料生物，有条件海区可适当施化肥。

3. 笼（箱）养鲍、海参、海胆 海区选择和饲养方式与笼养贝类基本相似，但鲍、海参、海胆为舔食式的摄食方式，笼（箱）养殖须投喂饵料。适宜上述养殖对象的天然饵料主要为海藻类，如海带、紫菜、龙须菜等。上述饵料可投喂新鲜的，也可投喂干品。投喂方法是将饵料投放到笼（箱）内，少投饵勤投饵，防止饵料腐败。目前，鲍、海参、海胆的人工配合饲料正在研制中，一些产品已经在生产中进行试验。

六、稻田养鱼技术

1. 放养种类、规格和密度

（1）放养种类。适应稻田养殖的种类很多，包括罗非鱼、鲇、胡子鲇、黄颡鱼、鲫、鲴和鲤、草鱼、河蟹和罗氏沼虾等。一些名优种类在稻田中养殖，取得了良好的经济效益。

（2）放养规格。稻田既可以用来培育鱼苗、鱼种，也可用来养殖商品鱼。商品鱼养殖主要是一些小型鱼类，如罗非鱼、鲫和黄颡鱼等。

（3）放养密度。培育鲤、草鱼夏花，每公顷放养鱼苗40万～50万尾，可产出夏花约30万尾。培育鱼种，每公顷放养3cm左右的夏花15万～20万尾，可产出50g/尾左右的鱼种600～800kg。养殖黄颡鱼，可放养15～20g鱼种3 000尾/hm²左右，可产商品鱼40～60kg；或放养50g左右的鲫（或罗非鱼）鱼种1 000尾/hm²左右，可产商品鱼50kg。

2. 养殖管理 稻田放养鱼种后，除了正常的投喂、施肥、注水、排水和巡视外，稻田养鱼应处理好以下几个关系：

（1）稻田浅灌、烤田与养鱼的关系。水稻插秧成活后，有一段时间要浅灌，目的是使水稻的根系发育，迅速返青，一般需要10d左右。在水稻分蘖时，一般要烤田，就是把水全部排出，让阳光充分照射，有利于水稻的分蘖，一般需要10d左右。因此，开挖鱼沟和鱼窝是必要的，排水时，鱼类到鱼沟和鱼窝中栖息。另外，也可把养殖鱼类暂时搬家，或尽量缩短浅灌和烤田的时间。

（2）施肥与养鱼的关系。合理施肥对养鱼没有坏处，但过量施肥可使养殖鱼类中毒。养鱼稻田尽可能施足底肥（以有机肥为主），少施化肥。

（3）施农药与养鱼的关系。这个关系最难处理有水稻的主要病害有稻瘟病、纹枯病、白叶枯病、细菌性条斑病。一般来说，养鱼稻田与不养鱼稻田相比，水稻的病害较少，但不等于没有。水稻的病害要以防为主。具体的方法是：药物浸种，作物轮作，人工捕杀等。如果非施农药不可，要注意农药的种类和安全浓度，尽可能使用高效、低毒、低残留、广谱性的农药。稻田养鱼禁止使用的农药有稻丰散、呋喃丹、五氯酚钠、毒杀酚和波尔多液。另外，喷洒农药时，尽可能减少农药落入水中（在水稻叶脉上喷洒）。可采用深水或排水时喷洒药物。

七、浅海底播增养殖技术

1. 底播增养殖海区的选择 海区底质状况对增养殖效果影响很大，应根据贝类和棘皮动物的生活方式，选择适宜的底播增养殖海区。

（1）扇贝底播海区的选择。

①底质：根据对扇贝的自然分布调查资料表明，具有少量石砾和中、细沙的软质海底的生物量最大，软泥底质最低。所以，

扇贝底播海区应选择底质为中、细沙为主的海区。

②水深和风浪：从扇贝生活水域深度和海底受海浪波及两方面考虑，底播海区水深应在 15～40m 之间。海水过浅，海底受风浪波及大，底质结构易发生变化，易造成扇贝苗的损伤、堆积，甚至被海浪卷至上岸。

③水温和水质：虾夷扇贝适宜水温变化 0～23℃，最适生长 10～20℃；栉孔扇贝 0～35℃，最适生长 20～25℃；海湾扇贝 0～31℃，最适生长为 8～28℃。适宜海水盐度在 20～40。要求底播海域无生活和工业污染，无淡水径流。

④生物状况：适宜扇贝底播海域浮游生物、附生藻类等饵料生物丰富，无大型藻类和敌害生物，如海带、海星和红螺等。而布氏蚶、偏顶蛤等的出现，可以作为底播适宜海域的生物指标。

（2）海参、海胆、鲍底播海区的选择。

①刺参生活在 5～30m 深的浅海海域，多栖息于波流静稳、无淡水径流、海底海藻繁茂岩礁底和大叶藻丛生的沙质海底。它的摄食方式主要靠其触手不断扫、耙硅藻、原生动物、细菌和有机碎屑等。刺参生存海水水温 0～30℃，适宜生长水温为 13～25℃。

②马粪海胆分布从潮间带到水深 20m 区域，光棘球海胆（又称大连紫海胆）分布范围从潮间带到深达 60m 区域。它们多栖息于沙砾、卵石地带和海藻繁茂的岩礁间，常隐伏在石下或石缝间。海胆在幼小阶段摄食附生的硅藻、石灰藻和岩屑等，壳径 8～10mm，就能吞食大型褐藻类、红藻类、绿藻类、虾海藻和大叶藻等。

③皱纹盘鲍的生活海域较浅，低潮时水深 2～10m，多栖息于水质清晰、盐度高且稳定、潮流畅通、海藻繁茂的岩礁海底。壳长 0.5cm 的小鲍，能舔食附着硅藻、细菌和有机碎屑等，也能摄食幼嫩的海藻叶片；壳长 2cm 以上，主要摄食大型藻类，如海带、裙带菜等。

养殖池饲养刺参，在放养前应投放石块、瓦片和木桩等附着物，为刺参提供栖息、摄食的空间和场所。

（3）埋栖型贝类底播海区的选择。埋栖型养殖贝类主要有缢蛏、栉江珧、泥蚶、毛蚶、魁蚶、菲律宾蛤仔和文蛤等。它们栖息在潮间带的软泥沙中，对盐度、温度和水质的环境适应能力强，以浮游生物、细菌和有机碎屑为食。

2. 增养殖海区的清理和建设 选择适宜海区后，要对敌害生物进行有效的清理和对增殖种类的栖息环境进行适当地建设。底播贝类的敌害主要有海星、长蛸（章鱼）、海蟹和海鳗等，应适当进行诱捕。若鲍、海参、海胆等底播海域缺乏岩礁，可适当投放人工鱼礁，如石块、混凝土鱼礁或废旧车、船、轮胎等；如果饵料缺乏，可移植海藻，建立海底牧场。

3. 底播增养殖技术要点

（1）底播苗种规格和密度。底播苗种规格大，抵御恶劣环境和避敌能力强，成活率高，但育苗周期长成本高。浅海底播的适宜规格和密度为：虾夷扇贝苗种 3cm 左右，$4\sim5$ 个/m^2；刺参幼参 $2\sim3$cm，$2\sim3$ 个/m^2；皱纹盘鲍 $2\sim2.5$cm，$2\sim3$ 个/m^2。

（2）底播时间。根据底播对象特点，在其最适水温、饵料丰富、生长最快、敌害威胁小的季节投放。虾夷扇贝在水温 10℃左右的秋季；鲍在水温 $12\sim23$℃的 $5\sim7$ 月或 $10\sim11$ 月；刺参在水温 $15\sim20$℃的夏、秋季。

（3）底播方法。底播苗种体质健康、无病无伤，是保证底播成活率的关键。育苗和运输杜绝野蛮操作，以防止受伤或出现疾病。选择风浪、海流小的时间投放苗种，投放密度要均匀。附着生活的底播对象，可采用先附着后播放的方法，以提高底播的成活率。

（4）严格管理。除诱捕敌害生物外，严禁在底播区进行捕捞作业，以防止破坏底质结构或损伤幼苗。禁止在底播区倾倒垃圾或死亡的贝类、藻类等，以防招致海星等敌害的聚集和危害。及时准确地掌握底播对象的成活、密度、生长和活动范围等情况，适时清除海底污物、生物尸体，适时采捕，以降低增养殖区负载量。

八、贝类育珠技术

1. 育珠贝类 能够产生珍珠的贝类很多，但能产高质量珍珠的贝类，主要有淡水中的三角帆蚌、褶文冠蚌和海水中的马氏珠母贝、大珠母贝、珠母贝和企鹅珍珠贝等。下面以三角帆蚌为例，介绍河蚌育珠技术。

2. 育珠原理 河蚌外套膜的外表皮，具有分泌珍珠质的机能。河蚌内偶然侵入了沙粒、虫卵等异物，异物和部分外套膜外表皮细胞陷入结缔组织中，表皮细胞增殖形成珍珠囊包围异物，分泌珍珠质而形成天然有核珍珠。外套膜表皮组织因病理变化或受伤，一部分离开了原来的部位，陷入结缔组织中形成珍珠囊，珍珠囊细胞不断分泌珍珠质，而形成天然无核珍珠。

人工培育珍珠是根据天然珍珠形成的原理，采用手术方法形成珍珠囊而育成珍珠的过程。将外套膜外表皮制成的细胞小片和特制的核一道插入河蚌的结缔组织中，可育成有核珍珠，无核珍珠形成过程与其相似。

3. 珍珠的接种

（1）育珠蚌的选择、运输和暂养。珍珠接种的适宜季节是4～6月或9月，适宜水温15～20℃。

①育珠蚌选择：制片蚌2～3龄，壳长7cm以上；插片蚌3～5龄，壳长10cm以上。选择无病无伤，壳面有光泽，年轮清晰，体质健壮的河蚌作为育珠蚌。育珠蚌可以到天然水域选择，也可人工培育，以人工培育的河蚌为优。

②河蚌的运输：运输前用清水浸泡数分钟，使河蚌吸足水分；用湿麻袋或草袋包装（切勿挤压），装车后用帆布盖好，以防止风吹和日晒。运输时间以10h内到达目的地为好，途中经常

洒水保持湿润。

③暂养：暂养水体以面积较大、水较深的肥水池塘为好，暂养方式可用网袋或网箱吊养，暂养密度不宜超过 10 尾/m²。暂养期间可适当施肥、注水，培养饵料食物，保持水质清新，以保证育珠蚌肥满和体质健壮。

（2）细胞小片的制备。细胞小片的制备程序为：剖蚌→去污→分膜→取小片条→修边切片→滴加保养液。使用工具有开壳器、解剖刀、平头镊子、解剖剪、小片板（深色）、划膜刀、解剖盘、PVP 保养液、滴管、盆和脱脂棉等。PVP 保养液配方为：500mL 生理盐水中，加入聚乙烯吡咯烷酮 15g 和四环素 40 万～60 万单位，混合后振荡均匀，现配现用。

①开壳和去污：用开壳器将蚌壳打开，用刀把蚌壳背缘的切带切断，分成两半；用棉球蘸清水或消毒水洗净外套膜后，立即放置于手术台上进行分膜。

②分膜：用剪刀在边缘膜的前后各剪一小口，一手用镊子夹住内表皮，另一只手用镊子从开口处插入，并偏向外表皮一侧，左右摇动，分离前进，使内、外去皮自前闭壳肌到后闭壳肌完全分开。

③取小片条：将已分离的外表皮沿外套膜剪下，用镊子夹起，外表皮朝上放到小片板上。小片条宽度 3～4mm，厚度 0.4～0.6mm 为宜。

④修边切片：用解剖刀将小片条的色线部分全部切除，修齐后再切成 3～4mm 见方的细胞小片。整个操作不可让油污、汗污、手污粘在小片或小片板上。一个蚌的小片制作应在 2min 内完成。

⑤滴加保养液：小片切好后，马上滴加 0.1% 的保养液，或用滴管吸取手术蚌流出的组织液，滴在各小片上，保持小片湿润；延长小片寿命，最好是随制随用，小片放置时间不宜超过 0.5h。

（3）接种（插片）。制成后的细胞小片要立即插送到育珠蚌的外套膜中去，其程序是：开口→固口→荡洗→创口→插片→整圆→拔塞→浸水。

①开壳、固口和荡洗：用开壳器轻轻地从蚌的腹缘斧足出入处小心轻缓开壳，开壳间隙在 1cm 左右，然后用木塞固口。开壳后，将河蚌在清水中荡洗，清除鳃和壳内污物。

②创口、插片和整圆：将河蚌腹缘朝上置于手术台上，将斧足拨开到暂不送片的一侧，用海绵蘸水洗净整个外套膜的内表皮。一手拿送片针将小片对折挑起，另一手拿创口针在中央膜的内表皮上开口，迅速将小片插进中央膜的内、外表皮之间。然后抽出创口针，用送片针圆头在外套膜的伤口处整理小片，将小片整理成鼓状突起，再轻轻压住伤口。

挑片、创口、插片、整圆应一次成功，达到横插、竖钩、纵包、同位一致。在内表皮开口要小，注意不能刺穿外表皮，以免长出附壳珠。河蚌的每侧可插 3 排小片，每排小片间隔呈品字形排列。一排插 30～40 个小片，手术时间不宜超过 10min。

③拔塞和浸水：手术完毕后立即拔塞，将育珠蚌暂放到清水中，并于当天放入池塘养殖。

4. 育珠蚌的养殖和管理

（1）育珠蚌养殖水域。养殖河蚌的水域要求水面宽阔，溶氧充足，微流水或静水。水深在 1.5～2.5m，无污染，pH 7～8。养蚌前，每公顷用 800～1 000kg 生石灰彻底清塘。

（2）养殖方式。主要有吊养、箱（袋）养和鱼、蚌混养三种养殖方式。

①吊养法：在蚌的翼部钻一小孔，串以塑料胶丝绳，吊于浮竹架或延绳上。每 2 只 1 串，每排间距为 1m 以上，每串间距 0.5m 以上，每公顷放养量 1.2 万～1.5 万只。

②箱（袋）养法：在湖泊、水库比较大的水域采用此法，选择流速不大、不影响交通、天然饵料丰富的库湾湖汊；用毛竹、

木条或水泥柱打桩，井架设横栏，然后将育珠蚌放在胶丝网笼内悬吊养殖，排间距 1m 以上，笼距 0.5m 左右，每个网笼装 5～6 只育珠蚌。

③鱼、蚌混养：吊养和笼养都可实行鱼、蚌混养，充分发挥水体生产潜力。以育珠蚌为主的池塘，可放养草鱼、鲤、鲫等，一般不放养鲢、鳙，但蚌的密度应适当降低。

（3）养殖管理。育珠蚌下池初期，每天要进行抽样检查，看是否有吐片、死蚌和病害情况，及时补片和捞出死蚌。定期清洗网笼和珠蚌上的附着物，清除池中污物杂草。适时调节育珠蚌的吊养深度。春、秋两季离水面 15～20cm，夏季离水面 30～40cm，冬季沉入 1m 以下，但不能接触塘泥。

育蚌池还要做到合理施肥，培肥水质。春、秋两季以施发酵后的有机肥为主，每月 1 次，每公顷 1 500～2 000kg。夏季每月施化肥 1 次，每次每公顷施尿素 30～40kg，过磷酸钙 8～10kg。注意肥料应泼在排与排之间的水域中，不可直接泼在育珠蚌上。

（4）病害防治。它关系到珍珠生产的成败。育珍蚌的发病高峰多在 4～7 月，应特别注意检查和防治。

①形态检查：将育珠蚌提出水面，若出水孔不喷水，而从蚌体内往外滴水，腹缘发硬，双壳松弛，则说明发病。

②解剖检查：开壳后，见内脏团萎缩，外套膜消瘦，肠道中无食物，鳃呈铁锈色并附有污物，内脏团和外套膜肿胀，斧足有锈斑状的出血点或者红点，蚌体有寄生虫等，都要采取措施。

③常见蚌病的防治：a. 烂鳃烂足病，细菌性的就用 2%～4% 的食盐水浸洗 3～4min，寄生性的用 0.1% 的敌百虫溶液针筒喷体 3mL；b. 水膨胀病，用 0.1% 四环素或链霉素针筒喷体 3mL，结合每月 1 次 30mg/L 生石灰溶液遍洒；c. 肠胃炎，用 2%～4% 的食盐水浸洗 3～4min；d. 鳃瓣病，用 10～40mg/L 的高锰酸钾溶液浸洗 5min。

（5）珍珠的采收。

①育珠周期：一般三角帆蚌经过 3 夏 2 冬，褶纹冠蚌经过二夏一冬的养殖，珍珠便成熟，要及时采收，以免发生珍珠衰老丧失光泽或自行脱落现象。

②采收时间：以秋末、冬初水温降到 15℃ 以下时为最好，此时珍珠质量最佳。

③采收方法：取珠方法有两种，一种是剖蚌取珠；另一种为活体取珠。如果育珠蚌年轻，外套膜内珍珠粒大，形状好，可活体取珠；否则，剖蚌取珠。

④采收后的处理：把刚采取的珍珠先泡在食盐水中洗去污物和珠液，再用食盐以 2：1 的比例与珍珠混合并揉搓，去除珍珠表层尚未完全钝化的霰石结晶。然后分离出珍珠，用清水漂洗干净后浸入 0.16%～0.20% 的十二醇硫酸钠溶液中，搅拌使珠的表面与药液充分接触，静置一夜，第二天再搅拌 15min 后取出，用清水冲洗干净，用绒布吸干水，再用白绸散打光，分级待售。

第三节　捕捞技术

水产捕捞主要有刺网、拖网、围网和张网捕鱼技术。

1. 刺网捕鱼技术　海洋捕捞有流刺网、定置刺网、围刺网和拖刺网等。

（1）定置刺网。多半敷设在浅海水域，作业水深不超过 40m，渔船以 10t 以下的小墩船为主。借助锚碇、桩、杆、石块等固定网具，或依靠锚泊渔船系带网具。网列一般比流刺网短，敷设方向垂直于流向或与流向呈一定交角。作业水层以中、底层为主。根据网具结构、敷设方法和水域环境的不同，定置刺网又有船泊、打桩和锚碇定置刺网之分。

（2）围刺网。适用于鱼群较为密集，但底质多礁、水浅、水草丛生，其他渔具难以发挥作用的渔场。捕捞对象有鲻、鲷、斑鲦、鲈、马鲛和大黄鱼等。围刺网包围鱼群后，常施以敲击船板、打击水面等惊吓声响，迫使鱼惊逃而罹网。围刺网渔具通常采用单片刺网，但也有采用三重刺网的。围刺网作业方法繁多，有单船和多船围刺网作业。

（3）拖刺网　将刺网投至海中后进行拖曳，捕捞对象因刺缠面被捕获。主捕底层和近底层鱼类，捕捞对象有大黄鱼、方头、鲥、鲐、鲨和鳗等。

淡水捕捞刺网有定定置刺网和三层刺网。

如鲤刺网多在水库捕捞鲤、鲫等底层鱼类为主。在东北地区水库明水期作业较普遍，尤其在春汛鲤产卵季节产量较高。同时，可兼捕鲢、鳙等其他鱼类。鲤刺网网线采用锦纶胶丝，直径用 0.25～0.38mm 的细丝较多。网目尺寸与捕捞对象的体形和大小有关，水库中常用的有 150mm 和 160mm 两种规格。

放网：作业前先把网衣整理好。到达渔场一人划船一人放网。下网时，把系有浮标和沉石的绳与网端连接，将网头沉石和浮标相继抛入水中，然后顺序放网，最后将末端网头沉石和浮标顺序投出。放网完毕。

起网：通常在第二天早晨起网，鱼情好时则无须隔日起网。从网的一端开始，先将浮标和沉石收起，解开同网的连接。起网者沿网的浮子纲收起（或套入竹竿），起网过程中同时摘鱼，直至网具全部起完为止。在鱼类产卵季节，鱼群集中在浅水草丛处，放网后，立即用棍棒敲击船舷（或船甲板），威吓鱼类，使鱼类在惊慌中误入网上，称为快网作业。

起、放网的注意事项：注意风向，在船侧放网时，船应位于下风，以免船因风压而把网压入船底，通常采用顺风放网，顶风起网；发现网衣上、下纲有缠结现象，应及时排除；不要把网衣拉得过紧，网松弛可以提高网具的刺缠效果，有时把网具放成 S 形；有时鱼刚刺入网目中正巧起网，鱼刺挂不牢容易逃脱，此时应轻拉网衣，待鱼尚未露出水面立即用抄网捞取渔获物。

三层刺网作业时，由渔船和水张牵带网列两端，顺流而下，拦截溯流而上的鱼类，使鱼刺入网目而捕获之。

外网衣用280D/9×3乙纶线编结，目大6.5cm，宽7目，长50目，横目使用，每片网由两块外网衣组成；内网衣用210D/5×3锦纶线编结，目大11cm，宽42目，长440目，横目使用。

水张用薄竹篾编制，长1.9m，高1.15m，四周缚有直径9.5cm的竹竿，其中，一侧竹竿上端延长80cm作挂小旗用。水张上边竹竿中央缚一浮筒，下边竹竿中央缚一铁块（约重4kg）。

作业时先将三片网的上、下纲相互连接，并在两网片连接处用一纲绳贯穿，此绳的上下端分别与上、下纲结扎。两条上叉纲分别与上纲两端的眼环和带网纲、水张绳相连。在网的两端和网片连接处的上纲部分，各系一个浮筒。在两相邻网片的下纲处，各系一小沉石。链条和大沉石分别系于水张绳和带网纲与叉纲的连接处。最后，将水张绳和带网纲与支绳眼环连接，网具依次叠于船头。

放网时，两人划桨，使船顶流，两人在船头操作。在流向稳定、水流较急的地方放出水张，并依次放出水张绳、链条、水张端叉纲以及网衣等。船应逐渐转向横流，继为顺流，并放出船端叉纲、大沉石和带网纲。最后，将带网纲末端系于绞车上。此时，网呈弧形顺水漂流。漂流过程中，应注意使网列始终保持成弧形，并保持水张在前，渔船在后，水张与船间距在150m左右，漂流速度约3.5km/h。由于渔船比水张受力面积大，为了不使其速度过快漂至水张前方而失去对网列的控制能力，应该不断调整带网纲长度，改变沉石与水底接触情况，并用升降篷帆，增减划桨次数等方法，使船尽量靠岸在缓流中漂行，而网列处在深水区域拦鱼。若岸边水流速过快时，可在船头加一个小水张辅助作业。漂流约1h即可起网。

起网时，先绞收带网纲，提上大沉石，两人分别拔起上、下纲和网衣，并将拔起的下纲置于前部，上纲置于后部。此时船首对流，起网舷偏上风，否则船首需挂一小水张，以防网被压入船下。最后收回链条、水张绳和水张，摘取渔获物，清除网上杂草，将网片整理好后，挂于竹竿上晾于，以便继续作业。

2. 围网捕鱼技术

（1）机轮围网。淡水机轮围网主要在大型水库中应用，以鲢、鳙等中、上层鱼类为主要捕捞对象。

①渔具、渔船、渔期和渔场：围网作业的机轮，一般为44.742kW（60马力），自由航速17.5km/h以上，后甲板上要设置网台，网台前备有1.5～2t绞拉力的卧式绞机1台。除机动作业船外，还有1.5t左右的小船4～5艘配合作业。小船中较大的一艘用以带网、起网、整理网衣和捞取渔获物，其余各小船作理网和赶鱼等工作。

机轮围网全年生产，旺季为第一和第四季度。渔场水深20m左右，库底较平坦，基本没有障碍物。鱼类觅食和徊游的地方，一般多在水库中、下游河流交汇处的广阔水面。

②捕鱼技术：作业前的准备工作首先要清理作业网台，检查网具。网具要依放网顺序叠置，先放出部分在上，后放出的在下，浮子纲置于船的右舷，沉子纲和底环在左舷，网衣在当中，底环要依次叠好，括纲穿过底环。

放网：机轮拖带小船，开赴渔场，在发现鱼群或到达预定渔场后，由捕鱼队长在船艏指挥下网。下网开始时，带网小船带网头下水，机轮全速迅速回转包圈鱼群。当网放出时，在网外围小船均匀分布进行理网及威吓鱼群。在机轮回转一周与带网船会合后，机轮停驶，带网船迅速将网头绳交给机轮，开始起网工作。放网共需时间3～4min。

起网：机轮解下两端网头的括纲，在绞机上收绞，逐渐缩小包围圈，机轮及带网船徐徐收进部分网衣，至括纲收绞完毕，起上全部底环。然后，在带网船上收网。收网时，机轮上渔工将括纲从绞机上拉出盘好，将底环依次传至带网船。在收网过程中，可以将部分渔获捞到小船上。这样全部网衣由带网船收好，最后将括纲反转，放到带网船的船艄，再将网具在带网船上顺次叠置到机轮网台上，起上全部渔获，作业完毕。绞收括纲约 7min，每网作业时间一般 45min 左右，正常作业每天投放 6 网。

（2）群众围网。分布在我国河流和湖泊中，主要是无囊围网，具有代表性的有绞网、背网和转网等多种。下面介绍成本低，产量高的绞网。

绞网是三船作业的无囊围网，每船装有绞车，用绞车起网，故名绞网。作业时，三船各自同时放网，联合成一大包围圈，然后三船分别收取跑纲至中心起网。这种作业包围圈大，机动灵活，并备有简单实用的绞车，劳动强度轻，成本低，操作简单，产量高。分布在安徽、江苏、湖北等省湖区。捕捞对象主要是青鱼、草鱼、鲢、鳙、鲤、鳊等大型鱼类。

绞网是由多段长条形网片连接而成的长带形网具，每船一盘。每盘网上纲较长，装有浮子；下纲较短，没有沉子。

①渔期和渔场：绞网每年作业 9 个月。8 月开始生产，直到翌年 4 月结束，12 月至翌年 2 月为旺季。渔场要求为水深 2.5～3.5m，湖底为平坦细沙硬泥，无流。风力在 5 级以上时，在下风湖口生产，风小浪静在湖心生产。

②捕鱼技术：三艘作业船，每船配作业人员约 5 人。

放网：到达渔场后，三船分别位于等边三角形顶点的位置，各船相距约 300m，然后，三船同时以顺时针方向按圆弧形航迹进行放网。放网时三人划船，一人放上纲，一人放下纲。从右舷先放出浮筒，再放出网衣和跑纲，直到前船浮筒的位置，将浮筒捞起，并挂缚于船舷，然后绞收跑纲，使相邻两盘网靠拢，并将前船浮筒绳与本船小头叉纲连接，三盘网便形成一个大圆形包围圈。三条船边放跑纲边向中心靠拢，在抵中心相遇后，两船以铁钩挂住另一船的铁环，开始绞收跑纲，并交送邻船的浮筒绳，解开钩环的连接，各自起网。

起网：在船右舷起网，先将小头叉纲收起，一人掌船保持航向，两人收下纲，一人收上纲，一人理网和取鱼。在起网时要迅速，减少鱼类逃逸。每网次作业时间约 1h。

3. 拖网捕鱼技术 通常包括下列操作过程：渔场选择、放网、拖曳网具、排网（包括取鱼）、起网和取渔获物等，最后整理好网具，准备继续放网作业。

现以太湖银鱼网（风帆船作业）和水库底拖网（机轮作业）为例，把它们的捕鱼技术简述如下：

（1）拖网。拖网属有翼双囊拖网。作业时，两艘同吨位渔船（风帆船或机动船）拖带两顶单翼单囊组成的裤形网具，迫使网口所达范围内的银鱼等进入囊网而达到渔获的目的。作业时，两艘渔船分主船和副船。

放网前的准备：离开渔港驶向计划渔场，整理网具和检查网具各部分的连接情况。首先将曳纲端眼环与义纲眼环闭眼环销连接，另一端绕过主桅的根部系缚于船部左、右舷的驶风梁上，并用木棒插入固定。在艉的渔工将绷纲的一端缚于近船的曳纲上总长度的 2/3 处。各种纲索连接后，将网具依序堆置在放网舷侧的甲板上，同时连接好浮筒、浮标竹筒，最后将中央撑杆纵向堆置在网具的最上面。至此，准备工作结束，准备放网。

放网：渔船驶抵渔场，根据风向情况，确定放网地点，主船发出信号，两船靠拢，副船将中央撑杆传递给主船后，即放出网衣向下风驶离主船。与此同时，主船速将两根中央撑杆合，并套好上、下邦纲的眼环，根据作业水深情况，调整上邦纲在撑杆上的结缚高度后投入水中，并随之放出网衣。主船向右转舵，使渔船右舷受风而驶离。网具放完后，两船继续放出曳纲和绷纲，当曳纲的长度放到 33m 时，即放出绷纲 22m，而后固定缚于艉带缆桩上。直到放完曳纲，两船呈拼八字形拖网，两船保持间距 50m 左右。

拖曳和取鱼：拖曳网具时，两船保持一定的船距，顺风横行拖网。拖曳网具时需注意：拖速宜保持在 2.5km/h 左右为宜。拖速过快时网具易上浮，拖速过慢时网具又易吃泥。拖曳时两船应保持同速前进，并随时观察两船间距，保持合适的网口水平间距。当渔场水深发生变化时，要及时调整网具的高度。网具在水中拖曳每隔 2～3h，可出袋（即取鱼）1 次。取鱼时，两船轮流放下 1 只小舢板，配备作业工人 2 人，摇橹到囊网的上方浮于水面的浮标竹筒处，捞起竹筒拉上囊网，解开袋底绳倒出鱼、虾等渔获物和其他杂物，再将袋底扎紧放入水中继续拖曳作业。

起网：由主船发出信号，两船缓速，各放下 1 只小舢板摇橹到网列的中央撑杆处先取渔获物，然后，到网列中央解开中央撑杆的连接绳，拔出套在中央一排杆上的邦纲眼环，分成两个半顶网具，由两小舢板分别起网。小舢板上的渔工先拉上中央撑杆，继把半顶网具按序收上放在舢板甲板内。与此同时，两艘大船都抛锚稳定船位，全部拉上曳纲和绷纲等纲索，待小舢板回到大船舷侧时，先把网具的叉纲端递给大船上系住，小舢板边清洗网衣，大船上渔工边收上网衣按序放置于舷内甲板上，直到中央撑杆收上为止。

（2）水库机轮底拖网。水库底拖网是双船作业，网具属有翼单囊拖网。作业时，用两艘马力相同的机轮拖带一顶拖网，依靠网具的两翼兜住各种鱼类。这种拖网多分布于大、中型水库捕捉鲫、鲤等底层鱼类。此外，还有捕捉中上层鱼类的水库中层拖网和水库浮拖网，其网具结构和捕鱼技术基本上相似。

放网前的准备：放网前将网具整理好，按序将拖网由上而下依翼网、身网、囊网的次序叠放在主船的艉甲板上，网具的沉子纲和浮子纲分别堆置于艉甲板的两侧。

放网：选定渔场后，主船和副船靠拢，连接好副船曳纲端的网具叉纲。船到渔场放网地点，渔捞长下令放网，渔船慢速前进，将网具的囊网、身网、翼网按序投入水中后，两船同速前进并同时放出曳纲，直到曳纲放达 10m 左右，暂停放曳纲，中速带网前进，检查水中的推网网形是否正常伸展开来。检查毕两船全速前进，继续放出全部曳纲，逐步扩大两船间水平距离，开始曳网。

曳网：曳网时两船的水平间距宜保持在 100～250m 范围内。曳纲放出的长度为水深的 15～20 倍左右。曳网速度一般保持在 5～8km/h，视捕捞对象而定。曳网时间约 1～2h，可根据水库作业渔场水面的大小、作业水深的深浅和渔获量多少而增减时间。当网次的渔获量多，为防止网具破裂，应减低拖曳速度，相应缩小两船的水平间距。必要时，可以提前起网。

起网：两船拖曳具已到规定时间即准备起网。起网时，主船通知副船靠拢，两船停车各自收绞曳纲到网具叉纲露出水面引上甲板。副船解开曳纲和叉纲连接的装置后，由主船单独起上网具。用吊杆逐段吊上翼网，待沉子纲全部起上甲板后，由渔工拉起网具的身网和囊网，最后用吊杆把囊袋末端的渔获物移到前甲板上，解开囊网的囊底束纲，倒出全部渔获物，随后把囊袋末端送回舷甲板上整理网具，按序堆放，准备转移渔场后继续放网。

水库浮拖网和中层拖网，可以不停船捞取渔获物。取渔时，用小舢板划到囊网的上方，将囊网提起，解开囊底束纲倒出全部渔获物后，两船继续前进拖曳网具捕鱼。

4. 张网捕鱼技术 张网渔具的作业方式，随着渔场环境条件和捕捞对象不同而有所差异。

（1）樯张网。以洞庭湖的档网为例，档网是带有数千个小囊网结构的长带形网具，用插竹插设在有水流的湖、河口，鱼类被水流冲入网内而达到捕捞的目的。一顶档网是由 100 个囊袋连成一体，上、下编结背、腹网各 1 片，结附纲索和属具等组成单位网具。作业时由数十个单位网具联合一起进行生产，以底层鱼为主要捕捞对象。

①渔期、渔场：因地形和气候的不同，各地区的渔期略有差

异。如洞庭湖自 11 月至翌年 1 月,洪湖自每年 3～6 月。渔场一般应选择底质平坦、无杂草、软泥、有流水、水色混浊、水深在 0.35m 以下的浅水区较为适宜。有急流处更好,一般在湖边、湖湾、湖口和沟道等水域内生产。

②渔法:档网生产用 1 吨渔船 1 艘,4 人配备 20 顶网具为一生产单位。一般在傍晚放网,次晨起网。

放网:作业前把 20 顶网具连接好,将插竹插入叉纲环眼内,依次堆置于船上。傍晚,船到渔场,1 人划船前进,1 人放网。依次切水流,将网放入水中,把插竹插入湖底,网口顶流张设以张捕鱼类。

起网:起网时,依次将插竹拔起,收拉网具,倒取渔获物,并冲洗和整理网具,准备下次放网。如渔获获较多,则可增加取鱼次数,以防止囊网装鱼过多,被水冲走。

(2)船张网。以长江口挑网为例,挑网网具是使用大小网各 2 顶,在渔船左右两侧配合生产。大、小网的形状相同,规格差别很大,网呈锥体形。生产时,船头顶流抛锚,将固定在网架上的网具架设在渔船左右两侧,网口顶流,鱼虾随水流入网内达到捕捞的目的,是捕捞银鱼、白虾、籽鲚和鳗鲡等鱼虾的有效工具之一。

①渔期、渔场:长江生产有两个主要渔汛。一个是 3 月初至 5 月初的银鱼和凤鲚鱼汛;另一个是 7 月下旬至 11 月初以白虾为主的渔汛。本渔具主要渔场在长江口一带,底质以泥沙底较好,水深需在 3m 以上。一般在大潮汛的始末和小潮汛期,风力 3～4 级时生产较为适宜。但必须选择有流水、水草少和来往船只较少的水面。

②渔法:挑网生产需配 10～15t 渔船 1 艘,作业人员 5 人。其中,负责掌舵和指挥起、放网 1 人,起、放网和网具整理 2 人,抛锚起锚和拉梢力绳等工作 2 人。

准备工作:船抵渔场,根据渔场渔船多少,选择洪漕中间

（俗称正洪）或在先到船两侧偏后方处下锚。下锚后，先将梢力绳4条通过桅顶端的4个滑车，分别与三脚架顶端绳环和挑竹外端连接，升起桅顶端，吊起戗杆和外网杆，置于两舷侧，以有锯齿端的网撑杆，套上绳环和外网杆连接，再将网口四角的绳环分别和戗杆、外网杆连接，而后将戗杆嵌入网撑杆的叉端，用木槌向三脚架顶敲击，使网口纲在三脚架上绷紧为止。此后，以里小缆和外网撑杆下端连接，外小缆和挑竹外端连接。同时，将小网网口左右叉纲和左右挑竹结缚。

放网：当涨水有流时，即行放网，先拉起梢力绳，使大网网架离甲板，戗杆在内，外网杆在外，舷边的铁链通过网撑杆下方的戗杆，用人力将戗杆推出舷外约一半左右，松放梢力绳，使三脚架和网口横向下水，网撑杆半露水面，其时收紧里小缆和拉梢绳，放出网身、囊网和起鱼绳。最后，收紧外小缆和拉梢绳，提高挑竹和小网，用人力自舷边送出，挑竹内端搁于船侧，使挑竹横卧于水面上方，小网即入水张开。同时，收紧外小缆和拉梢绳，至此全部放网工作完成。

取鱼：一般在平流时取鱼，渔获物多时，每隔2~3h取1次。取鱼时，先收小两梢力绳，松开外小缆，提高挑竹，再收紧于网上的取鱼绳，使网接近船舷，提囊网到船上，解开囊底绳，倒出渔获物，重新结缚入水，松出梢力绳，恢复原状捕鱼。此后，拔起大网的取鱼绳，拉起囊网，解开缚绳倒出渔获物，重新结缚后，将囊网投入水中继续捕鱼。

起网：平潮时起网，先收小网梢力绳，一面收进挑竹和小网，将挑竹搁于船侧，解下小网，悬空晾干。小网收毕，再收拔大网梢力绳，解去铁链，用人力拔戗杆，将上半网架搁于甲板上，同时起收大网。如继续作业时，网架和网衣不必解开，仅以绳缚住囊底，悬空晾干即可。如停止作业，须将网架的网撑杆卸下，解开两口纲四角的绳环，戗杆、外网杆和网撑开平行搁置于舷侧，大、小网冲洗干净后晒干、收藏，同时收进所有里、内小纽和拉梢绳。至此起网工作完成。

（3）笼式张网。以单口型笼式张网为例，由于笼式张网有单口型、双口型和一翼两身型三种，因而其布设方法就有所不同。

①渔场：如单口型笼式张网与"拦赶朝张"联合渔法配合作业时，网具应布设在集鱼区内。如网具用于防逃或单独生产时，应选择水底平坦，无树木、房基、深沟，无流或缓流，鱼类聚集或洄游的通道上。

②操作方法：采用一条船，由 3～4 人操作。放网时，把身网和大笼口缝在翼网（或栏网）浮子纲上。在笼口的两下角系上 2～3kg 重的石头，把它压入水里，再把身网放入水中，抛一个尾锚。在大笼口、漏斗网和后辐的上缘纲处，用竹竿把上盖网撑开，收紧尾锚，使身网拉紧、拉直，最后调节竹圈位置，即安装完毕。起网抄鱼可由 1～2 只船操作。若用一只船起鱼时，把船横跨在身网上；如用两只船起鱼，则把船靠在身网两侧。起网取鱼每天或隔天 1 次，从漏斗网处开始，边捞网衣边拉船前进，把鱼群集中后即可抄鱼上船。

（4）套张网。

①套张网的套挂装置：套张网的套挂装里常见的有两种方式。一种是在闸孔的两壁上做成若干 U 形钢筋埋环，作业时，用小铁钩将张网套挂在 U 形钢筋埋环中；另一种是特制专门用孔中的挂网框架来套挂的。这种专门闸孔，就是在普通闸孔的两壁各挖一条宽、深均为 25cm 左右的矩形纵向槽。挂网框架系由左右门桩和上下横梁构成。门桩和横梁均系直径为 20cm 左右的杉木或杂木制成。

某些大型闸孔在不影响安全的情况下，也可开设上述挂网凹槽，并制造便于装拆的钢铁框架。放网前，将框架装置好，将张网口缠扎在框架上，然后通过起重等机械，将框架插入抽槽中，便可开闸捕鱼。

②捕鱼技术：

放网：开闸捕鱼前，先将张网网口两根侧纲用绳索分别均匀缠扎在左右门桩上，然后将门桩嵌入闸孔两壁槽内，再将上下横梁水平撑入左右口桩之间，务使下横梁略高出闸内水面。网口挂设完成后，即将身网和囊网拉直，并将囊网尾部箱口两边固定在两条船的船帮上，或扎在预先埋设的4根木桩上，使箱口张开，呈矩形状取鱼口。

开闸捕鱼：放网及其他准备工作完成后，即可开闸取鱼。取鱼人员在船上用抄网捞取集中在囊网箱口下的渔获物，并视渔获物多少连续或定时捞取。在开闸捕鱼时，应随时注意网形是否正常，网的各部分有否破损，尤其要随时排除树枝、杂草等污物。如漂浮物过多，则应在张网上游近100m处，设置一道高50～100cm的拦污网，拦阻污物，以免随流而下的污物冲积在网内，导致张网冲毁。

起网：捕捞季节结束即可起网。起网时，首先将囊网从船帮或木桩上解下，然后取出上横梁，挂网框架随之松脱，便可收起左右门桩和下横梁，同时，松开网口与这些木桩的缠扎绳索。最后，清除网上污物和洗净网衣，晾干入库。

第四节　水产品保鲜加工技术

一、水产品保鲜

目前，低温保鲜大致有以下几种方式。但不管使用哪种方式，鱼体最好都要进行预处理，如去内脏、去鳃和去鳞等，去除对微生物生长有利的营养、水分丰富的不可食部分。存放时，尽量避免堆压散装或日晒雨淋。一般来说，低温保鲜只能短时间保持鱼体的新鲜度，不能长期贮藏，水产品低温保藏时间见表5-5。

表 5-5 水产品低温保藏时间

分 类	保藏温度（℃）	保藏时间（d）
冷却	2 以上	1～2
冰藏	1～-1	2～4
过冷却	-1～-3	5～7
微冻	-3～-5	7～15
冷藏	-5～-18	15～30
低温冷藏	-18 以下	30 以上

1. 冷空气保鲜法 这是最简单的一种低温保鲜法。即在冷却室内创造一定的条件，使鱼货的环境温度保持在 0～5℃。这种保鲜法适用陆上水产加工厂，在加工前利用冷风或冷却排管，使冷却室温度下降而达到短时间保鲜的目的。

2. 冰鲜法 海、陆产大批量渔货捕获后，由于捕获地条件简陋，最常见的是采用加冰方法来保持鱼体的鲜度。基本操作是按照层鱼层冰的方法，将鱼堆放在木桶或塑料箱（最好为保温塑料箱）里。冰块体积不能太大，通常使用碎冰或大冰屑，也有用冷冻厂生产的块冰、管冰、片冰和颗粒冰。堆好后在最上面铺上一层较厚的冰层，并盖好桶（箱）盖，迅速运至加工厂。

3. 微冻保鲜法 微冻保鲜是将水产品的温度降至略低于其细胞汁液的冻结点，并在该温度下进行保藏的一种保鲜方法。在低于冰点的-1～-3℃下，鱼体内的部分水分发生冻结，鱼体细胞组织的浓度增加，pH 下降，这些情况对有害微生物的生长很不利，有些不能适应的细菌开始死亡，而大部分嗜冷菌的活动受到抑制，几乎无法繁殖。因此，能使鱼体在较长时间内保持鲜度而不会腐败变质。微冻保鲜法在食品保存中广泛应用。微冻保鲜法有以下几种处理方法：

（1）冰盐混合。将盐掺在碎冰中。冰盐混合体下降温度的高低，是根据加盐量的不同而决定的。如盐量为冰的 29% 时，冰盐温度可达－29℃，但盐量太大会腌咸鱼体。经实验，当用盐量为冰的3％时，冰盐温度可达－2～－3℃，也正是微冻所需温度。冰盐混合法操作十分简单，适宜在任何场合下使用。

（2）低温盐水（海水）法。在海上作业时，可使用低温盐水（海水）法进行微冻保鲜，渔船上需配制微冻舱、保温舱和制冷系统设备。在微冻舱内预先配制好一定浓度的盐水（海水），并将此浓度的盐水（海水）冷却至－5℃左右，放入捕获后冲洗的海水鱼。当鱼体和冷却盐水温度重新达到－5℃时，再捞出转入－3℃的保温舱内保藏。这种方法温度控制较稳定，降温速度快，鱼体质量好，操作简单，生产成本低，缺点是会使鱼体含盐量增高。

（3）冻结器微冻法。将鱼货置于鼓风冻结器内，待温度下降到－3～－5℃时，再取出放到－3℃保温舱内储藏。这种方法能快速均匀地使鱼货稳定在微冻温度下，微冻效果好，但机器装置成本较高。

4. 气调低温保鲜法　当鱼体在同样低温条件下，如果周围气体不是空气而是某些惰性气体时，其保鲜效果会大大提高。这是由于在惰性气体（如二氧化碳、氮气等）中，水产品中的微生物繁殖受到了抑制，再配合以低温时，其腐败速率可大为降低。这种保鲜方法的优点是，鱼体在保持其原有的色泽、形态和质地方面，比其他低温保鲜法都好得多。此法在国外已得到推广，我国在水果、蔬菜、粮食和禽蛋等食品上应用较多。近年来，我国水产专家用不同比例的氮气或二氧化碳和空气混合，在2～5℃的温度下保藏淡水鱼，也取得了较好的效果。

二、水产品冷冻加工

1. 冷冻水产品的加工方法　冷冻水产品分两大类，一种是普通冷冻的水产品，另一种是经调理后再冻结的水产食品。虽然冷冻方法各不完全相同，但都有一些共同的基本方法。

普通水产冷冻品，是对原料进行形态处理的初加工方法（表5-6）。

表5-6 水产冷冻品原料形态处理的初加工方法

名 称	处 理 方 法
整体	不加处理；大型鱼去鳃
半处理	鱼去鳃及内脏、鳞等；虾去头
全处理	鱼去头、内脏及鳍、鳞；虾、贝类去头、壳、肠线等
纵切片（鱼片）	三片法（鱼体沿背纵向切出鱼肉，分上、中、下三片）除中骨两片净肉
横切片（鱼段）	刀与鱼的背脊成垂直切下，厚度约为1.5cm
大块肉	小型鱼、虾、贝肉集合成型，呈块状冻结

调理水产冷冻食品，是指水产品经初级加工后再加入配辅料、调味品。有的还要进行预制加工，如蒸煮、焙烤、面拖、油炸或配上一些蔬菜等烹调、调理后再冻结。以下介绍基本加工方法：

（1）原料前处理。各种水产原料的前处理不一样，但一般来说，水产品捕获后必须要宰杀，放血，去鳃（头）、鳞（或皮膜）、内脏，然后漂洗干净，沥水。有些海水鱼不需要剖腹去内脏、去鳞等处理，可免去这一工序。而淡水鱼类则必须经过前处理，特别是去内脏，因为淡水鱼胆极易破裂，会造成鱼体发绿、变苦的"印胆"现象。有些虾类不仅要去头，还要去除壳、尾等。有些贝类则需要去壳及内脏。淡水田螺等产品不仅要挑出螺头，还需加热处理等。

（2）清洗分级。根据鲜度质量和商品规格要求，进行挑选、分级等处理。一些调理冻结品在此工序前后还要进行配制、调理等加工工艺。某些半成品还要串上竹签，放入垫板等。

（3）称重、摆盘。称重时一般都要留出适当的让水量。一是由于沥水不可能沥尽，二是水产品在冷藏过程中会产生"干耗"

现象而失去部分水分。为保证产品解冻后水产品的净重量，让水量通常为水产品重的 2%～5%。称重后立即进入摆盘工序。所谓摆盘，即将水产品按要求整齐地摆放在冷冻盘中速冻。

（4）冻结。摆好盘的水产品应及时送至冷冻间，要求在最短的时间内一次冻结完成。冻结的速度和温度，是影响水产品质量的关键因素。采用快速冻结时间，能达到理想的冷冻效果。水产品的冻结温度越低，则鱼体内各种导致腐败变质的物理变化、组织形态变化及生化反应的速度越缓慢。

冻结的方法有很多种，目前，国内外常采用的方法有以下几种：

①盐水冻结法：分接触式和非接触式两种方法。接触式是将鱼浸入冷却盐水中，或将低温盐水向鱼体喷淋使其冻结的方法。使用的盐水是饱和氯化钠溶液，冻结完毕后立即用清水洗净盐分。非接触式同样采用低温盐水冷冻原理，但将鱼体放在器具中和盐水隔离开来，采用间接冷冻的方式。间接接触冷冻的冷却盐水，通过蒸发器变冷，并在盛鱼的器具（桶）外不断循环，使温度逐步降低。

②空气冻结法：利用空气作为冷却介质，这是目前最常用的一种冻结方法。这种方法操作方便、冷冻效果好，所以被广泛采用。空气冷冻法又分为管架式和隧道式冻结两种方法。

③接触式冻结法（平板冻结）：该法采用平板冻结机完成，有立式和卧式两种。

④单体冻结法：即单体冻结（1QF），又称流态化冻结。这种冻结法适用于形状较小的水产品，如虾类、贝类、小型的经济鱼类，其冻结产品具有冻结速度快、质量好、包装和食用方便等优点。所谓流态化，即食品小块（或片、颗粒状）受流体的作用，其运动也变成类似流体的状态，在传送带上时上时下做不规则地沸腾运动，并在运动中被快速地冻结。

（5）脱盘、镀冰衣。冻结后的冻品需从冷冻盘中脱出（单体冻结除外），称为脱盘。脱盘可用手工，也可用机械操作。脱盘后需要立即给冻品镀冰衣。镀冰衣就是在冻鱼块的表面包上一层薄冰壳，其目的是使鱼块和空气隔绝，防止气体的氧化干耗，减少鱼体的机械损伤。镀冰衣不仅可以对鱼品起保护作用，而且可以使冻鱼块外观更加平整光滑，光泽感强。镀冰衣一般是将0～4℃的洁净淡（海）水，通过喷淋或浸泡的方法，使冻鱼块外面包围水层。

（6）包装。包装材料采用清洁卫生、无毒无害的塑料薄膜或包装用纸，通常都用高压聚乙烯塑料袋（容器）或白蜡纸作为内包装材料，纸盒或纸箱为外包装。

需要指出的是，无论冷冻品还是冻结调理品，在从前处理到冻结的整个过程中，要求水产品始终保持在 10～15℃ 以下的低温环境中操作。

2. 水产品的冷藏

（1）冷藏目的。冻结好的产品需要立即在低温环境中冷藏保存。冷藏的目的是维持产品的冻结温度，并保持冰衣的稳定，尽可能在储存期内使产品温度和介质温度处于平衡状态，并抑制产品中的各种有害变化。

（2）冷藏方法。

①冷藏条件：我国目前水产冷藏库的温度一般要求为-18～-20℃，库内温度升降幅度在一昼夜不得超过 1℃，湿度维持在 96%～100%，货品尽量堆放整齐紧密，以减少空气流动。国外冷藏温度普遍达到-29～-30℃，甚至低到-45℃以下（如日本对易变色的金枪鱼冷藏）。我国鱼品一般在-18℃条件下，贮藏期限可达 6～10 个月。对一些多脂鱼类和色泽易变化的高档水产品，冷藏库温最好在-25℃以下。

②产品堆放：正确的方式应将产品堆放在格式垫板或垫木上，成紧密的垛状，垛离墙 25～30cm，中间留出过道，冷藏库中央的通道应有 1.2m 的宽度，以方便运货。未经包装的大块冷

冻产品，则应堆放在铺席的格状垫板上，每层鱼上面及周围都要盖上席子，并浇些 2～3℃的冷水，使席上结成薄冰壳。

（3）产品进出库。进库的产品中心温度应保持在 －15℃ 以下，如外地长途运输进入库的冻结品的中心温度已经升高，则需进行复冻，达到要求后方能进库。产品出库时冷气损失，库房温度会上升，但上升温度不应超过 4℃。

3. 几种冷冻水产品的加工工艺

（1）整条鱼的冷冻加工。如冻带鱼、冻黄鱼、冻鲳鱼：原料→挑选→冲洗→理鱼→称量、装盘→速冻→脱盘→包冰衣→装箱→冷藏。

（2）冷冻鱼片。冻鱼片有冻海水鱼片及冻淡水鱼片两大类。

①冻海水鱼片：如冻鳕鱼片 $\left\{\begin{array}{l}\text{原料→理鱼→切头→浸泡}\\\text{进口原料→解冻→漂洗→消毒}\end{array}\right.$ 去皮→冲洗→开片→修整→去刺→灯检→消毒→漂洗→称重→包装→冻结→出盘→检验→装箱→冷藏。

②冻淡水鱼片：原料处理→漂洗→剥皮→切片→修整→灯检→保鲜处理→装盘→冻结→镀冰衣→包装→冷藏。

（3）冷冻虾类

①冻生虾：

原料处理→冲洗→$\left\{\begin{array}{l}\text{带头虾：分规格→洗虾}\\\text{去头虾：分规格→掐头→洗虾}\\\text{虾仁、虾球：分规格→去头剥壳→去肠线}\\\text{凤尾虾：分规格→去头剥壳→去肠线}\\\text{蝴蝶虾：分规格→去头剥壳→去肠线}\end{array}\right\}$→沥水→称重→摆盘→检验→速冻→制冰被→脱盘→镀冰衣→包装→检验→冷藏。

②冻熟制品淡水龙虾仁：原料处理→蒸煮→消毒→剥壳→分级→$\left\{\begin{array}{l}\text{单冻产品：摆盘}\\\text{块冻产品：称重→包装}\end{array}\right\}$→速冻→装箱→冷藏。

（4）冷冻贝类。

①冻生扇贝柱：原料接收→开壳→水洗→分级→称重→装盘→速冻→镀冰衣→包装→冷藏。

②冻文蛤、杂色蛤：全壳冷冻品：鲜活原料→清洗→吐沙→分级→装袋→速冻。12h内产品中心温度要达到－15℃以下。

生开冷冻蛤：开壳→取肉→装盘→速冻→包装→装箱。

漂烫单体速冻蛤：开壳→取肉→分选→漂烫→水洗降温→沥水→速冻→装袋→装箱→入库。

块冻煮杂色蛤：蒸煮→去壳→分选→摆盘→沥水→速冻→镀冰衣。

③冻毛蚶：原料→洗涤→取肉、取足→洗涤→开片→去内脏整形→分选→称重→装盘→速冻→脱盘→包装→冷藏。

（5）冷冻调理食品。

①冻面包虾：利用加工好的凤尾虾，在其外层裹上配制好的混合酱，然后沾上干面包屑，摆盘后速冻。混合酱的配方为（全量的百分比）：面包粉40％，小麦粉45％，鸡蛋粉10％，盐1％，牛奶粉2.5％，味精1.5％，水为以上量的1.5倍。

②冻鱼排：利用加工好的鱼片，在其外层裹上配制好的混合湿粉，然后沾上干面包屑，摆盘后速冻。混合湿粉的配方为（按100kg鱼片计）：牛奶粉0.8kg，小麦粉2.1kg，蛋粉0.4kg，玉米粉4.5kg，糖0.2kg，盐1.7kg，碳酸铵0.005kg，淀粉0.05kg，水6～8kg，碳酸钠0.06kg，干面包屑13kg。

◆【本章习题】

1. 何谓适应性试验、开发性试验、综合性试验？

2. 何谓技术示范、方法示范？各自基本要求是什么？

3. 池塘养鱼应具备怎样的条件？

4. 造成鱼池缺氧的原因是什么？如何防止浮头和泛塘？

5. 养虾池在放养前应做好哪些准备工作？

6. 池塘养虾中饲料管理的内容有哪些？

7. 内陆水域大水面粗养水域应具备哪些条件？

8. 内陆水域大水面粗养种类、规格和数量是怎样确定的？其渔业生产管理有哪些内容？

9. 怎样选择网箱养鱼水域？

10. 网箱养殖有哪几种设置方式？

11. 网箱养鱼放养密度怎样确定？饲养密度如何调整？

12. 怎样选择浅海浮筏养殖海域？

13. 简述浅海浮筏养殖方式和适宜养殖的种类。

14. 适宜稻田养殖的种类有哪些？放养规格和密度怎么确定？

15. 适宜底播养殖的海域应具备怎样的条件？底播养殖扇贝的海区有哪些条件要求？

16. 适合底播海参、鲍、海胆的海区应具备哪些条件？

17. 简述海洋捕捞技术中的拖网作业与围网作业的技术要点。

18. 简述鱼、虾冷冻产品的加工工艺流程。

第六章　技术咨询培训

第一节　技术咨询

一、咨询

（一）咨询的含义

咨询在现代汉语中，是询问、商量、商议、谋划的意思。人们对事物的认识存在局限性，这就是咨询产生的原因。

（二）咨询的特征

1. 服务性　服务性是咨询的首要特征。咨询就是为委托方服务，从委托的根本利益出发，为委托方作出正确的判断，寻求最佳的对策和方案。

2. 经营性　按照市场经济规律进行运作，是咨询活动成为独立产业的主要标志。

3. 高知识性　咨询与一般服务的根本区别在于，咨询是知识密集性产业。要求咨询人员有很高的专业知识水平，并且要求咨询机构有很多种专业知识的有机组合，在具体论证中，采用最新科学理论、方法和手段。

4. 客观性　咨询业要按照咨询道德规范展开工作：一方面，在咨询项目进行和完成之后，均要保守委托方业务上的任何秘密；另一方面咨询工作不能受任何利害关系所左右，一定要有专业知识和职业准则做出独立的、客观的判断。只有这样，才能保证咨询机构的权威性和社会信誉。

二、渔业技术咨询

（一）渔业技术咨询

渔业技术咨询，是掌握渔业技术的一方运用其掌握的科技知识、信息、经验，为生产者就生产技术、养殖技术和管理等，提供各种可供选择的技术以及决策依据。

（二）渔业技术咨询的内容

1. 决策咨询 即为生产企业提供综合调查研究资料和系统设计方案；为科学技术发展规则的编制和大型科研项目的组织实施，设计各种实施方案；对资源的综合开发利用、环境保护、建设项目等，提供科技方案，进行可行性研究和技术经济论证，为领导决策服务。

2. 渔业项目技术咨询 即对水产建设项目、技术改造项目、技术引进项目等进行可行性研究，或对可行性研究方案进行综合评价，并在对建设项目的技术先进性和经济合理性进行系统分析和科学论证的基础上，提出几种不同的论证方案，供决策者参考。

3. 预测咨询 即为渔业生产企业等提供生产预测咨询服务。

4. 专业技术咨询 即涉及面较窄、专业性较强的技术咨询服务，包括生产、饲养管理、疾病诊断等方面的技术。渔业推广员的主要工作，就是进行渔业技术咨询。

5. 信息咨询 包括新产品、新发明、新科技和经济等信息方面的咨询。

6. 技术咨询 技术咨询是就某项渔业知识为需求方提高人才素质而进行的，它也是咨询的一项工作。

（三）渔业技术咨询方法

1. 当面咨询 推广员与养殖者采用面对面的方式交谈，详细了解、具体分析，帮助他们解决生产实际中遇到的问题，提高他们解决问题的能力。直接咨询掌握情况全面，能够更深入地为养殖者提供有效的帮助，是一种首选的咨询方法。

2. 电话咨询　利用电话通话的方式，对养殖者提出的问题给予解决和指导。由于电话咨询的方便性、快捷性，深受养殖者的喜欢。

3. 信函咨询　以通信的方式进行咨询，养殖者来信提出自己要求咨询的问题，推广员给予回信答复。其优点是不受居住条件限制，对于那些不善于口头表达或较为拘谨的养殖者来说，是一种较容易接受的方法。但咨询效果会受养殖者的书面表达能力、理解能力和个性特点的影响。

4. 专栏咨询　在报纸、期刊、电台、电视台和网络开辟渔业专栏，对读者、听众、观众提出的典型渔业生产实际问题进行公开解答。优点是受益面广，普及性强，但存在模糊、浅露、泛泛而论的缺陷。

5. 现场咨询　由渔业推广机构的技术人员深入基层或养殖户家中，为广大养殖者提供多方面服务的一种咨询形式。

6. 网络咨询　网络以其极强的快捷性、普及性及实时性，为渔业生产者提供了无限发展的空间。通过网络，养殖者可以解答自己存在的问题。

第二节　技术培训

一、培训方法

1. 讲授法　渔业技术指导员通过语言表达，系统地向养殖者传授知识，期望养殖者能记住其中的重要观念和特定知识。

（1）要求。渔业技术指导员应具有丰富的业务知识和经验；讲授要有系统性，条理清晰，重点、难点突出；讲授时语言清晰，生动准确；应尽量配备必要的多媒体设备，以加强培训的效果；讲授完后应留出适当的时间与养殖者进行沟通，用问答方式获取养殖者对讲授内容的反馈，并当面解答养殖者提出的问题。

（2）优点。运用方便，可以同时对许多人进行培训，经济高效；有利于养殖者系统地接受新知识；容易掌握和控制学习的进度；有利于加深理解难度大的内容。

（3）缺点。学习效果易受指导员讲授水平影响；具有强制性；缺乏教师和学员间必要的交流和反馈，学过的知识不易被巩固，故常被运用于一些理念性知识的培训。

2. 演示法　运用一定的实物和教具，通过渔业技术指导员实地示范，使受训者明白某种工作是如何完成的。

（1）要求。培训前要做好准备；让每个受训者都了解具体实物，教练一边操作一边讲解。示范完毕，让每个受训者模仿实习。

（2）优点。有助于激发受训者的学习兴趣；可利用多种感官，做到看、听、想、问相结合；有助于获得感性知识。

（3）缺点。适用范围有限，不是所有的学习内容都能演示；演示前需要一定的费用和精力做准备；对教师的要求也比较严格。

3. 研讨法　通过培训者与受训者之间，或者受训者之间的讨论解决疑难问题。可分为集体讨论、小组讨论、系列研讨和演讲等方式。研讨法培训比较适合于管理人员的培训，或用于解决某些有一定难度的管理问题。

（1）要求。每次讨论都要建立明确的目标，让每一位参与者都了解这些目标，并启发他们积极思考。

（2）优点。强调学员的积极参与，鼓励学员积极思考，主动提出问题，表达个人感受，有助于激发学习兴趣；讨论过程中，教师和学员间、学员与学员间的信息可以多向传递，知识和经验可以互相交流、启发、取长补短，有助于学员发现自己的不足，开拓思路，加深对知识的理解，促进能力的提高。据研究，这种方法对提高受训者的责任感或改变工作态度特别有效。

（3）缺点。讨论课题选择的好与坏，将直接影响培训的效果；受训人员自身的水平，也会影响培训的效果；不利于受训者系统的掌握知识和技能。

4. 视听法 就是利用现代视听技术（如投影仪、幻灯、录像、电视、电影和电脑等工具），对受训者进行培训。

（1）要求。播放前要清楚地说明培训的目的；依讲课的主题选择合适的视听教材，最好能边看边讨论，以增加理解；讨论后指导员必须做重点总结，或将如何应用在工作上的具体方法告诉受训人员。

（2）优点。由于视听培训是运用视觉和听觉的感知方式，直观鲜明，所以比讲授或讨论给人更深的印象；教材生动形象且给学员以真实感，所以，也比较容易引起受训人员的关心和兴趣；视听教材可反复使用，从而更好地适应受训人员的个别差异和不同水平的要求。

（3）缺点。视听教材的设备和成本较高，内容易过时，选择和合适的教材不太容易；学员处于消极地位，反馈和实践较差，一般可作为培训的辅助手段。

5. 案例分析法 为参加培训的学员提出具体的实际问题，让学员分析和评价案例，提出解决问题的建议和方案的培训方法。它的重点是，对过去所发生的事情作出诊断或解决特别的问题。目的是训练他们具有良好的决策能力，帮助他们学习如何在紧急状况下处理各类事件。

（1）要求。通常是向培训对象提供一则描述完整的案例，案例应具有真实性，不能随意捏造；案例要和培训内容相一致，培训对象则组成小组来完成对案例的分析，作出判断，提出解决问题的方法。

（2）优点。学员参与性强，变被动为主动参与；将学员解决问题能力的提高融入知识传授中，有利于使学员参与企业实际问题的解决；容易使学员养成积极参与和向他人学习的习惯。

（3）缺点。案例准备需时较长，案例的来源往往不能满足培训的需要或过于概念化并带有明显的倾向性。

6. 网络培训法　主要是指通过内部网，将文字、图片和影音文件等培训资料放在网上，形成一个网上资料馆，供被培训者进行课程的学习。这种方式具有信息量大，新知识、新观念传递优势明显，更适合成人学习。

（1）优点。使用灵活，符合分散式学习的新趋势，学员可灵活选择学习进度，灵活选择学习的时间和地点，节省学员集中培训的时间与费用；可及时、低成本地更新培训内容；不需要重新准备教材或其他教学工具，费用低；可充分利用网络上大量的声音、图片和影音文件等资源，增加课堂教学趣味性，从而提高学员的学习效率。

（2）缺点。网上培训要求建立良好的网络培训系统，这需要大量的资金；该方法主要适合知识方面的培训。

二、常用技能

（一）水温的测定方法

1. 仪器

（1）水温计。适于测量水的表层温度。水银温度计安装在特制金属套管内，套管开有可供温度计读数的窗孔，套管上端有一提环，以供系住绳索，套管下端旋紧着一只有孔的盛水金属圆筒，水温计的球部应位于金属圆筒的中央。测量范围 $-6\sim40℃$，分度值为 $0.2℃$（图 6-1）。

（2）深水温度计。适用于水深 40m 以内水温的测量。其结构与水温计相似。盛水圆筒较大，并有上、下活门，利用其放入水中和提升时的自动启开和关闭，使筒内装满所测温度的水样。测量范围 $-2\sim40℃$，分度值为 $0.2℃$（图 6-2）。

（3）颠倒温度计（闭式）。适用于测量水深在 40m 以上的各层水温（图 6-3）。

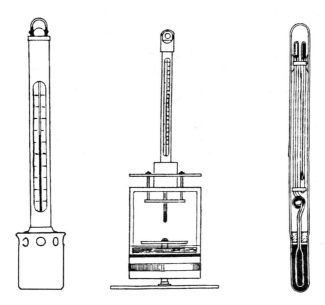

图 6-1 水温计   图 6-2 深水温度计   图 6-3 颠倒温度计

闭端（防压）式颠倒温度计，由主温计和辅温计组装在厚壁玻璃套管内，套管两端完全封闭。主温计测量范围－2～32℃，分度值为 0.10℃，辅温计测量范围为－2～50℃，分度值为 0.5℃。主温计水银柱断裂应灵活，断点位置固定，复正温度计时，接受泡水银应全部回流，主、辅温计应固定牢靠。

2. 测定步骤 水温应在采样现场进行测定。

（1）表层水温的测定。将水温计投入水中至待测深度，感温 5min 后，迅速上提并立即读数。从水温计离开水面至读数完毕应不超过 20s，读数完毕后，将筒内水倒净。

（2）水深在 40m 以内水温的测定。将深水温度计投入水中，其余步骤同上。

（3）水深在 40m 以上水温的测定。将安装有闭端式颠倒温度计的颠倒采水器，投入水中至待测深度，感温 10min 后，用"使锤"打击采水器的"撞击开关"，使采水器完成颠倒动作。

感温时，温度计的贮泡向下，断点以上的水银柱高度取决于现场温度，当温度计颠倒时，水银在断点断开，分成上、下两部分，此时接受泡一端的水银柱示度，即为所测温度。上提采水器，立即读取主温计上的温度。

根据主、辅温计的读数，分别查主、辅温计的器差表（由温度计检定证中的检定值线性内插作成），得相应的校正值。

颠倒温度计的还原校正值 K 的计算公式为：

$$K = \frac{(T-t)(T+V_0)}{n}\left(1+\frac{T+V_0}{n}\right)$$

式中　T——主温计经器差校正后的读数；

　　　t——辅温计经器差校正后的读数；

　　　V_0——主温计自接受泡至刻度 0℃处的水银容积，以温度度数表示；

　　　$\dfrac{1}{n}$——水银与温度计玻璃的相对膨胀系数，n 通常取值为 6 300。

主温计经器差校正后的读数 T 加还原校正值 K，即为实际水温。

（二）透明度的测定方法

透明度是指水样的澄清程度。清洁的水是透明的，水中存在悬浮物和胶体时，透明度便降低。透明度与浊度相反，水中悬浮物越多，其透明度就越低。

1. 塞氏盘法　这是一种现场测定透明度的方法。即将一个直径为 20cm 黑白相间的圆盘沉入水中，用恰恰不能看见它时的深度来表示透明度。

2. 透明度盘（又称塞奇氏圆盘）　以较厚的白铁片剪成直径为 20cm 的圆板，在板的一面从中心平分为四个部分，以黑白漆相间涂布，正中开小孔，穿一铅丝，下面加一铅锤（质量约

2kg），上面系小绳，绳上每 10cm 用有色丝线或油漆做上一个标记。

（1）测定步骤。将盘在船的背光处平放入水中，逐渐下沉，至恰恰不能看见盘面的白色时，记取其深度，就是透明度度数（以 cm 为单位）。观察时需反复 2～3 次。

（2）注意事项。透明度盘使用时间较长后，白漆的颜色会逐渐变黄，必须重新涂漆。在雨天及大量混浊水流入时，或湖面有较大波浪时，均不宜测定。

（三）pH 的测定方法

1. 仪器　酸度计或离子浓度计。常规检验使用的仪器，至少应当精确到 0.1pH 单位，pH 范围为 0～14。如有特殊需要，应使用精度更高的仪器。

玻璃电极与甘汞电极。

2. 样品保存　最好现场测定。否则，应在采样后把样品保持在 0～4℃，并在采样后 6h 之内进行测定。

3. 步骤

（1）仪器校准。操作程序按仪器使用说明书进行。先将水样与标准溶液调到同一温度，记录测定温度，并将仪器温度补偿旋钮调至该温度上。

用标准溶液校正仪器，该标准溶液与水样 pH 相差不超过 2 个 pH 单位。从标准溶液中取出电极，彻底冲洗并用滤纸吸干。再将电极浸入第二个标准溶液中，其 pH 大约与第一个标准溶液相差 3 个 pH 单位。如果仪器响应的示值与第二个标准溶液的 pH（S）值之差大于 0.1pH 单位，就要检查仪器、电极或标准溶液是否存在问题。当三者均正常时，方可用于测定样品。

（2）样品测定。测定样品时，先用蒸馏水认真冲洗电极，再用水样冲洗。然后将电极浸入样品中，小心摇动或进行搅拌使其均匀，静置，待读数稳定时记下 pH。

4. 注释

（1）玻璃电极在使用前，先放入蒸馏水中浸泡 24h 以上。

（2）测定 pH 时，玻璃电极的球泡应全部浸入溶液中，并使其稍高于甘汞电极的陶瓷芯端，以免搅拌时碰坏。

（3）必须注意玻璃电极的内电极与球泡之间、甘汞电极的内电极和陶瓷芯之间不得有气泡，以防断路。

（4）甘汞电极中的饱和氯化钾溶液的液面必须高出汞体，在室温下应有少许氯化钾晶体存在，以保证氯化钾溶液的饱和。但需注意氯化钾晶体不可过多，以防止堵塞与被测溶液的通路。

（5）测定 pH 时，为减少空气和水样中二氧化碳的溶入或挥发，在测水样之前，不应提前打开水样瓶。

（6）玻璃电极表面受到污染时，需进行处理。如果系附着无机盐结垢，可用温稀盐酸溶解；对钙镁等难溶性结垢，可用 ED-TA 二钠溶液溶解；沾有油污时，可由丙酮清洗。电极按上述方法处理后，应在蒸馏水中浸泡一昼夜再使用。注意忌用无水乙醇、脱水性洗涤剂处理电极。

（四）溶解氧的测定方法

1. 试剂　分析中仅使用分析纯试剂和蒸馏水，或纯度与之相当的水。

（1）硫酸溶液。小心地把 500mL 浓硫酸（$\rho = 1.84\text{g/mL}$）在不停搅动下加入到 500mL 水中。$c(1/2H_2SO_4) = 2\text{mol/L}$。

（2）碱性碘化物—叠氮化物试剂。将 35g 的氢氧化钠（NaOH）〔或 50g 的氢氧化钾（KOH）和 30g 碘化钾（KI）〔或 27g 碘化钠（NaI）〕溶解在大约 50mL 水中。单独地将 1g 的叠氮化钠（NaN$_3$）溶于几毫升水中。将上述两种溶液混合并稀释至 100mL，溶液贮存在塞紧的细口棕色瓶子里。经稀释和酸化后，在有指示剂（淀粉）存在下，本试剂应无色。

（3）无水二价硫酸锰溶液。340g/L（或一水硫酸锰 380g/L 溶液）。可用 450g/L 四水二价氯化锰溶液代替，过滤不澄清的溶液。

（4）碘酸钾。$c(1/6KIO_3)$＝10mmol/L 标准溶液。

在 180℃ 干燥数克碘酸钾（KIO_3），称量（3.567±0.003）g 溶解在水中并稀释到 1 000mL。

将上述溶液吸取 100mL 移入 1 000mL 容量瓶中，用水稀释至标线。

（5）硫代硫酸钠标准滴定液。$c(Na_2S_2O_3)$＝10mmol/L。

配置：将 2.5g 五水硫代硫酸钠溶解于新煮沸并冷却的水中，再加 0.4g 的氢氧化钠（NaOH），并稀释至 1 000mL。溶液贮存于深色玻璃瓶中。

标定：在锥形瓶中用 100～150mL 的水溶解约 0.5g 的碘化钾或碘化钠（KI 或 NaI），加入 5mL 2mol/L 的硫酸溶液，混合均匀，加 20mL 标准碘酸钾溶液，稀释至约 200mL，立即用硫代硫酸钠溶液滴定释放出的碘，当接近滴定终点时，溶液呈浅黄色，加指示剂（淀粉），再滴定至完全无色。

硫代硫酸钠浓度（c，mmol/L）由公式（1）求出：

$$c = \frac{6 \times 20 \times 1.66}{V} \quad\cdots\cdots\cdots\cdots\cdots\cdots\cdots (1)$$

式中　V——硫代硫酸钠溶液滴定量（mL），每天标定一次溶液。

（6）淀粉。新配制 10g/L 溶液。

注：也可用其他适合的指示剂。

（7）酚酞。1g/L 乙醇溶液。

（8）碘。约 0.005mol/L 溶液。

溶解 4～5g 的碘化钾或碘化钠于少量水中，加约 130mg 的碘，待碘溶解后稀释至 100mL。

（9）碘化钾或碘化钠。

2. 仪器　除常用试验室设备外，还有细口玻璃瓶，容量在 250～300mL 之间，校准至 1mL。每一个瓶和盖要有相同的号码，用称量法来测定每个细口瓶的体积。

3. 步骤

（1）样品的采集。除非还要作其他处理，样品应采集在细口瓶中，测定就在瓶内进行。试样充满全部细口瓶。用溢流冲洗的方式充入大约 10 倍细口瓶体积的水，最后注满瓶子，在消除附着在玻璃瓶上的空气泡之后，立即固定溶解氧。

（2）溶解氧的固定。取样之后，最好在现场立即向盛有样品的细口瓶中，加 1mL 二价硫酸锰溶液和 2mL 碱性试剂。使用细尖头的移液管，将试剂加到液面以下，小心盖上塞子，避免把空气泡带入。

若用其他装置，必须小心保证样品氧含量不变。

将细口瓶上下颠倒转动几次，使瓶内的成分充分混合，静置沉淀最少 5min，然后再重新颠倒混合，保证混合均匀。这时，可以将细口瓶运送至实验室。

若避光保存，样品最长贮藏 24h。

（3）游离碘。确保所形成的沉淀物已沉降在细口瓶下 1/3 部分。

慢速加入 1.5mL 硫酸溶液，盖上细口瓶盖，然后摇动瓶子，要求瓶中沉淀物完全溶解，并且碘已均匀分布。

注：若直接在细口瓶内进行滴定，小心地虹吸出上部分相应于所加酸溶液容积的澄清液，而不扰动底部沉淀物。

（4）滴定。将细口瓶内的组分或其部分体积（V_1）转移到锥形瓶内。用硫代硫酸钠滴定，在接近滴定终点时，加淀粉溶液或者加其他合适的指示剂。

4. 结果的表示　溶解氧含量 c_1（mg/L）由式（2）求出：

$$c_1 = \frac{M_r \, V_2 \, c \, f_1}{4 \, V_1} \quad\cdots\cdots\cdots\cdots\cdots\cdots\quad (2)$$

式中　M_r——氧的分子量，$M_r = 32$；

　　　　V_1——滴定时样品的体积（mL），一般取 $V_1 =$

100mL；若滴定细口瓶内试样，则 $V_1 = V_0$；

V_2——滴定样品时所耗去硫代硫酸钠溶液的体积（mL）；

c——硫代硫酸钠溶液的实际浓度（mol/L）。

$$f_1 = \frac{V_0}{V_0 - V'} \quad \cdots\cdots\cdots\cdots\cdots\cdots (3)$$

式中　f_1——样品体积标正余数；

V_0——细口瓶的体积（mL）；

V'——二价硫酸锰溶液（1mL）和碱性试剂（2mL）体积的总和。

结果取一位小数。

5. 再现性　分别在四个实验室内，自由度为 10，对空气饱和的水（范围在 8.5～9mg/L）进行了重复测定，得到溶解氧的批内标准差在 0.03～0.05mg/L。

（五）氨氮的测定方法

1. 试剂

（1）无氨纯水。1L 纯水中加入 0.5mol/L 的 NaOH 溶液 15mL 和过硫酸钾（$K_2S_2O_8$）2g 于玻璃蒸馏水器中，敞口煮沸 10min 后接冷凝管收集馏出液于聚乙烯瓶中（弃去 150mL 残液）。

（2）硫酸铵标准溶液。

①标准贮备液：称取 0.660 7g（NH_4）$_2SO_4$（AR，经 115℃ 烘 1h），溶解后以纯水在 1 000mL 容量瓶中定容，加氯仿 2mL 避光保存。此溶液 1mL 含氨氮 10μmol。

②标准使用液：准确移取标准贮备液 10mL 于 100mL 容量瓶中以纯水定容。混匀后 1mL 此溶液内含氨氮 1μmol。

以下试剂均用无氨纯水配制：

（3）奈氏试剂。称取 5gKI 溶于 5mL 纯水中，分次加入少量的 $HgCl_2$ 溶液（2.5g $HgCl_2$ 溶于 10mL 热的纯水中），可边搅拌边加入，直至出现朱红色沉淀为止。冷却后加入 50％KOH 溶液 30mL，再次冷却后加水稀释至 100mL。静置 1d，将澄清液倾出置于带橡皮塞的棕色试剂瓶中，此溶液有效期 30d 左右。

（4）KOH 溶液（50％）。50gKOH 固体溶于 120mL 纯水中，加热蒸发至总体积为 100mL。

（5）酒石酸钾钠溶液（50％）。50g 酒石酸钾钠（KNaC$_4$H$_4$O$_6$·4H$_2$O）溶于纯水中，加热煮沸以驱除氨，冷却后用纯水稀释至 100mL。

2. 测定步骤

（1）工作曲线的制定。

①在 6 支清洁、干燥的 50mL 具塞比色管中，分别移入标准使用液 0、0.5、1、1.5、2、2.5mL，并加无氨纯水至刻度。

②分别加入酒石酸钾钠溶液 1mL，摇匀；再加入奈氏试剂 1.5mL，摇匀后放置 10min 显色。

③用分光光度计在 420nm 波长处于 20mm 比色皿对照纯水，测定上述溶液的吸光度 E（其中，未加标准使用液为试剂空白 E_0）。

标准使用液（mL）	0	0.50	1.00	1.50	2.00	2.50
浓度［μmol（N）/L］	0	10.0	20.0	30.0	40.0	50.0
吸光度（E-E_0）	0					

④在厘米方格纸上，以吸光度（E-E_0）为纵坐标，氨氮的浓度为横坐标作图，得工作曲线。

（2）水样测定。

①量取 50mL 澄清水样（双样）于 50mL 具塞比色管中，参照工作曲线过程的（2）、（3）步骤显色，并测定水样的吸光度 E_W。

②另取澄清水样，参照上述（3）步骤，测定水样由混浊引

起的吸光度 E_t。

3. 结果计算 水样中由氨氮引起的吸光度：

$$E_n = E_W - E_0 - E_t$$

由 E_n 在工作曲线上查得水样中氨氮的浓度。

(六)磷酸盐的测定方法

1. 试剂及其配制

(1)钼酸铵溶液（10%）。5g 钼酸铵固体 $[(NH_4)_6 Mo_7 O_{24} \cdot 4H_2O]$，溶解后稀释至 50mL，若溶液混浊，应取其澄清液贮于聚乙烯瓶中。

(2)硫酸溶液（1:1）。浓硫酸缓缓倒入同体积纯水中，混合可在冷水浴中进行。

(3)钼酸铵—硫酸混合试剂。1 体积钼酸铵溶液与 3 体积硫酸溶液混合，混匀后贮于聚乙烯瓶中，此溶液避光保存可稳定数日，如发现变蓝须弃之重新配制。

(4)$SnCl_2$ 甘油溶液（2.5%）。称取二氯化锡固体（$SnCl_2 \cdot 2H_2O$）溶于 100mL 甘油中，温热搅拌促其溶解，此溶液贮于棕色试剂瓶中。此溶液可稳定数日。

(5)磷标准溶液。

①标准贮备液：称取 KH_2PO_4（AR，于 115℃烘 1h）1.361g 溶于纯水中，并于 1 000mL 容量瓶中定容，混匀后加入 2mL 氯仿避光保存。此溶液 1mL 含 10μmol（P）。

②标准使用液：移取标准贮备液 1mL 于 100mL 容量瓶中定容，混匀后此溶液 1mL 含 0.1μmol（P），使用前临时配制。

2. 测定步骤

(1)工作曲线的制定。

①在 6 个清洁、干燥的 250mL 锥形瓶中，移入标准使用液 0、1、2、3、4、5mL，并分别以纯水稀释至 100mL，混匀。

②分别加入钼酸铵—硫酸混合试剂 2mL，混匀后放置 3min；再分别加入 $SnCl_2$ 甘油溶液 4 滴，混匀后显色 10min。

③用分光光度计在 690nm 波长处，于 30mm 比色皿中对照纯水测定上述溶液的吸光度 E（其中，未加标准使用液为试剂空白 E_0）

④在厘米方格纸上，以吸光度 $E-E_0$ 为纵坐标，磷浓度为横坐标作图，得工作曲线。

标准使用液（mL）	0	1.00	2.00	3.00	4.00	5.00
浓度［μmol（P）/L］	0	1.00	2.00	3.00	4.00	5.00
吸光度（$E-E_0$）	0					

（2）水样测定。

①量取 100mL 澄清水样（双样）于 250mL 锥形瓶中，参照工作曲线过程的（2）、（3）步骤显色，并测定水样的吸光度 E_w。

②另取澄清水样 100mL，加 1.5mL 硫酸溶液（1∶1）后均匀，参照上述（3）步骤，测定水样由混浊引起的吸光度 E_t。

3. 结果计算 水样中由氨氮引起的吸光度：

$$E_p = E_w - E_0 - E_t$$

由 E_p 在工作曲线上查得水样中氨氮的浓度。

（七）盐度的测定方法

1. 仪器

（1）海水密度计 1 支（刻度由 1.000 0~1.040 0）或精密海水密度计 1 套（共 8 支，包括不同密度范围的密度计）（图 6-4）。

（2）温度计（0~50℃）1 支。

2. 测定与查算

（1）待测海水样品置于筒状玻璃容

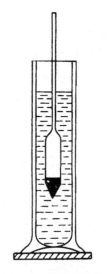

图 6-4　海水密度计

器（可采用 500mL 量筒），把海水密度计置于筒内海水样品中，使之呈悬浮状态，待稳定后即可读数。读数时眼睛视线必须与液面持平，液面的弯月面投影在比重计刻度标尺上的位置，即为密度计读数 d_t（读至 0.000 01 位），同时，读取置于筒内海水样中的温度计的读数 t℃（读至 0.1℃）。

（2）根据下式，计算海水样品在 t℃的条件密度（a_t）：

$$a_t = (d_t - 1) \times 1\,000$$

（3）根据样品温度（t℃）和条件密度，于"海水密度盐度查对表"用双内插法查算海水的盐度（精确至 0.1 盐度）。

（八）水产品加工

【通常的加工方法】

1. 低温处理 利用低温抑制腐败微生物的繁殖和组织的自溶作用。一般分冷却与冷冻两种方法。冷却就是使水产品降温至 0℃左右，多用于短期或临时贮藏；冷冻则使水产品在 −18℃以下的低温环境下结成坚硬状态，多用于较长时间的贮藏。

2. 腌制加工 降低水分含量，抑制细菌生长发育和酶的活性。具体分干腌法、湿腌法及混合腌制法，实际应用中多采用混合腌制法。操作：将食盐擦于鱼体，装入容器后再注入饱和食盐水，盖住容器密封保存，食盐的用量依腌制时间的长短合理调整。

3. 烟熏火烤 通过烟熏火烤的杀菌，使水产品不易腐败变质，并可形成独特的烟熏风味。一般烟熏和蒸煮相结合，可使水产品有稳定的色泽和特有的气味。缺点是卫生条件欠佳，难以避免霉菌生长。

4. 干制加工 通过干制过程，除去水产品中的水分，防止细菌的繁殖。有自然干燥（晒干、风干等）和人工干燥（烘烤、焙烘、冷冻等）两法。自然干燥方法简便，操作简单，成本低，可及时加工处理大量水产品，但质量低，易受污染，易于霉变；人工干燥设备技术要求高，成本较高，但质量较好，卫生及保存效果好。

5. 加热煮熟　利用蒸、煮或焙、烘的方法进行加热，杀死微生物，破坏酶活性，防腐防变。一般水产品加工成熟制品后还必须密封包装，延长保存时间。密封保存有两种方法：一是直接密封，即将水产品密封在容器中，经高温处理，消除微生物，并防止与外界微生物相接触；另一种是间接密封，即在密封容器中充入二氧化碳或其他惰性气体，将容器中的空气置换出去，防止水产品与空气接触，主要用于水产干制品和鱼糜制品的贮藏。

6. 物理贮藏　利用紫外线照射及原子能辐射的方法杀灭细菌，达到保存水产品的目的，但必须按规定使用，尤其是原子能辐射。

7. 化学贮藏　利用化学制品的防腐作用，来提高水产品的耐藏性及品质的稳定性。此法只能在特定的情况下使用。

【冷冻淡水鱼片的制作】

近年来，随着淡水养殖业的发展，淡水鱼产量迅速增长，除鲜销上市外，将淡水鱼加工成鱼片、鱼段、鱼排，速冻成小包装冷冻食品，已成为目前水产品加工业中广泛采用的方法之一，也一定程度上缓解了淡水鱼"卖鱼难"的现状。冷冻淡水鱼片的原料，可用鲜活青鱼、草鱼、鲤、鲢、鳙等，个体规格在 2kg 左右。

1. 工艺流程　原料鱼→冲洗→前处理（去鳞、头、内脏）→洗净→剥皮→割片→整形→挑刺修补→冻前检验→浸液→装盘→速冻→镀冰衣→包装→冷藏。

2. 操作要点

（1）前处理。洗净血污、黑膜和杂质。

（2）剥皮。一般可使用剥皮机，但要掌握好刀片的刃口，刀片太锋利易被割断，太钝则鱼皮剥不下来。

（3）割片。鱼肉用手工切片，根据原料鱼品种不同，采用合适的切割方法。

（4）整形。将割好的鱼片在带网格的塑料筐中漂洗后再进行整形，切去鱼片上的残存鱼鳍，除去鱼片中的骨刺、黑膜、鱼皮和血痕等杂物。

（5）检验。将鱼片进行灯光检查，若发现有寄生虫，则应弃之。

（6）浸洗。浸渍液一般采用多聚磷酸盐复合溶液（如氯化钠12%、三聚磷酸钠0.2%的溶液）。

（7）洗盘。将沥完水的鱼片按规定平整摊放在盘内。

（8）速冻。将盘送整冻装置中快速冻结，待鱼片中心温度达到-18℃时即可出冻脱盘。

（9）包装。将出冻后的鱼片包冰衣后装入聚乙烯薄膜袋内。

（10）冷藏。于-18℃以下冷库中冷藏。

三、常用仪器设备的使用

（一）测氧仪

测氧仪（图6-5）第一次使用时，将测氧仪电极的保护帽扭下，用纯水将测氧仪的电极冲洗干净，后向电极膜凹槽上加入KCl溶液至1/2体积，然后将电极膜凹槽保护帽拧上，再将电极的保护帽拧上。将电池装入测氧仪后，注意电极没有进入待测水样中时，严禁将电源开启，否则会将电极损坏。将测氧仪电极置于待测水样中后，打开电源，直接从屏幕上读数即为水样的溶氧值。使用完毕后，应用纯水清洗电极。

（二）增氧机

增氧机是池塘养鱼中常用的机械设备，它对于改善水体质量、解救鱼类浮头、提高鱼产量等具有十分重要的作用。

图6-5　测氧仪

1. 渔用增氧机的特性及种类

（1）增氧机的工程原理。增氧机是通过加大水体与空气的接触面积，将空气中的氧渗入水中而达到增氧目的。故增氧机增氧效果，与使水和空气接触的充分程度成正比，与水中溶氧含量成反比。

（2）种类及选用。渔业生产中常用的增氧机有喷水式、水车式和叶轮式三种。喷水式增氧机是采取将水喷向空中，再散开落下的方式增氧；水车式增氧机是靠搅动水体表层的水，使之与空气增加接触。这两种增氧机对于增加水中溶氧量、解救浮头都具有很好的效果，同时曝气效果也较好，能很好地将水中溶解气体如硫化氢氨等逸入空气中。叶轮式增氧机，是近年来池塘养鱼生产中大力推广的一种新型水体增氧机械。叶轮式增氧机能使池水上升而发生对流，使表层水进入底层、底层水上升至表层，氧含量较高的表层水进入底层后，可有效改善底层水体的溶氧状况，使底泥中的有机物迅速矿化分解，从而达到改善水质的效果，对水产养殖和增产增收十分有利。

2. 渔用增氧机的正确使用　合理使用增氧机，可有效增加池水中的溶氧量，对于预防、解救鱼浮头，防止泛池以及改善池塘水质条件，增加鱼类吃食量及提高产量等，都具有良好的促进作用。渔用增氧机的正确使用方法是：

（1）正确安装。应按照安装说明书的要求，正确安装，这是保证正确使用的重要条件。

（2）注意掌握增氧时间。鱼塘在利用增氧机增氧时，需根据天气情况选择适宜的增氧时间。即晴天应在中午，阴天可在清晨开机增氧；在阴雨连绵时节，应在半夜开机增氧；半夜开机时间宜长，中午开机时间可略短；在施肥、天气炎热、水面较大时，则开机时间宜长；不施肥、天气凉爽、水面小，则开机时间可略短。

值得注意的是，若在傍晚开机，高溶氧水被送至底层后，氧很快即会被自然消耗，而表层水溶氧又不能补充提高，结果会导致整个池塘氧气缺乏，极易引起鱼类浮头，严重时还会发生大面积泛池甚至死鱼，给水产养殖生产带来极大损失。

（三）自动颗粒饲料机

颗粒饲料机是我国农村常用的鱼塘养殖机械。如何正确、合理地使用，提高工作效率，是广大养殖户所关心的问题。下面介绍它的正确使用方法：

（1）使用前对机器进行全面检查保养，选择合适的压粒模孔径。一般压制大颗粒饲料，可选用孔径为 3mm 的筛片；压制小颗粒饲料，宜选用孔径为 1mm 的筛片。将压粒模内壁与滚轮之间的间隙调至 0.1～0.3mm（加工草粉时可调至 0.5mm），并根据饲料颗粒长度，调整切刀到压粒模外径之间的距离。最后，检查机器的紧固情况。

（2）空载启动试运转，待运转正常后关好进料挡板，装入粉料，接通水源。

（3）清除粉料中混杂的硬物，并将粉料的含水量控制在 15%～20%。

（4）投入负荷作业前，若压粒模孔全部是通孔，应先喂入含水量 30%～40% 的粉料，将模孔糊上后再喂入正常饲料，以免干粉从孔中流出，不易成粒。粉料要少量喂入，送水量要少，将模孔中旧粉料全部挤出后，方能正式运转，防止机器因突然超载而堵塞。

（5）喂料应均匀、连续，并根据电流表或机器响声调节送料量，尽量使机器接近满负荷运转。

（6）启用新压粒模应有一段磨合期。在磨合期应使用含油脂多的饲料，并减轻负荷。

（7）作业结束时，应关闭开关，减少喂入量。再加入干粉运转一段时间，当压出松软颗粒时即可停机。停机后注意清除残留在模孔中的潮湿粉料，以免模孔锈蚀。

（8）长期停用时，应对各润滑部位注油或涂油润滑，并在压粒模模孔中涂塞油浸粉料，以免生锈。

（四）显微镜

1. 显微镜的构造

机械装置部分见图 6-6。

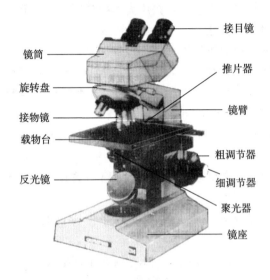

接目镜

镜筒

推片器

旋转盘

接物镜

镜臂

载物台

粗调节器

反光镜

细调节器

聚光器

镜座

图 6-6 显微镜

（1）镜座。在最下部，起支持作用。

（2）镜臂。呈弓形，作支持和握取之用。

（3）载物台。放切片的平台，中有圆孔。台上有推片器和片夹。

（4）旋转盘。上接镜筒，下嵌接物镜，可以旋转以更换物镜。

（5）粗调节器。用于低倍镜焦距的调节。

（6）细调节器。用于高倍镜焦距的调节。

光学系统部分：

（1）接目镜。可分 5×、10× 或 15×。

（2）接物镜。可分低倍镜（10×）、高倍镜（40×）、油镜（90×或100×）（显微镜放大倍数＝目镜放大倍数×物镜放大倍数）。

（3）聚光器。位于载物台下，可上下移动。内装虹彩光圈，可放大和缩小。

（4）反光镜。在镜座上，可旋转，使光线集中至聚光器。有平、凹两面，平面镜反射光弱，可用于强光源；凹面反射光强，用于弱光源。

2. 显微镜的使用方法

（1）携取和位置。一手握持镜臂，另一手托住镜座。放置桌面，距桌沿不得少于3.3cm。课间休息离开座位时，应将显微镜移向桌内，以免碰落损坏。

（2）对光。上升聚光器，放大虹彩光圈。转动旋转盘，将低倍接物镜对正载物台的圆孔，转动粗调节器使载物台距接物镜约5mm。用左眼从接目镜观察，同时，转动反光镜对向光源进行采光，至整个视野达到均匀明亮为止。

（3）低倍镜的使用。取标本擦净，应使盖玻片朝上，放在载物台上，用推片器夹紧，并将组织切片推移到载物台圆孔的正中。然后，以左眼从接目镜观察，同时，转动粗调节器使载物台慢慢下降，至物像清晰。必要时，再用细调节器调节焦距。

（4）高倍镜的使用。先将需高倍镜观察的组织于低倍镜下移至视野正中，然后转高倍镜。再从接目镜观察，并转动细调节器，至物像清晰。

（5）油镜的使用。先在高倍镜下将需观察的组织移至视野正中，转离高倍镜。在标本上滴石蜡油1滴（勿使产生气泡），转换油镜。两眼从侧面观察。同时，慢慢上升载物台，使油镜头浸入油滴而不与玻片接触。再从接目镜观察，并转动细调节器，至物像清晰。使用油镜时，注意光线要明亮。

3. 显微镜使用的注意事项及保护

（1）搬动显微镜慎拿轻放，使用显微镜要严格遵守规程。

（2）观察时应同时睁开两眼。右手书写者，以左眼从接目镜观察，以右手操纵粗、细调节器。用右眼和右手配合，进行绘图或文字描述。

（3）显微镜必须经常保持清洁。机械部分可用纱布或绸布擦净；光学部分（反光镜除外）只能用擦镜纸轻轻拭擦，严禁用手或其他物品擦拭，以防污损。

（4）油镜使用后，应立即用擦镜纸蘸少量清洗剂将镜头擦净。

（5）显微镜部件不得拆卸或互相调换，若有故障，应立即报告老师进行处理，不得自行修理。

（6）显微镜用毕，应将接物镜转离载物台中央的圆孔，并上升载物台，放回原处。

（7）打扫实验室卫生前，必须将显微镜放入柜中，以免灰尘玷污。

◆【本章习题】

1. 何谓渔业技术咨询？其内容有哪些？

2. 渔业技术咨询方法有哪些？

3. pH 测定时需注意哪些事项？

4. 显微镜的构造有哪些？

第三部分　二级水产技术指导员

第七章　信息采集处理

第一节　水产信息的获取

一、水产信息的调研采集法

调研就是以科学的方法，有系统、有计划、有组织地收集、调查、记录、整理、分析相关的信息，总结经验，发现问题，并提解决办法，作为各项决策的依据。开展调研工作的主要步骤为：确定调研目标，进行调研设计，选择调研和抽样方法，搜集分析相关材料和数据，撰写并提交报告，跟踪验证提出的主要观点。

二、水产信息问卷调查采集法

"问卷"调研法，是指研究者将其所要研究的事项，制成问题或表格，而以邮寄的方式寄给有关的人员，请其照式填答寄回的一种形式。问卷调研法分为无结构型问卷与结构型问卷。无结构型问卷多用在探索性研究中，是向有关人员问相同的问题，被访问的人员可根据自己的观点回答；结构型问卷又称封闭式问卷，是对所有被测者应用一致的题目，问卷中设计几种可能的答案，由回答者选择符合自己观点的答案。问卷可采用文字形式、图画形式和表格形式。问卷的内容包括标题、前言、被调查者的基本信息、答卷指南、需要回答的问题及结束语。问卷的语言要通俗易懂。

三、水产信息统计报告采集法

1. 描述性统计　描述性统计是一种有效地概括大规模数据特征的方法，主要是对数据的集中趋势和离散程度进行描述。

2. 估计与假设检验　估计，是指从样本数据出发推断总体的平均水平或某一特征（如内部构成比例）的方法，形式上有区间估计与点估计两种；假设检验，是对估计的正确性进行统计意义上的检验，又称显著性检验。

3. 相关与回归分析　这是研究多个变量（一个因变量与多个自变量）之间相关关系的常用方法，简称"回归分析"。它可以用简明的数学公式，表现诸如销售量与价格、广告投入、零售点数量等因素的关系，从中可以看出哪些因素对销售量影响较大而哪些相对影响较小，并且可以预测其中某些因素发生改变时因变量（本例为销售量）的大致变动范围。

四、水产信息会议采集法

会议采集信息，是指调研人员通过参加相关的会议，获取信息的一种方法。调研人员可以通过立法性会议、党务性会议、行政性会议、业务性会议、群众性会议、交际性会议搜集第一手水产信息，进行分析研究。

五、水产信息新闻媒体、计算机网络采集法

在 INTERNET 上遨游，如同在图书馆书架上直接翻看图书，网上信息数量庞大，可提供多种信息资源。目前，Internet 上有优秀的检索工具，在万维网中编制的各种主题指南，可供检索和查询的等级式主题目录，以超文本链接的方式，将不同学科、行业和区域的信息按题分类，或以主题目录方式组织起来。

一般在大目录下分成若干小类目，类目之间按等级系统排列，用户可根据自己的需要，逐级查找，层层展开，获得有关信息。另外，采用关键词检索，是目前最快的检索方式。在 Interne 网上的搜索引擎中输入关键词，可以检索出所需的信息。

用电子邮件进行 FTP、ARCHIE、WEB 信息检索，也是一种有效的方法。只需知道提供服务的电子邮件服务器地址，再按命令格式发出固定格式请求信，该服务器就会按照用户的命令进行检索，并将检索结果以电子邮件形式发给用户。例如，天网检索系统支持 E - mail 查询。也可以利用电子邮件订阅电子报刊，获取信息。

六、通过试验采集水产信息的方法

以实验为基础，通过实验找出所需要的科技信息，用于指导渔业生产。

七、实地信息采集法

根据决策的需要，进行实地定点抽样采集信息，可以准确可靠地采集到所需要的信息。如目前渔业行业对海洋捕捞、淡水池塘养殖进行的定点抽样采集相关的信息，用于对渔业经济的分析，为渔业发展和决策提供依据。

第二节　水产信息的分类与汇总

一、信息的分类与筛选

1. 信息分类　信息分为于我有用信息、于我无用信息和有潜在用途信息三大类。先行剔除无用信息。凡是与本行业和本人所从事工作有关的信息，都属于有用的信息；那些与本行业和本人所从事工作没有联系的信息，属于无用的信息；那些在将来可能有用的信息，称为有潜在用途的信息。

2. 信息筛选的方法　要对信息进行筛选，首先要建立筛子。一是建立专业筛，把那些与专业无关的信息筛选掉；二是建立兴趣筛，把那些本人不感兴趣的信息筛选掉；三是建立经济条件筛，把那些还不具备经济实力实施的信息筛选掉；四是建立技术条件筛，把那些技术不成熟或者技术实力达不到的信息筛选掉；五是建立真伪筛，把那些虚假信息筛选掉，等等。对留下来的信息再进行核实、鉴别、分析、推理和加工整理。

3. 信息剔除　第一，要剔除那些时效性强、过期的信息；第二，要剔除那些于我无用和冗余信息；第三，要剔除那些虚假信息。

二、信息的分析与鉴别

1. 信息鉴别　包括真伪鉴别、价值鉴别和日期鉴别等。鉴别的方法很多，可以凭经验鉴别，可以请行家鉴别，也可以到信息发源地考察调查核实。

2. 信息分析与评价　主要是分析评价信息的含金量、信息的价值大小、实施条件、市场环境及其影响等。

3. 信息推理　就是对已获得的信息进行科学的演绎推理，形成新的信息。

4. 实施方案论证　信息经过鉴别筛选分析和一系列推理形成工作方案后，需要对方案进行论证。论证的内容为：一是信息的确凿性，二是数据的真实性，三是推理的严密性，四是方案的可行性，五是步骤方法措施的合理性，六是技术条件是否适应，七是社会、市场、竞争环境及其影响，八要充分考虑不可预见因素。

三、信息的汇总

信息资料的汇总编写，应该做到准确无误，清晰无疑，简约无赘，朴实无华。

准确无误，就是信息的内容必须准确地反映客观事物。一是事实本身要确凿有据，不能有捕风捉影、道听途说的东西，更不能无中生有。二是要如实描述事物，对成绩不能夸大，对问题也不能缩小。三是要准确地反映事实，科学地运用量化的方法，尽量避免用一些含混不清的词句。

清晰无疑是说信息反映事物要具有较强的可见性，把信息的六要素"何人、何事、何地、何时、何故、何状"具体交代清楚。

简约无赘是说信息的写作要突出重点，要把信息内容中最重要的、最有特色的、最有新意的东西说清楚，其他内容则应作为背景简略提及。

朴实无华是说信息的语言要平实、清晰，要用最简练的语言突出事物的特征。信息中要少讲道理，少用长句和倒装句，可运用一些必要的修辞方法，提高可读性。

◆【本章习题】

1. 水产信息的采集方法有哪些？

2. 怎样制订信息的问卷调研方案？

3. 试述水产信息的分类、筛选和剔除方法。

4. 简述信息的汇总要注意的问题。

第八章 技术示范指导推广

第一节 试验示范推广

一、科技成果的引进

渔业技术成果引进规划和计划的制订。根据自然资源和渔业经济、技术条件，按照渔业科技发展规划的目标要求，对具有较高生产水平又有实用性的渔业技术，如种质、生物技术、检测技术、饲料配方和生产工艺、渔用药物、水产品保鲜加工技术、渔业管理技术等的引进，以及与当地资源、技术水平、创新工作相结合作出规划，以提高国家或地区的渔业生产水平和技术水平。规划内容应主要包括：

（1）预测引入技术对当地渔业经济发展和生态环境带来的影响。

（2）分析、选择所要引进的技术，注意引进那些能与当地资源相结合，创出新品种、新产品的技术。

（3）提出技术引进所要达到的要求及实施主体方案。

（4）提出重大技术引进项目，安排技术引进的轻重缓急，协调引进项目，避免重复引进和盲目引进。

（5）分析引进技术后所产生的经济效益和社会效益。

（6）制订出人才培训的方案和目标要求。

技术成果的引进，既要符合渔业产业政策，又要引进单位自身具有较强的研发和创新能力。在品种引进时，要特别注意生物入侵和生态安全因素，要从国家利益的高度重视物种的引进。

二、试验数据的统计分析

（一）平均数分析

1. 平均数的数学概念 给定一组数据 $x_1, \cdots\cdots x_n$，称 $\bar{x} = \dfrac{1}{n}(x_1 + x_2 + \cdots\cdots + x_n) = \dfrac{1}{n}\sum\limits_{i=1}^{n} x_i$，为数据 $x_1, \cdots\cdots x_n$ 的均值，均值也叫做算术平均数。给定一组数据 $x_1, \cdots\cdots x_n$ 和一组正数 $p_1, \cdots\cdots p_n$，且 $\sum\limits_{i=1}^{n} p_i = 1$，称 $\bar{x} = x_1 p_1 + x_2 p_2 + \cdots\cdots + x_n p_n = \sum\limits_{i=1}^{n} x_i p_i$ 为 $x_1, \cdots\cdots x_n$ 的加权平均数，p_i 称为 x_i 的权。

2. 平均数在统计上的含义 平均数在统计中，是指同质总体内各单位某一数量标志在一定时间、地点、条件下所达到的一般水平，是反映现象总体综合数量特征的重要指标，又称为平均指标。

（1）统计中平均数的特点和作用。

①平均数主要有两个基本特点：

第一，它是对数量标志在总体各单位之间差异的抽象化；

第二，它是一个代表性的数值，说明被研究总体的一般水平。

②平均数在统计中的重要作用：平均数在统计中居于重要的地位。在实际工作中，甚至在日常生活中，处处都要用到平均数。在统计研究中，平均数的作用主要有三个方面：

第一，利用平均数可以对不同总体的同类现象进行空间上的比较，以说明各地区、各部门、各单位生产水平的高低和工作成绩的大小。

第二，利用平均数可以对比某一现象的水平在不同时间上的变化，以说明这些现象发展的趋势或规律性。

第三，利用平均数可以分析现象之间的相互依存关系。

（2）统计上的算术平均数。算术平均数是总体各单位的标志总量与它相对应的单位总数之比，是集中趋势的最主要测度值。它的基本公式是：

$$算术平均数 = \frac{总体标志总量}{总体单位总数}$$

在许多社会经济现象中都存在着这样的一个关系，即个体单位的标志值之和等于总体的标志总量。因此，计算算术平均数的目的，在于计算出总体各单位标志值的一般水平（代表值）。

在已知总体标志总量和总体单位总数的情况下，可以直接利用上述公式来计算算术平均数。例如，某渔业公司 2004 年 8 月的工资总额为 370 000 元，职工人数为 200 人，则该公司职工的平均工资为：

$$平均工资 = \frac{370\ 000}{200} = 1\ 850（元）$$

利用上面公式计算平均数时，要注意公式的子项（总体标志总量）与母项（总体单位总数）在总体范围上的可比性，即两者必须是属于同一总体的。

由于所掌握的资料不同，算术平均数又可以分为简单算术平均数和加权算术平均数。

①简单算术平均数：根据未经分组整理的原始数据计算平均数。设一组数据为 x_1，x_2，x_3，……x_n，则平均数 $\bar{x}$（读用 $x-bar$）的计算公式为：

$$\bar{x} = \frac{x_1 + x_2 + \cdots\cdots + x_n}{n} = \frac{\sum\limits_{i=1}^{n} x_i}{n}$$

简单算术平均数之所以简单，就是因为各个变量值出现的次数相同，如上例中每个变量值出现的次数都是 1。因此，只要把各项变量值简单相加再用项数去除就求出平均数了。

②加权算术平均数：根据分组整理的数据计算平均数。设原始数据被分成 n 组，各组的变量值分别为 x_1，x_2，x_3，……x_n，

各组变量值出现的次数分别为 f_1，f_2，f_3，$\cdots\cdots f_n$，则平均数的计算公式为：

$$\bar{x} = \frac{x_1 f_1 + x_2 f_2 + \cdots\cdots + x_n f_n}{f_1 + f_2 + \cdots\cdots + f_n} = \frac{\sum\limits_{i=1}^{n} x_i f_i}{\sum\limits_{i=1}^{n} f_i}$$

计算加权算术平均数运用的变量数列资料有两种：单项式变量数列和组距式变量数列。单项式变量数列，直接对各组变量值进行加权平均计算；组距式变量数列，需要先求出各组变量值的组中值，然后，对组中值进行加权平均计算。

例如，根据某水产品加工车间 200 名职工加工冻鱼的资料计算平均数如表 8 - 1。

表 8 - 1　平均数计算

按冻鱼箱数分组（个）	职工人数 f（人）	人数比重	组中值 x	xf
40～50	20	0.10	45	900
50～60	40	0.20	55	2 200
60～70	80	0.40	65	5 200
70～80	50	0.25	75	3 750
80～90	10	0.05	85	850
合　计	200	1.00	—	12 900

根据加权算术平均计算公式，得：

$$\bar{x} = \frac{\sum\limits_{i=1}^{n} x_i f_i}{\sum\limits_{i=1}^{n} f_i} = \frac{12\,900}{200} = 64.5$$

从以上计算过程可以看出，次数 f 的作用：当变量值比较大的次数多时，平均数就接近于变量值大的一方；当变量值比较小的次数多时，平均数就接近于变量值小的一方。可见，次数对变量值在平均数中的影响起着某种权衡轻重的作用，因此被称为权数。

但是，如果各组的次数（权数）均相同时，即：$f_1 = f_2 = f_3 = \cdots\cdots = f_n$ 时，则权数的权衡轻重作用也就消失了。这时，加权算术平均数会变成简单算术平均数。即：

$$\bar{x} = \frac{\displaystyle\sum_{i=1}^{n} x_i f_i}{\displaystyle\sum_{i=1}^{n} f_i} = \frac{f \displaystyle\sum_{i=1}^{n} x_i}{f \cdot x} = \frac{\displaystyle\sum_{i=1}^{n} x_i}{n}$$

可见，简单算术平均数实质上是加权算术平均数在权数相等条件下的一个特例。

简单算术平均数其数值的大小，只与变量值的大小有关。加权算术平均数其数值的大小，不仅受各组变量值大小的影响，而且还受各组变量值出现的次数即权数大小的影响。

权数既可以用绝对数表示，也可以用相对数（比重）来表示。因此，加权算术平均数也可用以下形式：

$$\bar{x} = \sum \left[x \cdot \frac{f}{\sum f} \right]$$

仍以上表资料为例，当已知各组职工人数占全部职工人数的比重时，就可以直接运用比重（频率）的形式进行计算。即：

$$\bar{x} = \sum \left[x \cdot \frac{f}{\sum f} \right]$$
$$= 45 \times 0.1 + 55 \times 0.2 + 65 \times 0.4 + 75 \times 0.25 + 85 \times 0.05$$
$$= 64.5（个）$$

用比重（频率）公式计算出来的平均数，与原来用绝对数次数做权数计算的结果是完全相同的。这是因为权数的两种形式，其计算公式在内容上是一致的。

③平均数的数学性质：平均数在统计学中有着重要的地位，它是进行统计分析和统计推断的基础。

平均数具有下面一些重要的数学性质，这些数学性质在实际工作中被广泛地应用。

A. 各变量值与其平均数离差之和等于零，即：

$$\sum (x - \bar{x}) = 0$$

证明如下：

$$\sum (x - \bar{x}) = \sum x - \sum \bar{x} = \sum x - n\bar{x}$$

$$= \sum x - n\frac{\sum x}{n} = \sum x - \sum x = 0$$

B. 各变量值与其平均数离差平方之和等于最小值，即：

$$\sum (x - \bar{x})^2 = 最小值（\min）$$

证明如下：

设 x_0 为任意数，c 为常数（$c \neq 0$），并令 $x_0 = \bar{x} \pm c$，则：

$$\sum (x - x_0)^2 = \sum [x - (\bar{x} \pm c)]^2 = \sum [(x - \bar{x}) \pm c]^2$$

$$= \sum (x - \bar{x})^2 \pm 2c \sum (x - \bar{x}) + nc^2$$

$$= \sum (x - \bar{x})^2 + nc^2$$

因为 $nc^2 > 0$，所以 $\sum (x - x_0)^2 > \sum (x - \bar{x})^2$，即 $\sum (x - \bar{x})^2$ 为最小值。

（3）调和平均数。在统计分析中，有时由于资料的原因没有掌握总体单位数（频数），只有每组的变量值和相应的标志总量。这种情况下就不能直接运用算术平均方法来计算了，而需要以迂回的形式，即用每组的标志总量除以该组的变量值推算出各组的单位数，才能计算出平均数，这就是说要运用调和平均的方法。

调和平均数，是各变量值倒数的算术平均数的倒数。由于它是根据变量值倒数计算的，所以又称作倒数平均数，通常用 $\bar{x}_H$ 表示。根据掌握的资料不同，调和平均数可分为简单调和平均数和加权调和平均数两种。

①简单调和平均数：根据未经分组资料计算平均数。例如，

某种小鱼的早、中、晚市每千克的单价分别为 0.5 元、0.4 元、0.2 元，现某人早、中、晚市各买 1kg，其平均价格用简单算术平均数计算为 0.37 元。但如果某人早、中、晚市各买 1 元钱，其平均价格的计算方法应先把总重量计算出来，然后，再将总金额除以总重量。即：

$$平均价格 = \frac{总金额}{总重量} = \frac{1+1+1}{\dfrac{1}{0.5}+\dfrac{1}{0.4}+\dfrac{1}{0.2}} = \frac{3}{9.5} = 0.32 \ 元$$

用公式表达即为：

$$\bar{x}_H = \frac{n}{\dfrac{1}{x_1}+\dfrac{1}{x_2}+\cdots\cdots+\dfrac{1}{x_n}} = \frac{n}{\displaystyle\sum_{i=1}^{n}\dfrac{1}{x_i}}$$

事实上，简单调和平均数是权数均相等条件下的加权调和平均数的特例。当权数相等时，就产生了通常所说的加权调和平均数。

②加权调和平均数：设 m 为加权调和平均数的权数，加权调和平均数公式即为：

$$\bar{x}_H = \frac{m_1+m_2+\cdots\cdots+m_n}{\dfrac{m_1}{x_1}+\dfrac{m_2}{x_2}+\cdots\cdots+\dfrac{m_n}{x_n}} = \frac{\displaystyle\sum_{i=1}^{n}m_i}{\displaystyle\sum_{i=1}^{n}\dfrac{m_i}{x_i}}$$

仍用前面对蔬菜计算平均价格为例，如果现在早、中、晚市所花钱数不再是 1 元钱，而是表 8-2 的情形，求购进该种小鱼的平均价格。

表 8-2 调和平均数计算

时间	单价（元/kg）x	所花钱数（元）m	购买量（kg）m/x
早市	0.5	4	8
中市	0.4	3	7.5
晚市	0.2	2	10
合计	—	9	25.5

$$\text{平均价格 } \bar{x}_H = \frac{\sum\limits_{i=1}^{n} m_i}{\sum\limits_{i=1}^{n} \frac{m_i}{x_i}} = \frac{9}{25.5} = 0.35 \text{ 元}$$

③调和平均数是算术平均数的变形：从上面的叙述中可以看出，调和平均数是算术平均数的变形，是在缺少总体单位的资料时才被迫使用的计算平均数的一种方法。即：

$$\bar{x}_H = \frac{\sum\limits_{i=1}^{n} m_i}{\sum\limits_{i=1}^{n} \frac{m_i}{x_i}} = \frac{\sum\limits_{i=1}^{n} x_i f_i}{\sum\limits_{i=1}^{n} \frac{x_i f_i}{x_i}} = \frac{\sum\limits_{i=1}^{n} x_i f_i}{\sum\limits_{i=1}^{n} f_i} = \bar{x}$$

由此可见，调和平均数与算术平均数在本质上是一致的，唯一的区别是计算时使用了不同的数据资料。

(二)方差分析

在很多实际问题中，只知道一组数据的平均数是不够的，还需要知道这组数据的波动大小，如何了解数据的波动大小？于是引进了方差的概念。

给定一组数据 x_1, K, x_n，称 $s^2 = \frac{1}{n} \sum\limits_{i=1}^{n} (x_i - \bar{x})^2$ 为数据 x_1, K, x_n 的方差，其中，$\bar{x}$ 是 x_1, K, x_n 的均值。称方差的算术平方根 $s = \sqrt{\frac{1}{n} \sum\limits_{i=1}^{n} (x_i - \bar{x})^2}$ 为数据 x_1, K, x_n 的标准差(也称为均方差)。

方差分析，是检验两个或多个样本均数间差异是否具有统计意义的一种方法。在实际的生产和经营管理过程中，影响产品质量、数量或销量的因素往往很多。如何从众多的因素中，分清哪些是主要因素，哪些是次要因素？这就是方差分析研究的内容。一般称产品的质量、数量或销量为试验指标，对试验指标起一定影响作用的称为因素或因子。如养殖产量受养殖品种、饲料种类及其数量等因素影响；水产品的质量或数量受到生产的工艺条件、管理等因素影响，等等。在众多因素中，有些因素可能对试验指标影响大，有些可能影响小，经常需要分析哪几种因素对生产质量（数量）起决定性的作用，并需知道最优的生产（工艺或销售）条件是什么。

方差分析的种类有很多，有一元方差分析、二元方差分析、均值分析、平衡方差分析和普通线性模式方差分析等。

（三）相关分析

1. 相关的概念　相关分析就是研究两个或两个以上变量之间相关程度大小，以及用一定函数来表达现象相互关系的方法。一般来说，现象之间的相互关系可以分为两种，一种是函数关系，一种是相关关系。

相关关系与函数关系的不同之处表现在：①函数关系指变量之间的关系是确定的，而相关关系两变量的关系则是不确定的，可以在一定范围内变动；②函数关系变量之间的依存，可以用一定的方程 $y=f(x)$ 表现出来，可以给定自变量来推算因变量，而相关关系则不能用一定的方程表示。

函数关系是相关关系的特例，即函数关系是完全的相关关系。

2. 相关的种类　按相关的程度分，有完全相关、不完全相关和不相关。相关分析的主要对象，是不完全的相关关系。

按相关的性质分，有正相关和负相关。正相关指的是因素标志和结果标志变动的方向一致；负相关指的是因素标志和结果标志变动的方向相反。

按相关的形式分，有线性相关和非线性相关。按影响因素多少分，有单相关和复相关。

3. 相关图表

（1）相关表。编制相关表，不仅可以直观地显示现象之间的数量相关关系，而且它也是计算相关指标的基础。相关表有简单相关表和分组相关表，分组相关表又有单变量分组相关表和双变量分组相关表。

（2）相关图。有相关散点图和相关曲线图。借助相关图，可以直观而形象地显示现象之间相关的性质和密切程度。

4. 相关系数

（1）相关系数的特点。相关系数是测定变量之间相关密切程度和相关方向的代表性指标。相关系数用符号"γ"表示，其特点表现在：

①参与相关分析的两个变量是对等的，不分自变量和因变量，因此，相关系数只有一个。

②相关系数用正负号反映相关关系的方向，正号反映正相关，负号反映负相关。

③计算相关系数的两个变量都是随机变量。

（2）相关系数的计算。计算公式为：

$$\gamma = \frac{n\sum xy - \sum x \sum y}{\sqrt{n\sum x^2 - (\sum x)^2 \left[n\sum y^2 - (\sum y)^2\right]}}$$

利用相关系数的基本公式计算相当繁琐，但利用代数推演的方法，可得到许多计算相关系数的简化式。

5. 回归分析

（1）回归分析的意义。回归分析是对具有相关关系的两个或两个以上变量之间数量变化的一般关系进行测定，确定一个相应的数学表达式，以便从一个已知量来推测另一个未知量，为估计预测提供一个重要的方法。

（2）回归与相关的区别与联系。回归和相关都是研究两个变量相互关系的分析方法。

相关分析研究两个变量之间相关的方向和相关的密切程度，但是相关分析不能指出两变量相互关系的具体形式，也无法从一个变量的变化来推测另一个变量的变化关系。回归方程则是通过一定的数学方程，来反映变量之间相互关系的具体形式，以便从一个已知量来推测另一个未知量，为估算预测提供一个重要的方法。

相关分析既可以研究因果关系的现象，也可以研究共变的现象，不必确定两变量中谁是自变量，谁是因变量。回归分析是研究两变量具有因果关系的数学形式，因此，必须事先确定变量中自变量与因变量的地位。

计算相关系数的两变量是对等的，可以都是随机变量，各自接受随机因素的影响，改变两变量的地位并不影响相关系数的数值。在回归分析中因变量是随机的，自变量是可控制的解释变量，不是随机变量，因此，回归分析只能用自变量来估计因变量，而不允许由因变量来推测自变量。

回归分析和相关分析是互相补充、密切联系的。相关分析需要回归分析来表明现象数量相关的具体形式，而回归分析则应该建立在相关分析的基础上。依靠相关分析表明现象的数量变化具有密切相关，进行回归分析求其相关的具体形式才有意义。在相关程度很低的情况下，回归函数的表达式代表性就很差。

（3）简单线性回归方程的建立。简单线性回归方程式为：

$$\hat{y} = a + bx$$

式中　$\hat{y}$——估计值；

　　　a——直线在 y 轴上的截距；

　　　b——直线的斜率，又称为回归系数。

回归系数的含义是：当自变量 x 每增加一个单位时，因变量 y 的平均增加值。当 b 的符号为正时，表示两个变量是正相关；当 b 的符号为负时，表示两个变量是负相关。a、b 都是待定参数，可以用最小平方法求得。

（4）估计标准误差分析。估计标准误差，是衡量因变量的估计值与观测值之间平均误差大小的指标。利用此指标可以说明回归方程的代表性。

(四) 主成分分析

1. 基本概念 在多数实际问题中，不同指标之间是有一定相关性。由于指标较多及指标间有一定的相关性，势必增加分析问题的复杂性。比如说，对于鱼病的病因是多种多样的，收集的资料中包含的信息是丰富多彩的。然而，重叠的、低质量的信息越多，越不利于作出诊断。

主成分分析就是设法将原来指标重新组合成一组新的互相无关的几个综合指标来代替原来指标。同时，根据实际需要从中可取几个较少的综合指标，尽可能多地反映原来的指标的信息。主成分分析是考察多个数值变量间相关性的一种多元统计方法，它是研究如何通过少数几个主成分来解释多变量的方差—协方差结构。

导出几个主成分，使它们尽可能多地保留原始变量的信息，且彼此间不相关。

2. 主成分分析的基本思想 将原来众多具有一定相关性的指标，重新组合成一组新的相互无关的综合指标来代替原来指标。以两个指标为例，信息总量以总方差表示：

$$D(x) = D(x_1 + x_2) = \frac{1}{n}\sum(x_{i1} - \bar{x}_1)^2 + \frac{1}{n}\sum(x_{i2} - \bar{x}_2)^2$$

$$\sum(y_{i1} - \bar{y}_1)^2 + \sum(y_{i2} - \bar{y}_2)^2 = \sum(x_{i1} - \bar{x}_1)^2 + \sum(x_{i2} - \bar{x}_2)^2$$

其中，y_1、y_2 分别都是 x_1、x_2 的线性组合，并且信息尽可能地集中在 y_1 上。在以后的分析中舍去 y_2，只用主成分 y_1 来分析问题，起到了降维的作用。

主成分分析就是通过适当的变量替换，使新变量成为原变量的线性组合，并寻求主成分来分析事物的一种方法。

3. 主成分模型中各统计量的意义

（1）主成分的方差贡献率。计算公式为：

$$\frac{\lambda_i}{\sum_{i=1}^{p}\lambda_i}$$

这个值越大，表明第 i 主成分综合信息的能力越强。

（2）主成分的累计贡献率。计算公式为：

$$\sum \frac{\lambda_i}{\sum \lambda_i}$$

表明取前几个主成分基本包含了全部测量指标所具有信息的百分率。

（3）主成分个数的选取。

①累积贡献率达到 85% 以上：

②根据特征根的变化来确定：

$$\bar{\lambda} = \frac{1}{p} \sum_{i=1}^{p} \lambda_i = 1, \ \lambda_i > \bar{\lambda}$$

（4）主成分分析的基本步骤及实现。

①将原始数据进行标准化处理。

②计算样本相关矩阵 R。

③求相关矩阵 R 的特征值与特征向量，并计算贡献率。

④选择主成分。

⑤对所选主成分做经济解释。

（5）主成分回归分析。主成分估计：主成分估计是以 P 个主成分中的前 q 个贡献大的主成分为自变量建立回归方程，估计参数的一种方法。它可以消除变量间的多重共线性。回归方程为：

$$y = b_0 + b_1 x_1 + b_2 x_2 + \cdots\cdots + b_p x_p + e$$

①对所有变量进行标准化。

②对所有标准化后的自变量求主成分 Z。

③选择前几个主成分。

④计算主成分得分。

⑤y 与主成分进行回归，求出 α 系数值。

⑥再计算出 β 系数，即可得出消除多重共线性的标准回归方程。

（五）聚类分析

聚类分析，是根据事物本身的特性研究个体分类的方法。其原则是同一类中的个体有较大的相似性，不同类的个体差别比较大。根据分类对象的不同，分为样品聚类和变量聚类。聚类分析作为物以类聚的一种统计分析方法，用于对事物类别的面貌尚不清楚，甚至在事前连总共有几类都不能确定的情况下进行分类的场合。

聚类方法大致可归纳如下：

1. 系统聚类法 先将 n 个元素（样品或变量）看成 n 类，然后，将性质最接近（或相似程度最大）的两类合并为一个新类，得到 $n-1$ 类，再从中找出最接近的两类加以合并变成了 $n-2$ 类，如此下去，最后所有的元素全聚在一类之中。

2. 分解法 其程序与系统聚类相反。首先，所有的元素均在一类，然后用某种最优准则将它分成两类，再用同样准则将这两类各自试图分裂为两类，从中选一个使目标函数较好者，这样由两类变成了三类。如此下去，一直分裂到每类中只有一个元素为止。有时即使是同一种聚类方法，因聚类形式（即距离的定义方法）不同而有不同的停止规则。

3. 动态聚类法 开始将 n 个元素粗糙地分成若干类，然后，用某种最优准则进行调整，一次又一次地调整，直至不能调整了为止。

4. 有序样品的聚类 n 个样品按某种因素（时间或年龄或地层深度等）排成次序，要求必须是次序相邻的样品才能聚在一类。其他还有加入法、有重叠的类、模糊聚类等。

聚类分析实质上是寻找一种能客观反映元素之间亲疏关系的统计量，然后根据这种统计量把元素分成若干类。常用的聚类统计量，有距离系数和相似系数两类。距离系数一般用于对样品分类，而相似系数一般用于对变量聚类。距离的定义很多，如极端距离、明考斯基距离、欧氏距离和切比雪夫距离等。相似系数有相关系数、夹角余弦和列联系数等。

三、科技成果引进效果评价

（一）成果引进效果评价因素的选择

1. 引进成果的先进性　即引进成果所具有的技术创新性，应是最新的科研成果和最新的技术。

2. 引进成果的成熟性　即渔业科技成果的可靠性和相对稳定性，这是保证渔业科技成果引进后能推广应用的基本条件。拟引进的渔业科技成果在满足其技术要求的条件下，必须是真正有效，并保证长时期的稳定性。

3. 引进成果的适应性　引进和选择渔业科技成果时，不仅要看渔业科技成果投资大小、见效快慢和效益高低，还要考虑当地的自然条件、生产条件、经济条件和环境条件是否适应。

4. 引进成果的经济合理性　即拟引进的渔业科技成果要有最佳的投入产出比，也就是要引进那些对生产有重大影响，能改变地区面貌的起决定性作用的投资少、见效快、效益高的渔业科技成果，不仅要有显著的经济效益，还要有显著的社会效益和生态效益。

5. 引进成果的生产需要性　拟引进的成果不仅必须符合渔民利益，而且能有助于解决当前渔业生产中亟需解决的问题。

6. 引进成果的市场需求性　引进渔业科技成果的产品必须符合市场需求，既要考虑产品的产量，又要考虑产品的质量。既要生产得出，又要易于销售，还要价格合理。

7. 引进要充分考虑符合国家经济计划和技术政策的要求专业技术要适应国家发展的有关规定。推广渔业科技成果的引进，也必须符合现行国家经济计划和渔业发展技术政策的要求，不能与此相抵触。

（二）成果引进效果评价体系的建立

1. 对成果引进后效益的评价

（1）经济效益的评价。成果引进后，在一定时期内带来的产量、产值和效益的增加，以及投入产出比高低，比较效益是否合理。

（2）社会效益的评价。成果引进和应用一段时期后，对社会安定、渔民素质提高及社会发展的促进效果，造就的示范辐射作用的大小等。

（3）生态效益的评价。成果引进应用后，对生物生长发育环境和人类生存环境的影响效果进行评价，尤其要对不利影响进行评价。如是否对渔业资源造成破坏和危害；是否存在有毒有害物质残留，残留期多长；是否污染水域环境；是否破坏自然景观等。

2. 对引进成果的先进性、成熟性、适应性的评价

根据成果引进时的计划书、成果应用后的表现，结合渔业科技进步的现状，对引进的渔业科技成果的技术先进程度、成熟程度和适应程度进行评价。

3. 对成果引进后实施结果的评价

在成果引进并应用一段时期后，要对成果引进的各方面工作，特别是引进后的实施结果进行全面评价。应以决策、计划、目标、实施方案、年度小结、实物、标本、途径和现场等为根据，以原有技术为对照对实施结果进行评价。如资金使用情况评价、成果引进机构及人员情况和能力评价、档案管理和成果信息服务评价、引进方式方法评价、对渔民行为改变的评价等。

（三）成果引进效果评价的方式与方法

1. 评价方式

（1）自我评价。成果引进机构及人员，根据评价目标、原则及内容收集资料，对自身引进工作进行自我总结、自我反思的一种主观效率评价方式。在实施评价的过程中，还需要通过访问和

研究引进单位及周围对成果引进应用的态度与反应，从而提高对引进成果应用效果评价的质量。一般采用题目询问和现场考察的方式，获取评价所需的资料和信息。

（2）专家评价。聘请相关专家组成评价小组进行评价。专家们可以对引进成果的实施效果，进行全面的研究和分析。专家评价法的信息量大，意见中肯，结论客观公正，容易被接受。

2. 评价方法　渔业科技成果引进效果的评价方法，可分为定量方法和定性方法两大类。定量评价需要事先量化相应的指标，然后进行计算、对比等；定性评价是把被评价的内容分解成许多项目，再把每个项目划分为若干等级，按重要程度设立分值并打分。

四、试验示范及推广项目总结

（一）推广试验的总结

试验总结的过程，也是对研究事物再认识的过程。首先，应对观测数据进行科学的归纳，运用统计手段从繁杂的现象中抽象出本质的规律。然后，按照既唯物又辩证的多向思维，去分析所获客观规律形成的原因。以便进行更深入的研究，达到真正意义上的再创新。对一些效果显著、规律性较好的试验，可按科技论文形式撰写并发表。对某些无规律可循且效果不显著的试验，应及时修改试验方案，进行下一轮试验。

（二）推广成果示范的总结

总结包括两部分。一是工作概述，主要包括示范的背景、规模、组织形式、效果和经验与不足等；二是技术部分，主要包括示范技术增产增效指标、投入情况、管理措施及各关键生育期的调控指标等，并附原始记录或录像、照片等资料。

成果示范总结材料的价值有三点，一是积累材料，充实推广教学内容；二是向政府或企业等资助单位的管理部门提供资料，为上级管理部门制订下一轮大范围推广计划时提供参考依据；三是向技术成果研制单位反馈信息。

一项成功的成果示范，经常采用召开总结会议的方式，借此扩大宣传，加大推广力度。同时，对示范户和推广人员给予表彰或物质奖励，激励他们的工作热情。

（三）推广方法示范的总结

方法示范的总结比较简单，主要包括示范的内容、时间、地点、组织形式、示范效果及示范的优、缺点等，同时将示范的体会，特别是需注意的重点及需要改进的方面记载下来，作为今后学习借鉴的资料。

（四）渔业推广项目的总结

渔业推广项目的总结，是渔业推广项目的一项重要工作，通过总结渔业推广项目实施过程中的经验和问题，可以达到不断改进工作、提高项目推广效益的目的。同时，也有利于检验科技成果，以便得到反馈，促进新成果的不断涌现。

项目总结一般除了每年搞好年度总结外，在项目告一段落或结束时，特别要注重项目实施全过程的总结，并为鉴定和申请报奖提供主要依据。项目总结的主要内容：

1. 立项依据和意义　主要写明项目确立根据和由来，总结项目的根据是否充分可靠，立题是否正确，有没有针对性，并且阐明对发展渔业生产和农村市场经济是否具有积极的作用和重大意义等，从而进一步检验确定项目的准确性和必要性。

2. 项目取得的成绩　包括项目实施以来的推广面积、范围、产量水平和增产幅度等。说明是否达到了项目合同规定的指标，执行中有什么发展和突破，取得多大的经济效益、社会效益和生态效益。

3. 项目的主要技术改进　包括要达到预期目的而采取的技术原理是否科学可行，是否紧密结合实际促进了生产发展。特别要总结项目实施的关键技术及其原理有哪些创新、改革和发展，包括技术开发路线，技术本身的改进、深化和提高，以及技术的推广应用领域的扩大、推广手段和方法的改进等。

4. 完成项目任务的工作方法 主要包括建立健全组织领导，坚持试验示范和以点带面，围绕项目开展研究，抓好技术培训，组织协作攻关，现场考察，交流经验，开展技术服务，搞好技术承包等。

5. 对项目的评价和建议 主要是运用重要技术参数，与国内外同类技术对比对该项目进行评价，确定项目重要技术参数的先进地位和程度，以及项目技术的特点、特性。同时，从项目实施情况出发，结合项目技术的科学性和可行性、国家国民经济发展战略、渔业的现状和条件、国家的要求和渔民的意愿等方面的因素进行综合分析，提出今后发展前景和建议，包括技术的可行性与应用地区、范围的适应性以及应注意的问题等。

推广项目完成的质量，如何在很大程度上由项目的总结反映出来，因此，要认真做好项目的总结。在写法上要做到：观点明确，概念清楚，内容充实，重点突出，科学性强，实事求是，语言精练，逻辑性强。

要写好项目总结，首先，要充分掌握项目实施的实际情况，必要时要对一些问题进行调查，要把能说明问题、揭露本质、有一定代表性的事例写进去，有了项目实施的素材之后，要加以归纳，形成概念；第二，项目总结要突出重点，项目总结既能概括全貌又要把某些问题和方面加以重点阐述；第三，写项目总结时要推敲观点，主要是对观点是否明确，形成的概念和提出的问题是否确切、深刻、鲜明，进行反复推敲，增强项目总结的科学性、严谨性。

（五）项目总结报告写作参考格式

1. 推广工作报告 内容包括：

（1）项目推广的组织管理措施。包括建立项目的组织领导体系，建立科技人员岗位责任制，制订项目管理办法等。

（2）项目推广的方法与手段。包括项目实施中试验示范网络的建立、围绕项目开展研究的具体方法、技术培训与普及、开展技术承包、方法与手段的创新等。

（3）项目的配套服务。包括项目实施的政策保证、物资供应等。

推广工作报告要力求概括性强，内容充实，用数据、事实说明问题。推广工作报告一般分为题目、导语、正文、结束语四部分：

（1）题目。例《×××××××推广工作报告》。

（2）导语。概括推广情况及项目结果，导入正文。

（3）正文。按上述报告内容论述。同时进行科学的分析，重点是对项目完成起主导作用的措施、做法、经验及存在问题。最好用典型材料加以说明。

（4）结束语。用概括语言结束全文。

2. 推广技术总结报告　一般包括：①立项的依据和意义；②项目取得的成绩；③项目的主要技术；④项目实施采取的工作方法；⑤项目的分析和建议。

推广技术总结报告一般分为题目、导语、正文、结尾四部分：

（1）题目。点明技术总结的主题，要全面反映总结报告的内容。例《×××××推广技术总结报告》

（2）导语。报告的开头，叙述项目的来源、立题依据及其意义。导语要求语言简练，概括性强。

（3）正文。报告的主体，重点是项目的推广情况和成果；项目的主要方法和手段；项目的主要技术及创新点；项目的评价及发展前景等。正文的结构要根据内容，拟出若干小标题分别叙述。

（4）结尾。提出项目继续推广的建议及应注意的问题。文字叙述尽可能简练。

五、渔业推广项目的验收与报奖

（一）渔业推广项目的验收鉴定

1. 项目的验收

（1）项目验收鉴定的概念。渔业推广项目的验收，是项目下达部门对项目承担单位的推广工作完成情况的一种考核。验收过程实际上是签约双方最后一次履行应尽的义务，下达推广项目的部门，将依据合同规定的条款逐条考核承担单位对推广内容完成情况。项目验收的唯一依据就是双方的契约，如合同书、计划任务书等，验收的结论也只能反映项目的完成情况，而不能做出其他评价。

（2）项目验收的分类。

①阶段验收：对于周期较长的推广项目，内容有明显阶段性进展的项目，以及因季节限制的推广项目，为了能使验收工作简便、准确、直观和易于评价，常常需要在推广项目进行中间进行一部分推广内容的验收，这就是阶段性验收。

②项目完成验收：待全部工作完成之后，也就是课题组提交结题报告以后，由项目下达部门组织管理人员和技术专家组成的验收组，对课题的全部计划内容完成情况进行全面验收。

（3）项目验收的条件。

①阶段验收的条件：阶段验收的内容必须是较独立的，或者是年度进展要求比较明确的项目。推广周期较长，内容又具有明显的年度特征。因此，进行阶段验收时，课题组必须是按计划完成了相对独立的推广内容，或完成了年度进展要求。阶段验收也需要课题组提供比较充分的试验现场和文字资料、样品、样机等，能使验收专家评价推广工作的事实材料。只要能够说明推广工作的完成情况，提供验收组的材料可不拘一格。因为，阶段性验收的结果只是整个课题验收的事实依据材料。

②项目完成验收的条件：推广项目的全面验收，就是对照合

同书（或其他有效契约）所规定的推广内容和指标，逐条、逐项的考核、验收。不但考核技术、经济指标完成状况，同时，也要考核经费使用情况和推广工作的组织及工作效率状况。为了使验收工作顺利完成，项目组应提前做好以下几方面的准备工作：

A. 推广工作完成情况。进行验收的项目或课题，必须是已经正常结题的项目或课题，异常结题的推广项目不能进行验收。对划分为若干子项或专题的大型课题的验收，必须在各个子项或专题验收的基础上进行。

B. 研究工作现场和实物。为了使验收工作更直观、准确，推广单位应尽可能提供必要的试验现场，如试验田、实验室等。对推广结果是产品的项目，还应提供一定量的产品，如样机、样品等。

C. 旁证材料。在推广工作进行当中，一些新技术方法和手段往往可以在扩大试验的阶段，应用于某些科技意识强的生产单位。也有一些应用性推广项目，在合同书中就明确规定了必须在一定规模的生产实践中，对试验结果实用性进行检验，生产应用过程成为推广工作的必要组成部分。因此，由生产单位或渔民对应用该项新技术所产生的效果的书面材料，是验收工作的重要辅助材料。课题组应当在验收之前，将旁证材料征集完毕，要注意凡是涉及经济效益分析的旁证材料，必须经当地财政主管部门或审计主管部门审核并加盖公章后方视为有效。

D. 分析、检测报告。某些推广项目的指标或标准，必须由国家指定的技术检测部门出具检测报告，如渔药制品、机械产品和生物品种等。凡属此类内容的推广项目或课题，均应在验收之前做好法定的分析、检测工作，并提出相应的报告单来作为技术验收的依据。

（4）项目验收办法。现行的基本验收方式有三种，即现场验收、会议验收和检测（审定）验收。

①现场验收：验收专家组通过考查研究工作现场的方式，对

承担项目单位的推广工作结果作出是否完成预定计划的评价过程。采用现场验收的项目或课题，往往是推广结果应用性极强的课题。这类推广课题的重点是，解决大范围生产中遇到的难题，推广工作中所采用的技术和方法，大都是理论依据充分的前人研究结果。因此，对这类项目的验收，只需要考查其在生产实践中应用的实际效果，采用现场验收的方式，可以直观考查研究结果，准确、公正地对推广工作的结果作出评价。

②会议验收：验收专家组通过会议的方式，对提交验收的项目或课题进行技术审查和工作审查，依据课题组提供的有关资料，并结合实地考查或检测，对推广单位的工作结果作出是否完成预定计划的评价过程。通过会议的方式，验收专家们可以对提交的技术材料、采用的方法和技术路线进行科学性审查，还可以对推广工作全过程的技术档案进行必要审查，以确定结果的真实、可靠。

③检测（审定）验收：许多项目的结果，必须要有国家指定的检测、审定机构的认证，方可视为合格、有效的结果，如渔药制品，机械产品和水产品种等。

2. 项目的鉴定 对推广项目计划完成情况及项目所达到的技术水平，作出科学的、客观的评价。项目鉴定具有正规性、严格性和法定性，这是科技管理工作的重要组成部分，也是科技进步的必然要求。

（1）项目鉴定的准备。

①申请鉴定：推广项目完成后，由主持人写出申请鉴定报告，项目主持单位负责人签署意见，报成果管理部门审查，申请组织鉴定。

②搜集证明材料：相关材料包括项目成果应用情况及经济效益、社会效益和生态效益等，要由成果应用单位出具证明材料。证明材料中的数据要符合实际，与项目统计资料相吻合。

③提交申请鉴定的材料。提交的材料包括：

A. 推广工作报告和技术总结报告。

B. 科技成果应用单位证明材料。

C. 项目任务计划书、原始调查资料、年度总结、技术推广方案等。

D. 效益计算及分析报告。

E. 与成果有关的论文材料、验收证明、表格、照片等。

（2）项目鉴定的主要方式。项目鉴定根据不同条件，可采用现场验收鉴定、视同鉴定、专家通讯验收鉴定和会议验收鉴定等方式。

（3）验收鉴定的内容。验收鉴定主要是验收推广技术的来源、技术路线的选择是否合理，在可行性试验示范中技术的提高与完善程度，推广措施有无创新，应用推广后取得的经济效益、社会效益和生态效益等。同时，验收鉴定是否达到计划规定的技术指标，其技术特点、独创性是否达到国际、国内先进水平等。

3. 项目验收与鉴定的灵活运用 在项目的验收和鉴定实践中，为了节约时间与经费，经常在具备阶段性检测、测产或验收的基础上，将项目的最终验收与鉴定合并进行，组织整个项目的验收鉴定。

（二）渔业推广项目成果登记与报奖

1. 成果登记 为了促进渔业推广技术成果的推广应用，发挥出科学技术的巨大潜力和投资效益，科技部和省、直辖市、自治区成果管理机构都实行了科技成果登记制度。该制度要求成果完成单位及时将通过专家鉴定或验收的重大成果及时公布，促进成果转化；二是取得成果优先权，有利于今后成果的产权归属和成果报奖。成果管理机构将已经登记的科技成果定期汇编成科技成果公报向全社会公布，强化科技成果的宣传与报道，促进科技成果向生产实践的转化。

（1）成果登记的条件。

①经过合法的成果鉴定或验收过程，通过了鉴定（验收）专家的审核，并有明确的鉴定结论或验收意见，该结论得到了组织

鉴定（验收）单位和主持单位的同意。

②成果的技术水平至少应达到国内领先水平，或者是具有广泛的应用前景，并能带来巨大的经济效益或社会效益。

③成果的技术资料齐全。进行登记的科技成果必须提供鉴定（验收）的全部技术资料，即研究工作报告、技术报告、国内外技术水平对比情况报告、查新报告、应用前景和经济效益分析或社会效益报告及论文专著等附件。

（2）登记的程序。成果完成单位的科技管理部门，应根据国家成果管理机构制订的成果登记条例，对完成鉴定（验收）的科技成果进行审查，将符合登记条件的科技成果挑选出来，并按照科技成果登记的要求准备技术资料。课题组将成果登记报表和成果登记所要求的全套技术资料，到对口的科技成果管理机关登记。

2. 成果报奖　渔业推广项目通过验收鉴定之后，就可以向有关成果管理部门上报请奖。根据有关规定，目前，我国渔业推广成果主要是申报科学技术进步奖。其中，设有国家级、省级和地市级科学技术进步奖 3 种。承担农业部"丰收计划"项目的，可向农业部申报丰收奖。

（1）报奖条件。

省级一等级：凡推广国内已经取得的渔业科技成果，推广时间在 3 年以上，在推广中对原成果的技术水平或工艺方法等方面有显著改进或创新，推广方法先进，并在推广中形成一整套的配套技术，其配套技术对推广先进渔业科技成果有重要的促进作用，使推广范围超出一个省或某一特产作物的特定产区，产量提高 10%，成本降低 5%以上，取得了重大的经济效益和社会效益。

省级二、三等奖：比照一等奖所要求的内容适当放宽。

在推广已有的科学技术成果工作中，作出了创造性贡献，或在某些方面取得了突破性的进展，并获得了重大经济效益和社会效益的，可以申报国家级科学技术进步奖。

申请地方科学技术进步奖，需要按当地要求。

（2）上报请奖成果应具备的材料。

①科学技术进步奖申报书。

②项目鉴定证书（或视同鉴定证书）。

③推广项目总结报告：

A. 推广工作报告。

B. 推广技术总结报告。

C. 效益分析报告。

④有关证明等材料，其中，经济效益证明须加盖行政财务印章。

如果推广项目在某一方面有重大改进或发展，且受总结报告的篇幅限制不能充分表达时，可以单方面自成材料，以示突出。

（3）报奖的程序和要求。根据有关规定，科技成果奖励实行归口管理办法。几个单位共同完成的推广成果，由项目主持单位会同参加单位协商一致后，按上述规定上报请奖。但其中部分推广成果是一个单位单独完成的，并可在生产上单独应用的，经协作项目主持单位同意后，也可以单独向归口部门请奖，但不得参与总项目重复报奖。协作推广项目的报奖，必须有正式的技术推广合同书，明确推广内容、时间、参加人数、参加单位、主持或牵头单位、项目主持人以及其他有关事项。报奖材料必须认真填写，打印或铅印成文，并加盖公章。

第二节　水产养殖技术

一、水产苗种繁育技术

（一）鱼类人工繁殖和苗种培育

【基础知识】

1. 性腺和性腺发育

（1）性腺。又称生殖腺，是产生生殖细胞的地方，雌性为卵巢，雄性为精巢。大多数养殖鱼类的卵巢是成对的，位于鳔的腹面两侧，呈囊状。卵巢内有许多结缔组织的横隔，卵细胞就着生在横隔上，所以，这些横隔又称蓄卵板。成熟的卵从蓄卵板上脱落，落入卵巢腔中。两侧卵巢末端变细，合并为管状称为输卵管，开口于体外，开口称为泄殖孔。

大多数养殖鱼类的精巢也是成对的，位于鳔的两侧腹面，呈囊状。精巢的腺体是由许多圆形或长形的壶腹组成，壶腹的内壁由结缔组织基质形成，精细胞的发育和成熟过程就在壶腹中进行。精巢背部有一纵沟，汇集各壶腹的精液，精液通过精巢末端的输精管排出体外。

（2）性腺的发育分期。依据卵细胞形状和大小、细胞核的大小和位置、细胞质中各种细胞器的状态，以及卵细胞周围滤泡细胞的形态和数目等组织学特点，将卵细胞发育分为 6 个时相（期）；肉眼鉴别，是根据卵巢的形状、大小、颜色、卵粒大小以及卵巢上血管的分布等形态来判断。下面以鲤为例，描述各期卵巢的基本特征。

第 I 期：卵巢紧贴在鳔下两侧的体腔膜上，透明细线状，肉眼不能分辨雌雄，看不到卵粒和血管的分布。

第 II 期：卵巢呈扁带状，能看到卵巢表面有血管分布；撕去卵巢膜，其内部显现出花瓣状的纹理（卵巢隔膜或称蓄卵板）；此时还看不到卵粒。

第 III 期：卵巢体积增大，成熟系数 3%～6%。用肉眼就可以看到卵粒，但不能从卵巢隔膜上剥离下来。

第 IV 期：卵巢体积进一步增大，成熟系数 14%～28%。卵粒大而明显，且已剥离下来；卵巢表面血管粗而清晰。

第 V 期：卵粒已从隔膜上脱落，在卵巢中处于流动状态，轻轻挤压鱼的腹部，卵粒可从生殖孔流出。

第 VI 期：从外形上看，卵巢体积缩小，组织松软，表面充血。大部分卵粒已排出体外，未排出卵粒退化，呈白浊色。

精巢发育分期与卵巢一样，依据组织学和形态特征分为六个时相（期）。

第Ⅰ期：精巢呈细线状，紧贴在体腔壁上，肉眼无法区分性别。

第Ⅱ期：精巢为细带状，白色，半透明，肉眼已可分出雌雄。

第Ⅲ期：精巢精巢白色，呈柱状，表面较光滑，没有精液。

第Ⅳ期：精巢精巢宽大，表面出现皱褶；刺破精巢膜，有精液流出。

第Ⅴ期：精巢表面柔软，乳白色，轻压腹部有精液流出。

第Ⅵ期：精巢中大量精子已排出，体积缩小；颜色变为浅红色。

（3）性周期。鱼类性腺发育与成熟，都有严格的周期性，这种周期性是鱼类在历史发展过程中所形成的一种适应性。鱼类自性成熟至衰老前，性腺发育每隔一段时间就重复一次，只有那些一生只产一次卵的鱼类（如大麻哈鱼、鳗鲡、银鱼、公鱼等）例外。

鲢、鳙、草鱼、青鱼的性周期为 1 年，即 1 年只产卵一次。性成熟亲鱼以第Ⅲ期卵巢越冬；春季（5～6 月）水温达到 18℃左右发育到第Ⅳ期；人工催产后进入第Ⅴ期，排卵和产卵；产卵后为第Ⅵ期。不经催产的亲鱼，其卵巢自动退化为第Ⅱ期，秋季进入第Ⅲ期。

鲤以第Ⅳ期越冬，春季到来后（水温＞15℃）很快就可产卵；完成产卵并经过一段时间恢复后卵巢进入第Ⅲ期，经过夏季，到了秋季卵巢又进入第Ⅳ期。

2. 影响性腺发育的因素　概括为生理和生态两个方面。生理上，最主要是神经系统和内分泌系统的调节与控制；生态上，主要是水温、水质和光照等环境因素的影响。

（1）影响性腺发育的神经与内分泌系统。主要包括下丘脑、脑垂体、性腺和甲状腺等。

①下丘脑：下丘脑的神经细胞除了具有神经元的结构和功能外，还能释放化学传递物质（激素）。它接受来自脑的信号刺激并释放激素，通过神经传导或血液传导到达脑垂体，调节脑垂体激素的分泌和释放。所以，鱼类下丘脑的神经分泌活动与繁殖周期密切相关，它是环境因素转化内分泌信息的场所。

目前，已发现下丘脑激素与鱼类繁殖关系密切的是促性腺释放激素（GnRH）和促性腺释放激素的抑制激素或称因子（GRIH 或 GRIF）。硬骨鱼类的 GnRH 与哺乳动物的促黄体素释放激素（LRH）的化学结构、生物活性大体一致。由于下丘脑中存在能溶解 LRH 和水解其末端甘氨酰胺的酶，而且 LRH 在血液循环中还会被内脏酶系水解，构型遭到破坏而失去活性。因此，天然 LRH 的半衰期甚短，不宜滞留体内，不宜储藏和使用。为了提高催产效果，我国科技人员合成了 LRH 的类似物 LHRH - A。LHRH - A 的活性比 LRH 高，易储藏、运输和使用，是我国鱼类人工繁殖广泛应用的催产剂之一。

②脑垂体：鱼类脑垂体和其他脊椎动物的垂体一样，位于间脑的腹面，与丘脑下部的垂体茎紧密相连。整个垂体可分为神经部及腺体部。垂体的神经部直接与间脑相连，它的神经纤维和分支可以深入腺体部分；腺体部又分为前、间、后三叶，它具有不同类型的细胞，可分泌多种激素，其中，间叶的嗜碱性细胞所分泌的激素 GTH 与性腺的发育、成熟及排卵有关。

许多研究表明，鱼类脑垂体分泌的促性腺激素（GTH），与高等哺乳动物中的促卵泡激素（FSH）和促黄体激素（LH）具有类似的功能。FSH 可促使雌体卵泡成熟和分泌雌激素，还可促进雄体精子成熟。LH 可促进雌体排卵、黄体生成和分泌雌激素、孕激素；促进雄体间质细胞增生和分泌雄激素。早在 1930年，Houssay 就用硬骨鱼类脑垂体的组织悬液进行催情。

③性腺：性腺所产生的激素，主要反映在三方面的功能：一

是刺激性腺发育、成熟；二是刺激机体产生副性征和性行为；三是对脑垂体（GTH）的效果具有反馈（至中枢神经）作用。卵巢和精巢分泌的激素称性激素，如卵巢中滤泡细胞分泌的孕激素（包括孕酮，17α-羟孕酮，17α、20β双羟孕酮）、雄激素（主要是脱氢表雄酮、雄烯二酮和睾酮等）、雌激素（主要是雌二醇和雌酮）和皮质类固醇（如11-脱氧皮质类固醇）。1970年，人们从孕妇尿、孕马血清中提取的绒毛膜促性腺激素（HCG）等促性腺物质，用于鱼类人工催产，都获得了成功。

④甲状腺：硬骨鱼类的甲状腺由许多球形细胞组成，散布在腹侧主动脉和鳃区主动脉等间隙组织中。甲状腺激素的主要作用是增强机体的代谢，促进生长和发育成熟。Hurbust（1977）认为，甲状腺激素可以提高卵巢对 GTH 的敏感性，它必须与 GTH 协同作用于性腺，才能促使性腺进一步发育成熟。

（2）影响鱼类性腺发育的生态因素。主要包括饵料和营养、水温、光照、盐度和其他因子。

①饵料和营养：营养物质是鱼类生长发育的物质基础，营养条件与性腺发育和成熟有密切的关系。性腺的生长期需要大量的营养物。亲鱼营养条件的好与坏，直接影响性腺发育和人工繁殖的效果。

另外，饲养亲鱼的饲料含能量物质过多，会造成鱼体过胖，也影响性腺发育和成熟。所以，应根据鱼类性腺发育的不同阶段，合理调整饲料的营养。如性腺处于第Ⅱ期时，要求饲料中蛋白质含量高些；第Ⅲ期时，饲料中总能量物质含量要高些；性腺发育接近成熟时，在饲料中适当添加维生素 E 或投喂青粗饲料等。

②水温：同一种鱼类，生长在不同温度地区，达到性成熟的年龄有所不同。一般来说，在平均温度较高的水域中，温水性鱼类的成熟年龄早些。如四大家鱼，在华南地区比华中以北地区早熟 1～2 年。据统计，鲢达到性成熟需要的总积温是 18 000～

20 000℃。

各种鱼类都有其适应的水温范围，如生存范围、最适生长温度和繁殖适温。鱼类在一定温度范围内才能生长发育。如温水性鱼类在10℃以上、35℃以下才能摄食和生长，但在其性周期内一定时期的低温（10℃以下），对其性腺发育又是必要的条件。

在鱼类繁殖过程中，温度影响最明显的是产卵的温度阈。每种鱼类在某一地区开始产卵的温度阈是一定的，一般低于（或高于）这一温度范围就不能产卵。一定的温度对于鱼类产卵是一种刺激，不过春季产卵鱼类要求升温，而秋季产卵的则要求降温。

③光照：实验证明，光照对鱼类的性腺发育和产卵有影响。在加强光照后，美洲红点鲑（*Salvelinus fontinalis*）的成熟比一般光照条件下为早。食蚊鱼如得不到光照，就发生维生素缺乏症，并丧失繁殖能力。一般来说，延长光照时间，可促使鱼类性腺发育。光照对性腺发育的影响，是通过脑垂体促性腺激素的分泌和释放引起的。黑暗可使鱼类脑垂体的分泌机能衰退，性腺萎缩，就好像脑垂体被切除的一样。但当恢复光照后，脑垂体机能很快恢复，而且往往显现出机能亢进，性腺可加速发育。近年来，人们通过改变光照，来使养殖鱼类的繁殖期提前或推迟，这方面已取得令人满意的效果。

另外，许多鱼类都是在昼夜交接的凌晨或傍晚开始产卵，这说明光线与鱼类的产卵行为有密切关系。

④盐度：一些淡水鱼虽然可以在盐度3～10的半咸水中生活，但性腺发育受到很大影响，表现为性腺发育不成熟或成熟的卵粒较小。一些海水鱼（鲻、梭鱼、鲈等）虽然可以生活在淡水中，但在淡水中不能繁殖。又如河蟹在淡水中生长，但需要到海水中产卵繁殖。所以，盐度对鱼类性腺发育和成熟是有一些影响的。

⑤其他因素：鱼类性腺发育除上述几点一些因素外，水流、水质、底质、卵的附着物以及异性的存在，也不同程度地影响性腺发育、成熟和产卵。水流对亲鱼的性腺发育是一种刺激（通过

内分泌系统起作用），也是一些鱼类产卵的必要条件。产沉性卵鱼类，底质对它们产卵繁殖影响较大；产黏性卵鱼类，卵的附着物是产卵的必要条件。鱼类性腺发育、成熟及生殖行为，需要有异性的存在。

3. 胚胎和仔鱼发育　当受精作用完成之后，开始胚胎发育。鱼类胚胎发育是在卵膜内进行，而刚孵出的胚体尚不能水平游泳和摄食，仍处于孵化阶段。所以，鱼类的孵化期是指胚胎发育和孵出后的一段时间。

（1）胚胎发育。鱼的种类很多，各种鱼的胚胎期长短也不尽相同，淡水中的鲢、鳙、草鱼和青鱼胚胎期为 30h 左右（水温25℃左右）；鲤、鲫的胚胎期为 90～110h（水温 20℃）；大麻哈鱼胚胎期为 100d 左右（水温 2～6℃）。

鱼类胚胎在孵出前，不断地在卵膜内翻滚运动，是胚胎能够孵出的一种动力；同时，孵化酶对孵出也起了重要作用。孵化酶是胚胎表皮上的单细胞孵化腺所分泌的，大致从肌肉效应期孵化腺就开始活动；随着胚胎发育，孵化酶的浓度和活性不断增加，至孵出前几小时，孵化酶的浓度和活性达到最高。由于孵化酶的作用，使卵膜变薄、变软，最后胚胎冲出卵膜。

（2）胚后早期发育。胚体孵出后，与外界环境发生直接接触，开始了胚后发育。但刚孵出的鱼苗还十分脆弱，各器官尚未健全，发育所需营养仍靠卵黄供给。所以，须经过胚后发育和器官分化，直至发育到能自由摄食和自由游泳的幼体时，胚体发育（孵化）过程才算结束。以鲢、鳙、草鱼为例，在平均水温为21～23℃，整个孵化期需要 120～150h（孵出后还需 4～5d），才可投喂饵料进行饲养。

（3）影响胚胎发育和孵化的主要环境因子。主要有温度、盐度、pH、溶氧和敌害生物等。

①温度：几种养殖鱼类胚胎发育适宜的温度范围：秋季产卵的鲑科鱼类 0.5～10℃，四大家鱼 15～30℃，鲤、鲫 10～30℃，

海水中的真鲷、牙鲆 12～24℃。胚胎发育的各个时期，对水温急剧变化的反应是不同的，有的较敏感，有的较迟钝。

②盐度：淡水鱼卵只能在淡水中孵化，盐度超过 5，孵不出鱼苗。海水鱼卵孵化的最低盐度为 17。

③pH：胚胎发育过程中要求清而新鲜的水，中性或弱碱性为好。淡水鱼卵在 pH 6 以下和 9 以上都孵不出鱼苗，即使孵出也是畸形，不能发育下去。海水鱼卵的孵化，对 pH 的要求比淡水鱼严格，适宜的 pH 为 6.5～7.5。

④溶氧：胚胎发育不同阶段的耗氧率是不同的。胚胎发育初期（原肠前期），溶氧量对胚胎发育的影响不大；但心跳期以后，水中溶氧量对胚胎发育影响较大。100 粒鲫鱼卵在 10℃下的耗氧率是：卵裂期 0.020，原肠期 0.028，胚孔封闭期 0.076，出膜前期 0.620。鲢胚胎在 23℃下，每 1 000 粒耗氧率（mg/h）变化幅度为 2.24～6.05；出现两个高峰，即原肠期 4.74 和孵化前期 4.98。

⑤敌害生物：在天然水域中，许多鱼类、昆虫幼虫、成虫都摄食鱼卵和幼苗，甲壳类也残食鱼卵。所以，在人工孵化中要绝对禁止其他鱼类、昆虫和甲壳类进入水体中。

【亲鱼培育】

亲鱼是指用于人工繁殖的雌鱼和雄鱼。亲鱼通过人工培育，使其性腺达到成熟，才能进行人工催产。所以，亲鱼培育是人工繁殖的基础，是最重要的一个生产环节之一。

1. 亲鱼选择

（1）亲鱼的来源。供人工繁殖用的亲鱼，其来源有：一是从天然水域中捕捞性成熟个体，然后运回进行饲养；二是在人工控制条件，从鱼苗一直养到性成熟。从天然水域中捕捞来的亲鱼，省去了从鱼苗到性成熟的饲养时间、饲料和人工，经过一段时间的培育就可进行人工催产。但是，由于这些亲鱼的亲缘关系不清楚，要进行选种和培育新品种时，就需要在人工控制的水体中从小养起。

目前，我国淡水中较大型的养殖鱼类（如鲢、鳙、草鱼、青鱼等），用于人工繁殖生产的亲鱼，大多是从天然水域中捕捞成熟的个体；而中小型鱼类（如鲤、鲫、团头鲂等）的亲鱼，则是在池塘中从鱼苗培养。在我国海水鱼类养殖中，南方用网箱饲养亲鱼；而北方由于越冬的限制，只有具备越冬条件的（塑料大棚、温室和电厂余热）才饲养亲鱼，而且种类只限于牙鲆、真鲷、黑鲷、大黄鱼等中小型鱼类。也有一些单位，在鱼类的繁殖季节采捕性腺成熟的亲鱼，立即进行人工催产。

（2）亲鱼的选择。捕捞亲鱼的季节，最好在晚秋和早春水温较低时（7～10℃）进行，这时鱼的活动量较小，受伤轻，也不易缺氧，运输方便。捕捞亲鱼最好用定置网具（网箔）或张网，以免鱼体受伤。

从捕获的鱼中选留亲鱼时，选择的标准是：已达性成熟年龄；个体较大；鱼体健康，无严重病伤的；雌、雄比例为 1:1，或雄鱼稍多一些。选择亲鱼时，还要注意它们的亲缘关系，选择纯种，不要杂种。选择具有优良性状的个体，如生长速度快，体形好，抗病力强，对环境条件适应力强，繁殖力高等。

（3）亲鱼的运输。捕捞和运输过程中操作和管理要细心，尽量避免鱼体受伤，保持水质清洁和溶氧充足等。具体的运输方法有开放式运输、封闭式充氧运输和麻醉运输等。

2. 亲鱼培育技术

（1）亲鱼培育池。亲鱼培育池分为土池塘和混凝土池两种。淡水养殖鱼类的亲鱼，通常采用土池塘培育；海水养殖鱼类的亲鱼，通常采用混凝土池塘或网箱培育。

为了管理和操作上的方便，最好选择面积 2 500～3 500m² 的长方形池塘，水深 2～3m，水源充足，注排水方便，底质平坦。放养亲鱼前，要进行清整和药物清塘。混凝土池形状有方形、长方形或圆形，面积一般为 30～100m²，深度 1.0～1.5m。

水源充足，水质良好，注排水方便。培育亲鱼的网箱规格为 4m×4m×3m 或 6m×6m×3m。

（2）亲鱼的放养。可以单养，也可以混养。一般产后亲鱼采用混养，产前培育为单养。产后混养，可以充分利用水体空间和饵料资源，发挥各种鱼类之间互补互利的关系；产前单养，为的是催产时的方便。必须指出，能在静水水域中自然产卵的鱼类（如淡水的鲤、鲫、团头鲂等），在产前需要将雌、雄鱼分开饲养，以免出现产卵不集中的现象，给生产带来损失。

饲养亲鱼一般放养密度不大，以保证良好的环境条件和饵料的供给，使其性腺正常发育。混养时，总放养量一般不超过 5 000kg/hm²。淡水鱼类亲鱼单养时，每公顷放养鲢、鳙、草鱼均为 1 500～2 000kg，鲤 3 000kg 左右。放养密度与池塘条件和饲养的技术有关，如果池塘条件好，饲养水平高，还可以多放些。室内混凝土池塘养海水鱼类的亲鱼，其放养密度为 5～10kg/m²。网箱放养密度为 10～15kg/m³。

（3）亲鱼培育和饲养管理。亲鱼培育和饲养管理，应根据其性周期特点和性腺发育对营养、水温、水质、光照、盐度等的要求，采取有效措施，保证性腺正常、良好的发育。

①合理投饵：首先，根据鱼类摄食习性选择饲料。如牙鲆、花鲈亲鱼投喂鲜杂鱼、杂虾或软颗粒饲料；鲢、鳙亲鱼可靠肥水培养浮游生物饵料，也可投喂粉状或糊状饲料。其次，根据性腺发育需要，调整饲料配方。如卵巢由第Ⅲ期向第Ⅳ期发育，应投喂较高能量饲料；性腺发育成熟前，需要丰富的维生素饲料，特别是维生素 E。第三，把握时机，强化培育。早春产卵鱼类，应抓住上一年的夏秋季时节，强化投饵和管理。

②水质调控，保证良好环境条件：鲢、鳙喜肥水，草鱼喜清水，虹鳟等喜流水，应根据亲鱼对水质的要求，合理调控水质。养殖鱼类的亲鱼怀卵量大，对环境条件的适应能力差，特别是对恶劣环境的耐受能力差。大多数鱼类在性腺发育成熟前，对水质

要求高，有些亲鱼需要流水刺激。

③调节水温、光照、盐度等，促使亲鱼性腺快速发育：室内混凝土池塘培育亲鱼，可对一些生态因子进行较好的调节和控制，但必须根据亲鱼性腺发育要求合理调节。如鲢全年在较高水温下（25℃以上）培育，性腺不能发育至成熟；必要的低温期，也是性腺发育和成熟的条件之一。河鲀性腺发育成熟需要一定的盐度变化。延长光照时间，可使牙鲆等春季产卵鱼类提早产卵繁殖；缩短光照时间，可使花鲈等秋季产卵鱼类提早产卵繁殖。

土池塘培育亲鱼对生态因子的控制较困难，但也可以在一定范围内进行调节。如鲢、鳙亲鱼池，在早春水体适当浅些，升温和变温有利于性腺发育。在春季培育鲢、鳙亲鱼的经验是：早春浅水培育抓温度，中期肥水培育抓营养，后期活水培育抓环境。

【人工催产和孵化】

人工催产，是采取生理手段和生态措施，促使亲鱼性腺进一步发育成熟，达到排卵、产卵和排精、受精的过程。一些养殖鱼类，如鲢、鳙、草鱼、青鱼，它们在养殖水体中性腺只能发育到生长成熟（第Ⅳ期），不能完成向生理成熟（第Ⅴ期）的过渡，即不能自行产卵繁殖。有一些养殖鱼类，如鲤、鲫、团头鲂等，它们可以在养殖水域中自行产卵繁殖；但一般来说，产卵时间不集中，繁殖的效率不高。所以，催产是鱼类人工繁殖最重要的环节之一。

1. 催产日期和亲鱼成熟度鉴别　亲鱼发育成熟后，如不能及时有效地催产，性腺就会自动退化；主要养殖鱼类的有效催产期仅为 20～30d，甚至更短。在顺产期外进行催产，卵巢尚未成熟或退化，催产效果不佳，甚至导致亲鱼难产和死亡。准确把握催产日期和鉴别亲鱼成熟度，是人工繁殖的关键。

（1）催产日期的确定。从以下几方面，判断亲鱼性腺发育情况和确定催产日期。

①季节和温度：根据鱼类性腺发育的周期性和产卵繁殖的水

温，确定催产日期。鲢、鳙、草鱼、青鱼的繁殖季节是春末、夏初，产卵的最低温度为 18℃；当水温升至 18℃ 时，就可以考虑催产了。鲤、鲫、真鲷、牙鲆的繁殖季节在春季，产卵的最低温度为 14℃。花鲈在秋季繁殖，产卵的最低温度为 16℃；当水温降至 16℃ 左右，就可以考虑催产了。

②其他物候学指标：鱼类生活在水中，其性腺发育和成熟不容易被发现。但生物生命活动与气候、季节变化有着密切关系，可借助于其他生物生命活动和现象，来判断养殖鱼类性腺的发育情况。如桃花盛开的时候，正是当地鲤、鲫的繁殖季节。

③历年的催产经验：一些渔场，常常根据以往年份的各种鱼类的催产日期，确定当年的催产时间，也可以参照附近其他渔场的催产情况。如辽宁省淡水水产良种场，历年来四大家鱼的催产日期都是在 6 月 1～10 日。

④根据亲鱼的活动和表现：观察到养殖池中成熟亲鱼的活动和表现，是确定催产日期较为直接的证据。第一，根据亲鱼吃食情况判断，大多数养殖鱼类在性腺成熟季节，摄食量明显减少或停止摄食；第二，亲鱼的活动情况判断，亲鱼性腺发育成熟时，雌、雄亲鱼有相互追逐现象；第三，根据亲鱼体色变化判断。在成熟季节，一般雄性个体体色鲜艳或追星明显，如成熟的雄性罗非鱼，体色变得鲜艳，斑纹更清晰。

（2）亲鱼的雌雄鉴别。

①第二性征差异：一些鱼类性成熟后两性差异明显且稳定，如雄性鲢胸鳍假硬棘粗糙，有许多锯齿状突起；雄性团头鲂胸鳍假硬棘弯曲；黄颡鱼雄性有生殖突；雄性虹鳟上颌呈鹰嘴状。而一些鱼类平时从外形上不易区分雌雄，两性特征只在繁殖季节才显现出来，如雄性鲫头部的追星，雄性罗非鱼出现婚姻色，体色变得鲜艳。

②体型和个体差异：性腺成熟时，一般雌鱼腹部膨大，卵巢轮廓明显；除鲇形目一些鱼类，一般雄鱼都能挤出精液。一些鱼

类雌雄个体生长速度有差异，如罗非鱼、黄颡鱼等雄性生长快，个体大；大口鲇、虹鳟等雌性生长快，个体大。

③生殖孔形状：罗非鱼、真鲷等雌鱼在肛门之后有一个较短的生殖突（孔）和一个泌尿孔，而雄性在肛门后只有一个泄殖孔（突）。多数鱼类雌鱼生殖孔大而圆，突出；雄鱼生殖孔小，凹陷，一般呈长椭圆形。

（3）亲鱼成熟度的鉴别。通过解剖观察（性腺发育分期），鉴别亲鱼性腺的成熟情况，但由于个体差异，难以准确反映每尾亲鱼的成熟情况；这种方法对经济价值较高的大型鱼类来说，解剖观察又不现实。如何根据亲鱼个体外观形态和表现，判断其成熟度，是鱼类人工催产必须解决的关键问题。

鉴别亲鱼成熟度的经验方法为"看、摸、挤"。一看亲鱼腹部大小、卵巢轮廓及流动情况，看生殖孔的形状和颜色等；二摸亲鱼腹部柔软程度，腹壁的薄厚和弹性如何；三挤雄鱼腹部至生殖孔和肛门，有无粪便和精液流出，精液遇水后散开的速度。

成熟较好的亲鱼腹部膨大，卵巢轮廓明显而且有流动现象，生殖孔微红色；腹部肌肉较薄，腹部松软而有弹性；一般无粪便，雄鱼有精液，遇水后迅速散开。

2. 人工催产与产卵

（1）催产准备。催产前应做的准备工作有：①蓄水池、产卵池、孵化池等产孵设施的准备，要进行维修、洗刷和调试；②催产剂、催产工具和亲鱼捕捞、运输工具的准备；③鱼苗培育和销售的准备等。

（2）注射催产剂。目前，常用鱼类催产剂主要有促黄体素释放激素类似物（2 号 LHRH - A_2、3 号 LHRH - A_3）、绒毛膜促性腺激素（HCG）和地欧酮（DOM）等。还有专门为一些鱼类（鲑鳟类、鲇鱼类等）设计的混合催产剂，如催产鲢的 A 型混合催产剂，催产鳙的 B 型催产剂等。

首先，选择催产剂和确定催产次数、剂量。可根据产品说明书，确定鱼类催产的次数和剂量，即单位鱼体重（kg）注射催产剂的数量（μg、mg 或国际单位和单位）。第二，根据亲鱼体重，确定注射体积，即用生理盐水将催产剂配制成一定浓度的溶液。一般小型鱼类（鲫、罗非鱼、黄颡鱼等）0.5～1.0mL/kg；大中型鱼类，每尾亲鱼注射 2～3mL，一般不超过 4mL。第三，注射催产剂。注射方法有肌肉注射和体腔注射两种，肌肉注射一般选择在背鳍基部或背鳍与侧线间的大侧肌；体腔注射一般在胸鳍基部。

（3）产卵管理和效应时间。

①产卵环境和条件：按雌雄比例（一般为 1：1）和一定密度（组数），将注射过催产剂的亲鱼放在产卵池中。为了使亲鱼顺利地排卵和产卵，需要细心管理。根据亲鱼产卵要求，除提供产卵条件外，应合理调节水温、水质和水流。鲤、鲫等产黏性卵鱼类，产卵时应提供鱼巢（通常用棕榈树皮制作），黄颡鱼产卵应提供产卵窝和鱼巢。鲢、鳙、草鱼、青鱼产卵应提供适宜的水流、流速和流态。

②效应时间：在适宜条件下，注射催产剂后的亲鱼，就会出现相互追逐的兴奋现象，即为发情；当发情达到高潮时，就出现交尾产卵的现象。从注射催产剂到亲鱼发情、产卵的时间间隔称为效应时间。效应时间的长短，主要与亲鱼种类及成熟情况、催产剂类型和注射次数以及水温、水质、水流等因素有关。亲鱼成熟好、水温高，效应时间短；水质差，有惊扰，无水流刺激，效应时间延长，甚至不产卵。

（4）人工授精。人为地将成熟的精子（液）和卵子混合在一起，完成受精作用，获得受精卵的一种方法。具体方法是在亲鱼发情达到高潮（排卵和排精）时，捕获亲鱼，将成熟的卵和精液挤出，并混合在一起，在水中完成受精作用。根据精液和卵混合时有无水，可分为干法和湿法人工授精，多采用干法。人工授精的优点和适用性：在鱼类间杂交，雌雄不能完成交尾时；在人工繁殖，雄性亲鱼数量不足时；在不具备产卵设施和条件时，都可采用人工授精方法获得受精卵。但是，通常亲鱼排卵时间不易把握，操作麻烦，亲鱼受伤机会增多。

生产中，鲟鱼类和鲑鳟类人工繁殖通常采用人工授精。

（5）卵的计数和质量鉴别。鱼卵的计数可采用抽样计数法。容量法抽样，适用于浮性卵和漂流性卵。黏性卵在鱼巢上抽样，大型鲑鳟鱼卵用卡尺计数。产出卵经过细胞分裂、囊胚，发育到原肠期可以统计受精率，即受精卵数占产卵总数的百分比。产出卵的质量，主要从颜色、吸水速度、弹性和分裂情况鉴别。好质量的鱼卵，卵粒均匀、饱满、有光泽，吸水速度快；未受精卵，卵粒塌瘪，不规则，表面无光泽，卵内乳白色或混浊。

3. 孵化方式和方法

（1）浮性卵。如乌鳢、真鲷、牙鲆和大菱鲆等，可采用静水、充气或流水孵化。静水孵化，通常采用水体较大的孵化池，放卵密度一般为 1 万～5 万粒/m^2；充气（定期换水）孵化，通常采用锥形孵化器；流水孵化采用孵化桶（缸），孵化密度一般为 20 万～50 万粒/m^3。

浮性卵在放入孵化器前，要经过筛选，去除未受精或质量差的卵。筛选方法是静置法，即将卵放在桶中静置 10～20min，浮在表层的鱼卵为好卵，底层为未受精或质量差的鱼卵。

充气孵化的充气要均匀，充气量要适中，不要过大，以将受精卵缓慢地冲起和翻动为原则。充气孵化应及时换水，一般日换水量不低于 50%；换水时注意水温和水质变化，用虹吸法及时清除死卵和污物。

（2）漂流性（半浮性）卵。如鲢、鳙、草鱼、青鱼、鲮、短盖巨脂鲤等，通常采用流水孵化。孵化设备有孵化桶（缸）和孵化环道，放卵密度分别为 100 万～200 万粒/m^3 和 40 万～80 万粒/m^3。

孵化管理工作主要有调节水流，刷洗滤水筛网。鱼卵刚放入时，水流不宜过大，只要能冲起鱼卵即可。胚胎破膜时，耗氧量大，胚体比重大，应适当加大水流。鱼苗平游期适当减小水流，避免不必要的体力消耗。

（3）黏性卵。如鲤、鲫、团头鲂、大口鲇、大口黑鲈等，通常采用静水、充气或流水孵化。静水孵化，是将黏有受精卵的鱼巢悬挂在孵化池的水体中，密度一般为 $500\sim600$ 粒/m^2；流水孵化，是将受精卵连同鱼巢一起悬挂在孵化环道内，或脱黏后把受精卵放在孵化桶（缸）或环道中，前者密度为 40 万～50 万粒/m^3，后者（脱黏）密度为 70 万～80 万粒/m^3。

黏性卵连同鱼巢一起孵化时，由于死卵、污物多，水质容易恶化，应及时换水或倒池；鱼苗孵出后，应及时鱼巢取出。

（4）沉性卵。如虹鳟、金鳟、施氏鲟和俄罗斯鲟等，通常采用流水孵化。使用孵化槽，放卵密度一般为 2 万～3 万粒/m^2。

沉性卵的孵化管理，主要包括水流调节、温度和光照控制、防病和清除死卵等。根据胚胎发育对水温、水质要求，调节水流，保持溶氧不低于 $5mg/L$。虹鳟等孵化期间禁止移动或震动，水流过大或冲击，也会造成胚胎死亡。孵化过程中，应及时将死卵（发白、混浊）捡出；还应定期对受精卵和水体进行消毒处理，以防疾病发生。

【苗种培育】

生产上鱼苗、鱼种一般是分阶段饲养，各阶段或时期的苗种都有一些习惯叫法。

鱼苗是指卵黄囊基本消失，鳔充气，能水平游泳和主动摄食的仔鱼，习惯上称"水花"；鱼种是指为各种商品鱼饲养方式提供的稚鱼和幼鱼。

"水花"经十几天的饲养，全长达 $17\sim22mm$，身体开始出现鳞片，这时的稚鱼俗称"乌仔头"；全长达 30mm 左右的稚鱼，俗称"夏花"。

"夏花"经几个月的饲养，到秋季的当年鱼（幼鱼）俗称

"秋片"；"秋片"经过越冬称为"春片"，"春片"一般可以作为养食用鱼的鱼种。但有些鱼类的商品鱼规格要求大，如草鱼、青鱼，商品鱼饲养需要放养 2 龄或 3 龄鱼种。人们习惯上把当年鱼种称为"仔口鱼种"，把 2 龄和 2 龄以上的鱼种称为"老口鱼种"。

1. 鱼苗培育 将"水花"培育成 30mm 左右的"夏花"。目前生产上，通常采用土池塘培育和水泥池培育两种方式。

（1）土池塘培育。主要适合一些淡水鱼类，如鲢、鳙、草鱼、青鱼、鲤、鲫、团头鲂、鲮、大口鲇等。我国利用土池塘培育鱼苗历史悠久，各地都有一些成熟的方式、方法和经验。下面，介绍目前全国广泛采用的鱼苗培育综合饲养法。

①鱼苗池的选择：良好的鱼苗培育池应具备以下条件：a. 池形规整，以 4～5：1 的长方形池塘为好，面积 3 000m² 左右，水深 1.5～2m；b. 靠近水源，注排水方便，水源为清洁河水或地下水；c. 池底平坦，淤泥适量（15～20cm），不渗漏，无杂草；d. 池塘淤泥中有一定量的轮虫休眠卵（＞100 万/m²）；e. 池塘周围不应有高大的树木和建筑物，避风向阳，光照充足。

②鱼苗池清整：除了必要的维修注水口、堤坝外，还要进行药物清塘。清塘方法已在有关章节中做了介绍，这里不再重复。

③饵料生物培养：池塘淤泥中蕴藏着大量的轮虫休眠卵，只有在适宜的温度下（10～40℃），上浮到水层中才能萌发。池塘增殖轮虫的方法是：

第一，排干池水，用生石灰清塘。最好是在冬季将池水排干，池底淤泥得到充分的风吹、日晒和冷冻，有助于休眠卵的萌发。池塘使用前 10d 左右，用生石灰法清塘；生石灰放出热量，改善池底酸性环境，清塘过程也有助于轮虫休眠卵的萌发。

第二，注水、施肥和搅动底泥。除注地下水外，鱼苗池注水需要用筛绢网过滤，防止野杂鱼和其他敌害进入。注水深度为 50～70cm。如果注入水为池塘老水，应当用晶体敌百虫（90%）

全池泼洒，浓度为 0.7mg/L，以杀灭枝角类、桡足类等浮游动物。施肥以经发酵的有机肥为主，如鸡粪、牛粪等，施用量一般为 3 000kg/hm²，采用堆放或泼洒。注水施肥后，根据水温、休眠卵数量和鱼苗下塘时间等，适时（水温 20℃，休眠卵＞100 万个/m²，鱼苗下塘前 7～8d）搅动池底淤泥。

第三，控制竞争生物和消灭敌害。为了增殖和延长轮虫高峰期，池水中出现枝角类和桡足类时，需要用敌百虫将其杀死。如果鱼苗已经下塘，应视具体情况酌情处理，以保证鱼苗后期的饵料供应。

④适时下塘：所谓适时下塘包括两层含义，一是鱼苗发育到鳔充气，口张开，卵黄囊基本消失，即发育阶段的生理适时；二是池塘水温、水质适宜，而且具有丰富的适口饵料生物，轮虫生物量达到 20～30mg/L（1 万～2 万个/L）。具备上述条件时，鱼苗下塘就可以称作适时下塘。

⑤放养密度：鱼苗放养密度一般为 300～400 尾/m²。鱼苗放养的注意事项：a. 放鱼前检查池塘，拉空网检查池塘中是否有野杂鱼，测定池水或放试水鱼检查清塘药物是否失效；b. 注意鱼苗的发育阶段，肉眼看到腰点出现后 10h 左右，将鱼苗放入池塘最好，过早和过晚都影响成活率；c. 放苗时注意天气和温度，最好选择在晴天的上午放养鱼苗，在池塘的上风处温差不超过 4℃；d. 一口池塘只放养同一批鱼苗，放养鱼苗的数量要准确。

⑥饲养管理：a. 巡塘，是指在一定时间里到池塘巡视，以便及时发现问题和解决问题。一般是在凌晨和傍晚，到养鱼池去巡视，查看鱼的活动情况、水质和水位以及各种生物有无异常迹象等。b. 定期注水，加注新水的目的是扩大水体空间，冲淡代谢产物，改善水质，促进鱼苗和饵料生物的生长和繁殖。一般每两天加水 1 次，每次池深增加 10cm 左右。加水应在晴天上午进行，水流适宜，切勿带入野杂鱼。c. 适当投喂，采用上述方法，

池塘中饵料生物发生、发展规律与鱼苗适口饵料及食性转化相一致，天然饵料可以满足鱼苗生长的需要，一般不必投饵。如果池中饵料不足，特别是在培育的后期（鱼苗全长 15mm 以上），应适当投饵。采用大豆或豆饼，经粉碎（粒度以通过 100 目为宜）后加水、多种维生素和无机盐等，搅拌均匀，合成糊状向池边水中投放。

⑦拉网锻炼和出塘：鱼苗全长达 20mm（乌仔头）或 30mm（夏花）左右，应进行拉网锻炼，准备出塘。拉网会使鱼苗受惊，剧烈游动能排出粪便，分泌黏液，降低身体组织含水量，使肌肉更加结实，能经得起拉网出塘操作和运输中的颠簸。另外，拉网密集以使鱼苗对缺氧环境的适应。拉网锻炼的方法是，用鱼苗网从池塘一端下网，从另一端出网。将鱼苗集中在网内（或将鱼苗放入网箱中），密集一定时间（长短视鱼苗的体质而定），然后再放回池塘。鱼苗池拉网的注意事项：a. 选择晴天、无风的上午拉网，阴雨天和大风天一般不宜拉网；b. 拉网速度要慢，防止鱼苗贴网；c. 防止拉起淤泥并进入网内，以免造成鱼苗窒息死亡。

鱼苗出塘操作与拉网锻炼基本一致。乌仔头和夏花的过数，可采用容（杯）量法或重（克）量法。

（2）室内（工厂化）培育鱼苗。海水鱼类鱼苗培育，通常是利用室内的育苗池。关于育苗池结构、面积、深度、进排水设置等，已在有关章节中做了介绍，这里不再重复。室内育苗池与室外土池塘培育鱼苗方法有许多相同之处，但也有它的特点：第一，鱼苗生长发育所需营养完全依赖于人工投饵，需要准备鱼苗的系列饵料；第二，可利用配套设施，对水温、水质、光照等进行有效的控制，放养密度大。

①饵料生物（轮虫）培养：目前，轮虫培养方式有两种，一是室外土池塘培养，二是水泥池（室内或室外）培养。这里以褶皱臂尾轮虫为例，介绍水泥池培养轮虫方法：

培养条件：培养池面积小的只有几平方米，大的有几千平方米，深度一般为 1~1.5m。高密度培养，要有加温、保温、充气和搅拌设施，应具有一定光照条件（＞1 000lx），海水盐度 15，适宜水温 25~30℃。池塘和用水，一般用次氯酸钠进行消毒处理。

接种：一般先在池中培养小球藻，然后再接种，接种密度一般为不少于 10 个/mL。

饵料：主要有鲜活藻类、藻粉、面包酵母和脂肪酵母等，采用少量多次投喂法，不间断充气，经常搅动池底，防止底层水质恶化。

采收：轮虫密度达到 200 个/L 以上时，用 200 目筛绢网过滤采收。

②鱼苗放养密度：为了有效利用水体空间，仔鱼初期放养密度高，随着鱼苗生长，密度应不断调整。如全长＜3mm，10 万~12 万尾/m²；5~7mm，4 万~5 万尾/m²；10~12mm，1 万~2 万尾/m²；15mm，1 000~2 000 尾/m²。

③饲养管理：a. 充气。池底充气，均匀设置，一般每 2m² 设 1 个充气头；充气量以能使水体轻微翻转和不缺氧为原则。b. 换水。鱼苗 7mm 前静水培育，但每天清污和换水 1 次，日换水量 1/3~1/2；鱼苗 7mm 后微流水培育，水的日交换量为 50%~200%。c. 光照。鱼苗池不应有阳光直射，室内适宜照度为 1 000~3 000lx。d. 投饵。鱼苗 5mm 前投喂 S 形轮虫，5~10mm 投喂 L 形轮虫；8~15mm 投喂桡足类、卤虫无节幼体、水丝蚓等；10mm 以后，可以投喂微颗粒饲料。上述饵料交叉投喂，轮虫、无节幼体的饵料量保持在 15 个/mL 左右，微颗粒饲料的日投饵量占鱼苗体重的 25%~50%。e. 清除污物。培育期间，每天采用虹吸法清除池底沉积物（残饵、粪便等），以保持水体清洁。f. 分筛和调整密度。随着鱼苗生长，要及时调整密度（如上所述）；鱼苗长到 10mm 左右，可能有相互残食现象，

应及时分筛，不同规格分别饲养。

2. 鱼种培育　目前，鱼种培育主要有土池塘、网箱和工厂化等方式。网箱和工厂化培育鱼种方法，将在有关章节中介绍。下面介绍土池塘培育鱼种方法。

（1）池塘条件。鱼种培育要求池塘条件与鱼苗池基本相同，但水体要大、要深一些；适宜面积 3 000～6 000m²，水深 2～3m；高产池塘配备增氧机，每池一台（3.0kW）。

（2）放养前的准备。池塘清整和药物清塘，与鱼苗培育相同。鲢、鳙夏花后，仍以浮游生物为食，培育池应施肥，肥水和培养适口饵料生物。饲养其他吞食性鱼类，也可培养浮游动物饵料；但高产池塘一般不施有机肥。

（3）夏花放养。①种类选择和混养比例：鱼种培育和商品鱼饲养基本相同，但混养种类不宜多，一种鱼只养一种规格，以保证出塘鱼种规格整齐。如以鲤为主，鲤占 75%，鲢 17%，鳙 8%。②放养密度：依据养成规格，考虑饲养条件、技术水平和鱼的生长速度，合理确定放养密度（表 8-3）。

表 8-3　夏花放养密度与出塘鱼种规格（非混养）

放养种类	每 667m² 放养密度（尾）	出塘规格（克/尾）
鲤	8 000～10 000	50～75
	5 000～6 000	75～100
	2 000～3 000	125～150
鲢	4 000～5 000	50～75
	2 000～3 000	100～200
鳙	1 500～2 000	50～75
	800～1 000	100～200
鲫	7 000～8 000	40～50
	4 000～5 000	30～40

（4）饲养管理。主要内容包括水质调节与控制、饵料选择与投饲、鱼病防治等。商品鱼饲养与鱼种培育的饲养管理基本一致，这里不再重复。

（二）贝类人工育苗

目前，贝类苗种来源主要有采集野生贝苗、海区半人工采苗、土池塘育苗和室内人工育苗四种途径。

【采集野生贝苗】

1. 探苗 由于受海区环境因子的影响，每年贝苗出现的时间、场所和数量会略有不同。所以，采苗前应进行探苗，找出有价值的贝苗密集区，以便组织人力采集。

埋栖型贝类的探苗，是在所属海区潮间带的滩涂上，刮取一定面积的沙土（深 0.5~1.0cm），进行淘洗挑出贝苗，统计不同地点单位面积贝苗数量，确定采苗区域。固着和附着型贝类的探苗和采苗，一般在浅海的岩礁、堤坝和养殖浮筏等区域。

2. 采苗 埋栖型贝类采苗，可利用刮苗板（网）、淌苗袋（缝蛏苗）、推苗网和拖苗网等工具，低潮或半潮时在潮间带滩涂上采集。采来的贝苗要在清水中分筛，去除泥沙、碎壳、死苗和其他底栖生物（包括蟹、螺等敌害），经统计和计数后，就可以运输至养殖区播苗放养了。固着和附着型贝苗，可直接用铲具采取。养殖筏上往往附着大量贻贝苗，所以浮绠、苗绳可作为附苗器，进行贻贝的采苗和暂养。

【海区半人工采苗】

1. 半人工采苗原理 双壳贝类在其生活史中都有足丝附着的阶段，然后向成体的生活方式转化（如固着的牡蛎，附着的扇贝、贻贝，埋栖的缝蛏、蛤仔等）。了解贝类生活习性，在附着期对其自然繁生区底质进行改造或投放采苗器材，使大量贝苗集中附着，通过采收获得养殖贝类苗种。此种方法简便，成本低，产量大，效率高，是大众化的苗种生产方式。

2. 采苗预报 在贝类繁殖季节，应对海区浮游幼体发育和数量进行监测，对幼体附着时间作出正确的估计，及时发出采苗的预报。

3. 采苗方法

（1）固着型贝类的半人工采苗。固着型贝类，如牡蛎，在结束浮游而进入固着生活时，硬质的固着基是必不可少的条件。常用于牡蛎采苗的固着基，主要有贝壳串、竹片（竿）、水泥（板、柱）制品和石块等。投放固着基方式有：①海底较硬的，投石块或水泥制品；②海底簇插竹（片）竿；③筏式采苗，即在浮筏上垂挂贝壳串。

（2）附着型贝类的半人工采苗。主要采用筏式采苗方法，即在采苗区设浮筏，在筏上垂挂采苗器。扇贝和贻贝采苗器，通常采用红棕绳、尼龙绳、废旧浮绠和网片等材料。栉孔扇贝和珠母贝采苗，需要采苗袋（笼）。采苗袋通常用塑料窗纱制成，内装废旧聚乙烯网片或尼龙线绳等。采苗时，将采苗袋垂挂在浮筏上，贝苗可在袋内的网片或绳上附着。这种采苗器具有减缓水流，有利于幼虫附着，防止幼虫逃逸和防止敌害侵袭等优点。

（3）埋栖型贝类的半人工采苗。埋栖型贝类在结束浮游生活进入底栖生活时，首先是利用足丝附着在沙粒上，然后再营埋栖生活。所以，整畦（整滩）是这类贝类的半人工采苗的主要方法。整畦（整滩）的方法是，将天然苗区的滩涂耙松，软泥底质需铺洒一层沙，以利于幼虫分泌足丝和附着。缢蛏的采苗中，如果发现底质疏松，用手指挖出现裂痕并见有足丝，或发现有红痕或泥面上有淡白色油质，一般就可以预报采苗成功了。分散在泥沙中的贝苗，可采用浮选和筛选方法收集。

【贝类的土池塘人工育苗】

一般在面积较大的露天土池塘中进行。设备简单，人工控制程度低，介于人工育苗和半人工采苗的中间类型，所以又称半人工育苗。该方法投资少，育苗成本低，主要适用于埋栖型贝类的育苗生产。

1. 建池、整畦、消毒和冲刷　池塘多建于高潮区或中、高潮交界的地方，用土围堤，用砖石砌闸和用筛绢设过滤网；池塘面积 $1\sim2hm^2$ 为宜。育苗前要对池塘进行清整，清除杂物、淤泥，耙耕池底或铺设细沙，用药物（漂白粉或茶粕等）杀除敌害生物。纳水过滤网孔径 $90\sim150\mu m$。育苗前，需纳水和排水 $2\sim3$ 次，对池塘浸泡和冲刷。

2. 培养饵料生物　育苗前 10d 左右，蓄水 $30\sim50cm$，投放湛江等鞭金藻、球等鞭金藻、牟氏角毛藻、小型硅藻或扁藻等，同时，施尿素 $0.5\sim1.0mg/L$，过磷酸钙 $0.25\sim0.5mg/L$ 和硅酸盐 $0.1mg/L$，培养饵料生物。

3. 亲贝暂养和诱导排放精卵　亲贝采用网箱或网笼在浮筏上暂养，可采用阴干和流水刺激法诱导亲贝排放精卵。土池人工育苗有两种诱导方法：

（1）亲贝在土池塘诱导排放精卵。将诱导后的亲贝立即放入土池中，排放精卵后取出亲贝，让受精卵在土池中完成孵化、发育和变态。

（2）亲贝在室内诱导排放精卵。在室内育成幼体（D 形幼虫、壳顶幼虫或眼点幼虫），然后移至土池塘中继续培育。

4. 幼虫和稚贝培育　幼虫控制密度在 $3\sim4$ 个/mL 为宜。幼虫培育阶段的主要工作内容有：①加注新水；②适当施肥；③观测水质和幼虫的生长、发育、摄食和敌害侵入情况；④及时投放固着基或附着基；⑤清除敌害。幼虫和稚贝的培育管理方法与工厂化育苗相似，将在工厂化育苗中详细介绍。

【贝类的工厂化育苗】

1. 亲贝的选择、处理和蓄养

（1）亲贝的选择和处理。对亲贝来源进行调查，选择无传染性疾病、无寄生虫和无创伤的个体。亲贝个体大，生长快，性腺发育良好。根据性腺的颜色，鉴别亲贝的雌雄。

如果购进的亲贝，如扇贝，其壳的表面附生着石灰虫、藤壶、金蛤、柄海鞘和珊瑚藻等，应立即进行处理。可以先用刀、剪或小锯条等工具，逐个将贝壳表面上述生物去掉，然后，再用刷子把贝壳表面的杂质、污物和泥土等刷干净。

（2）亲贝的蓄养。蓄养池面积 $30\sim100m^2$，水深 $1.5\sim1.8m$。将亲贝按低于养殖密度置于养殖笼或网箱内，并悬挂在蓄养池中；蓄养池亲贝的总体密度为 $80\sim150$ 尾/m^3。蓄养期间，投喂单胞藻饵料，或淀粉、鲜酵母、食母生、藻类榨取液和配合饲料等。投饵量分别为：扁藻细胞密度为 1 万～2 万个/mL，小硅藻 3 万～4 万个/mL，金藻 5 万～6 万个/mL；淀粉或食母生浓度为 $2\sim3mg/L$；鼠尾藻等藻类榨取液，先用 200 目筛绢网过滤再投喂。

亲贝蓄养期间不间断充气，用换水或倒池方法调节水质，日换水 2 次，每次 $1/3\sim2/3$，或每 $2\sim3d$ 倒池 1 次。蓄养期间要认真观察亲贝性腺发育情况，检查亲贝是否排卵，防止产出卵的流失。

2. 诱导亲贝产卵和排精　通过精心蓄养，亲贝性腺发育成熟，可自然产卵和排精。此外，可采用物理、化学和生物的方法，诱导亲贝产卵和排精。

（1）物理法诱导。①变温刺激，一般是将性腺成熟的雌雄亲贝，从原生活的水温下移至较高温度的水体中，温差为 $3\sim5℃$，即可引起产卵和排精。有些种类单纯用升温刺激，难以使其产卵，还必须经过低温与高温多次反复变温刺激才能产卵，如魁蚶、鲍鱼等。②流水刺激，适当成熟的亲贝，经流水刺激 $1\sim2h$，停止冲水后，便可排放精卵；如果流水刺激后不产，可先行阴干刺激 0.5h，再行流水刺激，一般就可收到满意效果。③阴干刺激，将亲贝放在阴凉处阴干 0.5h 以上，再放入正常海水中，便可引起贻贝、扇贝等产卵排精。④改变海水比重刺激，利用降低海水比重的方法，可以诱导牡蛎等贝类的产卵排精。⑤紫外线刺激，用波长 352.7nm 的紫外线海水，$300\sim800$ mu·h/L 可促使鲍产卵排精。

（2）化学法诱导。①改变水体酸碱度，用 1mol/L 的 NH_4OH 溶液加入海水中，使 pH 上升至 8.72～9.90；用上述溶液浸泡蛤蜊 10～30min，可引起产卵排精。文蛤经氨水浸泡，pH 上升，也可受到良好效果。②氨水活化精子，如果排放的精子活力不强，或解剖获得的精巢其精子活力不强，可使用氨水活化。

（3）生物法诱导。①异性产物诱导，同种异性产物往往引起亲贝产卵或排精。如用稀释的精液或生殖腺提取液，加到同种雌性水体中，便可刺激产卵。②激素诱导，用某些动物神经节悬浮液做诱导，可引起贝类产卵。目前发现，甲状腺、胸腺的输出物或蔗糖、石莼、礁膜等提取液等，都对亲贝产卵有不同程度的诱导作用。

3. 人工授精　雌贝、雄贝在同一水体可以完成产卵、排精和受精作用，但往往卵子上附着的精子过多（贝类为单精受精），对胚胎发育不利，给人工育苗中的洗卵带来麻烦。所以，有时需要搞人工授精。人工诱导雌贝产卵后，立即加入精液，轻轻搅拌混合后，即可完成受精作用。加入精液量（以 1 滴精液用 10mL 海水稀释，取 1 滴稀释的精液加入到 100mL 含有几十个卵的水中），以 1 个卵周围有 2～4 个精子为适宜。用显微镜检查卵，发现极体出现，则表明完成了受精。通过视野比例法（受精卵占总卵的百分数），统计产卵总数和受精率。

4. 受精卵处理和胚胎发育

（1）检查受精卵和洗卵。检查受精卵周围精子数量，如果发现卵的周围精子不多，不必洗卵；如果精子很多，则需要洗卵。洗卵的方法是：带有卵的水体加入精液完成受精后，静置 30～40min；这时受精卵已沉于水底，可将中上层水轻轻地排出，再将下层有卵的水用筛绢网（350 目）过滤，用清洁海水冲洗。最后，将受精卵按 50～100 个/mL 的密度进行孵化。

有的贝类雌雄难以分辨或雌雄同体（少数贻贝和翡翠贻贝），

人工育苗采取自然产卵和受精，产卵时间长且不集中，何时产卵、排精和洗卵不宜把握；或卵子个体很小，人工洗卵困难。

（2）胚胎发育和 D 形幼虫浮选。在适宜温度下，贝类胚胎发育时间为 1～2d，受精卵很快孵出并发育至 D 形幼虫。在胚胎发育过程中，一般不换水，采用加水和充气方法改良水质。胚胎发育过程中，保持水体清洁，随时用捞网清除杂质和污物。胚胎发育到 D 形幼虫后上浮到水体表层，应立即用筛绢网（300 目）浮选法（表层水过滤），将其移入培育池。

5. 幼虫培育的技术措施　贝类苗种培育分两个阶段：即幼虫培育和稚贝培育。幼虫培育，是指从面盘幼虫初期开始到双壳类稚贝附着，或稚鲍第一呼吸孔出现时为止的阶段；稚贝培育，是指幼虫变态附着后到育成 1cm 左右的贝苗。

（1）培育方式。培育 D 形幼虫的密度，一般为 10～15 个/mL。水质调节和控制，采用换水或流水。一般采用适宜网目过滤鼓、过滤棒或网箱等过滤工具换水和流水培育。换水时，要检查筛绢网有无磨损和漏洞，温差一般不超过 2℃，日换水量不低于 2/3。流水培育应注意陈水的更换，一般采用一侧注水、另一侧吸排底层水的方法。

（2）饵料及投喂。D 形幼虫适宜饵料的大小为长小于 20μm，直径小于 10μm，要求饵料悬浮于水层中，易被摄食，易被消化，营养高；活体生物饵料代谢产物，对贝类幼虫无害。适宜的藻类饵料及其投喂密度为：扁藻 3 000～8 000 个/mL，小硅藻 10 000～20 000 个/mL；金藻 30 000～50 000 个/mL。藻类饵料应浓缩后投喂，以防止过多培养液进入培育池，使氨氮浓度升高。目前，用藻类提取物制成的藻膏、配合饵料等培育贝类幼虫，取得了较好的效果。

（3）防止敌害进入。幼虫培育阶段常见的敌害，有海生残沟虫、游仆虫和猛水溞等，它们在培育池中争夺饵料，吞食幼虫，败坏水质。要坚持"以防为主"的方针，培育用水要过滤干净，使用工具要严格消毒，不投喂被污染和老化的饵料。一旦敌害发生，应立即采取大换水或倒池方法，防止和减少敌害的侵袭。

（4）幼虫筛选。在培育过程中，由于个体差异会出现优劣现象，应进行适当筛选。贝类幼虫有上浮和趋光性，可采用浮选法将发育好的幼虫移入其他池培育。一般在幼虫培育期，要经过2～3次的浮选。为了将发育快、个体大的幼虫筛选出来，移至其他池培育或及时投放采苗器，可采取适宜的筛绢网进行滤选。

（5）倒池和清底。由于残饵、死饵、死的幼虫和代谢产物的积累，敌害、细菌等大量繁殖，氨氮升高，水质恶化，严重影响幼虫生长和发育。因此，在培育过程中需要倒池和清底。倒池采用浮选法和过滤法；清底采用虹吸法。虹吸清底时，可将池水旋转，使污物集中后清除。幼虫培育阶段一般每隔1～2d倒池和清底1次；同时，投放抗生素抑制细菌大量繁殖。抗生素主要有金霉素、四环素、红霉素和土霉素等，使用浓度均为1～2mg/L。

（6）充气和搅动池水。幼虫阶段均可采取充气培育，充气可以增加水体溶氧，使饵料和幼虫均匀分布，有利于幼虫的生长、发育和代谢产物的氧化。无充气条件的，可每2h左右彻底搅动池水1次。充气加搅拌效果更好。

投放采苗器后一般不充气，可采取流水或加大换水量方法，保证水体溶氧量。幼虫培育期，应每天测定水温、溶氧、pH、氨氮和COD等指标，以便掌握水质状况，及时采取有效措施，确保培育水体水质良好。

（7）饵料、幼虫定量和生长观测。饵料和幼虫定量采用抽样法，即均匀吸取一定体积水样，放显微镜下观察记录（血球计数板）统计数量，以每毫升个数表示密度，以密度与水体的乘积等于总数量。幼虫的生长是在显微镜下，用目微尺测量其壳长和壳高。

（8）采苗。①幼虫变态：在一定条件下，各种贝类幼虫变态期的壳长：牡蛎350～400μm，贻贝210μm，扇贝183μm。如果营养差或水质恶化，变态期延长，甚至不变态不附着。双壳类幼虫在结束浮游生活前，在鳃基的背部形成 1 对球形由黑色素聚集起来的感觉器官，称为眼点。眼点的出现标志着自由浮游生活期的结束，可作为投放附着器的标志。②附着基和采苗：贝类生活类型不同（埋栖型、固着型和附着型），幼虫附着所需的附着基也不相同。附着基（又称采苗器）材料的选择、制作及性能的好坏，直接影响采苗效果。牡蛎幼虫的附着基，一般采用扇贝壳、牡蛎壳，也有采用涂有水泥沙子的聚乙烯网片、塑料板和树脂板等。贻贝和扇贝幼虫附着基，一般采用红棕绳帘子，即棕榈树皮纤维纺成绳，直径 0.3～0.5cm；将绳子缠绕在框架上呈帘状。扇贝幼虫附着基，也可采用废旧网片、塑料单丝绳等材料。埋栖型种类，在附着期可将幼虫移至带有泥沙的水池中。

投放采苗器的注意事项：①附着材料（采苗器）的处理，附着材料在使用前，要洗刷干净和消毒，用洁净海水浸泡和冲洗。红棕绳须经锤打、烧棕毛、蒸煮和海水浸泡等程序，再用藻液或抗生素（5mg/L）浸泡后才能使用。②采苗前的准备，投放采苗器前，幼虫池应加大换水量，搅动池水、冲刷池壁，使幼虫均匀分布。③采苗器铺设，投放采苗器应先铺底层，再挂池边，最后挂中间。投放采苗器数量：$1m^2$ 的废旧网片 10～13 片$/m^3$，直径为 0.3cm 细棕绳 800～1 000m$/m^3$，或者 1～2m^2 棕绳帘 3～6 个$/m^3$。采苗时，光照要均匀，以免幼苗附着不均。④采苗期管理，采苗期间应定期检查幼虫发育和附着情况，正常换水和投喂，做好日常管理工作。

6. 稚贝培育 幼虫附着变态后，进入稚贝培育阶段。为了防止因环境突变引起死亡，幼虫变态后，仍要在原池饲养一段时间，特别是附着生活的扇贝、贻贝等，如果过早放入大海，环境突变会引起自断足丝而逃逸。

稚贝早期培育仍需要良好的水质，应加大水的交换量和流量，但过大水流的冲击，也会对幼虫附着产生不利影响。稚贝期摄食量增大，投饵量应增加，除投喂单胞藻饵料外，还应投喂配合饲料。稚贝稳定附着后，就可以移到室外土池塘或水质较好、饵料丰富的海湾中培养了。

鲍的幼虫出现第一呼吸孔时进入了稚鲍期。随着稚鲍的生长，需要将它们剥离（分离）。剥离方法有：用 $2\% \sim 3\%$ 的酒精、1% 氨基甲酸乙酯、$150 \sim 200 mg/L$ 的 FQ420 溶液浸泡或用电麻醉剥离。剥离后的稚鲍应移到附着板上继续饲育，采用流水池或网箱，投喂配合饲料。稚鲍长到 1cm 左右，就可以移至海区筏式笼养或工厂化饲养。

（三）虾蟹的人工育苗

【亲体培育】

亲虾的来源有两种，一是从天然水域捕捞已成熟或抱卵个体；二是人工饲养的未成熟个体。优质亲虾是身体肥大、健壮，体表有光泽，体色正常、无伤；卵巢丰满，呈绿色或浅绿色，纳精囊中饱满，精荚明显呈乳白色。已成熟个体经短时间暂养即可产卵；未成熟个体则需经人工培育才能成熟产卵。有时秋季捕捞经越冬，翌年春季产卵。具封闭纳精囊种类，只挑选已交配雌虾进行培育；具开放纳精囊种类，需雌雄虾一起培育。

未成熟亲虾，在培育后期需进行促熟，常用方法有升温培育、眼柄切除等。人工培育经越冬的中国对虾，在培育后期可采取升温方法，逐渐促进亲虾性腺成熟，较自然海区提早 $1 \sim 2$ 个月产卵。眼柄切除技术被广泛应用于虾蟹类的促熟，其原理是眼柄中的内分泌器官分泌性腺发育抑制激素，切除眼柄可消除它的抑制作用。

【产卵与孵化】

对虾类的亲虾性腺完全成熟后，可放产卵池中产卵；产卵后放水收集受精卵，用清水冲洗、消毒，然后放到孵化和幼体培育池中孵化。对虾的孵化管理，与贝类工厂化育苗池管理基本相似，充气、换水和搅动等。

抱卵种类的受精卵附着在雌体的附肢上，并在此完成胚胎发育，称为"孵幼"。抱卵亲体饲养与卵的孵化同时进行，给亲体投喂鲜杂鱼、杂虾等饲料，保证营养供应，否则因饥饿而采食卵子。当胚胎出现"眼点"时，将抱卵亲体装在养殖笼或网箱内，吊养幼体培育池中，待受精卵完全孵化后，将亲体连同养殖笼取出。幼体培育池放抱卵亲蟹的密度：三疣梭子蟹 $3\sim5$ 只/m^2，中华绒螯蟹 $3\sim8$ 只/m^2。中华绒螯蟹土池塘育苗，抱卵蟹投放密度为 $1\sim2$ 只/m^2。

【幼体培育】

对虾幼体培育，是将无节幼体经溞状幼体、糠虾幼体育成 $0.8\sim1.0cm$ 的仔虾。蟹类幼体培育，是将无节幼体经溞状幼体育成大眼幼体。

无节幼体身体不分节，具 3 对附肢，前端正中有 1 对眼点，尾部有 1 对尾棘，无完整的口器和消化器官，游泳靠 3 对附肢划动做间歇运动。无节幼体经 $1\sim6$ 期（从尾棘多少鉴别）发育成溞状幼体。

溞状幼体出现明显的头胸甲，后段出现分节，具完整口器和消化器官，开始摄食。做"蝶泳式"运动。溞状幼体经 $1\sim3$ 期（从额角、尾肢、尾节鉴别）发育成糠虾幼体。

糠虾幼体的头胸部分界明显，各部附肢具全，初具虾形。游泳时头部向下呈倒立状。糠虾经 $1\sim3$ 期（从步足形状、螯的出现、附肢和尾节鉴别）发育成仔虾。人们习惯上把糠虾和仔虾称为"虾苗"。生产上幼体和糠虾阶段在室内培育，仔虾出池后放到室外养殖土池中饲养，一般 3 个月左右养成商品虾。

1. 培育池条件　工厂化育苗池条件，已在水产养殖工程中做了介绍，不再重复。土池塘育苗的池塘条件，与鱼苗培育池条件基本相同。

2. 培育密度　对虾工厂化育苗，无节幼体密度 40 万～60 万尾/m^3；仔虾 10 万～15 万尾/m^3。中华绒螯蟹工厂化育苗密度

40 万～80 万尾/m³；三疣梭子蟹 5 万～10 万尾/m³。中华绒螯蟹土池塘育苗密度，一般为 1 500～3 000 尾/m²。

3. 饵料及投喂 刚孵化的无节幼体，无完整的口器和消化器官，不能摄食，待发育到溞状幼体后开始摄食，应及时投喂饵料。早期幼体饵料主要为单细胞藻类，如金藻、小硅藻等。随着幼体生长，其食物逐渐转化为轮虫、卤虫无节幼体等。育苗生产中，多用鸡蛋黄、酵母粉和螺旋藻粉等作为早期阶段的代用饵料。后期培育，主要投喂轮虫、卤虫无节幼体或微颗粒配合饲料、虾片等。早期日投饵 4～6 次，单细胞藻类 20 万/mL 或蛋黄 3～8g/m³；后期少量多次，日投饵 12 次左右，检查摄食情况，投喂量灵活掌握，以不剩或少剩残饵为原则。

土池塘育苗，一般用专池培养轮虫、桡足类等生物饵料，用抽滤法收集，然后向育苗池投喂。土池塘培养生物饵料，也可供工厂化育苗中的投饵。

4. 水质调节与控制 工厂化育苗中水质调节与控制方法和贝类工厂化育苗方法基本相同，主要是换水、倒池和清底等。土池塘育苗中的水质调控，与土池塘培育育苗方法基本相同，主要是注水、适当施肥和施用药物等。但必须注意，饲养甲壳类的池塘，禁用敌百虫等有机磷杀虫剂。

5. 日常检查与管理 育苗期的日常检查，主要包括受精卵、胚胎和幼体发育、健康状况、数量检查和环境因子指标的测定。检查内容：①外部形态、发育期和时间、畸形率等；②幼体的活动能力和趋光性等；③体色和体表附着物；④摄食、饱食率和消化情况；⑤体表和体内细菌、真菌和寄生虫；⑥幼体内部器官发育情况。水质测定指标主要有温度、盐度、溶氧、pH、氨氮和COD 等。水体中微生物、藻类和浮游动物等，也是应该监测的指标。

【出苗和运输】

对虾的出池规格一般为 0.8～1.0cm，中华绒螯蟹出池为大眼幼体，三疣梭子蟹出池为 2～3 日龄的幼蟹。对虾出池方法是放水截获，蟹类出池可放水截获，也可用灯光诱捕，两者结合进行收获。

虾苗和蟹苗计数一般用容量法，也可以采用重量法。虾苗的运输与鱼苗运输方法相同。蟹苗运输可采用运鱼苗的方法，也可采用蟹苗箱进行干法运输。

（四）蛙类人工育苗

目前，我国养殖的蛙类主要有中国林蛙、牛蛙、河蛙、美国青蛙等。这里以牛蛙为例，介绍蛙类人工育苗技术。

【繁殖习性】

牛蛙 1 龄性成熟，春夏季节产卵繁殖，当气温上升并稳定在 18℃ 左右时进入产卵期。即将产卵时，亲蛙活动频繁，雄蛙高声鸣叫，雌雄蛙相互追逐，最终抱对。雄蛙伏于雌蛙背部，用前肢紧抱住雌蛙的腋下。雌蛙连续不断将卵产出，同时，雄蛙射精并用后肢将受精卵拨开，使之形成片状浮于水面。产卵历时 10～20min，卵块直径 20～40cm。体重 500g 左右的雌蛙，可产卵 1.5 万～3.0 万粒，750g 雌蛙可产卵 5 万粒以上。牛蛙产卵后鸣声逐渐消去，寻居僻静处。

牛蛙卵呈球形，相互间有被膜联系，一遇到水很快散开。卵块附在水草上或漂浮于水面，水温 20℃，4d 孵出蝌蚪；水温 26℃，3d 孵出；水温 29℃，只要 2d 即可孵出蝌蚪。蝌蚪用鳃呼吸，离水会死亡。蝌蚪摄食浮游生物、水生植物幼嫩的根和有机碎屑；不择食，食量很大。

【产卵和孵化】

1. 产卵池的准备　牛蛙喜静怕惊，产卵池应选择在环境安静、少受惊扰的地方。产卵池可用成蛙池兼用，也可专门建造。面积以 20～40m² 为宜，水深 15～40cm。池内应有约 30% 的陆地，可利用池边空地，也可在池中建岛。水面上投放水浮莲等漂浮植物，为蛙的栖息遮阳。产卵池周围设围墙，高出地面 1.5m，围墙要密实牢固，防止牛蛙逃逸。

2. 亲蛙的选择和投放　牛蛙冬眠结束后，就可选择体质健壮、无病无伤的个体作为亲蛙。亲蛙体重应在300克以上，雄蛙股部膨大，喉部黄色明显。亲蛙投放密度每 10m² 以 2～4 尾为宜，雌雄比例为 1∶1。亲蛙发育良好，投放产卵池后几天内即可产卵。为了使亲蛙集中、大批产卵，可注射催产剂；注射 LHRH-A₂ 的剂量为 1～2μg/kg，雄蛙减半。

3. 采卵　亲蛙放入产卵池后，每天早、中、晚三次巡视，发现产出卵块，要及时捞出移至孵化池。如牛蛙正在产卵，不要惊动，待产卵完毕后再捞卵。采卵可用搪瓷盆接近卵块，轻轻地将盆压下让卵块自动流入盆中。若卵膜黏附于水草，可剪断草根，将卵和水草一起捞取，但不宜带草过多。

4. 孵化　蛙卵可采用小池塘、网箱和水槽等作为孵化工具，一般采取定期换水或充气，保证孵化水质。如小水池或网箱中孵化，面积 20～40m²，水深 0.5m，放卵密度一般为 2 000～3 000 粒/m²。如在直径 50cm、水深 20cm 的脸盆中孵化，可放卵 1 000～2 000 粒。孵化期间要加强管理，注意以下事项：

（1）防止卵聚集成团。应使受精卵尽可能均匀地分布在同一平面。

（2）防止水温过高。要搭棚遮阳，避免阳光直射，水温不超过 30℃为宜。

（3）防止水质恶化。采卵时，不要将水草和杂质带入孵化池，以免在池中腐烂，水质恶化。孵化时，要及时清除死卵，适当换水，以保持水质清新。

受精卵经 3d 左右孵化出蝌蚪。刚孵出的蝌蚪游泳能力差，尚未开口摄食；待 2～3d 后，卵黄囊基本消失就可移入培育池。

【蝌蚪的培育】

刚孵化的蝌蚪体长不到 1cm，体质嫩弱，易受敌害侵袭，需要精细饲养和培育。蝌蚪培育大约 10d 左右，待长到 3～4cm 以上时，可放入土池塘培育。在土池塘中大约培育40d左右，待长出后肢，体长9～10cm，再从土池塘捕起放回到有围墙水泥池，变态成幼蛙。

1. 培育池的准备 水泥池正方形或长方形，面积5～30m²，深0.8～1.0m，蓄水深0.3～0.5m。设注水、排水和溢水口，排水口设在池边底部，注水和溢水口设在池上部。土池塘长方形，面积100～1 000m²，注水深度0.5～1.0m。培育池在放养前，要用漂白粉或生石灰严格消毒和清塘。

2. 蝌蚪放养 刚孵化的蝌蚪1 000～2 000尾/m²，随着蝌蚪生长要降低密度，并将大小不一的蝌蚪分池饲养。一般每20d左右分养1次，最终密度为100～200尾/m²。蝌蚪培育大约50d左右，大部分长出后肢，个别已长出前肢，要进行最后一次按规格分养，将发育不同的个体分类分池饲养成幼蛙。

3. 投喂 蝌蚪孵出后第4d开始投喂。初期蝌蚪食量小，主要摄食浮游生物和有机碎屑，可投喂轮虫、蛋黄和豆浆等饵料，每万尾日投喂量为100～200g。孵出10d后，蝌蚪放入土池塘（事先培养适口饵料生物），如果饵料不足，可投喂小麦麸、米糠和鱼粉，每万尾日投喂量为1kg左右。孵出30d后，可在饲料中加入鲜鱼糜等动物性饵料，每万尾日投喂量2～3kg。

每天早晚各投喂1次，均匀泼洒在池内。投喂量应根据天气、水质和蝌蚪的吃食情况适当调整。

4. 日常管理 工作主要有：

（1）每天早、中、晚巡视，检查蝌蚪的吃食和生长情况，及时增、减投喂量；检查池塘是否漏水和蝌蚪逃逸，发现情况及时处理；检查是否有敌害，发现敌害及时清除。

（2）加注新水和排出老水，保持池水清洁，溶氧充足，水质良好。

（3）变态的蝌蚪要及时转入幼蛙培育池。待蝌蚪四肢具全，尾鳍逐渐消失，开始水陆两栖生活时，应在培育池投放木板或水浮莲，让幼蛙栖息和休息。

【幼蛙的培育】

1. 培育池的选择 幼蛙的培育池可利用蝌蚪培育池，池内应投放水浮莲等漂浮植物或木板，为幼蛙提供栖息和休息的场所。休息场所面积应占池塘总面积的 40%～60%。池水不必很深，水深 10cm 以上即可。池面上最好要搭棚遮阳。

2. 幼蛙放养 放养密度依个体大小而定，10g 以下的幼蛙 50～100 尾/m²，10～30g 的 30～60 尾/m²，30g 以上的 10～20 尾/m²。同池幼蛙在饲养一段时间后，可能出现大小不齐现象，应及时分池饲养。当幼蛙体重达 60g 时，可转入养成阶段。

3. 饲养管理 蛙的摄食习性是捕食动态活食，饲养时应驯化让它吃静态食物。幼蛙的饵料可用新鲜的小杂鱼、虾、蟹等，也可以投喂蚱蜢、蚕蛹等饲料。较大一些的幼蛙，也可投喂煮熟的畜禽肉及内脏等。大块食物应切碎，饲料颗粒一般与幼蛙头宽一致。在培育池中应设饲料台，面积约 2m² 左右，用竹片或木板制成，浮于池塘水面。每 100～300 只幼蛙设 1 个饲料台。每天下午投喂 1 次，投喂量为幼蛙总重量的 10%～20%。每次投喂前，应清除饲料台上的残饵。

幼蛙养殖与成蛙一样，应设置防逃设施，同时，也应设置防止敌害侵入的设施。饲养期间，每天巡视，观察幼蛙的摄食、生长和活动情况，清除污物保持培育池清洁。池塘要定期消毒或为幼蛙投喂药饵，防止疾病的发生。

（五）龟鳖类人工繁育

【繁殖生物学特性】

龟鳖类的性成熟年龄和个体大小，因种类和栖息条件的不同而有差异。中华鳖、鳄龟在华南地区的性成熟年龄为 3～4 年，而在东北地区需要 5 年以上，性成熟个体一般在 700 克以上。成熟龟鳖每年发情交配产卵 2～3 次，精子在雌体内可贮存 5 个月以上，排卵时成熟卵在输卵管中完成受精。在华南地区，中华鳖春季交配 2～4 周后产卵；鳄龟夏秋季交配，春季产卵（温度 20℃以上）。产卵通常在夜间或黎明时，在环境安静、湿润、荫蔽和有细沙的地方，雌鳖（龟）先用前、后肢交替挖洞（直径 10～20cm，深 10～30cm），卵产在洞穴里，然后，用后肢将沙土盖没洞穴，并用腹甲整平。

龟鳖卵圆球形，直径 1.5～2.5cm，乳白色，半透明，具有钙质和蛋白质的壳膜（卵壳）。受精卵的动物极为 1 个圆形白色亮区，随着胚胎发育亮区逐渐扩大。胚胎发育适宜温度 23～35℃，沙土含水分 7%～8%，孵化时间随温度升高而缩短，一般为 50～80d。

【人工育苗技术】

以中华鳖为例，介绍人工育苗的技术要点。

1. 亲鳖的选择和培育

（1）亲鳖选择。用于人工繁殖的雌、雄鳖最好为 5～8 龄，体重在 2kg 以上。雌鳖个体大，产卵多，卵粒大，受精率高。雌雄比例一般在 4～5∶1。

（2）雌雄鉴别。雌鳖尾短，其长度到达或略超出裙边；背甲圆而隆起，后肢间距较大。雄鳖尾长而尖，其长度超出裙边；背甲扁平，后肢间距小。

（3）培育池。亲鳖可采用室外土池塘，也可采用温室中水泥池培养。土池塘面积 4 000～8 000m²，水深 1.5～2.0m；池底平坦，池堤坡降 0.5%～1.0%；池塘周围砌墙防逃。水泥池 50～300m²，水深 1.0～1.5m，池壁设沿防逃。培育池内应设投饵台（木板或水泥台），投饵台面积一般为 2～4m²，有 30°～45°斜坡，坡底在水中，坡面在水面上。

（4）饲养管理。亲鳖个体大小悬殊应分池饲养，土池塘密度通常为 1.5～2 尾/m²，水泥池为 3～4 尾/m²。饲养期间，投喂以动物蛋白源为主的配合饲料，粗蛋白 45% 左右。产卵前 1～2 个月，应投喂部分新鲜饵料，如杂鱼、贝类、畜禽类肝脏、新鲜蔬菜和南瓜等。每天投喂1～2次，日投饵量一般为体重的5％～10％，可根据亲鳖吃食情况灵活增减。亲鳖培育池应保持水质清新，无氨、硫化氢、二氧化碳等有毒气体存在。大棚培育，水温和气温应保持在20～35℃。

2. 提供产卵场 在池边陆地上选择安静、荫蔽处设产卵场沙盘，沙盘一般宽1.5m，长3～4m，沙盘中黄沙厚度30～50cm，黄沙颗粒直径为0.5～0.6mm，要求黄沙清洁、疏松，含水量7％～8％。产卵场沙盘，可按每只雌鳖0.1m^{2}面积设定。

3. 收卵和孵化

(1) 收卵和孵化箱。亲鳖产卵后翌日收卵，将卵小心从洞穴中扒出，放入孵化箱。孵化箱可用木板制成，长80～100cm，宽40～50cm，高8～10cm，箱底和四周有小的滤水孔。孵化用黄沙须经消毒（20mg/L漂白粉浸洗）或阳光暴晒。收卵时，在箱底铺一层3cm左右的湿沙，将受精卵动物极朝上整齐地摆放在黄沙上，卵与卵间隔为1～2cm。摆满一层后，在卵上洒上2cm左右厚的黄沙，还可再摆一层卵，然后再洒上3cm厚的黄沙，即可移入孵化室孵化。

(2) 受精卵的鉴别。受精卵壳顶有一白点，白点周边圆滑、清晰，卵壳颜色鲜明，略带粉红色；未受精卵壳顶无白点或不明显或边缘不清，卵壳颜色黯淡。

(3) 孵化条件与管理。人工孵化应利用温室，采取控温、控湿度条件孵化。孵化的适宜温度28～32℃，空气湿度80％～85％，孵化箱黄沙含水量7％～8％。鳖受精卵孵化管理和应注意：①准确鉴别受精卵与未受精卵，切勿将未受精卵放入孵化箱，以防止未受精卵在孵化箱中腐烂、变质，影响受精卵孵化；通常在放卵2天后，再检查1次受精情况。②收卵、移动和摆卵，应始终将受精卵的动物极朝上，保持自然孵化状态，小心谨慎，轻拿轻放，切忌碰撞，防止震动对胚胎发育的影响。③每个孵化箱放同一批受精卵，最多相差2～3d的卵为一批，以利于同步孵化和稚鳖培育。④保持适宜的孵化温度和湿度，防止水分过多或干燥。⑤防止鼠、蛇、蚂蚁等敌害浸入。

（4）孵化期。根据孵化温度记录，计算出平均孵化温度与日平均孵化积温，以此数值与鳖受精卵孵化所需总积温（36 000℃）相除，即可求出稚鳖孵出的时间。例如，平均温度32℃，36 000÷（32×24）＝47d。当壳颜色由淡灰色转为粉白色时，表明稚鳖即将孵出，应及时将水盆放在孵化箱（沙盘）下面接苗。刚出壳的稚鳖具有亲水性，出壳后很快爬离孵化箱，落入暂养池或水盆中。

（5）暂养。刚出壳的稚鳖常带有脐带和浆膜，不要人工去除，应让其自由断掉。刚出壳的稚鳖放在水盆中，用清水洗净，再放入暂养池中。暂养池或水盆底铺3cm厚的细沙，水深10～15cm（只要淹没稚鳖即可）。稚鳖孵出30～40h脐带脱落，卵黄消失，应及时投喂开口饵料。常用开口饵料有水丝蚓、枝角类、桡足类、鸡蛋黄和配合饲料等。投喂的饲料放在浮于水面的饵料台上，日投喂3次，投喂量为体重的20％（100只稚鳖投喂20～30g饵料）。暂养期间每天换水1次，保持水质清新。经2～4d的暂养，稚鳖的摄食能力和活动能力增强，可放入培育池中饲料。

4. 稚鳖培育

（1）培育池。稚鳖娇嫩，对环境条件要求高，最好将培育池建在室内，具有保温、控温和通风的设施。稚鳖池面积2～10m²，池底铺10cm厚的细沙，蓄水深30cm左右。在水平面处架设由水泥板或木板制成的稚鳖休息台或投饵台，或在池的一侧修建有45°斜坡，并具有30cm平台的休息场。培育池与投饵台面积的适宜比例为10∶1。

（2）稚鳖密度。初期适宜密度为50只/m²左右，随着生长应适当降低密度；还应将大小不一的稚鳖分池饲养。5克左右的稚鳖，适宜放养密度为20～30只/m²。

（3）饵料和投喂。5 日龄前投喂水丝蚓、枝角类、桡足类和蛋黄等开口饵料；5 日龄后可投喂捣碎的鱼糜、动物肝脏和配合饲料等，日投喂 2～3 次，投喂量为体重的 10％～20％；20 日龄以后，投喂以配合饲料为主，添加动物肝脏和新鲜蔬菜等。

（4）水质调节。稚鳖培育除了投喂营养丰富的饲料外，还需要有良好的水质环境。稚鳖池必须每 3～5d 换水 1 次，及时清除残饵，防止水质恶化。

二、水产苗种质量检测

为保护和合理利用水产种质资源，加强水产品种选育和苗种生产、经营、进出口管理，提高水产苗种质量，维护水产苗种生产者、经营者和使用者的合法权益，促进水产养殖业持续健康发展，根据《中华人民共和国渔业法》及有关法律法规，农业部修改和颁布了新的《水产苗种管理办法》，自 2005 年 4 月 1 日起施行。新《办法》规定了水产苗种包括用于繁育、增养殖（栽培）生产和科研试验、观赏的水产动植物的亲本、稚体、幼体、受精卵、孢子及其遗传育种材料。

（一）水产苗种的生产经营和管理

【生产许可制度】

《水产苗种管理办法》规定，单位和个人从事水产苗种生产，应当经县级以上地方人民政府渔业行政主管部门批准，取得水产苗种生产许可证。但是，渔业生产者自育、自用水产苗种的除外。省级人民政府渔业行政主管部门，负责水产原、良种场的水产苗种生产许可证的核发工作；其他水产苗种生产许可证发放权限，由省级人民政府渔业行政主管部门规定。水产苗种生产许可证，由省级人民政府渔业行政主管部门统一印制。

从事水产苗种生产的单位和个人，应当具备下列条件：①有固定的生产场地、水源充足、水质符合渔业用水标准；②用于繁殖的亲本来源于原、良种场，质量符合种质标准；③生产条件和设施，符合水产苗种生产技术操作规程的要求；④有与水产苗种生产和质量检验相适应的专业技术人员。

【水产原、良种场生产管理】

农业部在《水产原、良种场生产管理规范》中，规定了原、良种场的组织管理、环境条件、生产设施、生产管理、质量管理、档案管理和销售管理等。

1. 组织管理 管理人员中，场长、副场长要求大专以上学历，从事水产养殖管理工作 5 年以上，具有中级以上技术职称。主管技术的场长，要具有遗传育种等相关专业知识。专业技术人员在国家级水产原、良种场分别不低于 10％和 20％，省级水产原、良种场分别不低于 8％和 15％。

原、良种场要有一批技术熟练的操作工，要求具有高中以上文化程度，按农业部有关要求（农人发［2000］4 号文），经过操作技能的培训并获得职业资格证书后，方能上岗。技术操作工人占全场职工的比例，国家级、省级水产原、良种场分别为40％和 30％。

根据规模内设专职或兼职质量检验员 1～3 名；在生产技术部门内设专职选育种员，兼职实验操作员和电脑操作员；在场部办公室设专职或兼职档案管理员；在生产工区设兼职生产记录员。要求以上人员有中专以上文化，具有水产养殖专业和相关专业基础知识，并能熟练完成本职工作。

2. 环境条件

（1）水源。水源充足，水质符合国家渔业用水标准，生态环境适宜于养殖种类的生长、繁殖和遗传性状保存。

（2）场址。原种场应建在该种类的原产地，良种场建在该种类适宜养殖的地区。交通方便，通电、通讯。抗洪、防涝、抗旱能力，符合水利部门 50 年一遇标准。场区绿化、美化，环境整洁。

3. 生产设施 原、良种场应具有一定规模和生产能力。根据养殖种类的个体大小、生态学特点及生产规模等，确定养殖水面类型、水面面积及各类水面的配套比例。培育池排列整齐，种苗池、后备亲本池、亲本池、暂养池布局合理，比例适当。进、排水系分开，相对独立。需特殊条件的种类，应具有相应的生产条件和设施。具有与其生产能力相适应的饵料、运输、增氧、清淤、供电、调温和供水等配套设施，且专人负责，维修保养制度健全，运转正常。具有从事水质分析、水生生物、原良种外部形态与生长等项目的测定手段和养殖种类病害的监测手段。

4. 生产管理　原、良种场要实行计划管理。要根据养殖种类的生长、发育和繁殖的特点，编制全过程和年度生产计划。如从引进培育到性成熟繁殖一个周期的生产指标，各年龄组的生产和销售指标等。要根据年度生产计划，编制财务、物资和劳动用工等计划。并制定相应的管理制度。要按照国家、省有关生产技术操作规范，结合本场实际情况，制订所保存原、良种的生产技术操作规程，按规程组织生产。不同的养殖对象要分区专池养殖、单独操作，进、排水分离和严格过滤，防止混杂。原种池与供生产用种池应严格隔离。生产操作过程应有完善的生产记录。主要内容有：

（1）引种。单位、时间、地点、数量、规格、成活率及引进种的亲本情况等。

（2）引进种的培育。鱼池面积、水深、放养量、投饵施肥、生长、病害及日常管理等。

（3）繁殖。催产、孵化和出苗情况等。

（4）苗种培育。面积、水深、放养、饲养管理、选育、出池和销售等情况。

（5）后备亲本培育。面积、水深、放养、饲养管理、选育、出池和销售等情况。

生产记录表式由场部统一制定。生产记录员应及时、准确记录，定期汇总归档，并接受监督检查。

5. 质量管理　原、良种场场长是质量管理第一责任人，技术副场长协助场长搞好质量管理工作，可兼职质量管理部门负责人，具体实施各项管理工作。原、良种来源清楚，记录资料完整准确。对原、良种场所保存的原、良种，要定期进行生态环境、形态、生长、生理、生化和遗传性状的种质测定。对售出的原、良种的使用情况，要进行跟踪调查，了解质量状况。

质量检验员职责：①根据生产技术操作规范，负责本单位水产原、良种生产全过程的质量监督。即亲本种苗来源与质量；从繁殖到养成的环境监测和种质测定情况；隔离保种措施执行情况等。②进行原、良种质量最终评定，出具质量合格证。

实验操作员职责是：测定水质、水生生物、病害检查和原、良种生长等，并报告技术副场长和质量检验员，配合做好质量监督工作。

质量管理部门定期向场长汇报本场原、良种质量情况，接受上级主管部门不定期的检查。

6. 档案管理　原、良种场应设立专门的档案室，档案管理要符合国家及地方有关档案管理的规定。要求将档案收集、整理等工作，列入全场及下属各部门工作职责范围，纳入干部目标考核的内容之一。原、良种场归档内容分为技术档案、财务档案、基建档案、文书档案及实物标本、图像、录像、照片等。

专职和兼职档案管理员负责管理档案。建立立卷归档、文书处理、库房管理、借阅使用、保密等管理和使用制度。

7. 销售管理　销售的原、良种情况要记录存档，并由质量检验员和生产记录员双方签字，技术副场长签字认可。同时，将记录档案送达使用单位。向用户出具产品质量合格证，不合格产品严禁出售。

（二）水产苗种质量检验

《办法》规定：县级以上人民政府渔业行政主管部门，应当组织有关质量检验机构对辖区内苗种场的亲本和稚、幼体质量进行检验，检验不合格的，给予警告，责令其停止对水产苗种的销售，限期整改；到期仍不合格的，由发证机关收回并吊销水产苗种生产许可证。水产苗种场疫病检疫、检验是保证水产苗种质量，防止病害扩散的关键环节，是减少养殖用药、提高水产品质量的重要保证。为此，要求县级以上地方人民政府渔业行政主管部门，应当重点加强对水产苗种繁育场用于繁殖的亲本和生产的苗种进行检疫。检疫人员应当按照检疫规程实施检疫，对检疫合格的水产苗种出具检疫合格证明，发现疫情，要及时向当地渔业行政主管部门报告。

【常规检验】

1. 种类和品种鉴别

（1）标本采集。用于鉴定的标本，必须是各器官完整、无损，发育正常。采集标本时，应作一定记录、标签和编号，如产地、采集日期、渔具渔法、体色和主要特征等。用作生物统计的标本数量，不少于 25 个个体。若不能进行现场鉴定，标本需要处理和保存；处理的方法是先用清水冲洗干净，然后，用 10% 的福尔马林固定。

（2）形态特征鉴定。一是根据可量性状鉴定，如鱼类的全长、体长、体高、头长、吻长、眼径、尾柄长和尾柄高等；二是根据可数性状鉴定，如鱼类的背鳍、臀鳍的鳍条数目，侧线鳞数目、鳃耙和咽齿数目等；三是根据外部和内部特征鉴定，如口的位置和形状，须的有无，腹棱有无或完整程度，咽齿形状等。

2. 鱼类苗种阶段和术语

（1）鱼苗。卵黄囊基本消失、鳔充气、能水平游泳和主动摄食的仔鱼，习惯称之为"水花"。

（2）"乌仔头"。鱼苗经过十几天的饲养，全长达 17～22mm，身体开始出现鳞片时的稚鱼，习惯上称之为"乌仔头"。

（3）"夏花"。"水花"或"乌仔头"经过十几天的饲养，全长达 30mm 左右的稚鱼，习惯上称之为"夏花"。

（4）"秋片"。"夏花"经几个月的饲养，到秋季的当年鱼（幼鱼），习惯上称之为"秋片"。

（5）"春片"。"秋片"经过越冬到春季的幼鱼，习惯上称之为"春片"。

（6）鱼种。为各种商品鱼饲养方式提供的稚鱼和幼鱼。一般来说，"夏花"、"秋片""春片"都可以作为养商品鱼的鱼种，但为了保证成活率和一定的产量，通常放养"秋片"或"春片"。有些鱼类的商品鱼规格要求较大，如草鱼、青鱼，商品鱼饲养，需要放养 2 龄或 3 龄鱼种。人们习惯上把当年鱼种称为"仔口鱼种"，把 2 龄和 2 龄以上的鱼种称为"老口鱼种"。

3. 苗种质量检验

（1）生长检验。在相同条件下，比较个体的绝对生长和相对生长。优质苗种生长速度快，在预定时间生长达到相应规格的比例大于等于 80％，能满足各种饲养方式的需要。

（2）整齐度检验。比较群体中个体大小差异；优质苗种规格整齐，肥满度高，无头大体小现象，畸形率小于 3％。

（3）成活率检验。比较在饲养过程中成活率的高低；优质苗种，在饲养过程中成活率达到 80％以上。

（4）体质检验。用逆水游泳能力、对恶劣环境抵抗能力等，检验水产苗种的体质。体质好的苗种，逆水游泳或爬行能力强，抢食能力强，集群游泳，行动活泼，受惊吓反应迅速。

（5）体表检验。查看体表是否有损伤，黏液是否脱落，是否有光泽，有无病灶或寄生虫，体色是否正常。健康鱼类苗种体表有光泽无病灶，鳞片完整，眼球饱满透明，鳃丝清晰、鲜红或暗红色。健康虾、蟹类甲壳光洁、完好无损，眼黑亮，鳃乳白色半透明，反应敏捷，游泳、爬行自如。

【特殊检验】

1. 种质鉴别 采用生化和分子遗传学鉴定，主要方法有：

（1）血型鉴定。属于简单的孟德尔遗传，其中，一个血型抗原的基因座位上同时存在几个等位基因，这些等位基因频率和基因型的分布，符合哈代—温柏格（Hardy‑Weinberg）定律，其等位基因遗传信息可作为种质遗传分析。

（2）同工酶、蛋白电泳分析。由于种群内、间的变异，可以表现在同工酶的多态性上，因此，蛋白质（含同工酶）电泳，可以快速检测到分散于整个基因组中非连锁座位上的等位基因变异，可从凝胶上直接分辨出纯合子与杂合子基因型。

（3）mtDNA‑RELPs。RELPs即限制性片段长度多态性，利用限制性内切酶，将DNA分子降解成许多长短不等的较小片段，分析其多态性，RELPs比较适合于分子量较小的DNA。

（4）DNA指纹技术。DNA指纹又名遗传指纹。由于一个DNA指纹能同时提供十几个独立的遗传标记，具有高度的变异性、简单的稳定遗传和体细胞稳定性，且随着核小卫星探针的多样化以及微卫星探针，进行DNA指针分析，即SSRP（简单重复序列多态性），使得DNA指纹技术特别适合于种质鉴定的研究。

（5）PCR技术。聚合酶链式反应，简称PCR，是一种体外选择性扩增DNA片段的分子生物学技术。它的原理是模仿生物体内DNA复制，利用DNA聚合酶依赖于DNA模板特性，人工合成两个与预定扩增DNA片断中一短序列互补的引物，从而引发4种脱氧核苷酸的聚合反应。

（6）RAPD‑PCR技术。即随机扩增多态性DNA技术。在PCR基础上，用单一引物对基因组DNA片段进行随机扩增，能检测出大量的DNA遗传变异，克服了PCR中双引物合成的难题。

2. 苗种检验和检疫 根据《中华人民共和国进出境动植物检疫法》、《中华人民共和国动物防疫法》和农业部《水产苗种管理办法》规定，水产苗种生产、进出口实行许可、审批和检验、检疫制度。

（1）水产苗种进口和出口名录。农业部会同国务院有关部门，制定水产苗种进口名录和出口名录，并定期公布。

水产苗种进口名录分为Ⅰ类、Ⅱ类和Ⅲ类名录。Ⅰ类名录是禁止进口水产苗种名录，为已明确对我国生态环境安全、生物资源或人类健康造成重大影响，或会构成潜在威胁的水产苗种；Ⅱ类名录是需严格控制进口的水产苗种名录，为我国已进口的水产苗种中，对我国水生物种及生态环境影响尚有争议，需要进一步安全影响评估的进口水产苗种；Ⅲ类名录是允许进口的水产苗种名录，为我国进口过的水产苗种中，已确定对我国水生物种和生态环境不会造成太大影响的进口水产苗种，一些已成为我国水产养殖的主要品种。

水产苗种出口名录分为Ⅰ类、Ⅱ类和Ⅲ类。Ⅰ类名录为禁止出口水产苗种名录，包括我国特有、珍稀、濒危物种；有重要科学研究价值的物种、品种或品系；有重要经济价值的物种、品种或品系。Ⅱ类名录为限制出口水产苗种名录。包括我国现阶段重要养殖品种；重要育种材料；虽物种相同，但由于地理分布不同，遗传资源不完全相同，有重要科学或经济价值的种类。Ⅲ类名录为允许出口的水产苗种名录。包括我国已普遍养殖的物种或杂交种；正在开发的养殖种，苗种生产已达到规模化生产水平；国外引进种，已解决苗种规模化生产，养殖技术较成熟；除分布我国外，还分布较多国家的物种。

列入进口名录Ⅰ类的水产苗种不得进口，列入出口名录Ⅰ类的水产苗种不得出口；列入名录Ⅱ类的水产苗种以及未列入名录的水产苗种的进口、出口，由农业部审批，列入名录Ⅲ类的水产苗种的进口、出口，由省级人民政府渔业行政主管部门审批。

（2）引种检疫程序和要求。首先，引种单位在引种前，除进行引种的可行性研究及必要的人员、设施准备外，应先办理检疫审批，获准后方可引进；同时，提供隔离检疫场，隔离检疫须30d以上；报请当地口岸动植物检疫机关审核，并获取《进出境动物临时隔离检疫场许可证》（有效期为 4 个月），凭此证向国家动植物检疫局或其授权的口岸动植物检疫机关申请办理检疫审批手续。水产苗种检疫隔离场应具备以下条件：①远离其他水产养殖场或供水、投饵和排污等场所。②隔离池具备必要饲养条件，养殖用水、饲料符合国家标准；应设防逃设施，防止苗种逃逸；隔离期间，不得擅自将引进苗种调离隔离场。③隔离池排水独立，备有废水储水池和无害化处理手段，严禁未经处理的废水直接排入河流或其他养殖池。④隔离检疫要有专门的管理人员，使用专用工具，对隔离期间进行观察和记录。

（3）检验、检疫内容。主要是病原微生物、寄生虫和病毒。疫病目录、检验、检疫方法见第四篇第三章第三节水生动物的防疫检疫。

第三节　渔业资源与捕捞技术

一、渔业资源的可持续利用

1. 渔业资源可持续利用的概念及其内涵　可持续发展，实质上是自然资源的合理配置与持续利用。从狭义上理解，渔业资源的可持续利用，就是人类的捕捞强度不超过渔业资源的可承受能力或自我更新能力；从广义上来讲，渔业资源的可持续利用，是指在不损及后代人满足其需求的渔业资源基础的前提下，来满足当代人对水产品需要的资源利用的方式。

渔业资源可持续利用，是实现渔业可持续发展战略的一个重要方向。从社会道义和公正的角度看，任何国家、地区和个人对渔业资源的合理利用，不仅要考虑自身的需要，而且也要考虑到其他国家、地区和个人乃至未来几代人的需要。当今，人们从自身需要出发，对资源进行有效的开发和利用，只能是资源合理利用的一个方面，而不是其全部内容。渔业资源的可持续利用内涵，应该包括以下几个方面：渔业资源的可持续利用，必须以满足经济发展对渔业资源的需求为前提；渔业资源可持续利用的"利用"，是指渔业资源的开发、使用、管理和保护全过程，而不单单只指渔业资源的使用；渔业资源生态质量的保持和提高，是渔业资源可持续利用的重要体现；在一定的社会、经济、技术条件下，渔业资源的可持续利用，意味着对一定渔业资源数量的要求；渔业资源的可持续利用，不仅是一个简单的经济问题，同时，也是一个社会、文化和技术的综合概念。

2. 影响渔业资源可持续利用的因素

（1）资源丰度与环境容量。影响某个区域渔业资源利用方式的首要因素。一个区域渔业资源丰度与环境容量的大小，就直接影响到该地渔业资源开发利用中最低安全标准的设立，并进一步决定了渔业资源可持续利用的实现难易。

（2）人口和经济。人口越多，经济越发展，对渔业资源和环境的需求越大；但人口素质越高，经济越发展，则又越容易在意识上接受和行动上施行渔业资源的可持续利用。

（3）技术进步和结构变迁。科学技术的应用，大大提高了捕捞能力和强度。希望寄托于发展和应用对渔业资源环境无害甚至有益的技术，促进渔业资源的可持续利用。

（4）文化和制度。文化和制度的外在约束性作用，对人们的渔业资源开发利用形式产生重要的影响。因此，有意识地构建一个有利于渔业资源可持续利用的文化和制度体系，如渔业资源有偿使用制度、产权制度和价格制度等，就构成了渔业资源可持续利用的重要保证。

3. 渔业资源可持续利用应达到的目标 经济与生态利益的统一；眼前和长远利益的统一；局部和全局利益的统一。

4. 渔业资源可持续利用的措施

（1）改变传统的自然资源价值观，确立自然资源具有价值的观念。渔业资源的现行价格，只包括了捕捞生产的成本，没有包括渔业资源本身的价格。资源价值的构成不完全，带来了人们对渔业资源的不合理利用，大大降低了渔业资源的效用，导致渔业资源利用的严重浪费，海洋生态系统的破坏和环境的恶化，阻碍了人类社会对渔业资源的可持续利用。因此，必须纠正长期流行的资源无价的观点，重新确立资源是具有价值的观点。我国著名的资源经济学家李金昌认为，资源价值首先决定于它对人类的有用性，其价值大小则取决于它的稀缺性和开发利用条件。

（2）对渔业资源实行资产化管理。一般经济学理论认为，能够带来收益的东西称为资产。渔业资源的开发和利用，能给我们带来巨额的收益、财富和丰富的蛋白质，因此，渔业资源无疑是属于资产。既然是作为资产，就应该作为资产来管理。对渔业资源实行有偿开发利用、有偿使用制度。目前，急需对渔业资源的自然价格进行合理的评估，为实现渔业资源的有偿使用和资产化管理提供基础条件。

（3）制订有效的渔业资源管理措施和政策，实现共享资源的产权转化。一方面必须加强海洋渔业环境保护，尽量预防和消除海洋环境污染；另一方面就是做到合理捕捞，既要使人类捕捞的产量达到最大，又要使海洋生物资源有所增长。

要采取措施和政策，实现共享资源的转化。采用的主要方法有：①通过收费或征税，使渔业利用者的成本费提高，把一部分利用效率差或经济效益不好的利用者排斥出去；②实行许可制度，用行政手段控制渔业资源利用者的数量和利用方式；③把国家财产转化为国民主体和集体，在可能情况下，确立所有权或使用权，并保障其实施。这实际上是国家所有权的合理扩展过程，即渔业企业或渔业集团被授予使用国家财产的准财产权或称为渔业权，如日本实行的社团渔业权制度。但从管理上看，必须有捕捞对象明确的总允许渔获量（TAC），而且从渔业资源的经济特性看，这些配额渔获量必须是可以转让的（ITQ），才能实现资源利用的合理配置。

（4）扩大资源的社会再生产，建立渔业资源产业。资源的再生产实际上包含着两个方面的内容，即自然再生产过程和社会再生产过程。对渔业资源来说，鱼类的自身繁殖就是自然再生产。而人类的养殖、增殖以及渔业资源的保护和养护、渔业生态环境的改善等，属于社会再生产过程。

实现海洋农牧化。所谓海洋农牧化，就是像陆地农业种植庄稼、放牧牲畜那样，在海洋中开展海洋生物的养殖和增殖。这是开发海洋生物资源的一种新途径。在浅海开展海洋生物的增殖放流，利用海洋中天然的生物生产力，选择一些海洋生物种类，把人工培育的种苗放养到天然海域中，经过一段时间的生长、发育后，再加以捕捞。

开发海洋生物新资源。世界海洋渔获量分布是不均匀的，目前，92％的渔获量来自大陆架海区，大洋和深海鱼类捕捞甚少。大洋性和深海生物资源的开发，是今后海洋生物资源开发的主要方向，它依赖于捕捞技术的提高。另外，在南大洋海域内磷虾有7~8种，数量最多且作为最大潜在渔业资源引起世界各国关注的是大磷虾（*Euphausia superba* Dana）。

（5）积极开展渔业资源的国际和区域间的合作。渔业资源的流动性和洄游性，使得一些渔业资源成为几个国家的共有资源，决定了渔业资源的管理和保护，必须要进行国际和区域间的密切合作。否则，渔业资源的可持续利用必然成为一句空话。

（6）开展大洋生态系研究，建立渔业资源的核算体系。资源的核算，就是对资源的存量、流量以及资源资产的财富价值进行科学的计算。20世纪初提出的单鱼种资源评估模型和20世纪70年代发展起来区多鱼种资源评估模式，已远远不能满足渔业资源管理的要求，难以预测渔业资源与其环境之间的相互作用、相互影响。同时，也难以预测一种资源的变化对另一种资源及其整个渔业生态系统的影响等。1984年美国海洋学家K. 谢尔曼和海洋地理学家L. 亚历山大提出了大海洋生态系统的概念，为渔业资源实行科学的核算体系（包括实物量和价值量的核算）提供了可能。

二、捕捞技术

1. 淡水钓捕技术

（1）渔期和渔场。饵钓类渔具的主要渔期每年有两次，即每当春、夏之际和秋季。此时，各种鱼类活动力强，觅食量大，鱼易上钩，使钓具的钓获率普遍升高。但是，空钩类钓具的主要生产季节多在冬、春两季。此时，鱼类活动能力差，正是易于被空钩钩捕的良好时机。

各种鱼类对渔场环境有不同的要求。在鱼类洄游的要道，在附近又能获得丰富饵料的水域，在崎岖不平的岩石底质，其他网渔具无法捕捞而适宜用钓渔具生产的地区，水色比较混浊、湖底水草不多的地区，不受或很少受风浪直接影响的水域等，都是构成钓渔具渔场的条件。

（2）操作技术。

①诱鱼上钩的方法：钓具由于种类和结构上的差异，它们的捕鱼原理也有不同的地方。实际生产中可以看到，鱼类上钩有各种各样的情况，所以，诱鱼上钩的方法也不一样。如饵钓以饵料引诱鱼类吞食而使鱼上钩；而空钩钓具则依靠钓钩的构造技巧使鱼着钩。从作业方式来看，饵延绳钓具使鱼着钩的条件完全取决于饵料的种类、数量以及敷设水层的位置；而竿钓和手钓还需依靠作业操作方法，引起鱼的反应才上钩。

②钓具的装配和调整：支线的长度与支线间的距离有关。一般情况下，支距小，钓钩密，鱼易上钩而捕获。但是，支距小时支线长度受到限制，如比例不当，支线就会相互缠绕而严重影响生产。正确的装配方法，支线的长度一般较支距大 $0.5 \sim 1$ 倍。支线的长度又与捕捞条件有关。另外，为了使一种钓具能同时钓获不同水层洄游的鱼类，或者为了配合网渔具侦察鱼群活动位置，钓具支线可以有几种不同的长度同时使用。

浮子、沉子的装配与调节：延绳钓在水中敷设某一水层位置，是由每筐干线两端部上方的浮标和下方的沉石（或锚碇）来确定的。但是在数百米长度干线的自重和数千个钓钩的重量影响下，干线在水中的形状呈悬链线形，中间部分形成一定的垂度。由此，为了保持干线在水层中预定的位置，就需用若干个浮子和沉子来调节。假设鱼群栖息在同一水层中，则干线在水中的悬垂度应尽可能缩小。所以，调节钓具上的浮、沉子数量，主要取决于所捕对象所栖息的水层厚度而定。调节钓钩在水中的位置，也可用调节沉子绳的长度。

2. 海水钓捕技术

（1）渔场选择。钓渔具能捕捞不适合使用网渔具生产的分散性鱼类，或分布于底质差、岩礁多的海域的鱼类，并能在水流湍急、流向变化复杂以及水很深或很浅的渔场作业。同时，在极为狭窄的渔场内，垂钓也能进行作业。因此，钓具对渔场的适应范围比网渔具大。当然，并非任何海区都能进行放钓作业。钓鱼场仍要求每年在一定的季节有鱼群洄游来到，主要应为索饵鱼群。

钓鱼场宜选择形成流隔的海区，那里饵料生物丰富，索饵鱼群多。同时，应选择海底有凹沟、隆起的海域放钓，那里鱼群栖息多，而且相对稳定。在岩礁海域，礁间带鱼类洄游范围小，比较稳定，适合使用竿钓、手钓作业。深水渔场适合使用手钓作业。游速较快的中上层鱼群，适合使用曳绳钓进行捕捞。延绳钓延伸距离大，要求渔场开阔。

远洋钓鱼场往往位于强大海流流经的海域。如鲣、金枪鱼等每年随暖流洄游，它们追随暖流中的鳀鱼群做索饵洄游。鳀接近水面起群时，海鸟聚集掠食。因此，发现鸟群可找到鳀鱼群，通过鳀鱼群可探索到鲣和金枪鱼群。

（2）撒布诱饵。可诱集鱼类进入钓捕范围，或增强钓船附近鱼的食欲，或为了使用拟饵钩而迷惑鱼类，使它们对真假饵料难以分辨。

（3）装挂钓饵。钓饵在装钩前需进行切饵等处理，切饵大小因鱼而异。装饵方法应简便，特别在钩多、鱼多时更应简单迅捷。大鱼饵往往从头部向尾部方向刺挂，因鱼类通常习惯于迎面攫食小鱼虾，而从尾部袭击大鱼饵。活饵装钩后仍维持其生命力，切忌刺伤活饵体的要害部位。通常，装钩于活鱼饵的头部，使它保持自然状态游动。

第四节　水产品保鲜加工技术

一、冷冻鱼糜及其制品

1. 冷冻鱼糜的加工工艺　冷冻鱼糜根据添加剂的不同，可分为无盐鱼糜和加盐鱼糜两种。主要加工工艺流程为：原料鱼→"三去"处理→开片→清洗→采肉→漂洗→脱水→精滤→混合搅拌→称量→包装→冻结→冷藏。

冻结后的鱼糜，可转入－18C冷藏库内。冷冻鱼糜如需更藏1年以上时间，则冷藏温度相应要降低，要求在－25～－20℃。冷冻鱼糜在运输过程中，要注意保持恒定的低温，避免由于温度的回升形成重复冷冻的现象，以影响鱼糜的质量。

2. 鱼糜制品的生产技术　鱼糜制品分熟食品和生食品两大类。鱼糜制品的一般加工工艺流程为：

原料鱼→前处理→采肉→漂洗→脱水→绞肉
冷冻鱼糜→半解冻　　　　　　　　　　　}→擂溃→调味→成

型→{加热（杀菌）→冷却→包装→熟制品
　　冷冻→包装→冷藏→调理冷冻制品。

3. 几种鱼糜制品的制作工艺

（1）**鱼圆（鱼丸）**。水发鱼圆、油炸鱼圆的加工工艺流程为：

原料鱼→前处理→洗净→采肉→精滤
冷冻鱼糜→半解冻→切块　　　　　　}→擂溃（加调料）→成型

→加热→冷却→包装。

（2）鱼糕。加工工艺流程为：冷冻鱼糜→擂溃→成型→加热→冷却→包装→贮藏。

（3）无刺熏鱼。加工工艺流程为：鱼糜→擂溃→装盘→整形→冷冻→切片→油炸→浸卤→包装→成品。

（4）鱼肉香肠。加工工艺流程为：鱼糜＋（畜肉→前处理→切丁）→擂溃→混合（调料）→灌肠（充填）→结扎→加热→冷却→包装。

（5）鱼卷。加工工艺流程为：鱼糜→擂溃→成型→烤熟。

（6）美味鱼条。加工工艺流程为：鱼糜＋蔬菜洗净切碎→擂溃→成型→冻结→包装→冷冻保藏。

（7）鱼糜串烧制品。加工工艺流程为：原料→采肉→精滤→擂溃→加料→切片→油炸→浸油→上串→包装→成品。

（8）模拟蟹腿肉。加工工艺流程为：鱼糜解冻→斩拌（配料）→充填涂片→蒸煮→火烤→冷却→压条纹→成卷→涂色→薄膜包装→切段→蒸煮→冷却→脱薄膜→切小段→称重→包装→冷冻→成品。

二、水产干制品

1. 制法

（1）天然干燥法。我国渔民自古以来传统的保藏水产品的干燥方法。一般选择天然的空旷场地，将水产品平摊在帘席或挂在木、竹架上，利用日光和自然通风来进行干燥。该法简单易行，也不需要高成本的设备投资和复杂的技术，但是由于其受天然条件的限制，而且卫生条件较差，干燥效果往往不理想，干制品的质量也会因此而大打折扣。这种方法现已渐渐被淘汰。

（2）人工干燥法。有烘干；热风、冷风干燥；真空干燥；远红外及微波干燥；冷冻干燥等方法。

2. 干制品的种类　水产干制品的种类很多，大体可分为生

干品、煮干品、盐干品、调味干制品和膨化食品几大类。

①生干品：原料不经过盐渍、调味或煮熟等处理，而直接干燥的制品。

银鱼干：原料处理→两次晒干→包装→保存。

墨鱼干：原料处理→分级→剖腹→去内脏→洗涤→干燥→整形→罨蒸→包装。晒至九成干的墨鱼，可收放于筐中，堆放室内。四周用麻袋或草席包住，放置 3～4d，此为"罨蒸"。

淡干紫菜：原料→切菜→成型→脱水→干制→脱片→分级→包装。

②盐干品：先将鲜鱼腌咸，然后再干燥的一种加工品。通常经过原料处理、水洗、腌咸、穿刺（或整形）、去盐、干燥等工序。

鳗鲞：原料处理→洗涤→剖割→盐渍→清洗→沥水→晒干→包装。

酶香鳓鱼（广东曹白鱼）：原料的选择和处理→盐渍→加压→起桶包装。

③煮干品：用新鲜原料经煮熟后进行干燥的制品。

虾米、虾干、虾皮：原料处理→水煮→干制→脱壳→包装。

④调味干制品：用新鲜水产品经调味配制后干制的一种食品。

调味鲐鱼干：原料处理→剖片→漂洗→配制→摊片→烘干→烤制→轧片→包装。

⑤水产膨化食品：

鱼（虾）糜膨化食品：鱼糜（虾糜）→加辅料混合→膨化成型→干燥＋油炸→调味→包装。

调味膨化鱼片：原料处理→切片→浸液→烘干→摊片→膨化→二次烘干→包装。

⑥冻干水产品：经超低温冷冻后，在超低温、通常也是低压下，物料中的冰升华为水蒸气而得到的脱水干制品。

鲜鱼→挑选→沥水→装盘→升华干燥→检验→回软→压块→后干燥→包装→成品。

三、水产腌渍、糟醉渍、醋渍、熏制品及调味品

1. 腌渍制品 通过较长时间以盐腌的方式脱去水产品体内的部分水分，并将盐分渗透到水产品组织中，通过这种方法来抑制细菌的活动和酶作用，达到延长保藏期的目的。盐渍品盐分浓度较大，其最终产品形式水分和盐分含量都较高。

（1）干盐法。将固体食盐颗粒，直接撒在水产品的体外，仅仅依靠水产品体中析出的水分所形成食盐溶液盐渍的方法。

（2）湿盐法。用食盐预先配制成一定的浓度，然后将水产品放入盐渍的方法。

（3）混合盐渍法。同时或先后使用干盐法和湿盐法。一种是预先将食盐擦抹鱼体装入容器内，再注入饱和食盐溶液；另一种是先用湿盐法使盐水迅速接触渗透鱼体，使附着在鱼体上细菌的繁殖很快被抑制住，同时降低鱼体内水分，然后再用干盐法，这样就避免了干盐和湿盐法的缺点，对保持产品品质起到较为有利的作用。此法又称二次盐渍法。

除了以上三种盐渍法外，还有在稍高温度下的热腌法和加冰的冰盐渍法；在不同盐浓度时的饱和盐渍法和淡盐渍法，用盐加其他香料的盐渍法等。

（4）几种腌制产品的加工工艺。

①酶香咸鱼：酶香咸鱼是盐渍发酵制品，在盐渍过程中，由于酶的作用，鱼品逐渐具有柔软的稠度和特别悦人的芳香气味，即香浓独特的酶香味。酶香咸鱼是我国南方沿海一带特别是广东地区的特产，传统产品有酶香鳓鱼、酶香大黄鱼和酶香马鲛鱼等。

加工工艺流程为：原料→盐渍→加压→包装→成品。

②盐渍淡水鱼：青鱼、草鱼、鲢、鳙、鲤、鲫、鳊、白鱼、鳜、黑鱼、鲇、黄颡鱼等多种鱼类，均可制成盐渍鱼。

加工工艺流程为：原料→剖割→洗涤→腌制→加压→成品。

③盐渍海蜇：通常，都将海蜇的头部和身体分离开来加工。

海蜇头加工。第一次盐渍：将海蜇头洗净后放入桶中，加以少许明矾粉拌和，3～4h后取出洗净、沥水，再整桶加入明矾拌和，并继续放置12h，第一次盐渍全部用明矾，明矾量为原料重量的0.5％；第二次盐渍：蜇头取出并朝上平铺在桶内，上面撒一层明矾，再撒一层盐，这样逐层排列到桶口，用矾量为0.32％，盐量为8％～10％，盐渍10～15d；第三次盐渍：这次全部用食盐，仍然以逐层排列腌渍，用盐量为5％～8％，也可根据蜇头脱水及松脆的情况再加0.15％的明矾，腌制7d左右。最后，将蜇头取出放入竹篓中沥去卤水，沥卤7d左右即为成品。

海蜇皮的加工。过程和步骤同加工蜇头相似，只是矾和盐的用量和盐渍时间不同。蜇皮盐渍脱水较高，实际成品率约为10％～11％。

海蜇头及海蜇皮腌制质量的好坏，重要的关键技术之一是明矾的量，需具体生产实践中灵活掌握。

2. 糟醉浸渍品　糟醉渍法实际上就是用酒糟、酒对盐制品进行再加工的方法，是一种复合的腌制法。淡水鱼中的青鱼、草鱼、鲢，海水鱼中的鳓、鲳、鳗、黄鱼、带鱼、鲅等鱼类，以及贝、螺类都可以制作糟醉渍产品。

水产糟醉渍制品的加工，一般分为盐渍脱水和酒、酒糟等渍藏两个阶段。其主要辅料也有两类，一类是用酒或酒精对水产品进行酒渍，使用的酒主要有黄酒、甜酒、清酒或烧酒，也有用适当比例的白糖加酒精来代替酒；另一类是使用制酒时的榨粕（酒糟）将水产品糟渍，可以是烧酒糟、黄酒糟、清酒糟或甜酒糟，其中以甜酒糟为主。

（1）糟醉鱼。一般用于淡水鱼的加工，以青鱼、草鱼、鲤为佳，也可用于做糟海鳗等。加工工艺流程为：原料处理→盐渍→晒干→糟醉渍→密封→包装。

（2）醉蟹。加工工艺流程为：原料处理→清洗→沥水→醉渍→包装→成品。

（3）醉泥螺。加工工艺流程为：原料处理→第一次盐渍→第二次盐渍→第三次盐渍→醉渍→包装。

3. 醋渍制品　以食盐和醋酸保存食品的方法，亦称醋味渍。加工时除醋外，还要加入少量香辣料、砂糖等辅助材料。醋渍鱼加工一般分为热制和冷制两种。基本加工方法为：剖割→洗涤→浸渍→二次洗涤→注入渍液→运销。浸渍时渍液的重量和鱼体重的比例至少为 2:1，渍液中醋酸含量为 2%～4%，浸渍时间以达到成熟程度来决定。

醋渍鲱、鲐。加工工艺流程为：原料处理→盐渍→一次醋渍→二次醋渍→成品。

4. 熏制水产品　熏制品就是利用风干、烟熏等特殊工艺，使食品带有烟熏风味并能较长时间保存的一种加工品。基本工艺流程为：原料处理→盐渍→洗涤→干燥→熏制→修整→包装。

烟熏的方式有很多种，按烟熏温度的不同，可分为冷熏法、温熏法和热熏法。按照烟熏方法，还可有普通烟熏法、电熏法、液熏法和速熏法等。

（1）烟熏鲐、鲭。加工工艺流程为：原料处理→盐渍→调味→风干→熏制→干燥→包装。

（2）调味熏鱿鱼。加工工艺流程为：原料处理→第一次调味→熏制→切丝→第二次调味→包装。

5. 水产调味品　是以各种水产品及其下脚料为原料制成佐食的风味食品，如鱼露、虾油、蟹酱、蚬油和蚝油等。如虾酱、虾头酱、蟹酱，加工工艺流程为：原料处理→捣碎盐渍→发酵→包装→成品。

四、水产罐头及软罐头制品

1. 罐头加工的基本工艺　罐头食品加工方法很多，基本工艺大致如下：原料辅料处理→原料初加工→装罐→罐头排气→密封→杀菌和冷却→罐头的保温→检验→包装和贮藏。

2. 几种代表性水产品罐头的加工工艺

（1）清蒸类水产罐头。将处理好的水产原料，经预煮脱水（或在柠檬酸水中浸渍）后装罐，加入精盐、味精而制成。

（2）调味类水产罐头。将处理好的水产原料盐渍脱水（或油炸）后，并加入调味料而制成，这类产品又可分为红烧、葱烤、鲜炸、五香、豆豉、咖喱和辣味浓汁等多种，产品各具风味。

（3）茄汁类水产罐头。茄汁类也属于调味水产罐头，但其工序较特殊。它是将处理好的原料经盐渍脱水生装后加茄汁，或不盐渍经蒸煮脱水、预热后加茄汁，或油炸后加茄汁而制成。此类产品有鱼肉和茄汁的双重风味。

（4）油浸类熏类水产罐头。油浸调味是鱼类罐头特有的加工工艺，方法是将生鱼肉装罐后直接加注精制植物油，或将生鱼肉装罐经蒸煮脱水后，或预热后再装罐注油，也可将生鱼肉油炸后再注油，这些方法制成的罐头称为油浸类罐头。如果预热处理采用的是烘干和烟熏的方法，再装罐加入植物油制成的制品，称为油浸烟熏罐头。

3. 水产软罐头的加工 以塑料为主要原料的多层复合薄膜食品蒸煮袋，是近代开发的新型食品包装材料。用这类材料包装的食品，又被称为软罐头食品或软包装食品。

水产软罐头生产的主要技术关键：原料预加工、袋装、真空与密封、杀菌。

五、水产保健食品及水产药物

1. 水产药物的生物活性及有效化学成分 在水产品中有着许多对人体有益的生物活性及有效化学成分主要分为以下几大类：氨基酸；多肽及蛋白质类（活性肽）；酶类；核酸、核苷酸类；糖类；脂质类。除此以外，水产品中特别是海产品中，还存有生物活性碘、膳食活性纤维、各种维生素、矿胡萝卜素及大量陆产生物中含量较少的锌、锰、硒、铁等矿物元素。

水产品的活性成分和药效成分，主要表现在对人体的抗菌、抗病毒、抗衰老、抗癌，并具有降血脂、血压、血糖，改善和调节消化功能、甲状腺机能和性机能，增加红、白细胞等作用。这些活性成分和药效成分，是制取水产药物和保健食品的物质基础。

2. 水产药物的主要提取方法 水产药物属于生物药类。生物制剂的制备方法大致可分为两类，即一般制剂法和生化制剂法。

（1）一般制剂法。即传统的中药加工，加工成汤剂、丹丸剂、散剂和膏剂等。

（2）生化制剂法。通过现代较先进的物理或化学方法，从天然物中提取分离药物物质，这种方法大多将天然物中的药效成分制成片剂、胶囊、针剂和栓剂，也有制成酒剂、糖浆剂等。如盐析法、有机溶剂分级沉淀法、等电点沉淀法、酶解法、透析法、吸附法和冷冻干燥法，以及结晶法、灭菌法等。水产品中药效成分的提取，往往是几种方法综合使用，不是单纯用某一种提取方法，所以提取工艺比较复杂。

◆【本章习题】

1. 渔业先进技术成果引进原则是什么？

2. 试验数据统计分析方法有哪几种？

3. 成果引进效果评价方式与方法是什么？

4. 水产技术推广项目总结的主要内容是什么？

5. 水产技术推广项目验收的定义、分类、条件及方法是什么？

6. 项目鉴定的定义、准备、主要方式、内容是什么？

7. 水产技术推广项目成果登记的条件、程序是什么？

8. 水产技术项目推广成果报奖条件，应具备哪些材料？

9. 肉眼鉴别鱼类卵巢发育的主要特征是什么？

10. 肉眼鉴别鱼类精巢发育的主要特征是什么？

11. 何谓性周期？举例说明养殖鱼类的性周期过程。

12. 影响鱼类性腺发育的环境因素有哪些？

13. 影响鱼类性腺发育的神经和内分泌器官有哪些？

14. 鱼类人工催产的基本原理是什么？

15. 影响鱼类胚胎发育的主要环境因素有哪些？

16. 举例说明亲鱼培育的技术要点。

17. 怎样鉴别亲鱼的雌雄？

18. 怎样鉴别亲鱼性腺的成熟情况？鱼类性腺发育成熟的主要标志是什么？

19. 鱼类人工催产常用的催产剂有哪些？作用的原理和途径是什么？

20. 配制和注射催产剂的一般原则是什么？

21. 何谓效应时间？如何掌握效应时间？

22. 怎样为鱼类产卵提供环境条件？产卵管理的主要内容是什么？

23. 怎样鉴别产出卵的质量和统计受精率？

24. 怎样进行鱼类的人工授精？人工授精操作应注意的问题是什么？

25. 养殖鱼类受精卵的性质有哪些？适宜的孵化方式是什么？

26. 鱼苗、鱼种、商品鱼为什么要分阶段饲养？你知道各阶段个体的习惯称谓吗？

27. 土池塘培育鱼苗应具备的基本条件是什么？

28. 土池塘培养轮虫和延长轮虫高峰期的主要技术措施是什么？

29. 何谓鱼苗的适时下塘？适时下塘的意义是什么？如何做到适时下塘？

30. 土池塘培育鱼苗的饲养管理工作有哪些？

31. 工厂化培育鱼苗的饲养管理工作有哪些？

32. 用水泥池培养轮虫的主要技术措施是什么？

33. 土池塘培育鱼种要求的基本条件是什么？举例说明如何放养和培育。

34. 贝类苗种生产有哪几种方式？海区半人工采苗的基本原理是什么？

35. 工厂化育苗中，怎样选择、处理和蓄养亲贝？

36. 人工诱导亲贝排放精卵的方法有哪些？怎样诱导亲贝排放精卵？

37. 贝类人工授精怎样操作？怎样提高贝类受精卵的孵化率？

38. 贝类幼虫培育的技术措施有哪些？怎样培育？

39. 稚贝的培育有哪些技术措施？

40. 虾夷扇贝人工育苗基本程序和工艺是什么？

41. 怎样选择和培育虾蟹类的亲体？

42. 虾蟹类幼体的系列饵料有哪些？

43. 对虾人工育苗的基本程序和工艺是什么？

44. 简述牛蛙的繁殖习性。

45. 牛蛙人工育苗的基本程序和工艺是什么？

46. 水产养殖品种鉴定的常规方法是什么？

47. 水产苗种质量常规检验方法有哪些？

48. 水产种质鉴定方法有哪些？

49. 我国水产苗种进出口名录分哪几类？

50. 水产引种检疫程序和要求是什么？

51. 水产苗种进出口检验、检疫的内容是什么？

52. 渔业资源可持续利用的概念及其内涵？

53. 淡、海水钓捕技术的主要内容有哪些？

54. 水产干制品的制法有哪些？

第九章　技术咨询培训

第一节　技术咨询

一、相关法律法规咨询

涉及农业技术推广的法律法规，主要有全国人大常委会1993年7月2日颁布的《中华人民共和国农业技术推广法》（简称推广法）和2006年11月1日起施行的《中华人民共和国农产品质量安全法》。主要内容见第一篇第三章第一节。

二、渔业生产相关法规与标准

《中华人民共和国渔业法》（简称《渔业法》），于2004年8月28日由中华人民共和国第十届全国人民代表大会常务委员会第十一次会议第二次修正并通过，自公布之日起施行。从事水生动物苗种繁育生产的技术人员，必须熟悉掌握《渔业法》的基本内容。该法与苗种繁育生产有关的主要内容见第一部分第三章第二节。

《水产苗种管理办法》（简称为《办法》），已于2004年12月21日农业部第37次常务会议修订通过，自2005年4月1日公布施行。作为从事水产苗种繁育生产的技术人员，必须掌握水产苗种管理办法。其相关内容见第一部分第三章第二节。

有关水产质量安全管理相关法律法规〔《水产养殖质量安全管理有关规定》、《中华人民共和国动物防疫法》中对动物检验检疫的规定、《兽药管理条例》中对渔药的有关规定、《饲料和饲料添加剂管理条例》中的规定、食品动物禁用的兽药及其他化合物清单、关于禁用药的说明、有关无公害食品标准、海、淡水养殖用水水质标准〕的基础知识及相关规定，见第一篇第三章第三节。

有关环境保护相关法律法规〔《中华人民共和国环境保护法》、《中华人民共和国海洋环境保护法》、《水生野生动物保护实施条例》相关知识、《水产资源繁殖保护条例》〕的内容及相关规定见第一篇第三章第四节。

第二节　技术培训

一、培训班的教学方法与教学措施

农业推广人员的培训，采用理论结合实际的方式。首先，由授课教师以书面教学的方式，将具体的实验方法和实验过程及实验步骤传授给培训人员。主讲教师可采用多媒体教学的方式，以课件或录像的形式将培训内容和实验内容展示给学员。第二阶段是以学员实际的操作为主，根据本单位实际的能力安排实验的内容，每个学员都应独立地进行以下工作：

（1）实验仪器、用品、药品和其他物品的准备。

（2）实验过程和具体操作过程的设计。

（3）实验的实际操作以及实验数据和结果的纪录、整理和汇总。

（4）按照要求和标准的格式提交实验报告。

培训的第三个阶段是，将学员分成若干工作小组，到不同的生产单位进行实际的生产性实践操作，以进一步巩固和完善培训的内容。

二、计算机辅助教学方法及应用

应用计算机辅助进行教学，主要的形式为多媒体计算机教学。以课件或录像的形式，将培训内容和实验内容展示给学员。

此外，计算机强大的交互性，可以实现个别的、双向式教学，便于实现因材施教和个别化教学，以便学员根据自己的水平进行学习。

与传统教学手段相比，CAI 在教学中有明显的优势：

（1）彻底改变了传统教学中粉笔加黑板的单一、呆板的表现形式，有利于提高学员学习兴趣和学习效率。CAI 课件利用多媒体技术，将文字、图像、声音、动画和视频有机地结合在一起，对所表现的信息产生极佳的逼真效果，使其内容更充实，更形象生动，更具吸引力，从而大大提高了学员的学习热情和学习效率。

（2）扩展了课堂的信息量，使学生能在极短的时间获取许多课本以外的知识。某些学科的教学中，有时需要大量的素材来阐明一个或几个观点，而课本的资料远不能满足需要，这时把收集的相关资料做成图、文、声并茂的 CAI 课件展示给学员，使学员在有限的时间内，通过丰富的素材获得知识的积累。

（3）使一些在普通条件下难以实现、观察到的过程形象化地显示出来。在实际教学中，有些教学内容是教师无法用语言所能表达明白的。CAI 课件通过动画模拟、局部放大、过程演示等手段，将这些复杂的变化直观化、形象化和简单化，分解了知识的复杂性，减轻了学员的认知负担，加快了学习进程。

随着计算机技术和网络技术在教学中的运用，解决了传统教学中许多弊端，为教育创造了一种适应现代社会要求的学习和教育模式，并使教学的监督与评估更加科学、合理。计算机辅助教学，已成为现代教育的研究热点，它对于教学手段的更新、教学模式的改革和教育质量的提高有着重大的作用。

三、水产养殖病害诊断技术

（一）寄生虫病的诊断

1. 淀粉卵涡鞭虫病

【症状和病理变化】淀粉卵涡鞭虫的营养体，主要寄生在鱼类的鳃上，其次是皮肤和鳍，严重感染的鱼肉眼看上去有许多小白点。病鱼游泳缓慢，无力地浮游于水面，呼吸加快，鳃盖开闭不规则，口常不能闭合，有时喷水，或向固体物上摩擦身体。鱼体瘦弱，鳃呈灰白色，呼吸困难而死。有少数病例，发现虫体寄生在咽喉的部膜下组织或肌肉中，甚至发现在肾脏或肠系膜等处。

虫体用假根状突起插入宿主的上皮细胞中，用以固着其身体，现在还不能证明假根状突起有摄食的作用。摄食是通过口足管进行。但假根状突起可严重伤害鱼的上皮细胞，被寄生的细胞发生变性，周围的细胞混浊肿胀、增生，组织发炎，出血，甚至坏死崩落。在鳃上的虫体附着在鳃小瓣之间，寄生数量很多时成为淡灰色团块。虫体周围的鳃小瓣上皮增生、愈合，将虫体包围起来，严重者组织崩坏，软骨外露，呼吸机能发生障碍随即死亡。有时病鱼继发性感染细菌或真菌。

【诊断方法】肉眼可看到病鱼的鳃或体表有许多小白点。初看很像隐核虫病，但仔细观察可看出淀粉卵涡鞭虫不是在上皮组织内，而是在其表面，虫体大小也明显地比隐核虫小，因此容易区别。但要确诊，还需刮取白点用显微镜进行检查。

2. 隐鞭虫病

【症状和病理变化】在淡水鱼类的鳃和皮肤上是常见的鞭毛虫类，也出现在血液中。在苗种阶段大量寄生于鳃时，活力下降，游动缓慢，食欲减退或不摄食，鳃部黏液增多，呼吸困难，窒息死亡。寄生于体内组织的隐鞭虫，外表没有明显症状。在海水鱼类中除了寄生在鳃、皮肤和血液以外，还有一种达氏隐鞭虫寄生在大西洋的圆绍鱼的消化道内。

【诊断方法】从鳃部或其他寄生部位取少许样品置于载片上，制成涂片，在显微镜下观察到虫体即可诊断。血液中的隐鞭虫，在显微镜下活体观察时易与锥体虫混淆，但隐鞭虫具前后2条鞭毛，锥体虫仅1条，依此可以区别。

3. 艾美虫病

【**症状和病理变化**】艾美虫寄生在鱼类的消化道、幽门垂、肝脏、胆囊、肾脏、鳔和精巢等器官，破坏组织细胞，大量寄生时形成白色的卵囊团，使病鱼消瘦。在淡水鱼类中寄生的艾美虫，有时引起宿主的大批死亡。如青鱼肠内的青鱼艾美虫，少量寄生时青鱼没有明显症状；当大量寄生时，可引起病鱼消瘦、贫血、食欲减退、游动缓慢、鱼体发黑和腹部略为膨大；剖开鱼腹，可见前肠比正常的粗2~3倍，肠壁上有许多白色小结节，肠壁充血发炎。艾美虫主要寄生在激膜及新膜下层，肌层次之，浆膜中最少，严重时可引起肠穿孔。肾脏艾美虫大量寄生在2足龄以上鲢、鳙的肾脏，可引起病鱼贫血，鳞囊积水，部分鳞片竖起，腹部膨大并有腹水，眼睛突出，肝脏土黄色，肾脏颜色很淡，引起病鱼逐渐死亡。但是海水鱼类的艾美虫，能致死鱼类的实例极为少见。此虫的裂配生殖是在幽门垂内进行，但卵囊只发现在精巢内。

【**诊断方法**】取病变组织做涂片或压片，在显微镜下可看到卵囊及其中的胞子囊。

4. 黏孢子虫病

【**症状和病理变化**】症状随寄生部位和不同种黏孢子虫而不同，通常在组织中寄生的种类，形成肉眼可观察到的白色包囊，如鳃、体表皮肤、肌肉和内脏组织中的库道虫、碘泡虫和尾孢子虫等；腔道寄生种类一般不形成包囊，孢子游离在器官腔中，如胆囊、膀胱和输尿管中的两极虫、角孢子虫等，严重感染时，胆囊膨大，胆管发炎，胆囊壁充血，成团的孢子可以堵塞胆管。七囊虫寄生在脑颅内，可引起病鱼游泳反常，体色变黑，身体瘦弱，脊柱弯曲，肝脏萎缩并有淤血。

鲢碘泡虫寄生在鲢的各种器官组织，其中尤以神经系统和感觉器官为主，如脑、脊髓、脑颅腔内拟淋巴液、神经、嗅觉系统和平衡、听觉系统等，形成大小不一、肉眼可见的白色胞囊。严重感染时，病鱼极度瘦弱，头大尾小，尾部上翘，体重仅为健康鱼的 1/2 左右，头长为尾柄高的 2.95 倍（健康鱼为 2.2～2.3），体色暗淡无光泽；病鱼在水中离群独自急游打转，常跳出水面，复又钻入水中，如此反复多次而死；死亡时头常钻入泥中，有的侧向一边游泳打转，失去平衡和摄食能力而死，故称疯狂病。病鱼的肝脏、脾脏萎缩，有腹水，小脑迷走叶显著充血，病鱼严重贫血，红细胞数、血红蛋白量、红细胞比积、血浆总蛋白、无机磷、糖均十分显著地低于健康鱼，白细胞数、红细胞渗透脆性则十分显著地高于健康鱼，白细胞血式中嗜中粒细胞及嗜酸粒细胞百分率十分显著地高于健康鱼，单核细胞百分率显著高于健康鱼，淋巴细胞百分率十分显著地低于健康鱼。鲍鱼苗刚出膜即可被感染，目前在生产上，主要危害 2 足龄鲢，可引起大批死亡，未死的鱼商品价值也受严重影响。

【诊断方法】

（1）根据症状及流行情况进行初步诊断。

（2）用显微镜进行检查，作出诊断。因有些黏孢子虫不形成肉眼可见的胞囊，仅用肉眼检查不出；同时，即使形成肉眼可见的胞囊，也必须将胞囊压成薄片，用显微镜进行检查，因形成胞囊的还有微孢子虫、单孢子虫、小瓜虫等多种寄生虫，用肉眼无法鉴别。

（3）作为口岸检疫，是不允许带有被列为检疫对象的病原（如脑黏体虫）的水产品输出及运入的，所以仅取组织压片镜检不够，必须采用：①骨蛋白酶和胰蛋白酶消化鱼的头部，然后，用 55％葡萄糖溶液离心沉淀后进行镜检；②或将组织匀浆后，加生理盐水搅拌均匀，用浮游生物连续沉淀器进行沉淀后再镜检；③将组织匀浆后，加生理盐水拌匀，用 100 目筛网过滤，1 000～1 500r/min，离心 10～15min，反复加生理盐水离心多次，取沉淀物镜检。

5. 车轮虫病

【症状和病理变化】 车轮虫在海水鱼类中主要寄生在鳃上，

在淡水鱼类还发现寄生在皮肤、鼻孔、膀胱和输尿管等处。当寄生数量少时，宿主鱼不显症状；但大量寄生时，由于它们的附着和来回滑行，刺激鳃丝大量分泌黏液，形成一层黏液层。引起鳃上皮增生，妨碍呼吸。在苗种期的幼鱼体色暗淡，失去光泽，食欲不振，甚至停止吃食，鳃的上皮组织坏死，崩解，呼吸困难，衰弱而死。

【诊断方法】摄取一点鳃丝或从鳃上、体表刮取少许黏液，置于载片上，加一滴清洁海水制成水封片，在显微镜下可看到虫体，并且数量较多时可诊断为车轮虫病；如仅仅见少量虫体，不能认为车轮虫病，因为少量虫体附着在鳃上是常见的。种类鉴定，需用蛋白银染色或银浸法染色。

6. 小瓜虫病

【症状和病理变化】虫体大量寄生时，鱼体表、鳍条或鳃部布满无数白色小点，故称白点病。当病情严重时，躯干、头、鳍、鳃和口腔等处都布满小白点，有时眼角膜上也有小白点，并同时伴有大量黏液，表皮糜烂、脱落，甚至蛀鳍、瞎眼；病鱼体色发黑，消瘦，游动异常，将鱼体与固体物摩擦，最后病鱼呼吸困难而死。

【诊断方法】鱼体表形成小白点的疾病，除小瓜虫病外，还有黏孢子虫病、打粉病等多种病，所以不能仅凭肉眼看到鱼体表有很多小白点就诊断为小瓜虫病；最好是用显微镜进行检查。

7. 固着类纤毛虫病

【症状和病理变化】病原是聚缩虫、钟虫和单缩虫等。这些纤毛虫的身体构造大致相同，都呈倒钟罩形。前端为口盘，口盘的边缘有纤毛。患病的成虾或幼体，游动缓慢，摄食能力降低，生长发育停止，不能蜕皮。固着类纤毛虫附着的部位是对虾的体表、附肢的甲壳上和鳃上，在体表大量附生时，肉眼看有一层灰黑色绒毛状物。虫体寄生在鳃上，阻碍了水在鳃丝间的流通和鳃表面的气体交换，使对虾发生窒息死亡。虫体附着在蟹体表、附肢上，大量附生时如棉绒状。病蟹反应迟钝，行动缓慢，呼吸困难。幼蟹发育缓慢，不能蜕皮，严重者死亡。该病为世界性分布。

【诊断方法】从外观症状基本可以初诊。或剪取一点鳃丝或从身体刮取一些附着物做成水浸片（患病幼体可用整体做水浸片进行镜检），在显微镜下看到虫体，可确诊。

（二）细菌病的诊断

1. 细菌性烂鳃病

【症状和病理变化】病鱼行动缓慢，反应迟钝，常离群独游。体色变黑，尤其头部颜色更为黯黑，因而群众称此病为"乌头瘟"。肉眼观察，病鱼鳃盖骨的内表皮往往充血，严重时中间部分的表皮常腐蚀成一个圆形不规则的透明小区，俗称"开天窗"。细菌侵袭草鱼鳃的方式，一般是从鳃丝末端开始，然后往鳃丝基部和两侧扩展，因此，鳃丝末端的病变比较严重。鳃丝腐烂，特别是鳃丝末端黏液很多，带有污泥和杂物碎屑，有时在鳃瓣上可见血斑点。有的从鳃丝末端开始，沿着鳃瓣边缘均匀地烂成一圈，逐渐向鳃瓣基部扩展；有的先在鳃瓣边缘出现斑点状白色腐烂鳃丝，然后逐渐扩大蔓延。从鳃的腐烂部分取下一小块鳃丝，放在显微镜下检查，一般可见到鳃丝骨条尖端外露，附着许多黏液和污泥，并附有很多细长的杆状细菌。病理组织学检查，在正常鳃瓣的水平切面上，鳃丝排列整齐，鳃小片约以45°角交互平行排列在鳃丝软骨的两侧。感染本病后，鳃丝及鳃小片变得软弱，失去张力，往往呈现凋萎不整的弯曲。因此，在鳃瓣水平切面上，可见鳃丝和鳃小片排列不整齐，有的鳃丝弯曲扭挠，鳃小片呈波状扭曲，排列杂乱。基本变化是一种炎症反应，在病变早期鳃小片上皮细胞肿大变性，毛细血管轻度充血、渗出。严重时呼吸上皮细胞与毛细血管完全分离，发生变性、坏死。同时，呼吸上皮细胞也发生增生，使相邻鳃小片融合，鳃丝呈棍棒状；黏液细胞大量增生，分泌亢进。当炎症严重时，肿大变性的上皮细胞坏死脱落，毛细血管裸露、破坏，鳃小片坏死，脱落、崩溃，只留下毛细血管痕迹，鳃丝软骨呈光秃秃的，甚至鳃丝软骨也烂去一段。

【诊断方法】

（1）眼观诊断要点是鱼体发黑，鳃丝肿胀，黏液增多，鳃丝末端腐烂缺损，软骨外露。

（2）取鳃上淡黄色黏液或剪取少量病灶处鳃丝，放在玻片上，加上 2～3 滴无菌水（或清水），盖上盖玻片，放置 20～30min 后在显微镜下观察，见有大量细长、滑行的杆菌。有些菌体一端固定，另一端呈括弧状缓慢往复摆动。有些菌体聚集成堆，从寄生的组织向外突出，形成圆柱状像仙人球或仙人柱一样的"柱子"，也有的柱子呈珊瑚以及星状，即可诊断。

（3）有条件时可作酶免疫测定。以病鱼鳃上的淡黄色黏液进行涂片，丙酮固定，加特异抗血清（兔抗鱼害新细菌的抗血清）反应，然后显色、脱水、透明和封片。在显微镜下见有棕色细长杆菌，即为阳性反应，可确诊为细菌性烂鳃病。

此外，还应注意与下列鳃病相区别：

（1）车轮虫、指环虫等寄生虫引起的鳃病。显微镜下可以见到鳃上有大量的车轮虫或指环虫，用大黄和抗菌药物治疗无效。

（2）中华鳋。鳃上能看见挂着像小蛆一样的中华鳋，或病鱼鳃丝末端肿胀、弯曲和变形，细菌烂鳃无此现象。

（3）鳃霉。显微镜下可见到病原体的菌丝进入鳃小片组织或血管和软骨中生长，黏细菌则不进入鳃组织内部。

2. 细菌性败血病

【症状和病理变化】早期急性感染时，病鱼的上下颌、口腔、鳃盖、眼睛、鳍基及鱼体两侧轻度充血，严重时鱼体表严重充血以至出血，眼眶周围也充血，尤以鲢、鳙为甚。眼球突出，肛门红肿，腹部膨大，腹腔内积有淡黄色透明或红色混浊腹水。鳃、肝、肾的颜色均较淡，且呈花斑状，病鱼严重贫血。肝脏、脾脏、肾脏肿大，脾呈紫黑色，胆囊肿大。肠系膜、腹及肠壁充血。肠内没有食物，而有很多黏液，有的肠腔内积有多量液体或有气体，肠被胀大。有的鱼鳞片竖起，鳃丝末端腐烂，肌肉充血，鳔壁充血。病鱼有时突然发生死亡，眼观上看不出明显症状，这是由于这些鱼的体质弱，病原菌侵入的数量多、毒力强所引起的超急性病例。病情严重的鱼厌食或不吃食，静止不动或发生阵发性乱游、乱窜，有的在池边摩擦，最后衰竭死亡。

显微镜下可见红细胞肿胀，有的发生溶血，在脾、肝、胰、肾中均有较多的血源性色素沉着。小血管广泛损伤，毛细血管及小静脉、小动脉管壁的内皮细胞肿胀、坏死，小静脉及小动脉管壁的中膜、外膜也发生坏死、解体。肝脏的被膜纤维素样变、解体。肝细胞肿胀、变性、坏死、崩解。胰脏腺细胞变性，酶原颗粒减少，有些细胞坏死解体。脾脏的网状细胞和造血细胞变性、坏死。肾小管多数处于变性、坏死，并有细胞管型；肾小管之间的造血细胞发生坏死，肾小体坏死、解体。心肌纤维肿胀、变性、弯曲。心内膜坏死等。患病银鲫的血清钠、血清氯、血清葡萄糖、血清总蛋白及白蛋白均降低，而血清谷草转氨酶（GOT）血清谷丙转氨酶（GPT）显著升高。

【诊断方法】

（1）根据症状、流行病学和病理变化，可作出初步诊断。

（2）在病鱼腹水或内脏检出嗜水气单胞菌可确诊。南京农业大学在1991年研制出嗜水气单胞菌毒素检测试剂盒，可在3～4h内作出正确诊断。

3. 细菌性肠炎病

【症状和病理变化】病鱼离群独游，游动缓慢，体色发黑，食欲减退以至完全不吃食。病情较重的，腹部膨大，两侧上有红斑，肛门常红肿外突，呈紫红色，轻压腹部，有黄色黏液或脓血从肛门处流出。有的病鱼仅将头部拎起，即有黄色黏液从肛门流出。剖开鱼腹，早期可见肠壁充血发红、肿胀发炎，肠腔内没有食物或只在肠的后段有少量食物，肠内有较多黄色或黄红色黏液。疾病后期，可见全肠充血发炎。肠壁呈红色或紫红色，尤其以后肠段明显，肠部膜往往溃烂脱落，并与血液混合而成血脓，充塞于肠管中。病情严重的，腹腔内常有淡黄色腹水，腹壁上有红斑，肝脏常有红色斑点状淤血。肠内繁殖的病原菌产生毒素和酶，使部膜上皮坏死，毒素被吸收后损害肝。肠道中的病原性产气单胞菌，大量繁殖后，可穿过肠壁到血液，而后经血液循环到达各内脏器官，继续不断繁殖。同时，菌体逐渐释放出毒素，最后可致病鱼发生败血症而死去。

对病鱼肠道进行病理组织学观察，镜下见固有层内毛细血管显著充血、出血，肠黏膜上皮变性、脱落，严重者黏膜上皮解体，裸露出严重充血、出血的固有层，肠腔内有大量炎性分泌物。用革兰氏染色的切片，可见在炎性分泌物中有多量革兰氏阴性染色的短杆菌。

【诊断方法】主要根据以下两点作出诊断：

（1）肠道充血发红，尤以后肠段明显，肛门红肿、外突，肠腔内有很多淡黄色黏液。

（2）从肝、肾或血中，可以检出产气单胞杆菌。

此外，许多传染性疾病均能引起肠道充血发炎，如草鱼病毒性出血病、赤皮病等，因此诊断时要注意鉴别。

肠炎型出血病：与肠炎病一样，肠道也发红充血。由于继发感染，也可能在肝、肾、血液中检出产气单胞杆菌，但是肠道往往多处有紫红色淤斑、淤点。剖开皮肤，有的可见肌肉有出血斑点。除菌后的肝、肾等组织浆，可以感染健康鱼发生出血病；单纯肠炎病病鱼的除菌组织浆，则不能再感染健康鱼发病。细菌性肠炎病时，用手轻按腹部时，有似脓状液流出，肠道内充满黄色积液，而病毒性出血病则无此症状。

赤皮病：有时肠道也充血发炎，不如细菌性肠炎病严重和具有特征性。其主要症状在体表，体表皮肤局部或大部分发炎出血，鳞片脱落。单纯肠炎病鱼的皮肤鳞片一般完整无损。

（三）病毒病的诊断

1. 草鱼出血病

【症状和病理变化】患病初期，病鱼食欲减退，体色发黑，尤其头部，有时可见尾鳍边缘退色，好似镶了白边，有时背部两侧会出现一条浅白色带，随后病鱼即表现出不同部位的出血症状，在口腔、上下颌、头顶部、眼眶周围、鳃盖、鳃及鳍条基部和腹部等，都可见明显的充血、出血；有时眼球突出。剔除鱼的皮肤，可见肌肉呈点状或斑块状出血，严重时全身肌肉出血呈鲜红色。由于鱼体严重出血，这时鳃常贫血而呈灰白色。有些病鱼可见肛门红肿外突。肠壁因充血和出血而呈鲜红色，肠内无食物。肠系膜及其周围脂肪、鳔、胆囊、肝、脾、肾也有出血点或出血斑，个别病鱼鳔及胆囊呈紫红色。当出血严重时，病鱼发生贫血，血液颜色变淡，血量减少。肝、脾、肾的颜色常变淡。全身性出血是本病的重要特点，但上述出血症状不是在每条鱼都一样，根据水生生物研究所长期的观察结果发现，可以有以下三种情况：

（1）病鱼以肌肉出血为主而外表无明显的出血症状，或仅表现轻微出血，这种类型称为"红肌肉型"，一般在较小（7～10cm）的草鱼种中出现。

（2）病鱼以体表出血为主，口腔、下颌、鳃盖、眼眶四周以及鳍条基部明显充血和出血，称"红鳍红鳃盖型"，一般在较大（13cm以上）的鱼种中出现。

（3）病鱼以肠道充血、出血为主，称"肠炎型"，这种类型一般在大、小草鱼中都可见到。

这三种类型有时可同时出现两种，甚至三种类型出现在同一条病鱼体上，它们相互之间可以混合发生。

病理组织学检查，本病的病理特点为全身毛细血管内皮细胞受损，血管壁通透性增高，引起广泛性毛细血管和小血管出血及形成微血栓。由于血液循环障碍，导致各脏器组织变性坏死。肾小管上皮细胞肿胀、变性和坏死，管腔中有红细胞。肾小球毛细血管扩张充血，继而肾小球坏死、崩解。肝细胞变性、坏死，胞浆内可见到嗜酸性包涵体。鳃小片毛细血管、进出鳃血管扩张充血，并有渗出性出血。鳃小片上皮细胞水泡变性、坏死和脱落。肌纤维肿胀、断裂，溶解性坏死，在肌纤维间可见大量红细胞和炎性细胞浸润。红细胞、白细胞和血红蛋白显著低于健康鱼。血红蛋白含量及红细胞数只有健康鱼的 1/2 左右，白细胞数也只有健康鱼的 40%～60%。血清谷丙转氨酶（SGPT）、血清乳酸脱氢酶（SCDH）及血清异柠檬酸脱氢酶（SLCDH）活性增高，血浆总蛋白、血清白蛋白、尿素氮和胆固醇则降低。

【诊断方法】

（1）根据临诊症状、病理变化及流行情况进行初步诊断，但要注意以肠出血为主的草鱼出血病和细菌性肠炎病的区别。活检时前者的肠壁弹性较好，肠腔内黏液较少，严重时肠腔内有大量红细胞及成片脱落的上皮细胞；而后者的肠壁弹性较差，肠腔内黏液较多，严重时肠腔内有大量渗出液和坏死脱落的上皮细胞，红细胞较少。

（2）用血清学诊断，有高度的灵敏性和准确性。目前，用于草鱼出血病诊断的血清学方法，有酶联免疫吸附试验、葡萄球菌A蛋白协同凝集试验和葡萄球菌A蛋白的酶联染色试验。

2. 传染性胰腺坏死病

【症状和病理变化】鲑鳟鱼苗及稚鱼，患急性型传染性胰脏坏死时，病鱼在水中旋转狂奔，随即下沉池底，1～2h内死亡。而患亚急性型传染性胰脏坏死时，病鱼体色变黑，眼球突出，腹部膨胀，鳍基部和腹部发红、充血，肛门多数拖着线状粪便。解剖病鱼有时可见有腹水，幽门垂出血，肝脏、脾脏、肾脏和心脏苍白；消化道内通常没有食物，充满乳白色或淡黄色黏液。病鱼出现这些症状后便大批死亡。

真鲷稚鱼（平均体长 8.9cm，体重 14g）患病时，体表色素沉着，体色加深，两侧条纹明显可见，伴有弥漫性出血；鳞片疏松，鳍膜破裂并出血，鳃变白成贫血状。病鱼浮游于水面，游动缓慢，有的身体失去平衡，腹部朝上，有的急速乱窜作旋转运动。

该病典型的病理变化是胰腺坏死，胰腺泡、胰岛及所有的细胞几乎都发生异常，多数细胞坏死，特别是核固缩、核破碎明显，有些细胞的胞浆内有包涵体。IPNV 存在于胰腺泡细胞、肝细胞和枯否氏细胞的胞浆内，浸润在胰腺的巨噬细胞和游走细胞的胞浆内也有病毒颗粒。胰腺周围的脂肪组织也发生坏死，骨骼肌发生玻璃样变；疾病后期，肾脏造血组织和肾小管也发生变形。坏死，肝脏局灶性坏死，消化道黏膜发生变性、坏死和剥离。

【诊断方法】根据外观症状进行初步诊断。解剖病鱼取胰脏组织作切片、HE 染色可诊断。确诊可选用 RTG - 2、CHSE - 214、BF - 2、EPC、FHM 等细胞株进行细胞培养分离 IPNV，提纯 IPNV，制备 IPNV 的单克隆抗体或多抗血清，再用免疫学中和试验，直接（间接）荧光抗体或酶联免疫吸附（ELISA）等方法鉴定病毒。也可用免疫荧光技术直接在组织切片中查找病毒粒近几年，核酸探针和聚合酶链式反应技术（PCR），已逐渐应用于检测 IPNV。

3. 病毒性神经坏死病

【症状和病理变化】在水面作水平旋转或上下翻转，呈痉挛状。解剖病鱼，鳔明显膨胀；中枢神经组织空泡变性，通常在视网膜中心层出现空泡。在尖吻鲈和棕点石斑鱼的神经组织切片和庸鲽内皮中有细胞质包涵体，多数种类的鱼都会出现神经性坏死。小鱼苗损伤更严重；较大鱼的损伤，主要出现在视网膜上。

【诊断方法】初诊可用光学显微镜观察脑、脊索或视网膜出现空泡，但有的鱼只在神经纤维网中出现少量空泡。进一步诊断，取可疑患鱼的脑、脊髓或视网膜等做组织切片，HE 染色，观察到神经组织坏死并有空泡。通过电镜，可在受感染的脑和视网膜中观察到病毒粒子，有时可观察到约 $5\mu m$ 大小的胞浆内包涵体。用一种条纹蛇头鱼的细胞系（SSN-1），或用一种石斑鱼细胞系 GF-1 培养分离罗达病毒，并进一步利用 VNN 抗血清，采用免疫组织化学方法和间接荧光抗体技术（IFAT）及 ELISA 检测病毒。利用分子生物学逆转录 PCR（RT-PCR）方法，增殖病毒的衣壳蛋白基因，检测病毒核酸。

（四）其他病害的诊断

1. 鱼立克次氏体病

【症状和病理变化】 鲑立克次氏体可引起鲑败血性疾病。病鱼体色发黑，昏睡，垂直在网边。该病的早期症状是：皮肤上出现小白病灶或出血性溃疡，行动迟缓，滞留于网箱边。病鱼鳃灰白色，腹膜炎，腹水，脾脏肿胀，肾脏肿大变灰白色，肝脏有大的灰白色坏死病灶。

【诊断方法】 初诊可用细胞培养分离立克次氏体，所用细胞株为 CHSE-214 或 EPC（不加抗生素），取病鱼肾脏组织加入无抗生素生理盐水匀浆、稀释，接种到单层细胞中，于 $15\sim 18^{\circ}C$ 培养 28d，观察细胞病变（CPE）。立克次氏体引起的 CPE，是形成空斑或细胞变圆。随着时间的推移，CPE 进一步发展直到细胞全部被破坏；或用 Giamsa 染色和荧光抗体实验检测细胞培养的上清液，油镜下观察可见立克次氏体呈浓染的多形态、球状或环状，成对排列，直径为 $0.5\sim 1.5\mu m$；确诊需用特异性抗血清鉴定从细胞中分离到的鲑立克次氏体，或对病理组织涂片作荧光抗体试验（FAT）、免疫组织化学试验以及利用一种嵌套的 PCR 方法，检测鲑立克次氏体 DNA，先用一般细菌 16SrDNA 的引物作第一次扩增，再用对鲑立克次氏体特异性的引物作第二次扩增。

2. 水霉病

【症状和病理变化】疾病早期，肉眼看不出有什么异状，当肉眼能看出时，菌丝不仅在伤口侵入，且已向外长出外菌丝，似灰白色棉毛状，故俗称生毛，或白毛病。由于霉菌能分泌大量蛋白质分解酶，机体受刺激后分泌大量黏液，病鱼开始焦躁不安，与其他固体物发生摩擦，以后鱼体负担过重，游动迟缓，食欲减退，最后瘦弱而死。在鱼卵孵化过程中，此病也常发生，内菌丝侵入卵膜内，卵膜外丛生大量外菌丝，故叫"卵丝病"；被寄生的鱼卵，因外菌丝呈放射状，故又有"太阳籽"之称。

【诊断方法】用肉眼观察，根据症状即可作出初步诊断，必要时可用显微镜检查进行确诊。如要鉴定水霉的种类，则必须进行人工培养，观察其藏卵器及雄器的形状、大小及着生部位等。

3. 鳃霉病

【症状和病理变化】病鱼失去食欲，呼吸困难，游动缓慢，鳃上黏液增多，鳃上有出血、淤血或缺血的斑点，呈现花鳃；病重时鱼高度贫血，整个鳃呈青灰色。

【诊断方法】用显微镜检查鳃，当发现鳃上有大量鳃霉寄生时，即可作出诊断。

四、水产动物检疫检验方法

1. 病毒 由于病的结构特点，不能用常规的肉眼或显微镜进行直接的检测，而主要是应用电子显微镜和一些免疫方法进行检测。用肉眼或显微镜初步确定病鱼的感染症状后，再通过免疫电镜技术、抗原—抗体反应技术、免疫凝集技术、免疫沉淀技术、酶联免疫技术、荧光免疫技术等进行精确的病毒检验。常见的病毒及其检测方法，可参照前一小节所介绍的常见病毒诊断方法进行检验。

2. 细菌 鱼体感染细菌性疾病时，有以下几种通常的检验检疫方法：首先，是根据病鱼的症状来初步确定细菌感染的种类和部位；然后，可以取鱼体病灶部位的组织进行镜检，观察致病菌体的形态特点，以进一步确认病菌种类。有条件时还可以进行酶免疫测定，或用细菌检测试剂盒来快速高效的检测致病细菌。鱼体易感染常见细菌的检验检测方法，可参见前一小节所介绍的常见细菌诊断方法进行检验。

3. 寄生物　寄生虫的检验方法，主要是通过肉眼观察或是显微镜观察，来确定染病情况和病灶部位。通常是从鱼体的鳃部或其他寄生部位取少许样品或组织液置于载片上，制成涂片，在显微镜下观察到虫体即可诊断；此外，对于血液寄生的种类，可抽取血液制成血图片，通过直接观察或是血细胞病理变化，来确定寄生虫的感染情况。不同的寄生虫寄生鱼体后，会产生不同的症状和病理特点，可根据前一小节所介绍的常见寄生虫诊断方法进行检验。

◈【本章习题】

1. 与传统教学相比，CAI 在教学中有哪些优势？
2. 鱼类细菌性烂鳃病的症状和诊断方法有哪些？
3. 草鱼出血病的症状和诊断方法有哪些？
4. 水霉病的症状和诊断方法有哪些？
5. 水产动物检疫方法有哪些？

第四部分　一级水产技术指导员

第十章　信息采集处理

第一节　水产信息的问卷采集

市场调查的形式和方法有很多种，而且根据不同的市场环境和企业本身特点，在操作过程中往往会有所变化，但是作为一个最重要也是最有效的办法——问卷调查法，始终被业内人士看作制胜的法宝。根据调查行业和调查方向的不同，问卷的设计在形式和内容上也有所不同，但是无论对于哪种类型的问卷来说，在设计过程中都必须要注意以下几个要点。

1. 明确调查的目的和内容　在问卷设计中，最重要的一点，就是必须明确调查目的和内容，这不仅是问卷设计的前提，也是它的基础，为什么要做调查，而调查需要了解什么？市场调查的总体目的是，为决策部门提供参考依据，目的可以是为了制订长远性的战略性规划，也可以是为制订某阶段或针对某问题的具体政策或策略，无论是哪种情况，在进行问卷设计的时候都必须对调查目的有一个清楚的认知，并且在调查计划书中进行具体的细化和文本化，以作为问卷设计的指导。调查的内容可以是涉及民众的意见、观念、习惯、行为和态度的任何问题，可以是抽象的观念，如人们的理想、信念、价值观和人生观等；也可以是具体的习惯或行为，如人们接触媒介的习惯；对商品品牌的喜好；购物的习惯和行为等，但是应该避免的是在调查内容上有使被调查人难以回答，或者是需要长久回忆而导致模糊不清的问题，具体来说，调查内容需要包括受调人的分群、消费需求（主要有产品、价格、促销）、分销和竞争对手的情况（对手优劣势和诉求策略）。

2. 针对对象注意语言措辞 问卷题目设计必须有针对性。对于不同层次的人群，应该在题目的选择上有的放矢，必须充分考虑调查对象的文化水平、年龄层次和配合的可能性，除了在题目的难度和题目性质的选择上应该考虑上述因素外，在语言措辞上同样需要注意这点，因为在面对不同的受调人群的时候，由于他们各方面的综合素质和水平的差异，措辞上也应该进行相应的调整。如面对家庭主妇做的调查，在语言上就必须尽量通俗；而对于文化水平较高的城市白领，在题目和语言的选择上就可以提高一定的层次。只有在这样的细节上综合考虑，调查才能够顺利进行。

3. 数据统计分析方便易行 为了更好地进行调查工作，除了在正确清楚的目的指导下进行严格规范的操作，还必须在问卷设计的时候，就充分考虑后续的数据统计和分析工作。具体来说，包括题目的设计必须是容易分类和录入的，并且具有数据的可分析性。即使是主观性的题目，在进行文本规范的时候也要具有很强的总结性，这样才能使整个环节更好地衔接起来。

4. 卷首要有双方情况说明 问卷调查是一项面对广大受调群体的活动，由于调查的目的和调查内容不同，针对的群体也不尽相同。由于受到受调人群配合的积极性的影响，市场调查在操作上往往会比较困难，这也是很多市场调查往往做一些赠送等返利的原因。但是作为操作市场调查的策划人员，就应该从这点上充分地尊重受调人员，因此，在问卷的设计上也应该尽量规范，说明为什么要进行该调查。具体来说，需要有一个尊敬的称呼，填写者的受益情况，主办单位和感谢语。同时，如果问卷中有涉及个人资料，应该要有隐私保护说明。只有尊重受调人群，才有可能调动他们的配合积极性。

5. 问题数量合理有逻辑性 人们往往不愿意接受一份繁杂冗长的问卷，即使风度地接受，也不可能认真完成，这样就不能保证问卷答案的真实性。因此，在问卷设计时，问题的数量要合理，要注意逻辑性，不能出现前后矛盾的现象，并且应该尽量避免假设性问题，保证调查的真实性。为了使受调人员能够更容易回答问题，可以对相关类别的题目进行列框，使受调人员一目了然，易于回答，在填写的时候自然就会比较愉快地进行配合。另外，应避免主观性的题目。

最后，即使是一份很成功的问卷，也不是一制订好就是成功的，必须要经历实践的考验。所以在问卷初步设计完成时，应该设置相似环境，小范围试填写，并对结果反馈，及时进行修改，只有这样，才能够达到问卷调查的目的，取得好的效果。

第二节 水产技术推广项目专项调查方法

专项调查的具体调查方法，主要包括普查、重点调查、典型调查和抽样调查等。

一、普查

1. 普查的概念 普查是指一个国家或一个地区，为详细地了解某项重要的国情、国力而专门组织的一次性、大规模的全面调查。其主要用来收集某些不能够或不适宜用定期的全面调查报表收集的信息资料，以搞清重要的国情、国力。如我国2001年组织实施的第五次全国人口普查。水产技术推广项目也可做类似的普查。

2. 普查的特点 普查的主要特点有以下两个：

（1）普查比任何其他调查方式、方法所取得的资料更全面、更系统。

（2）普查主要调查在特定时间上的社会经济现象总体的数量，有时，也可以是反映一定时期的现象。

3. 普查的作用

（1）为制订长期计划、宏伟发展目标、重大决策提供全面、详细的信息和资料。

（2）为搞好定期调查和开展抽样调查奠定基础。

4. 普查的优缺点

（1）优点。收集的信息资料比较全面、系统，准确可靠。

（2）不足。涉及面广，工作量大，时间较长，而且需要大量的人力和物力，组织工作较为繁重。

目前，我国所进行的普查主要有人口普查、农业普查、工业普查、第三产业普查和基本单位普查等。

二、重点调查

1. 重点调查的概念　重点调查是一种非全面调查，它是在调查对象中，选择一部分重点单位作为样本进行调查。重点调查主要适用于那些反映主要情况或基本趋势的调查。

2. 重点单位的选取　重点调查通常是选择具有举足轻重的、能够代表总体特征和主要发展变化趋势的那些单位。这些单位可能数目不多，但有代表性，能够反映调查对象总体的基本情况。选取重点单位应遵循的两个原则，一是要根据调查任务的要求和调查对象的基本情况而确定，受调查的单位应尽可能少一些，而其标志值在总体中所占的比重应尽可能大，代表性强；二是要注意选取那些管理比较完善、业务力量较强、统计工作基础较好的单位，作为重点调查单位。

3. 重点调查的特点　投入少，调查速度快，所反映的主要情况或基本趋势比较准确。

4. 重点调查的作用　主要作用在于反映调查总体的主要情况或基本趋势。因此，重点调查通常用于不定期的一次性调查，但有时也用于经常性的连续调查。

三、典型调查

1. 典型调查的概念 典型调查也是一种非全面调查。它是从众多的调查研究对象中，有意识地选择若干个具有代表性的典型单位，进行深入、周密和系统地调查研究。进行典型调查的主要目的，不在于取得社会经济现象的总体数值，而在于了解与有关数字相关的生动具体情况。

2. 典型调查的优缺点 典型调查的优点在于调查范围小，调查单位少，灵活机动，具体深入，节省人力，财力和物力等；其不足是在实际操作中，选择真正有代表性的典型单位比较困难，而且还容易受人为因素的干扰，从而可能会导致调查的结论有一定的倾向性。且典型调查的结果，一般情况下不宜用以推算全面数字。

3. 典型调查的类型 一般来说，典型调查有两种类型：一种是一般的典型调查，即对个别典型单位的调查研究。在这种典型调查中，只需在总体中选出少数几个典型单位，通过对这几个典型单位的调查研究，用以说明事物的一般情况或事物发展的一般规律。第二种是具有统计特征的划类选点典型调查，即将调查总体划分为若干个类，再从每类中选择若干个典型进行调查，以说明各类的情况。

4. 典型调查的作用

（1）在特定的条件下，用于对数据的质量检查。

（2）了解与数字相关的生动具体情况。

四、抽样调查

1. 抽样调查的概念 抽样调查是一种非全面调查。它是从全部调查研究对象中，抽选一部分有代表性的单位进行调查，并据此对全部调查研究对象作出估计和推断的一种调查方法。根据抽选样本的方法，抽样调查可以分为概率抽样和非概率抽样两类。概率抽样是按照概率论和数理统计的原理，从调查研究的总体中，根据随机原则来抽选样本，并从数量上对总体的某些特征做出估计推断。对推断出可能出现的误差，可以从概率意义上加以控制。在我国，习惯上将概率抽样称为抽样调查。

2. 抽样调查的特点

（1）按随机原则抽选样本。

（2）总体中每一个单位都有一定的概率被抽中。

（3）可以用一定的概率，来保证将误差控制在规定的范围之内。

3. 抽样调查的几个常用名词

（1）总体。所要研究对象的全体。组成总体的各研究对象称之为总体单位。

（2）样本。总体的一部分，它是由从总体中按一定程序抽选出来的那部分的集合。

（3）抽样框。用以代表总体，并从中抽选样本的一个框架，其具体表现形式主要有包括总体全部单位的名册、地图等。

（4）抽样比。在抽选样本时，所抽取的样本单位数与总体单位数之比。

（5）置信度。也称为可靠度。即在抽样对总体参数做出估计时，由于样本的随机性，其结论总是不确定的。因此，采用一种概率的陈述方法，也就是数理统计中的区间估计法，即估计值与总体参数在一定允许的误差范围以内，其相应的概率有多大，这个相应的概率称作置信度。

（6）抽样误差。在抽样调查中，通常以样本做出估计值对总体的某个特征进行估计，当两者不一致时，就会产生误差。因为，由样本做出的估计值是随着抽选的样本不同而变化，即使观察完全正确，它和总体指标之间也往往存在差异，这种差异纯粹是抽样引起的，故称之为抽样误差。

（7）偏差。通常，是指在抽样调查中除抽样误差以外，由于各种原因而引起的一些偏差。

（8）均方差。在抽样调查估计总体的某个指标时，需要采用一定的抽样方式和选择合适的估计量，当抽样方式与估计量确定后，所有可能样本的估计值与总体指标之间离差平方的均值即为均方差。

4. 几种具体的抽样方式

（1）简单随机抽样。也称为单纯随机抽样，是指从总体 N 个单位中任意抽取 n 个单位作为样本，使每个可能的样本被抽中的概率相等的一种抽样方式。按照样本抽选时每个单位是否允许被重复抽中，简单随机抽样可分为重复抽样和不重复抽样两种。在抽样调查中，特别是社会经济的抽样调查中，简单随机抽样一般是指不重复抽样。简单随机抽样是其他抽样方法的基础，因为它在理论上最容易处理，而且当总体单位数 N 不太大时，实施起来并不困难。但在实际中，若 N 相当大时，简单随机抽样就不是很容易办到的。首先，它要求有一个包含全部 N 个单位的抽样框；其次，用这种抽样得到的样本单位较为分散，调查不容易实施。因此，在实际中直接采用简单随机抽样的并不多。

（2）分层抽样。又称为分类抽样，或类型抽样。它首先是将总体的 N 个单位分成互不交叉、互不重复的 k 个部分，我们称之为层；然后在每个层内分别抽选 n_1、n_2……n_k 个样本，构成一个容量为 n 个样本的一种抽样方式。分层的作用主要有：一是为了工作的方便和研究目的的需要；二是为了提高抽样的精度；三是为了在一定精度的要求下，减少样本的单位数，以节约调查费用。因此，分层抽样是应用上最为普遍的抽样技术之一。分层抽样，可分为等比例分层抽样与非等比例分层抽样两种。分层抽样一般比简单随机抽样和等距抽样更为精确，能够通过对较少的样本进行调查，得到比较准确的推断结果，特别是当总体数目较大、内部结构复杂时，分层抽样常能取得令人满意的效果。

（3）整群抽样。首先，将总体中各单位归并成若干个互不交叉、互不重复的集合，我们称之为群；然后，以群为抽样单位抽取样本的一种抽样方式。整群抽样特别适用于缺乏总体单位的抽样框。应用整群抽样时，要求各群有较好的代表性，即群内各单位的差异要大，群间差异要小。整群抽样的优点是实施方便，节省经费；缺点是往往由于不同群之间的差异较大，由此而引起的抽样误差往往大于简单随机抽样。

（4）等距抽样。也称为系统抽样，或机械抽样。它是首先将总体中各单位按一定顺序排列，根据样本容量要求确定抽选间隔，然后随机确定起点，每隔一定的间隔抽取一个单位的一种抽样方式。根据总体单位排列方法，等距抽样的单位排列可分为按有关标志排队、按无关标志排队以及介于按有关标志排队和按无关标志排队之间的按自然状态排列三类。等距抽样可分为直线等距抽样、对称等距抽样和循环等距抽样三种。等距抽样的最主要优点是简便易行，且当对总体结构有一定了解时，充分利用已有信息对总体单位进行排队后再抽样，则可提高抽样效率。

（5）多阶段抽样。也称为多级抽样，是指在抽取样本时，分为两个及两个以上的阶段，从总体中抽取样本的一种抽样方式。其具体操作过程是：第一阶段，将总体分为若干个一级抽样单位，从中抽选若干个一级抽样单位入样；第二阶段，将入样的每个一级单位分成若干个二级抽样单位，从入样的每个一级单位中各抽选若干个二级抽样单位入样……依此类推，直到获得最终样本。多阶段抽样其优点在于，适用于抽样调查的面特别广，没有一个包括所有总体单位的抽样框，或总体范围太大，无法直接抽取样本等情况，可以相对节省调查费用。

第三节 水产信息的发布

1. 水产信息的统计 狭义的统计产品仅指统计数据，广义的统计产品应该是以准确的统计数据为依据，进行统计数据的加工整理、统计分析、统计预溯、统计监测、统计警示和统计执法等信息资料的总称。而统计产品的质量，则是指统计信息本身的质量和统计产品为社会服务的优劣程度。也就是说，统计产品质量的高低，不仅取决于统计产品的形成过程，而且取决于统计信息的输出过程——信息发布的方式。所以，从统计信息使用的角度考察统计产品的质量非常必要。一般来说，站在使用者的角度讨论统计产品的质量，应该从以下几个方面来考察：

（1）真实性。"真实是统计的生命"。统计信息是用户决策的基本依据，只有建立在真实可靠基础之上的决策，才能达到预期目的，实现预期的效果。

（2）时效性。要尽量缩短事件发生与对该事件进行测量、发布之间的时间。统计信息的发布是否迅速、及时，是统计产品质量和价值的重要组成部分。

（3）可比性。众多的统计数据之间必须保持可比性，主要表现在三个方面：一是同一范围内同类统计信息的纵向可比性；二是同一时期同类统计信息的横向可比性，包括不同国家、不同地区同类统计信息之间的可比性；三是同一时期不同统计信息之间的逻辑可比性。

（4）可塑性。政府统计提供的大量统计数据，可由统计信息使用者根据研究的目的和需要，有选择地使用或自行进行必要的组合、加工和拆解。

（5）系统性。客观现象的复杂性和统计资料用户的广泛性，要求政府统计提供的统计资料中，不仅要具备从不同角度全面反映总体数量的相互有机联系的统计指标体系提供的统计数据，而且要具有反映总体内部各个部分的数量，以及总体与部分、部分与部分之间数量关系的统计数据。

（6）适用性。它是影响统计资料利用范围的一个重要方面。适用性一方面是指获得统计信息方便；另一方面是指统计信息使用起来方便，能够满足各个层次的用户各方面的信息需求。

（7）经济性。在满足前六个标准的前提下，以成本最低的方式取得所需的统计信息。

2. 传统信息发布方式的局限 传统信息发布方式，具有时效性低、缺乏系统性、可塑性差、适用性不强和取得资料的成本高等局限。

3. 改革信息发布方式，提高统计产品的质量 信息发布方式，应该成为统计体系中一个迫切需要进行较大改革的重要方面。一方面，加入 WTO 以后，我国不可能再游离于国际统计规则之外，必须逐步采纳统计数据公布的国际标准。在发布统计数据时，公布详细的分类数据，公布相关数据的衔接情况，公布数据的资料来源和计算方法，公布数据的薄弱环节和相应的改进计划及措施；另一方面，加入 WTO，导致我国政府统计数据的潜在用户（包括各国政府、工商业部门、研究、教育部门和公众媒介）急剧增加，政府统计能否提供全面、及时、准确的官方统计信息，让外国政府、企业和国际组织正确地了解决定我国改革开放步伐和国民经济发展的重要方面。

总之，统计信息用户的广泛性和各个用户的特殊性，要求政府统计必须全面、及时地发布能够满足单个用户的尽量与微观层次上的数据协调统一的数据集，用户根据自己的需要，并结合微观统计信息进行最后的加工、处理。

◆【本章习题】

1. 问卷调查在设计过程中必须注意哪些要点？

2. 水产技术推广专项调查方法有哪几种？

3. 我国传统信息发布的局限有哪些？

第十一章 技术示范推广指导

第一节 试验示范推广

一、渔业科技成果引进推广的风险分析和项目评估

（一）渔业科技成果和技术引进与推广的风险因素

渔业科技成果和技术引进与推广存在的风险，可大致分为以下几类。

1. 自然风险 自然灾害等风险。

2. 经济风险 包括市场供求风险、市场开放风险、市场秩序风险和营销管理策略风险等。

3. 政治风险 主要是由于国家的宏观经济政策或政治因素的变化可能造成潜在的危害，如政局动荡、体制变化、产业政策调整、财政货币政策的变动以及税制改革带来的风险等，属于一种不可抗拒风险。

4. 行为风险 由于推广人员或渔民个人的过失、疏忽、侥幸和恶意等不当行为造成的风险。

5. 技术风险 包括拟引进和推广的成果和技术的先进性、成熟性、可靠性不够造成的风险，及技术成果的生命周期长短的风险。项目是否存在着对环境产生污染，给人类和社会带来危害，而引起索赔、勒令停产和被起诉的风险。

6. 生态风险 包括成果和技术引进地区存在的资源、环境、生态、人文、地理、水质、交通和治安等方面的危险，以及有害生物引进风险等。

（二）渔业科技成果引进和推广项目的评估分析

评估分析的重点内容：

（1）成果引进必要性、现实性、可行性和市场预测的评估。首先，要了解拟引进和推广成果的项目背景并考虑市场（上游支持和产品）需求，这是衡量项目必要性、现实性的一个前提。评估时根据市场和现有生产能力的状况，来判断项目产品的目标市场潜量，有无引进和推广的必要，实施该项目有何经济、政治和社会意义，生产的产品能否满足消费者的需要和有无竞争力。

（2）成果引进条件的评估。主要包括渔业资源、生产所需能源和动力等各种投入的需求平衡，以及生产中"三废"各种排弃物的处理。

（3）引进技术方案的评估。技术方案的评估关键是多方案选优。一是找出最优方案；二是在不存在最优方案时，择其各方案之长，根据实际需要产生一个较优方案。技术方案评估的原则是，要根据国家对渔业的技术政策，来确定该项目拟引进和推广的成果和技术的先进性、实用性、可靠性和经济性，并进行评价。注意技术政策服从经济政策，技术服从效益。

（4）成果引进和转化机构设置和管理机制的评估。实施项目的机构设置和管理机制，也是影响项目成败的重要因素。

（5）引进项目社会经济效果的评估。从财务评价角度出发，以盈利最大为目标，对项目投入产出情况进行动态分析。对项目社会、生态效益进行分析。同时，充分关注投资风险问题，即投资安全性问题，如盈亏平衡点的分析。

（6）成果引进实施方案的评估。

（7）最后要提出评价结论、存在问题和建议。通过深入论证，评价得出引进是可行还是不可行。如果可行，哪个方案最好；如果不可行，指出为何不可行的结论。并提出该引进项目存在哪些主要问题及问题的解决办法。

附：成果引进评估报告书的编制内容和格式

编制成果引进项目评估报告书没有固定的内容和格式，编制人员要根据项目的具体情况和要求灵活掌握，但重点是要满足前述六个方面的要求。

1. 成果引进项目评估报告　大致的内容如下：

（1）引进项目的背景、概况、意义、必要性。

（2）原材料和产品市场及分析。

（3）引进项目的规模和产品方案。

（4）引进技术方案的选择。

（5）关键机械、设备的引进方案。

（6）引进项目实施条件的落实（配套系统工程，依托条件、相关条件）。

（7）引进项目的"三废"治理、环境保护措施和效果。

（8）能耗分析。

（9）引进项目实施计划。

（10）引进投资估算及资金筹措。

（11）引进经济效果评价。

（12）成果引进的不确定性分析和风险分析。

（13）评估结论。

（14）存在问题和建议。

2. 成果引进评估活动中的数据（资料）采集　数据（资料）的数量和质量好坏，直接关系到评估的质量。开展科技项目评估，必须采取科学的数据（资料）采集方法。这些方法主要包括：

（1）逻辑关系法。这是科技项目评估中最常用的数据（资料）采集方法。一般根据要评估科技项目的活动程序或技术路线进行逻辑推理分析，依据各目标或环节间的逻辑关系或先后过程（或环节）采集必要的数据（资料），并对程序中的对后续其他过程起基础作用的关键过程或环节进行重点数据（资料）采集，并利用这些关键过程或环节的执行情况数据（资料）来判断项目整体执行情况。这种方法要求首先必须明确各个目标或过程间的逻辑关系。

（2）分类采集法。对项目评估所需要数据（资料）进行分类采集，能够比较全面、详细地获取某一方面所需要的评估数据（资料）。

（3）咨询法。咨询是获取评估数据（资料）的重要方法之一。咨询的对象一般包括熟悉此类项目的技术人员、管理人员，参与该项成果和技术研究的有关专家，参与该项目立项评审的专家，以及相关的渔民等。通过咨询活动，一般可获取结果不尽相同的数据（资料），对这些不同源的数据（资料）进行去粗存细、去伪存真的思维加工，基本上就能得到比较清晰的真实数据（资料）。但采用这种方法的工作量较大。

（4）对比法。对比法也是科技评估活动中常用的方法之一。主要是通过被评估项目承担单位的自评与评估专家的评价的比较，被评估项目的执行情况与合同书，有关规定的要求的比较，可以轻松地得到评估所需要的有关数据（资料）。这种方法操作起来比较简单。

以上方法各有特点，但它们之间不是孤立的，而是相互联系的。在科技项目评估的数据（资料）采集过程中，往往是以某一种方法为主，其他方法为辅。究竟在何种情况下，采用何种方法要视具体情况而定，没有固定的模式。要获得对项目评估的全面、可靠的数据（资料），除了掌握科学的数据（资料）采集方法外，还必须掌握一些评估数据（资料）采集的策略或技巧，如充分利用自评调查表的作用，坚持实地考察等。

二、试验示范方案的制订

（一）推广试验方案

1. 试验方案的拟订　试验方案也称试验计划，是指在试验未进行之前，依据当地科技推广的需要，拟进行哪些方面的试验，采取何种方法进行试验，试验的设计，实施时间，场地，调查项目及测试仪器解决途径，期望得到哪些结果，所得结果对当地渔业生产的意义和作用等，诸项内容的一个总体规划。以水产养殖为例，阐述试验方案拟订的原则及实施通要。

拟订试验方案，一是为了使试验者的思路更系统、明晰，提高可行性；二是为了向上级有关管理部门申请经费或其他方面的协助。

拟订试验方案，应注意以下两个方面的关键问题：

（1）试验题目的选择。推广试验的选题，不如基础和应用研究那样广泛。它主要面向当地的生产实际，在高产、优质、高效和可持续发展的原则下，以解决当地生产急需的技术、或有发展前景的实用技术为主。如优良品种繁育技术，无公害标准化健康养殖技术，立体混养最佳搭配模式，水产病害快速检测和防治技术，水产品保鲜技术等。

选题来源分两个部分。一是通过各种信息媒体得知并确认国内外研究部门或生产部门已有的，但尚不明确在当地是否可行的新技术成果，二是推广者本人或当地群众在生产实践中已经取得一些初步认识，但尚无十分有把握的技术项目。

（2）试验因素及水平的确定。在拟订试验方案时，科学的选择试验因素和适宜的水平，不但可以抓住事物的关键，提高试验的质量和效益，而且可以节省人力、物力和财力，收到事半功倍之效果。试验水平的确定，应掌握好居中性、可比性和等距性三个原则。

①居中性：就是水平上下限之间应包括某研究因素的最佳点，因而水平的确定要适中。要达到这一要求，需了解原引新技术的推荐参数，又要根据自己的实践进行分析判断。如一个养殖新品种的放养密度，技术初步要求每亩水面放养 4 000 尾，开发试验应将试验水平设在 3 000 尾、3 500 尾、4 000 尾、4 500 尾

和 5 000 尾（把握性较大时也应设 3 800 尾、4 000 尾和 4 200 尾三个水平）。通常做法是，在原有基础上向上下适当伸延。伸延幅度过小，很可能找不到最佳点；过大势必拉大两个水平间的间距，这样最佳点虽落在上下水平之间，但仍难确定最适密度。

②等距性：即对某些可用连续性衡量（如长度、重量等）因素，水平之间的距离要相等，更便于分析处理。

③可比性：某些试验因素，无法用连续性度量进行统一衡量不连续的性状。如新品种试验，虽是单因素（即品种）试验，但处理（即水平）间是不连续的。因而，需灵活使用唯一差异原则，将相同或相似的一类分为一组，分别进行试验，以增加真实特点的可比性。

2. 试验设计与误差控制

（1）试验误差的来源。

①系统误差：在相同条件下，多次测量同一目标量时，误差的绝对值和符号保持稳定；在条件改变时，则按某一确定的规律而变化的误差。系统误差统计意义表示实测值与真值在恒定方向上的偏离状况，反映了测量结果的准确度。系统误差主要来源于测量工具的不准确（如量具偏大或偏小），试验条件、环境因子或试验材料有规律的变异及其试验操作上的习惯性偏向等。

②随机误差（偶然误差）：在相同条件下多次测量同一目标量时，误差的绝对值和符合的变化时大时小，时正时负，没有确定的规律，也是不可预定的误差。这种误差的统计意义表示在相同条件下，重复测量结果之间的彼此接近程度，它反映了测量结果的精确度。随机误差主要来源于局部环境的差异，试验材料个体间的差异，试验操作与管理技术上的不一致，试验条件（如气象因子、栽培措施）的波动性。

随机误差大小，反映了测量值之间重复性的好坏，是衡量试验精确度的依据。

（2）试验设计原则。克服系统误差，必须分析试验中主要受哪些非处理因素的影响，从试验设计中加以控制，从试验的实施和取样测定过程中加以控制。

①重复原则：试验中同一处理在实际中出现的次数称为重复，从理论上讲重复次数越多，试验结果的精确度越高。但由于实施过程中受试验材料、试验场地、人力、财力的限制，一个正规的试验，一般要求设 3～5 次重复。

②随机原则：随机是指在同一个重复内，应采取随机的方式来安排各处理的排列次序，使每个处理都有同等的机会被分配在各小区上。随机的目的和作用在于，克服系统误差和偶然性因素对试验精确度的影响。一般在试验中对小区进行随机排列，可采用抽签法或随机数字表法。

③局部控制原则：分范围分地段地控制非处理因素，使其对各处理的影响趋向于最大限度的一致。局部控制总的要求是在同一重复内，无论是土壤条件还是其他任何可能引起试验误差的因素，均力求通过人为控制而趋于一致。把难以控制的不一致因素放在重复间。

④唯一差异原则：又称单一差异原则，是指试验的各处理间只允许存在比较因素之间的差异，其他非处理因素应尽可能保持一致。在推广的适应性试验和开发性试验中，一般需遵循唯一差异原则，而综合性试验则可例外。

（3）常用的试验设计。

①单因素两水平（处理）设计：单因素两水平（处理）设计，是渔业推广试验中最简单的试验，也较为常见。如某地区引进一个新品种或新的养殖技术，鉴定其增产效果，就属于这种最简单的试验。试验中仅有两个处理，其中一个为对照。

A. 单因素两处理的成组设计。两个处理的成组设计，是指两个处理为完全随机设计，处理间的各供试单位彼此独立，这样的试验设计称为成组设计。采用成组设计所获得的试验数据称为成组数据，数据分析时以处理平均数作为相互比较的标准。统计

分析采用 t 测验。例如，调查某个新引进的丰产鲫鱼与当地鲫的产量状况。由于并没有进行正规的比较试验，而且没有局部控制措施，推广人员在养成收获时，对两个品种各随机测定了 5 次重复的产量，这种完全随机的养殖池测产获得的数据称为成组数据。利用两组数据经 t 测验分析，仍可鉴别两品种的产量差异。成组设计适应于被动调查分析时采用。

B. 单因素两处理的成对设计。两个处理的成对设计，是指把性质相同的供试因素配成一对，并设有多个配对重复。实际上这种试验设计就是单因素两个处理的随机区组设计，所测得的观察值称为成对数据。由于同一配对内两个供试单位的试验条件很接近，而不同配对间的条件差异又可通过同一配对的差数予以消除，因而试验误差可以控制，具有较高的精确度。基层推广人员多采用这种方式，调查分析新旧养殖品种的产量差异。

②随机区组设计：

A. 单因素的随机区组设计。这种试验设计是依据局部控制的原则，把试验水域按生产力划分若干重复，而每个重复区组内小区则完全随机排列。这种试验设计由于具有设计简单，能提供无偏的误差估计，因而在渔业推广试验设计上经常被采用。不足之处是这种设计不允许处理组数太多，否则由于试验面积的增大，局部控制效率降低。理想的处理组数以 6～8 个为宜。

B. 两因素随机区组设计。试验中如果两个因素同等重要，而处理的组合数又不太多时，可采用两因素随机区组试验设计。两因素的随机区组试验设计，就是把单因素的处理变成两因素的处理组合。与单因素随机区组试验设计原理一致，试验的组合数以 8～16 个为宜。区组和小区的排列，与单因素随机区组试验完全相同。

③裂区设计：多因素多水平试验的一种设计形式。试验中，如果处理的组合数较多而又有一些特殊要求时，常采用裂区试验设计。

例如，做品种与放养密度两因素试验时，可以采取裂区试验设计。以 A 代表品种，4 个品种分别以 A1、A2、A3、A4 表示；以 B 代表放养密度，3 种放养密度水平分别以 B1、B2、B3 表示。在设计时，以放养密度（B）为主区，以品种（A）为副区，池塘排列如表 11-1。

表 11-1　裂区设计的池塘排列

重复 I		重复 II		重复 III	
	A1		A2		A4
	A3		A4		A3
B1	A2	B3	A1	B1	A2
	A4		A3		A1
	A2		A1		A3
	A3		A3		A2
B3	A1	B2	A4	B3	A1
	A4		A2		A4
	A3		A2		A1
	A2		A1		A2
B2	A4	B1	A4	B2	A4
	A1		A3		A3

（二）成果示范计划的制订

主要包括示范的内容、时间、地点、规模，预期指标，生产资料的来源及保障，观摩学习人员的范围，组织形式，参观时期，讲解内容，技术人员和示范农户的义务和权利，观察调查项目及方法等。

（三）方法示范计划的制订

示范计划包括通过方法示范要达到的目的，示范题目及主要内容，示范所需材料和直观教具，示范时间和场地，观众邀请的形式，解答的主要问题，示范过程的总结等，以保证示范整个过程有条不紊地进行。

（四）推广项目实施方案的制订

项目实施方案是一种为有效执行项目计划所需要而安排的活动概要，是由项目主持人主持制订的具体的推广活动计划。主要内容包括：

（1）项目的目的、意义和目标。

（2）项目所要解决的问题和达到的经济技术指标，以及年度推广量及范围等。

（3）项目技术要点和创新点，重点论述为实现项目预定目标采取哪些技术措施。

（4）完成项目任务应做好的几项工作：任务的具体分解，试验示范点的安排，配套物资的供应，技术考察指导，推广方法的确定，推广经费筹措与具体使用以及需要解决的其他问题。

（5）建立和加强组织领导，主要是行政领导、技术指导和物资服务小组的组成及活动安排，项目参加人员的确定和其他具体要求等。

三、推广项目可行性分析论证

项目的可行性分析论证，是推广项目准备的核心内容，目的是为了从技术、组织管理，社会、生态、经济效益和实施力量等各有关方面，论证整个推广项目的可行性与合理性。

（一）项目可行性分析论证的内容

一般包括以下几个部分：

（1）推广该项目的依据、目的和意义、国内外现状、水平、发展趋势，立项的特色和创新及项目的内容简介。

（2）技术可行性分析。其中，包括主要技术路线，需解决的技术关键及其先进性、合理性和实用性，最终目标和主要的技术经济指标，实施项目所具备的条件，即项目的工作基础，项目的主要实施基地（或技术依托单位）的基本情况，协作条件，项目实现产业化的途径。

（3）市场预测。它包括推广前景和市场前景，国内外需求情况及市场容量分析、产品价格与竞争力分析，及其产业化前景分析。

（4）预计项目完成后的经济效益、社会效益和生态效益。一般从新增总产值、新增纯收益、节能节材情况、节约利用资源情况、改善环保的作用、对促进社会发展的作用等方面论述。

（5）推广项目的技术方案及推广范围、规模和年限（项目计划进度安排）。

（6）预计的推广经费及用款计划。

（7）经费偿还计划。

项目的可行性研究报告，一般需经专家论证评估。

（二）推广项目可行性研究报告参考格式

1. 综述

（1）项目申请概述。包括项目的核心内容与技术，项目在渔业生产中的主要用途及应用范围，预期的总体效果等。

（2）项目预计目标。

①总体目标：包括项目执行期的总体工作内容、推广的区域与范围等，执行项目要达到的主要技术与性能指标，执行项目可获得的经济效益、社会效益和生态效益等。

②阶段目标：项目执行期内，每一阶段应达到的具体目标，包括推广的范围、推广进度，技术应用效果，试验和示范的规模等。

2. 项目技术分析　主要分析项目应用的先进性、成熟性、适应性、需求性和承受性等，阐述项目实施在渔村经济、渔业生产中的主要解决的问题，推广项目实施后技术经济指标发生的变化及项目技术来源等。

3. 项目实施方案

（1）项目内容与技术路线。介绍项目的具体内容以及实施项目采取的技术路线与技术方案。

（2）项目实施方案论述。重点说明项目推广的区域与规模，项目承担单位及其具体工作任务分工，介绍实施项目具有的条件和项目实施所需的相关条件及其准备情况。

（3）项目的市场前景分析。说明推广项目实施中科技成果转化，在农村经济、渔业生产发展方面的功效，项目产品的市场需求预测及项目产品的市场竞争力。

（4）项目资金预算与筹措。根据推广项目实施的内容与目标，估算项目实施中所需资金的额度，资金来源及主要使用方向。

（5）项目实施的风险评价。对项目实施的风险性及不确定因素进行分析，提出降低风险的措施。

（6）项目实施计划。说明推广项目中各项工作的进度计划，明确标出完成各项工作预计所需时间及达到的阶段目标。

4. 项目预期效益分析

（1）经济效益分析。分析预测推广项目实施，对农村经济、渔业生产的影响，列出定性和定量指标。

（2）社会效益分析。分析预测推广项目实施，对渔业及整个农村经济结构的影响，对提高行业产业化水平的影响，对提高水产品市场竞争力的影响，对增加渔民收入的影响等。

（3）生态效益分析。分析预测推广项目实施，对合理利用渔业资源的影响，对改善渔业生态环境的影响，对提高生态效益的影响等。

（4）项目推广应用分析。预测项目推广应用的领域与范围，科技成果的转化速率等。

5. 项目支撑条件分析

（1）承担单位的情况。说明项目承担单位的基本情况，从事渔业科技成果转化的业绩，推广服务人员的素质情况，与本项目相关的技术储备情况等。

（2）项目主持人情况。主要包括学历、所学专业、主要工作经历、技术专长和工作业绩等。

（3）合作单位情况。简述推广项目合作单位在本项目相关领域已取得的阶段成果，与本项目推广相关的条件和优势等。

6. 可行性研究报告编制说明　可行性研究报告编制单位名称、基本情况、负责人、联系电话等；可行性研究报告编制者姓名、年龄、学历、所学专业、职务、职称等。

四、水产技术开发项目实施方案和技术路线的编制

渔业技术开发，是指利用渔业应用基础研究、应用研究成果，通过各种必要的具有实用目的的实验，为生产开拓出新产品、新材料、新设备、新技术和新工艺的各种技术开发活动。渔业推广人员与技术专家共同进行的技术开发活动，是开展渔业推广的前提条件。渔业新技术研制成功后不可能立即广泛投入生产，往往要进行成果的二次开发或进行技术的组装配套，以适应当地生产条件和渔民的接受能力，而这一过程即为渔业技术开发。

从上面意义上说，渔业技术开发活动属于渔业推广试验中探讨性开发试验的范畴。实施渔业技术开发，则属于渔业推广方式中的农业系统开发推广方式。这种推广方式是以渔户（渔场）为综合系统开展推广工作。采用这种方式的前提是，推广部门推广的技术一时还不能适合渔民，特别是小规模经营渔民的需要。因而，需要推广部门在当地进行研制，要求推广人员与科研人员一同深入渔村，进行渔业生产系统的分析研究。渔业技术开发项目的制定和执行，都需要渔民的积极参与。

渔业技术开发项目的实施方案，与渔业推广试验项目的实施方案相似。只是需要特别注意的是，在制订的渔业技术开发项目实施方案及技术路线中，应充分发挥渔民参与实施的比重，以增强开发项目的针对性和实效性，并有助于渔民自愿采纳新技术。

第二节 生物技术在水产上的应用

一、何谓生物技术

生物技术也称生物工程，它是生物科学与物理、化学、数学、工程学和计算机技术等结合而成的现代应用技术。生物工程的中心内容是，在细胞水平和分子水平上改造和利用生物，生产人们所需要的产品。生物技术是以生命科学为基础，利用生物（或生物组织、细胞及其他组成部分）的特性和功能，设计、构建具有预期性能的新物质或新品系，以及与工程原理相结合，加工生产产品或提供服务的综合性技术。生物技术的优点有：

1. 生产原料简单 生物在进行合成代谢时，大都以随手可得的物质（如空气、水、植物和矿物质等）为原料，以阳光等为能源，不仅原料成本低，而且取之不尽。

2. 安全可靠性高 典型的生物化学反应，都是在酶的催化作用下进行的，要求输入的能量少，反应条件缓和，工艺和设备简单，操作安全性好。生物系统在合成物质时，先把脱氧核糖核酸遗传信息转录给核糖核酸，然后以核糖核酸为模板进行合成。该过程虽然很复杂，但出错几率极小，且无副产品。更重要的是，生物系统能自动发现并纠正错误，进行自动化合成生产，生产可靠性高。

3. 产品活性特殊 生物分子通常具有复杂的精细结构，这种结构往往会赋予生物分子特殊的活性，即所谓"生物特异功能"。如准确、敏感的识别能力，高效的搜索能力，牢固的黏结性能等。在用基因技术对其控制基因进行改良后，这些性能还将大大增强。

4. 系统结构紧凑 生物系统中的信息码、模块、制造组装机构，都是在分子水平以完美方式自组装起来的。这就使生物系统（如眼球、大脑等）比类似功能的人造电子、光学或机械系统要紧凑得多。如果能运用生物耦合技术，把一些生物系统与设计的装置耦合起来，或者利用纳米生物技术、自组装技术将它们制造出来，那么设备的尺寸就可能减少很多。

5. 拓展人类能力　运用生物医学，可提高人类对疾病的治疗效果和抗病能力；通过人脑与设备的耦合，可扩展人类的能力，减小人机界面的操作难度。

生物技术在水产养殖上的应用广泛，应用的技术主要有基因与基因工程、酶工程、微生物发酵工程、蛋白质工程和细胞工程，涉及的研究领域包括遗传育种、预测杂种优势、性别控制、基因转移、病原诊断和提高抗病力等。

二、基因与基因工程

基因工程，又称遗传工程，是生物工程的核心。将外源基因通过重组后导入受体细胞内，使这个基因能在受体细胞内复制、转录、翻译表达的操作。它的功能是通过改换生物的基因，使生物的遗传性状得到改变，产生符合人们需要的面目一新的新生物。改换基因的工作称为基因重组，或称 DNA 重组，意思就是对 DNA 重新进行组合。既然生物的所有性状都是由一定的基因控制的，那么，根据需要可以设法在生物的 DNA 中增添、减少或改变某个基因，也就是一小段 DNA，就会使生物的性状发生符合我们意愿的变化，甚至成为一种新的生物种类。

基因工具酶就其用途，可分为限制性内切酶、连接酶和修饰酶三大类。限制性内切酶，以环状或线状双链 DNA 为底物，能识别 DNA 特定核苷酸序列，并进行 DNA 的剪切；连接酶，是催化两段或数段 DNA 片段拼接起来的酶；DNA 片段修饰酶，是为便于 DNA 片段的连接，用于对 DNA 片段末端进行修饰的酶。

在某个生物细胞的 DNA 里加进一个另一种生物的基因，就要完成以下几个步骤：

（1）在另一种生物的 DNA 上找到那个所需的基因，并准确地切下它来。

（2）选一种作为运输工具的载体，把切下的基因连接到载体的 DNA 上，通过载体带入生物细胞。如果这个生物细胞比较大，还有可能直接以注射的方式，使切下的基因进入生物细胞。

（3）在许多动过这种手术的细胞中，筛选出确实已经接受外来基因的细胞。

我国朱作言等首先运用基因转移技术，将人的生长激素基因导入泥鳅、银鲫、鲫、鲤受精卵。使 135 日龄泥鳅、208 日龄银鲫和 153 日龄镜鲤的体重分别比对照组提高 $2\sim3.6$ 倍、7.8％和 9.4％。从而证明了外源基因在受体鱼内的整合、表达和促进生长作用，以及通过性腺子代的传递，建立了完整的转基因鱼模型。目前，已先后在金鱼、鲤、鲫、银鲫、泥鳅获得人生长素基因的转基因鱼。大量研究表明，该技术在水产生物的品种改良中有巨大潜力。

除生长激素基因外，抗冻蛋白基因、抗病蛋白基因的转移也受到重视。为使缺乏抗冻基因的名贵鱼在寒冷环境中生存，Hew 等把抗冻蛋白基因注射到大西洋鲑受精卵内，有3％的个体整合了抗冻蛋白基因。整合的抗冻蛋白基因，具有遗传的稳定性和组织表达的特异性，但表达量受季节影响。整合的转基因鱼中，抗冻蛋白的量还不足以产生抗冻效果，今后要通过提高启动子的增强效应或增加基因剂量，来加强该转移基因的表达效果。在抗病基因转移方面，因为鲤与草鱼有很近的亲缘关系，很多草鱼易患的病如出血病、肠炎等，不易在鲤中发生。因此，张怀云等认为鲤体内具有抗病基因，因而，将鲤作为抗病基因供体，分离出总 DNA，然后以精子载体导入草鱼受精卵，获得了体形体色变异的个体。变异红色草鱼的获得，证明了以总 DNA 导入，也能在鱼类中实现确定性状的转移。

三、酶工程

酶工程,是指利用酶、细胞或细胞器等具有的特异催化功能,借助生物反应装置和通过一定的工艺手段,生产出人类所需要的产品。它是酶学理论与化工技术相结合而形成的一种新技术。酶是催化剂,其特点是高效和专一,即酶的催化能力强大,比化学催化剂高出 1×10^7 至 1×10^{13} 倍。一种酶只能作用于具有一定结构的物质,如纤维素酶只能把纤维素分解成葡萄糖,碰到蛋白质、淀粉和脂肪之类则不能起作用。

由于酶的特点,人们开始应用酶来催化一些重要的化学反应,于是酶工程应运而生。所谓的酶工程是如何生产酶,如何应用酶。酶的生产要解决一系列的技术问题,包括确定合适的培养条件和培养方式;大幅度地提高酶的产量;将生产出来的酶进行分离提纯,提高酶的纯度等。通过基因重组来改造产酶的微生物,建立优良的生产酶的体系,被认为是第四代酶工程,这是酶工程与基因工程的结合。另外是人工酶,人工酶是化学合成的具有与天然酶相似功能的催化物质,它可以是蛋白质,也可以是比较简单的大分子物质。

酶工程在工农业的研究中有较广泛的应用,在水产养殖上的应用起步较晚。最新的研究领域,是应用生物酶工程技术生产鱼蛋白肽。酶制剂在水产饲料中已有应用。

四、微生物发酵工程

生物技术起源于传统的食品发酵,而传统的发酵技术已发展为现代的发酵工程。发酵工程以微生物培养为主,所以又称微生物工程,是大规模发酵生产工艺的总称,指采用现代生物工程技术手段,利用微生物的某些特定的功能,为人类生产有用的产品,或直接把微生物应用于工业生产过程。发酵工程是在发酵工艺基础上吸收基因工程、细胞工程和酶工程以及其他技术的成果而形成的。发酵工程的内容，包括菌种的选育和工程菌的构建、细胞大规模培养等。

微生物发酵工程技术直接应用到水产动物的较少，一般都是间接对水产养殖的经济动物服务。如生产鱼用、虾用和海参用的饲料及包括微生态制剂在内的各种添加剂，有一些就是通过细菌发酵来获得的。此外，在水产品加工领域，一些常用的水产品加工肉质保鲜剂、品味改良剂和物质提取剂等，也都用上了细菌发酵的产品。

五、蛋白质工程

蛋白质工程，是指在深入了解蛋白质空间结构以及结构与功能的关系，并在掌握基因操作技术的基础上，用人工合成生产自然界原来没有的、具有新的结构与功能的、对人类生活有用的蛋白质分子。

氨基酸以小肽形式能够迅速被吸收，缓解了肠壁细胞对不同游离氨基酸摄入的竞争。例如，当赖氨酸与精氨酸以游离形式存在时，两者相互竞争吸收位点而发生拮抗作用，当两者以小肽形式供给时，赖氨酸的吸收速度不再受精氨酸的影响。由于小肽的吸收速度快，吸收峰高，还能消除游离氨基酸的吸收竞争，能快速提高动静脉的氨基酸浓度差值，加速组织蛋白质的合成率。小肽中的某些活性肽，如表皮生长因子、胰岛素样生长因子等，具有促进幼小动物小肠提早成熟，促进小肠绒毛的生长，提高机体消化吸收和增进机体免疫力的作用。由酪氨酸、脯氨酸和苯丙氨酸三个氨基酸组成的酪啡肽，具有增进采食，促进活性小肽参与机体的免疫系统的调节，促进鱼苗机体的抗应激能力；具有抗菌活性的小肽，能抑制和杀灭动物体内的病原微生物，从而维持了鱼苗的消化道健康。

鱼体胃肠运动以及提高血液中胰岛素水平，促进淋巴细胞增生，调节动物免疫系统的功能。研究认为，小肽能提高鱼苗存活率，是因为小肽能促进鱼体内某些消化酶活力提高，使水产动物的消化方式尽早由胞液消化转变为膜消化，消化功能发育提前，机体对营养物质的消化和利用更为有效和充分。由于水产动物消化道分化简单，消化道较短，其酶数量少，肠壁转运氨基酸的载体数量不足，供能状态和消化功能较差。因而，劣质饲料影响鱼类的饲料转化率和鱼类生长，小肽能有效刺激和诱导小肠绒毛膜刷状缘酶的活性上升。实验表明，在一定量的低蛋白质饲料中补充适量的含小肽物质，可以发挥高蛋白日粮的生产水平。在虾苗的饵料中添加 0.5% 的小肽，能促进采食，增加生长速度及苗体的长度；在鳗鲕饵料中添加 2% 的小肽制品，试验组较对照组的生长率、摄食率和饲料效率分别提高了 38.6%、13.53% 和 8.05%。用小肽物质代替 4% 的鱼粉饲养对虾，试验结果表明，对虾的生长速度、采食量和成活率都有显著提高；用小肽部分替代海鲈鱼日粮中的鱼粉，明显促进了海鲈鱼的日增重，生长速度明显提高。

六、单克隆抗体技术

由一个细胞进行多次无性繁殖而形成的一系列细胞称为单克隆。如果那第一个细胞能产生某种抗体，那么这个单克隆就都能产生这种抗体，这就称为单克隆抗体。

1975 年，德国学者 Kohler 和美国学者 Milstein 首次成功地建立了 B 细胞杂交瘤技术，并获得了均质纯、特异性强、效力高、易标准化和重复性强的第二代抗体（McAh）。这是对第一代抗体——多克隆抗体的突破，对于推动免疫学的研究发挥了重要的作用。目前，动物用 McAb 的研究在世界范围内迅速开展在水产上，已经对嗜水气单胞菌、溶藻弧菌、迟缓爱德华氏菌以及对虾皮下及造血组织坏死杆状病毒、海水鱼虹彩病毒、出血性败血病毒的单克隆抗体，进行了制备和特异性分析，并初步进行了应用。

第三节　水产养殖技术

一、水产病害诊断与防治技术

（一）水生生物病害检测的一般方法

水生生物病害检测的方法很多，以鱼类的疾病检测为例进行说明。

首先要测定水质，检测水域及周围环境，然后按一定的顺序对鱼类疾病进行检测。一般从外到内，由表及里，先检查裸露部分，然后检查鱼的血液和内部脏器。体表检查，从头部吻、口腔、眼球、眼睛周围、鳃盖、躯干、鳞片、鳍、肛门到尾部。主要观察各部是否红肿、充血、炎症或检出大型寄生虫或菌丝，鳞片是否脱落、竖鳞、鳍缺损开孔等。然后观察鳃，检查鳃是否完整，颜色是否异常，有无充血、褪色，发白或腐烂，可见的大型寄生虫、胞囊或霉菌菌丝，而后剪下少许鳃丝置载玻片上滴加一滴清水或过滤海水。用镊子和解剖针将鳃丝轻轻展开，盖上盖玻片于镜下检查，有否寄生虫。

体表检验完毕，可进行血液和内部脏器的检查，血液检查和内部脏器检查一同进行。内部脏器检查，主要检查脏器内部和脏腔内或肌肉中的寄生虫和虫体胞囊及病变组织，并摘取病变组织制片，培养或病理组织检测。检查的顺序一般从心脏开始，顺序为膀胱、胆囊、肝脏、脾、肠系膜、消化道性腺、鳔、脑、脊髓和肌肉。内部脏器的检查首先要打开体腔，暴露脏器。方法是将鱼体表用清水处理干净，放于一干净的白色解剖盘中，头向左，尾向右。左手持镊子将鱼夹住，右手用剪刀插入肛门，沿腹线一直剪至口的后缘，再从肛门开始，朝向侧线，沿体腔的上边剪断，再向前与测线平行地向前一直剪至鳃盖后缘，然后再向下剪，到腹面的切面相会，最后将整块体壁取下，暴露出各脏器。

仔细观察肝胰脏、胆囊、脾、肾和消化道等，并做好记录。将摘出的器官组织分别放在解剖盘内，注意将肠系膜及外壁上的脂肪剔除，加适量生理盐水，以保持其湿润。有病灶的则用手术刀切取 1cm 见方、1～2mm 厚制成压片于显微镜下观察，观察有无寄生虫或病理变化。需作病理切片观察的，则进行固定保存查用。需做细菌或病毒培养的，则摘取可疑组织器官于相应的培养保存液中，存留待进一步检查。

样本准备后观察体腔有否寄生虫或胞囊，并于体腔中部用剪刀横向剪断，观察肌肉中有否寄生虫。

最后从心脏采取血样，制成涂片于显微镜下观察有无孢子或变异血球。

当然，实际检查并非一定如此按部就班进行，可根据检验的要求，或凭目检的结果进行针对性检查。

经目检把相应的可疑组织器官做相应的固定和保存，将剩余物收集起来经灭菌消毒处理后方可抛弃到垃圾中，这一点往往被忽视，尤其是口岸检疫中更是如此。因为，病鱼的废弃物是很强的再传染源，其中，所含的病害如进入水体，会感染其他的健康群体。

1. 目检　主要通过肉眼直接观察其病灶及活动情况，为进一步诊断提供依据。目检一般可发现线虫、车轮虫、鱼鲺等体型较大的病原体。目检必须要具备基本的水生生物分类学和解剖学知识。目检不但可发现大型病原体，同时，通过仔细观察病鱼的活动情况，可掌握病灶变化及其周围环境的第一手资料。目检的同时要做好样本的固定和保存，认真做好记录，这对今后的进一步检验非常重要。

2. 镜检　镜检是借助显微镜、体视镜和放大镜等，将病原体放大而进行诊断。有时，同一种病由几种病灶同时表现出来，情况错综复杂，仅凭目检远远不够，所以除了个别症状明显外，通常要进行镜检。镜检主要是取病鱼的病变组织器官、血液、分泌物和内含物制片进行检查。

（1）载玻片法。将要检查的组织或器官切成适当大小，压片，滴加适量 0.5％盐水（体表器官用清水/海水），然后加盖玻片，用力均匀挤压至透明，即可到解剖镜或显微镜下观察。分泌物及粪便等内含物也可制成同样的标本观察，压片时滴加清水即可。分泌物的取材，以消毒的镊子或手术刀背面或用吸管刮取即可。

（2）涂片法。该法多用于检查血液中的寄生虫或血象变化，一些分泌物的检查也可用此方法。具体做法：用吸管或注射器从病鱼心脏或尾动脉抽取血液，滴一滴于载玻片上，加盖玻片直接观察，或以盖玻片轻轻地在载玻片上顺一个方向涂抹制成涂片观察，亦可以染料染色后进行观察。分泌物则要加等量的水来制涂片。

（3）电镜法。该法将可疑病变组织制成超薄切片，用电镜将待检物进一步放大上万倍甚至几十万倍，从而直接查找发现病原体或观察病灶的病理变化。

3. 微生物学方法　这是检疫中最常用的方法。通过培养，使病原微生物大量繁殖、纯化，通过镜检、生化实验或血清学反应来确定病原体的种类。主要用于细菌、衣原体、立克次氏体和真菌等微生物病原体的检验。当前，通常用于鱼病诊断的方法主要有四种：

一是选择性培养基法：这是有针对性的一种检测方法，根据临床症状或特定目的，选择特异性培养基进行培养。根据培养物的生长和形态即可确定，这在疾病预报和检疫中特别有用。

二是 API-20E 系统：API-20E 诊断盒操作简便，不需特殊仪器和血清，一般的实验室都可使用，因而应用最为广泛。API-20E 技术能同时进行 20 个反应，只需一个菌落就能进行诊断，不必像常规生化反应那样，要进行细菌的分离和纯培养。

三是 Biology 检测系统：Biology 检测系统灵敏度很高，但设备较贵。

四是免疫诊断技术：该技术是根据细菌的纯培养特定抗原—抗体反应来进行鉴别，如荧光抗体技术、ELISA 方法和酶标免疫诊断技术等。

（1）微生物学诊断常用的方法。细菌病原体的分离鉴定，一般选择合适的培养基培养增菌，然后选可疑菌落进行单菌落培养，对培养物进行观察和生化试验，从而进行鉴定。

①程序：检验的流程见图 11-1。

②样本的采集和处理：采用无菌操作法，将要检物解剖，用手术刀和镊子摘取各可疑（要检）组织。获得样本可用镊子直接在相应培养基上涂抹接种。也可将之置于盛有无菌生理盐水的研钵中研磨溶解（样本和生理盐水的比例大约 1∶4 或 1∶5 重量比），然后将研磨物转入增菌液中增菌，最后再接种。

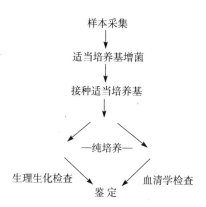

图 11-1 细菌病原体的分离鉴定流程

③纯培养：接种后，要对得到的可疑菌落进行纯化培养。

④细菌鉴定：纯培养后要进行鉴定，根据情况可采用涂片镜检、生化实验和血清学方法。

⑤接种动物实验或回归实验：对得到的可疑纯培养进行动物（一般为小鼠）实验或回归感染实验，从而对细菌的毒力和致病性进行鉴定。实验动物致病或死亡后，要作涂片镜检和分离培养及病理学检查。

（2）选择性培养法。这种方法简便，实用，操作方便，对实验条件要求很宽松，一般实验室都可进行。这种方法的原理也十分简单，就是通过培养基的选配，从而抑制待检物中的大部分菌种，而只允许某一种菌株的生长，从而得到预定结果。这种方法很简单，特别适用于口岸检疫和特定养殖场的防治检测。目前，较好的有 EIM 培养基鉴别一种鲴鱼致病菌；Riwlen-Shous 培养基，用鉴别于嗜水气单胞菌。其做法是将要检材料接种到 R - S 培养基上，37℃培养 20～24h，如菌落为黄色，则可断定为嗜水气单胞菌。这种方法十分简单，但培养时间和温度特别重要，如培养温度低于 37℃，气单胞菌产生的菌落特征与嗜水气单胞菌相似。

（3）API - 20E 系统。建立在大量的实验基础上的统计分析，其检测结果有很好的符合性。API - 20E 系统反应迅速，一般 48h 可得出结果，因而，是目前国外发达国家在鱼病诊断中应用最广泛的一种快速诊断方法。API - 20E 系统主要用于鉴别肠杆菌科和其他科属的 GN 菌。

API - 20E 系统的主要原理是，通过培养纯菌落制成细菌纯菌落悬液，利用简单快捷的生化反应，对可疑菌的类属作出判断。由 API - 20E 系统的生化反应微管，其药量为微量级，因而所需菌量很少，一个菌落即可满足需要。所以，使用 API - 20E 系统不需要进行可疑菌落的分离培养，而且多个生化反应同时进行，大大缩短了反应进程。API - 20E 的主要部分为大约 20cm×3cm 的反应板，板上有 20 个 0.25mL 的微管，管内为微量冰冻干燥试剂，每一微管进行一种生化反应。其中，葡萄糖管还可进行另外两种反应，它们包括半乳糖苷酶、精氨酸水解酶、赖氨酸脱羧酶、鸟氨酸脱羧酶、色氨酸脱氢酶、枸橼酸利用 HS、VP、吲哚试验、尿素水解、明胶水解、葡萄糖、甘露醇、肌醇、山梨糖、鼠李糖、蔗糖、密二糖、淀粉、阿拉伯糖发酵利用等 20 个反应。使用 API - 20E 系统时，首先在无菌条件下取病样组织置灭菌研磨中，再加入适量灭菌生理盐水研磨，这时应控制研磨时温度不可上升太高。取适量研磨好的组织液，在适温下营养肉汤中进行增菌；黏液、分泌物、渗出物等，用灭菌棉签取样后可直接进行增菌。增菌后在营养琼脂或选择性培养基划上线培养16～24h，有时可直接取病样在营养琼脂或选择性培养基划培养。然后挑取单个可疑菌落放入 5mL Suspensin 液，制成细菌悬液，用无菌注射器将菌液注入各生化反应微管。其中，枸橼酸利用 VP 反应和明胶反应微管，微管和管托全部注满菌液；精氨酸、赖氨酸、鸟氨酸和硫化氢反应，只注满微管的管托部分，然后用矿物油充满，其他仅注满微管。最后，将反应板放入蜂窝反应盒，37℃培养 16～24h，将反应结果计入反应报告单。每个参加反应的微管其颜色都会发生变化，每个微管的反应结果对应反应报告单上一个确定的数字，加上细胞色素氧化酶反应，共可得 21 个数字。得到的 21 个数字分成 7 组，每 3 个数为 1 组，每组数相加（未参加反应的微管的数值计为零），最后得到 1 个 7 位数识别码。根据这个 7 位数识别码，对照 API‑20E 系统编码手册或进行电脑查询，即可查出可疑病原菌（表 11‑2）。

表 11‑2　API‑20E 反应判定表

NO	试验	底物	反应/酶	结果	
				＋	－
1	OPNG	OPNG	半乳糖苷酶	无色	黄
2	ADH	精氨酸	水解	黄绿	红，橘红
3	LDC	赖氨酸	脱羧	黄绿	红，橘红
4	ODC	鸟氨酸	脱羧	黄绿	绿蓝
5	CIT	枸橼酸盐	利用	黄绿	绿蓝
6	H$_2$S	硫糖酸钠	产 H$_2$O	无色	黑色沉淀
7	URE	尿素	尿素酶	黄	红紫
8	TDA	苯丙氨酸	色氨酸脱氢酶	黄	红紫
9	IND	色氨酸	形成吲哚	黄绿（JAMES/立即）	红
10	VP	酸	产 Acetion	无色（VP1，2/5～10 分）	红
11	GEL	明胶	蛋白酶	黑粒	黑液

（续）

NO	试验	底物	反应/酶	结　果	
				＋	－
12	GLU	葡萄糖	产酸	蓝色	黄绿
13	MAN	甘露醇	产酸	蓝色	黄绿
14	INO	肌醇	产酸	蓝色	黄绿
15	SOR	山梨醇	产酸	蓝色	黄绿
16	RHA	鼠李糖	产酸	蓝色	黄绿
17	SAC	蔗糖	产酸	蓝色	黄绿
18	MEL	密二糖	产酸	蓝色	黄绿
19	AMY	淀粉	产酸	蓝色	黄绿
20	ARA	阿拉伯糖	产酸	蓝色	黄绿
21	OX	四甲基-P-萘酚 2 胺	细胞色素酶	无色（OX 条/5～10 分）	紫
22	$NO_3 - NO_2$	糖管	NO_2，N_2	黄（NIT1，2/10 分）红 红（Z）	无色
23	MOB	镜下，半固体	动力	无	有
24	MAC	麦凯培养基	生长	不生长	生长
25	OF	葡萄糖	发酵，氧化	绿	黄
26	CAT	任一阴性糖管	H_2O_2	无（H_2O_2/1）	有

API-20E 系统反应报告单见图 11-2。

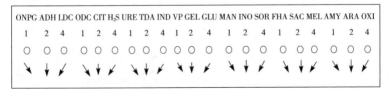

图 11-2　API-20E 系统反应报告单

例如，经实验得到以下结果（图 11-3）。这样被检菌的识别码为：5044553，通过对照 API-20E 系统编码手册或进行电脑查询，可知被检菌为 *Escherichia coli*。

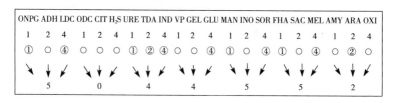

图 11-3　API-20E 系统反应结果报告单

API-20E 系统在日、欧、美等都有生产和销售，我国北京有代理商，另外也有类似产品。

在使用 API-20E 时，有时得到的识别码在 API-20E 手册中查不到，这是由于所检菌株为非典型株所致，可查阅 API-20E、手册的符合几率值和生化反应几率值，进行修正就可得到满意的结果。API-20E 系统有不同的版本，但原理和操作完全相同。不同的标本，其所测定菌的谱带宽窄不同。通常，能鉴别肠杆菌科 78 个种，其他科的 47 个种。其中，法国梅里埃的 3.2V 版本可鉴别 200 多种细菌。梅里埃 3.2V 版本对数据进行了数字处理，对每一个数据可能出现的识别码和所检菌的配制值作了处理，并对每一个微量管每种菌的反应可能性做了似然性计数，因而得到的数据更为准确。

1997 年，我们引进了法国梅里埃公司（Biomerieux）API-20E 系统，先后从进境的虾和鱼虾饲料中检出溶藻弧菌、副溶血弧菌和佛氏柠檬酸菌。从美国大盐湖的卤虫卵中，检出鳗弧菌。另外，API-20E 系统可和其他方法联用，如在饲料沙门氏菌、志贺氏菌检疫"规程"中，可用 API-20E 系统替代"规程"中的生化检定步骤，从而加快检疫速度。经使用观察，表明结果稳定，简便快捷，效果很好，尤其对设施简陋的实验室，API-20E 系统更为适用。

（4）Biology 细菌鉴定系统。这是一种专门用于细菌纯培养菌株的鉴定系统。该系统快捷高效，并具有较高的标准程度，因而具有十分广阔的应用前景，在国外得到广泛应用，并得到国际上的认可。该系统的原理是，将分离到的细菌纯培养物，在标准微量测试板上反应，根据不同组织碳代谢的差异和特性，通过分析得到菌株对 95 种不同碳源的代谢特征，经计算机自动与数据库已知菌比较，从而确定待检菌种的隶属。Biolog 细菌鉴定系统可把所检菌鉴别到种、亚种甚至病变株。Biolog 细菌鉴定系统每一环节皆为标准化操作，24h 可得结果，快捷、经济和准确。

Biolog 细菌鉴定系统于 1989 年研制成功并投放市场，1991 年获 "R&D100"。该系统简便、准确，重现性好，可鉴别 496 种 GN 菌，312 种 GP 菌，406 种 AN 菌（包括乳酸菌），267 种 YE，600 种霉菌，45 种放线菌，准确率达 95% 以上。2000 年 6 月后，其菌库又进行了扩充，新增加 600 种霉菌和其他丝状真菌。

Biolog 细菌鉴定系统根据细菌对 95 种碳源，包括对糖、醇、酸、酯、胺和大分子聚合物等的利用情况，来对被检菌种作出判定。它不同于以往的通过分析细菌代谢产物、血清学反应、酶学、细菌形态观察而进行鉴定的方法，它是利用单一的氧化—还原反应进行分析，提供一种统一的细菌鉴定方法。Biolog 系统加入了计算机数字分析处理，因而大大强化了其功能，更适合于大批量处理样品，同时，为细菌鉴定方法的统一和标准化提供了条件。Biolog 系统还可自动校验，从而保证结果的可靠性。

Biolog 的操作大体为：样品预培养，取得可疑菌纯培养，革兰氏染色，确定其革兰氏染色归属后，将细菌纯培养接种到对应的标准培养基上适温培养 12h，刮取平板菌落，用灭菌生理盐在限定的浊度范围内水制成一定浓度的菌悬液，用 8 道移液器将菌液接种到相应的鉴定板中，对照孔加入 $150\mu L$ 灭菌生理盐水。在 96 微孔板中加入 95 种碳源，再经脱水、干燥、加入显色剂（四唑紫，Tetrozolium Violet TV），孵化 4h 或过夜。如细菌利用其一碳发生代谢，则该孔的位置会产生紫色，某一种细菌会有特定的显色情况称为生物型，所有的生物型都储存于 Biolog 的菌种数据库中。一定波长条件下，通过微孔板续数仪（Reder），阅续显色情况，再通过计算机的 Microlog™ 数据库进行查询，便可知被检菌的种类。除了菌种鉴定外，Biolog 鉴定板还能提供菌种高分辨率的特性，显示不同种间代谢上的差异（表 11 - 3）。

表 11 - 3　革兰氏染色归属不同的待检菌使用对应的菌标准培养基和鉴定菌微板

GN	GN 菌标准培养基 TSA™（Tryptic Soy Agar）	GN 菌鉴定微板 GN MicroPlate™
GP	GP 菌标准培养基 BUGM™（Biolog Universal Growth Medium）	GP 菌鉴定微板 GP MicroPlate™

4. 细胞学方法　这种方法主要用来检测病毒。其方法是将病毒接种到特异的单层细胞上进行培养增殖，然后观察细胞的变化或制成电镜样本进行直接观察病毒。也可用荧光免疫学方法进行测定。

病毒（virus）是一类比细菌还要小，通常需借助电子显微镜才能看到的微生物。病毒粒子能通过一般的滤过器，含一种核酸——DNA 或 RNA。病毒无自身的酶系统，因而必须寄生在活体细胞内，方能进行繁殖，但病毒粒子的繁殖方法不是采取二分裂法，而是采取在宿主细胞内以自身的 DNA 或 RNA 为模板，利用宿主的酶系统进行复制的方式。因此，病毒粒子是严格意义上的寄生物。但这并不意味着，病毒粒子离开宿主细胞即失去活性。水生生物病毒通常都有较强的抗逆力，如 IPNV 在河水井水中，4℃条件下，10d 内具感染力；15℃ 时，可保持 5d；在 4～10℃ 的海水中，经 5～6 个月后仍具感染力；在泥浆中可存活 200 多天。因此，对水生动物的病毒病的治疗十分困难，再加上给药途径受到限制，所以在水生动物疾病的防治上，预防的作用和意义要比治疗显得更为重要。因此，水生动物病毒病的诊断及其病毒粒子的检测，同样具有重要的意义。目前，从鱼类检出的病毒粒子已有 50 多种，列为 13 个需向国际兽医组织（OIE）申报的水生生物疾病中有 8 种为病毒性疾病，列为 OIE16 个其他重要的水生生物疾病中病毒性疾病为 11 种。我国 1992 年公布的《中华人民共和国进境动物一、二类传染病、寄生虫名录》中列为二类传染病、寄生虫病 11 种，其中，病毒性疾病为 7 种，可见病毒性疾病在水生生物病害中的重要性。

近年来，一直困扰我国养虾的对虾杆状病毒，使我国的对虾养殖业遭受巨大损失，我国养殖对虾的产量因此下降近 90%。

鱼类组织细胞培养，是目前最经典且使用范围最广泛的病毒检测方法，而且它是许多方法的基础。这种方法较慢，通常需 3～20d 的时间。许多水生动物病毒无合适的培养细胞，因此，这种方法在水生动物病毒的检测中受到一定限制，目前它主要用于鱼类病毒的检测。

（1）预处理。利用鱼体组织进行细胞培养时，首先要对其进行预处理，用自来水冲洗干净，然后用无菌缓冲生理盐水（BSS）冲洗。取下所选组织，用 BSS 洗净后放到无菌的器皿中。鱼体内脏组织的获取，通常用消毒液对鱼体进行消毒后，进行解剖获取，然后用 BSS 洗净，置于无菌的器皿中。

（2）原代细胞培养。将所选组织在 BSS 中切成碎块。用 Hank's 平衡液冲洗两次，去除血块杂物。加 pH7.2～7.4 的 0.25% 胰蛋白酶溶液，于 15～20℃ 或 4～6℃ 的条件下消化。全部消化后，200g 离心 10min，收集细胞分装，进行培养。接种细胞密度，通常保持在 10 万～30 万个 mL 为好，太淡、太浓都不利于细胞的生长。

（3）继代细胞培养。首先弃掉培养瓶中的培养液，加入适量去钙镁磷酸缓冲液（PBS）冲洗细胞表面，以去剩余的培养液，弃掉 PBS，加 1mL Versene 胰蛋白酶溶液，不断摇动培养瓶，直到细胞层变白、破裂和脱落为止。慢慢将消化液倒出，再加入细胞培养液 10mL, 摇匀, 加入细胞培养液进一步稀释 (1:2、1:8) 于适当浓度下分装培养。一般在 28～48h 以内, 可形成单层细胞。

(4) 病毒分离样品处理。受检样品最好为濒死的或活鱼, 条件达不到时可进行冷藏, 最好不要冷冻, 这样可使有些病毒失活。

将拟检样品用 BSS 冲洗干净, 切成小块, 加入等体积 BSS, 捣碎匀浆。匀浆物转入离心管, 3 000r/min 离心 10～15min, 弃掉细胞及组织碎屑, 取上清液 1mL 加入 9mL BSS, 配成一定稀释度的病毒悬液。用 0.22μm 的滤膜进行过滤, 去除细菌和真菌。将滤液接种于单层细胞上孵化, 定时观察有否 CPE。当出现 CPE 时, 即可进行病毒的分离和鉴定。对不产生 CPE 的病毒, 则可利用电镜、PCR 等技术进行鉴定。

鱼病的诊断是一个复杂的过程, 要在实践中反复学习才能掌握。病原的分析, 要与病原的毒性、毒力、数量及外界环境等因素结合起来考虑。随着养殖业的发展, 养殖品种也趋多样化, 新的品种也带来了许多新的疾病。同时, 由于水体环境压力增大, 新的疾病也日益增多, 从前在粗放养殖模式中无害的生物, 在高密度养殖后却成了新的病原体。新技术也逐渐应用到鱼病的检测中, 所以, 每一个从事鱼病防治与研究的工作者, 都必须认真学习掌握新的技术, 不断更新自己, 多实践。

(二) 水生生物病害诊断新技术

1. 免疫学检测法

(1) 荧光抗体免疫技术。建立在免疫学、生物化学和显微镜技术上的一种生物检测技术。它是用经荧光色素标记的已知抗原/抗体, 和被检测抗体/抗原相互作用, 如反应为阳性, 则形成特异性结合物, 在荧光显微镜下发出荧光。

荧光抗体免疫技术的一般步骤为: 取待检病料制成涂片→滴加兔抗血清→避光静置→pH7.2, PBS 冲洗→荧光标记羊抗兔血清→PBS 冲洗，晾干→封片→荧光显微镜下检查→发出荧光为阳性。

（2）点滴免疫法。用已知的酶标抗体与待检抗原（病原体）相互作用，生成抗原—抗体—酶复合物，用染色剂染色，显色为阳性。

（3）酶联免疫吸附法。把抗原—抗体的特异性反应和酶的高效催化作用相结合而建立的。它通过化学方法将酶与抗原/抗体结合，形成酶标记物，或通过免疫方法使酶与抗酶抗体结合，形成酶抗体复合物。这些酶的标记物或复合物，仍保持免疫学活性和酶的活性，然后将它与相应的被检测抗体/抗原相互作用（病原体），形成酶标记的复合物。结合在免疫复合物上的酶，在遇到相应的底物时，使底物发生水解、氧-还等反应，而生成有色物质。如生成的物质为可溶，则可用肉眼或比色法定性或定量；如不溶且为电子致密物质，则可用光学显微镜或电子显微镜识别和定位。因此，免疫技术是一项定位、定性和定量的综合技术。

酶联免疫吸附法的一般步骤为：加抗血清与 96 孔板，过夜→PBS‐Tween 缓冲液冲洗 2 次，沥干→加待检材料上清液，静置 1h→PBS‐Tween 缓冲液冲洗 3 次→加酶标抗免疫球蛋白缓冲液，静置 1h→PBS‐Tweenm 缓冲液冲洗 3 次→加显色液→加终止液→测定 OD 值，判定结果。

2. 分子生物学检测法

（1）核酸探针。通常从纯化的病毒中提取 DNA，然后进行酶切组装到细胞器上，用光醇物标记，制成核酸探针，然后与待检样品进行杂交，从而对判定待检样与探针的亲疏进行判断。

（2）多聚酶二链反应（poivmerasee chain reaction，PCR）。PCR 是 20 世纪 80 年代美国 Centus 公司开发研制的一种体外快速扩增 DNA 的生物学新技术。PCR 不但反应快、简捷、省事和准确，而且灵敏度高，特异性强。应用 PCR 技术，仅用极微量的生物学材料，就可进行简便、快速的测定，获取大量的、特定的遗传物质及信息，进而对被检测生物材料的来源、种属、相互关系进行鉴定。目前，PCR 在生物学各研究领域得到广泛的应用，并建立了一些标准程序，尤其在水生生物病害的诊断上，PCR 技术应用十分普遍。在 OIE《水生动物疾病诊断手册》中，许多疾病都用 PCR 进行诊断。

PCR 技术是把被检测生物材料的 DNA 作为模板，以和模板正链和负链末端互补的两种寡聚核苷酸作为引物，经过模板 DNA 变性、模板—引物复性结合，在 DNA 聚合酶作用下，引物链不断聚合延伸，合成新的模板 DNA。模板 DNA 变性—引物结合—DNA 合成，构成一个 PCR 循环，每一循环的 DNA 产物经变性，成为下一个循环的模板 DNA。而 DNA 的合成以等比级数的速率递增，通常在 2h 内可扩增几百万倍的 DNA 片断，然后经过电泳、染色将之显示出。PCR 可扩增双链 DNA 和单链 DNA，并能以 RNA 为模板，进行反转录 PCR 以扩展 CDNA。通常 PCR 检测步骤为：待检材料预处理→选制引物→DNA 提取→PCR 扩增→检测仪，结果观察。

（3）随机扩增多态 DNA 技术（RAPD）。这是在 PCR 基础上发展起来的新技术。它是利用单个的随机合成的引物，对病毒或其他生物基因组的 DNA 进行 PCR 扩增。RAPD 简捷、灵敏和特异性强，在水生病毒尤其是虾病毒的检测上广为应用。

（三）水生生物病害的防治技术

1. 机械方法　这种方法较简单，主要是换水、冲刷、除淤、翻底和深埋，通常这些方法和物理方法——日晒配合使用，主要用于养殖用水、渔具和鱼池的处理。深埋一般只用于患严重传染性疾病的个体处理。

2. 物理方法　主要包括日晒、紫外线照射、高压加热、焚烧。紫外线照射用于养殖用水的消毒，剂量在 $125\sim200MJ/cm^2$；高压加热和焚烧，一般只用于种鱼、种卵和患严重传染性疾病的个体处理。

3. 化学方法 这是最为简便、快捷、经济并广泛使用的一种方法。它主要是使用化学药剂（表 11-4），通过使病原体的蛋白质发生凝固变性、细胞器溶解、破坏代谢机能、干扰或影响其细胞分裂，而控制或杀死病原体。

表 11-4 水生生物病害常用消毒药剂

药 剂	用 途	效 果
70%酒精	体表消毒和渔具消毒，杀灭病毒、细菌、小型寄生虫	对芽孢无作用，对 IPN、IHN 效果不明显
石炭酸	体表消毒和渔具消毒，杀灭病毒、细菌、小型寄生虫	对芽孢无作用
有机碘（CHI_3）	体表消毒和渔具消毒，杀灭 IPN、IHN 等病毒	渗透性、杀菌力强，对 IPN、IHN 效果明显
漂白粉	体表消毒和鱼池消毒，杀灭病毒、细菌、小型寄生虫	效果好，与有机氯浓度有关
生石灰	体表消毒和鱼池消毒，杀灭病毒、细菌、小型寄生虫	效果好
甲醛	体表消毒、渔具消毒和鱼池消毒，杀灭病毒、细菌、小型寄生虫	效果好
敌百虫	渔具消毒和鱼池消毒，杀灭寄生虫	杀灭寄生虫效果好
硫酸亚铁	体表消毒、渔具消毒和鱼池消毒，杀灭寄生虫	杀灭寄生虫效果好
硫酸铜	体表消毒、渔具消毒和鱼池消毒，杀灭寄生虫	杀灭寄生虫效果好
$Cu^{2+}+Fe^{2+}$	体表消毒、渔具消毒和鱼池消毒，杀灭寄生虫	杀灭寄生虫效果较 Cu^{2+}、Fe^{2+} 单用好
碳酸氢钠	体表消毒、渔具消毒和鱼池消毒，杀灭病毒、细菌、小型寄生虫	效果好
高锰酸钾	体表消毒、渔具消毒和鱼池消毒，杀灭病毒、细菌、小型寄生虫	效果好
盐	体表消毒和渔具消毒，杀灭病毒、细菌、小型寄生虫	效果一般

（续）

药剂	用　途	效　果
度米芬	体表消毒和渔具消毒，杀灭病毒、细菌	对 GP、IHN 效果好，对 IPN 不理想
新洁尔灭	体表消毒和渔具消毒，杀灭病毒、细菌	对 GP、IHN 效果好，对 IPN 不理想
磺胺类	内服药，治疗细菌性病	效果好
硫酸链霉素	内服药，治疗细菌性病	效果好
大蒜	内服药，治疗肠炎	效果好

消毒剂的使用效果除与消毒剂的浓度有关外，与使用的环境也有很大关系，如水温、pH、给药方法等有很大影响。消毒剂通常都对人体有一定伤害，使用时一定要注意安全。

二、水产动物防疫检疫的有关规定

（一）进口或引种的风险分析

输入水生生物和水生生物产品，为水生生物病害的传播和扩散提供了机会，使得水生生物病害对输入国构成一定程度的危险。风险分析的基本目的，就是为输入者提供一种有关输入水生生物、水生生物产品、遗传材料、饲料、生物制品和病理材料的客观的、可辩护的风险评估方法，从而为输入或拒绝输入提供科学依据。风险分析，包括风险评估、风险管理和风险交流三部分。风险分析，是对风险因素发生的机会及其产生危害程度的估算、评判；风险管理，是控制风险因素发生机会，减少其危害程度的一系列措施；风险交流，是风险因素信息、风险分析、评判结果的双边或多边交流，以增加相互理解并采取有效的管理措施。因为，进口危险性分析能提供更为客观、科学的，有关由于输入水生生物和水生生物产品而传播水生生物病害的潜在危险程度的分析，而且主管当局可据此对其结论中可能引起潜在风险的不同看法进行磋商，因此进口危险性评估优于零危险性方法。而且，这也是 WTO 有关规则的要求。进口国所作的这种分析必须要具有透明度，并要将决定以文件形式告知出口国，让输出国明确了解接受进口或拒绝进口的原因。

入世后，我国过去一直执行的零风险检疫政策将废止，取而代之的是执行 SPS 协议。根据 WTO 有关规则，WTO 成员不得无理由拒绝其他成员产品的输入，如若拒绝必须建立在科学的风险分析基础上，但 WTO 有关规则在要求各成员建立与国际标准、准则和建议相一致的措施的同时，允许各成员实施高于国际标准、准则和建议的 SPS 措施。但必须要有科学依据，或经风险性分析，说明所采取的措施是恰当的。要求对输入的动植物、动植物产品实施风险分析，同时采取降低风险的管理措施，将由于输入动植物及其产品传播风险性因素，降低到"可接受水平"。"可接受水平"其实是一个保护水平，这是目前国际贸易中运用最多而又最具隐蔽性的一种技术性贸易壁垒，已被许多国家特别是发达国家，广泛地运用到保护本国农业及其市场中。"可接受水平"定高了，风险分析的病虫害种类就多，不但条件难以达到，而且进行风险分析的时间也长，从时间上也起到了限制和禁止进口的作用。由此看来，风险分析在 WTO 成员内部，在保护本国渔业及其市场和病害防治上具有十分重要的意义。

风险分析有定性和定量两种：定性分析是根据以往的经验、实践和有关理论，作出判断，这种方法主观性较强；定量分析是对每个风险因数进行量化，建立科学合理的数学模型进行分析，从而对潜在危险发生的可能性作出评判，为主管当局决策提供科学依据。但风险分析方法不是唯一的。出口国兽医服务机构中，高级兽医官对国际贸易中所签发的兽医证书负有最终责任。

OIE 负责动物健康标准、指南及建议的制订和推广工作。

1. 进口风险性分析组成 进口风险性分析，包括下列三个组成部分：①风险评估，包括风险管理和风险信息交流；②主管当局评价；③国家区划。

2. 进口风险分析方法　目前，有关风险性分析的理论和方法尚处于发展完善阶段，相关的概念、理论、程序都缺乏统一性，SPS 协议也未有这方面的明确限定。因此，要求进行进口风险性分析的国家，可自行设计进行分析的方法。有的国家已建立了进口风险性分析方法，并在 OIE 的《科技观察》上发表，这些方法可供参考。

3. 结果分析　分析的结果应该是根据大量真实的文件资料进行分析后得出的，如果有必要，还应参考一些科学文献。提供给 OIE 的信息报告，应构成风险性分析中疫病发生情况资料的主要来源。风险分析应以公文形式提出，并以科学文献和其他原始材料为依据。向 OIE 报告的资料信息，是用于分析疾病发生的主要资料来源。

4. 双边磋商　当发生分歧时，双方可进行互访，收集其他有关的资料，解决突出问题。

5. 进口拒绝　在进口国拒绝一种商品进口或强制限制其进口的情况下，如出口国要求，则进口国要向出口国提供进口风险分析的结果和详细的分析程序，来为其决定进行辩护。

6. OIE 解决争端的内部规程　当贸易双方发生争端时，可申请 OIE 来帮助解决争端。OIE 应保持其现行的内部机制，以帮助成员国组织解决内部分歧问题。其所用的规程为：

（1）双方同意委托 OIE 帮助解决其分歧。并由有关国家的兽医行政机关或主管当局，向 OIE 提出申请。

（2）如 OIE 认为申请符合要求，则 OIE 局长将按照双方的要求，并经双方同意，推荐 1 名专家或专家组和 1 名主席。

（3）双方对基本条款和工作程序达成协议，并支付 OIE 的所有费用。

（4）授权专家或专家组对双方评估或磋商过程中提供的所有数据和资料，或附加资料、数据予以澄清。

（5）专家或专家组要向 OIE 局长呈递一份确证的报告，然后由 OIE 局长传递双方。

7. 风险分析指南

（1）不利事件概率评估。在进行进口风险评估时，必须考虑与之有关的一种甚至多种原因。进口国应详细阐述包括进口商品中病原体的传播，与以后病原体在水生生物和人群中的扩散和传播的有关情况。每一份详细说明都需要包括一系列因素，这些因素是用来确定某种风险的概率。这里阐述的这些准则中，所包含的因素可粗略地分为四个范畴：即国家因素、商品因素、扩散因素和风险降低因素。针对不同的商品和病原体，任何数量因素都可用来计算对进口国不利事件的概率。可用点估计或概率分布，来表明与每个因素相关的数值。

进口水生生物的单位数量，对风险评估有显著的影响。对要进口的水生生物必须全面地加以描述，而对水生生物产品还应说明其加工的时间、温度、pH 和贮存条件。

（2）国家因素。主要反映病原体在出口国水生生物种群中的流行情况。那里的水生生物种群代表进口水生生物的原始或亲代种群，该种群必须确定，因为它可能包括输出国所有养殖和/或野生水生动物，或那里的一些亚种群，亚种群包括特定水域或其他特定地理区域的水生生物。在没有定量数据的情况下，流行病的发生可以归结于那些应向 OIE 报告的疾病范畴所致，也可归结于那些已向 OIE 报告作为例外的偶发性的和高发病率的地方性的严重疾病范畴所致。疾病的归因，必须要有水生生物种群中疾病流行的科学数据为依据。

其他三种 OIE 指定疾病情形：疑有发生，但不确定；有血清学反应和/或分离到病原体，但无临床症状；疾病存在，但病发和分布不清，均属于例外的偶发性、地方性的或发病率高的范畴之中，但这取决于进口国主管机关，特别是有关监测体系的评价结果。

其他的国家因素包括：监视监督水平；疾病区划；养殖和野

生水生生物的接触程度。

（3）商品因素。某种商品进入进口国时，病原体在商品中出现或存活的概率参数。包括下列内容：水生生物的种类和年龄，饲养水源，出境前的水温和盐度，pH，处理的温度和持续时间，冷处理的温度及持续时间，其他加工程序，贮存温度及持续时间，运输温度及持续时间，添加剂及其他处理。

有关病原体分离和疫病传播的科学文献，应作为病原体存在及存活决定因素的参考依据。种的决定因素，要根据病原体寄主的情况进行评估。当文献不充足时，可通过针对性的科学研究进行补充。

（4）扩散因素。进口商品的利用和分布，对病原体在可感染寄主中的扩散和传染的概率有一定影响，而扩散因素则反映商品的利用和分布的参数。

一种特定商品扩散于动物和人群，并导致一种或多种动物感染的途径，决定于下列因素：病原的性质；所指商品的利用和分布；进口日程期限；病原体的第一、第二及中间寄主；商品的性质；疾病的传播方式；风俗习惯和养殖实践；有关水生生物健康的立法和执行情况；无用商品及污染物的处理。

（5）风险降低因素。用于降低病原体进入进口国，在水生动物和人群中扩散传播概率的参数。

为降低与某种商品进口有关的风险，应考虑采纳的措施包括：选择商品产地；限定目的地；运输前后检疫；高灵敏度检疫技术进行诊断；接种免疫；在特定的时间和温度下加工、熟制和贮存；处理，即在特定时间和温度条件下进行热处理才使用抗菌素和化学方法，经过灭菌过程等；限制进口数量和次数。

OIE法典叙述了具体降低某种疾病风险的方法。在选择了降低风险的方法后，如得不到关于某种病原体的存在、存活概率的资料，那么已证实成文的经验可作参考。

8. 结论　经分析不利于水生生物和人类健康，以及水生生态、生态系统和环境的结论，必须加以阐述和确定。这种不利影响对野生种群来说，会使水生环境和整个生态系产生微弱的一直到不可逆的变化。

9. 主管当局评价

（1）为了贯彻 OIE 法典，在与其他成员国进行水生生物、水生生物产品、遗传材料、生物制品和饲料贸易时，各成员国彼此应承认有权进行或要求对方进行主管当局评价。原始成员国实际上是或可能是水生生物、水生生物产品、遗传材料、生物制品和饲料的进口或出口国。主管当局评价，是为了确定或复审用于这种贸易的卫生或动物卫生措施，是风险评估过程的一个组成部分，也可作为风险评估的理由。所有评价都应按 OIE 指导准则进行。

（2）主管当局评价，要在成员国相互协商的基础上进行，有关的双方应就评价标准，所要求的资料和评价结果进行相互磋商。

一个成员国为另一成员国的主管当局进行评价时，必须以书面的形式通知对方，通知中应确定评价的目的和所要求的详细材料。评价标准的选择要适合有关国家的具体情况，评价标准要适合所涉及的贸易类型、各自国家的水生动物生产体系、双方水生动物健康以及其他所有和风险评估有关的因素。

当收到另一成员国提交的以主管当局进行评价的材料的正式要求时，遵照双边评价标准协定，一个成员国应立即向另一成员国提供准确而有意义的资料和数据。评价结果必须在收到有关资料 4 个月内，尽快以书面形式提交另一已承担评价的成员国。评价结果要详述任何影响贸易前途的调研结果，进行评价的成员国要详细澄清所要评价的各种因素。

（3）从事国际水生生物、水生生物产品、遗传材料、生物。制品和饲料贸易的成员国，应根据 OIE 指南的有关条款收集和保存本国最新的主管当局方面的情报资料。

成员国可要求 OIE 局长安排专家或专家组帮其主管当局自我评价。

10. 区划　为了出口水生生物或水生生物产品，评价一个国家水生生物疾病疫区时，过去的习惯做法是将整个国家作为疫区来考虑。由于通常遵循风险限制而不是风险评估的政策，如一种传染病在某一国家的某一地区发生，或怀疑其发生，则认为全国感染此病，尽管从水生生物健康的角度看，这样做并不总是必要的，而且这往往会导致国际贸易限制。在控制水生生物病害方面，气象和地理屏障比国界屏障的效用更大，而且诸如种群密度、水生动物迁徙和管理实践，在决定水生动物的国内国际分布方面有重要的意义。首先认识到各种疾病出现和分布的生物学，进而发展为区划概念在国际贸易中水生动物健康法规方面的应用。国际贸易中，区划原则的应用要求建立有关国际通用的标准和术语，诸如区域、法律权力、未发生某种传染病的时间、监管标准、缓冲带的利用、检疫过程及其他管理控制等方面。

（1）区划的一般要求。一个国家想通过建立区划系统来控制一种水生生物疾病，该疾病必须是应向卫生当局申报的疾病。

为疾病建立不同类型区域的要求随疾病而异，区域的大小、地点和范围，都决定于疾病及其扩散形式和在国内的位置。针对每种疾病的情况，要开发独立的区划条件。区划的范围和限制，由主管当局制定并通过国家法律强制执行。区域要根据自然形成的、人工的或法定的边界明确其边界，而且这种确定必须生效。

为了防止活水生生物传出边界，必须要进行长期监管，除非是来自一个水生生物健康条件相等或更好的区域。另外，还要控制水生生物的产品、遗传材料、生物制品、病理材料和饲料在区域内或区域间的流通。

希望建立区划系统的国家，必须要有一个有效的组织及下属机构控制水生生物的疾病，必须要有合适的行政机构提供法律和财政支持，适当支付不同要求的发展。

主管当局必须要有必要的资金供其支配，必须能对边境实施监管，保持临床和流行病学监测和进行必要的诊断实验。必须迅速向 OIE 报告疾病的暴发，并以公文的形式说明全国，或至少在不同的区域内，一个有效的疾病挖掘和监管系统在运行。

（2）区域类型。下列区域类型是公认的：

①非疫区：可在疾病流行的国家存在。在非疫区必须要了解所有水产养殖机构和野生水生生物种群的栖息地。如怀疑疾病暴发，主管当局必须立即进行调查。暴发性疾病，必须向 OIE 报告。必要的话，非疫区应与本国其他地区和邻近的感染国建立监管区与之隔离。从一个国家其他地区或从疫区向非疫区引进水生动物，必须要在主管当局的严密控制下进行。

非疫区不应从疫区和可能传入疾病的国家进口水生生物及其产品。

②监管区：范围必须限制到最小，并根据水文数据和疾病本身的情况，从地理的角度准确地加以限制。必须控制水生动物的迁移。监管区必须要有较高的疾病控制和监管水平。

疫区：如怀疑某种疾病暴发，必须立即进行调查。如确定，则消灭之。必须要建立向主管当局立即报告的制度。查清疾病蔓延扩散的可能性，随后必须进行充分的监管。因此，根据情况对区域边界进行调查是必要的。

从发生疾病的其他地区或国家引进易感水生生物到监管区，必须要在主管当局的严密控制下进行。未感染的水生生物，应通过适当的测试加以证实。

（3）疫区的确定。疫区是一个疾病正在流行的地区，可处于非疫国之中。监管区将疫区和非疫区隔开，必须严格控制易感水生动物从疫区迁移到非疫区。下列四种措施可供参考选择：

①活水生动物不能离开疫区。

②通过机械运输，将水生动物运送到监管区内的鱼类屠宰场，软体动物和虾加工设施，立即宰杀。

③在特殊情况下，活水生动物在主管当局适当的控制下，可进入监管区。对于致体表病的病原体，未感染的卵可引进监管区。在进入监管区之前，未感染的水生动物必须要以适当的测试确定。

④如流行病学条件不适合疾病的传播，活水生动物可离开疫区。

（4）非疫区的确定。非疫区得到承认的国家，必须要表明他们有一个可靠的疫病控制和监管体系户，表明他们承担义务向卫生当局报告病害情况，并且在水产养殖业中，有一个有效的疾病控制组织（通常对于野生水生生物种群是不可能的）。主管当局必须准确详细说明监管区的范围、边界控制的情况，并提供有关采取的额外措施的材料，包括水生动物迁移的控制等方面。

履行这些条款的国家，可书面向 OIE 呈报他们现在的进展情况，同时，要求收入有关 OIE 名录。

以上介绍了国际水生生物及其产品贸易风险分析的一般要求和方法，国内区域间的贸易或交流也可参考，制订相应的法规、条例和方法，控制疾病的流行和扩散。

（二）水生生物引种检疫的一般卫生要求

（1）引种的鱼类，必须来自没有需向 OIE 申报水生生物疾病（《中华人民共和国进境动物一、二类传染病、寄生虫名录》1992）中病害和其他严重病害发生的非疫区国家/地区/养殖场，或在输出国国家官方兽医机构有效监控之下，经检测连续三代以上无前述疾病的历史。引种的虾蟹、贝类、藻类，要提供证明引种区连续两年未发生严重病害的证明材料。

（2）引种单位/代理，应按有关规定到我国检验检疫机关/或其他政府管理部门办理有关进境许可。

（3）引种单位/代理，持上述文件和输出国/地区官方检疫证书，向入境口岸检验检疫机关申报。

（4）入境口岸检验检疫机关，根据引种单位/代理提供的材料，现场确认货证相符，并经现场临床观察无可疑病状的出具书面通知，调指定隔离场进行隔离检疫。

（5）出境前至少 3 个月未有不明死亡发生。

（6）通常隔离检疫期为 30d，鳖虾为 40d，藻类为 2～7d。根据情况可延长。

（7）隔离检疫期未发现可疑病状，室内检疫合格的出具书面通知，调养殖区养殖，并做好进一步的监管。

（三）隔离检疫场的条件

（1）通常的养殖条件及设备。各种设备、管道、渔具和衣物必须清洁，易于消毒。

（2）独立的水源、独立的排水、注水系统和废水处理系统。排水、注水系统要方便，不渗漏。水源水要具稳定的理化和生物状态，并符合我国《渔业用水标准》。使用海水水源的，要用过滤海水。

（3）隔离池必须不渗不漏无泥沙，或是可进行彻底无害化处理的地质。接触面必须光滑，不会使被检动物擦伤。

（4）隔离池表面必须耐腐，具抗通常渔用药物和消毒剂的腐蚀能力。

（5）隔离池要远离养殖区和生活区。

（6）要有废水接纳、处理池及相应的设备。隔离期间排出的水，必须便于进行无害化处理。处理后的水，必须要达到我国环保和渔业排水标准。

（7）隔离检疫场要有水生动物尸体焚烧，或相应的处理设施或措施。

（8）隔离检疫场要有完备的使用、消毒记录。

（9）隔离检疫场要有一定的饲料加工设备和确定的饲料来源、加工和使用记录。

（10）虾蟹类隔离检疫场，要有防止逃逸、掘穴的措施。

（11）隔离检疫场在检疫一种引进生物时，最少要有两个隔离池。发现可疑的，要立即单独隔离观察检测。

（四）隔离检疫的方法

（1）进行隔离检疫前，应对隔离池、渔具、渔网及其他设施设备进行彻底的无害化处理，可用 200～230mg/L 生石灰沿池喷洒，24h 后暴晒 2d。尔后，用清水冲洗干净，去除残留药液，即可使用。也可用 30mg/L（有效氯 25%～30%）的漂白粉或 30%福尔马林，进行清塘消毒处理。

（2）清洗后的隔离池，即可注入清水，接纳被检生物，进行隔离检疫。

（3）隔离检疫期间，每天早晚要测定两次溶氧、三氮、盐度（对高盐度水生生物）、pH 和水温。测定值必须符合其生长阈值，否则要立即换水。换出的水必须进行无害化处理，达到环保和渔业排水标准。

（4）发现不正常的个体，要立即单独隔离检测。对海藻类，其大型的附着动物要挑出，并根据其类属进行检疫，发现可疑病症的要进行相应的无害化处理。对小型的附着动物，如水溞可用 0.7mg/L，2/5 的晶体敌百虫（硫酸铜）—硫酸亚铁合剂，或 1.5～2.0mg/L 的晶体敌百虫进行杀灭处理 20～30min，尔后，将海藻移至其他池中进行隔离检疫。其附着的其他藻类必要时（其生物量大于引进种生物量 30%时）须摘除，不能摘除的，视其种类可销毁或退运。

三、水生动物营养与饲料技术

（一）水产动物的营养学原理

水产动物，必须从外界得到食物（饲料）才能生存。食物（饲料）在鱼虾体内，被分解成各种有用成分和被吸收利用的过程为营养。食物（饲料）中有用的成分，称为营养成分或称营养素。水产动物需要的营养素，除水分外，主要有蛋白质、脂肪、碳水化合物、维生素和矿物质等五大类。这五大类的营养素，在动物体内的生理功能主要有以下三个方面。

1. 供给能量 动物只有在不断消耗能量的情况下，才能维持生命。能量被用来维持体温，完成一些主要的功，如机械功（肌肉收缩、呼吸活动、游泳等），渗透功（体内物质运转）和化学功（合成及分解代谢）。

2. 构成机体 营养素是构成体质的原料，用以生长新组织，更新和修补旧组织。

3. 调节生理机能 动物体内各种化学反应，需要各种生物活性物质进行调节、控制和平衡，这些生物活性物质也要由食物（饲料）中的营养物质来提供。每种营养素都具有一定的生理功能，但不是所有的营养素都具有以上三个方面的功能。有的只有一种功能，有的同时具有二种或三种功能。一般说来，蛋白质主要用以构成动物体组织，脂肪和碳水化合物主要供给能量，维生素用以调节新陈代谢，矿物质则有的构成体组织，有的调节生理活动等。

应用动物营养学的原理，根据养殖对象的生物学特性，运用生态学、营养学原理来指导养殖生产。也就是说，为养殖对象营造一个良好的、有利于快速生长的生态环境，提供充足的全价（全营养）的饲料，使其在生长发育期间，最大限度地减少疾病的发生，使养成的食用商品鱼无污染，个体健康，肉质鲜嫩，营养丰富与天然鲜品相似。要实现这一目标，必须采用科学培养水质，科学培育优良苗种，合理放养密度，科学配置饲料配方，科学投喂饲料，科学饲养管理等一切措施。

（二）水产饲料的配制设计及加工工艺

1. 原料选择 选择饲料原料时，除考虑原料的价格因素外，更重要的是考虑原料的营养水平、原料的可消化利用率及原料质量的变异对配方质量的影响。

（1）蛋白源。鱼粉是水产饲料的主要动物蛋白源，现正努力寻求鱼粉替代物，以解决日益突出的鱼粉供需矛盾。

（2）磷源。磷是矿物元素中鱼类最需要的元素之一。饲料来源不同，其所含磷的生物利用率差异很大。鱼类对磷酸二氢盐（主要是磷酸二氢钙）的利用率最好，其他动物性蛋白质原料中（如鱼粉、肉骨粉）的磷利用效果也不是很好。有胃鱼可以利用鱼粉总磷量的 40％～75％，鲤等无胃鱼仅可利用 25％。鱼类对肉骨粉的蛋白消化率较高，但对肉骨粉中的钙、磷消化吸收差。因此，在配制水产饲料时，应满足有效磷的需要量，以有效降低饲料对水域环境磷的污染量。

（3）微量元素。水产动物生活需要适量的微量元素。无机微量元素易受 pH、脂类、蛋白质、纤维素、草酸、氧化物、维生素、磷酸盐、植酸盐及霉菌毒素等诸多因素的影响，利用率低。近年来发现，有机微量元素的效价一般高于无机微量元素，可减少微量元素在饲料中的添加量，减轻动物微量元素排泄对环境造成的污染。氨基酸微量元素螯合物对于促进鱼类生长，提高饲料转化效率和鱼的成活率，具有明显效果。

2. 饲料配制原则　估测氨基酸和磷的需要量，要考虑养殖对象的种类、饲养水平、环境条件、日粮的原料组成以及动物的反应等因素。配制水产饲料要依据"阶段营养"的原则，一般按照鱼苗、鱼种和成鱼三个阶段进行。

3. 饲料加工工艺及流程　水产饲料按饲料形态，可分为粉状饲料和颗粒状饲料（含碎粒料、颗粒料、膨化料、块状料等）；按其在水中状态，可分为沉性饲料、浮性饲料、半湿性饲料和慢沉性饲料，而以沉性饲料和浮性饲料较为常见；按喂养对象不同，可分为不同水产类饲料，常见的有鳗鱼饲料、甲鱼饲料、对虾饲料、"四大"家鱼饲料、优质珍稀鱼类饲料和观赏鱼饲料等；而每一类水产饲料按其生长期，又可分为幼苗时期饲料、成长期饲料和成品期饲料等。在设计水产饲料加工工艺时，要了解生产厂家的主要生产产品类型、饲料配方、生产能力、自动化程度要求高低、投资额的多少，同时，要熟悉主要产品喂养对象的摄食要求及摄食特性，设计多种方案，综合考虑，择优选用。在条件许可的情况下，应尽量采用先进完备的工艺流程、先进设备和自动化程度高的控制设备，以保证产品质量，尽可能减少能耗，降低生产成本。既要有针对性又要有一定的灵活性，即针对以生产某类或几类水产饲料为主，结合不同配方、不同原料和不同饲料形状要求，以及水产养殖存在的淡旺季特点。在设备选用时，应考虑各设备加工能力的匹配；对在加工过程中与蒸汽有接触的机器壳体，建议采用不锈钢制造，以提高其耐腐性，延长设备使用寿命。要考虑水产动物每次摄食量小，对原料粉碎和混合要求高，应在工艺安排中考虑微粉碎或超微粉碎工序。对水中稳定性有要求的水产饲料，如对虾饲料，要在工艺中安排调质、熟化和烘干工序，以保证饲料在水中稳定性，减少水质污染，提高饲料利用率。

水产饲料加工工艺流程，主要包括饲料原料接收、原料去杂除铁、粉碎或微粉碎、超微粉碎、配料、混合、输送和称重包装等工序，对颗粒状水产饲料，还包括制粒或膨化、熟化、烘干、冷却、筛分或破碎筛分等。粉碎是水产饲料加工中关键工序之一。对虾饲料宜采用微粉碎设备，鳗鱼饲料、甲鱼饲料生产工艺中要安排超微粉碎工序。对一次微粉碎不能全部达到粉碎要求的，还要匹配微粉分级或超微粉分级设备，使粉碎后经分级设备后不合格的粗粒再次粉碎。分级机要可调，以适合不同细度要求。饲料中某一原料成分含量越小，其细度要求越高，以便经混合后的饲料成分一致。混合也是水产饲料生产中关键工序之一。混合是否均匀，直接影响饲料质量稳定性。由于水产饲料原料粉碎后较细，并含有较多蛋白质和油脂，因此，在输送、储存待加工中容易引起结块。需制粒工序的，要选用适当的制粒机或膨化机。对水中稳定性要求较高的水产饲料，如对虾饲料，应选用带多层调质筒结构的制粒机，以便原料在制粒前有较多的加热加湿时间，增加淀粉糊化率，增强各微粒间黏合，进而提高水中稳定性。在原料中添加适当的黏合剂，也有助于提高饲料在水中的稳定性。制粒后的颗粒料含有较高的含水率，要经冷却、烘干。在烘干时，对饲料加热去湿，也有利于淀粉糊化，降低含水率，得到较坚实的饲料。再经筛分后可得到颗粒成品饲料，称重包装后可出厂。

（三）抗营养因子

鱼类饲料中可能会含有大量的抗营养因子和外源毒素。这些物质可能是饲料原料的组成部分，也可能是天然或人为的因素而产生的污染。当这些物质在饲料中达到一定的浓度时，会降低饲料效率或可能超过法律规定的限制。这就需要在选择原料和饲料加工贮存过程中，随时都有质量意识。

植物原料或鲜鱼制品中，天然存在的一些物质会影响鱼的生长。这些天然的抗营养因子，包括胰蛋白酶抑制因子、血细胞凝集素、植酸、棉酚、芥子酸、生物碱和硫胺素酶。

1. 胰蛋白酶抑制因子　生豆粕中含有胰蛋白酶抑制因子，这是一种结晶球蛋白，它可以和胰蛋白酶形成不可逆的复合物。加热处理可以使其失活，然而过度加热，会降低某些氨基酸的利用率，特别是赖氨酸。

2. 血细胞凝集素　除了胰蛋白酶抑制因子外，发现豆饼中还含有一种称为血细胞凝集素或植物凝集素的蛋白质，它在体外能引起各种动物红细胞的凝集。豆饼中的血细胞凝集素，在胃中可以被胃蛋白酶破坏失活，因此，对于有真胃的鱼来说不会引起任何严重的问题。

3. 植酸　豆粕和其他许多植物性饲料中的磷，大约70%以植酸的形式存在，鱼对其利用率极低。植酸是较强的螯合剂，能形成蛋白质—植酸复合物，从而降低蛋白质和锌、锰、铜、钼、钙、镁和碘等矿物质的生物利用率。

4. 棉酚　棉酚存在于棉花的色素腺中。不同种类的鱼对游离棉酚的耐受量也不同，但是过高的棉酚会抑制生长，并引起各种器官组织的破坏。

5. 芥子酸　芥子酸是菜子油的组成成分，可占菜子油的 20%～55%。饲料中添加含有芥子酸的菜子油，会对大鼠的心脏产生毒性，引起脂肪的积累和心肌纤维损伤。

6. 生物碱　吡咯双烷类生物碱，是存在于某些植物中的毒素，但并不是所有渔用饲料植物原料中都含有这种物质。某些含有生物碱植物和大豆或棉花共生，使大豆和棉籽饼受到污染而进入鱼饲料中。这些物质在肝脏中，被混合功能氧化酶代谢成为有毒的吡咯。饲料中吡咯双烷类生物碱的浓度达到 100mg/kg 时，就会严重地抑制虹鳟的生长并导致死亡；浓度为 2mg/kg 时，引起肝脏损伤，包括坏死、巨红细胞症、纤维组织损伤和肝动脉阻塞等。

7. 生鱼中的硫胺素酶　人们很早就知道，生鱼制品中含有破坏硫胺素的酶，大部分淡水鱼类都含有这种酶，而海水鱼类则不多。硫胺素只有和硫胺素酶接触一段时间后才会被破坏，因此，将鲜鱼肉和含有硫胺素的饲料分别投喂时，将不会引起硫胺素的缺乏。热处理或将鲜鱼贮存一段时间，会降低生鱼中硫胺素酶的活性。

（四）饲料中的外来污染物

在饲料原料或养殖环境中存在一些天然产生的物质，这些物质可能会影响鱼的生产性能。饲料原料会被真菌毒素污染，饲料脂肪被氧化，而且水中可能会产生一些藻类及其他海生毒物，以致影响养分的摄入或代谢。

1. 真菌毒素　在一定的温度和湿度条件下，许多真菌能在饲料原料或饲料中大量繁殖。它们能够产生一些有致癌作用、细胞毒性或神经毒性的真菌毒素。饲料受到黄曲霉菌污染而产生的黄曲霉毒素，是造成虹鳟肝脏肿瘤的主要原因。

2. 氧化酸败　不饱和脂肪酸的自动氧化能产生大量的化学物质，包括自由基、过氧化物、氢过氧化物、醛和酮。这些物质可能对鱼类产生毒性，也可能与饲料中的其他养分发生反应而降低其营养价值。饲料中含有酸败油脂的主要影响，在于过氧化分解的物质能和维生素 E 发生相互作用。

3. 重金属 金属元素既可以作为饲料养分，又可能是毒素。金属元素的潜在毒性不仅取决于它在饲料中的浓度，而且也与水中其他矿物质元素的浓度有关，如钙和镁等。饲料中的一些其他成分如植酸，可以降低金属元素的毒性，因为植酸可以和某些金属元素形成不可消化的有机复合物。饲料中添加金属螯合剂，如乙二胺四乙酸（EDTA），可以降低镉、铜、锌、铅和铝的毒性。

（五）水产动物日粮及影响因素

日粮，即指动物每天所食的饵料的重量（湿重）和动物本身体重的百分比的相对值（日食量指标）。目前，常用日粮表示摄食强度。其影响因素有：

1. 身体大小 越小型动物，日粮越大。如白鲢幼鱼 20%，成鱼 1%。

2. 饥饱程度 饥饱状态或肥满度低的动物，日粮高于肥饱者。

3. 单独或集群 同一种类在单独摄食和集群摄食时，日粮不同。螺类集群日粮降低，美洲鲇、金鱼、牟尔曼鲱的集群日粮大于单独摄食。

4. 食物的营养价值 食物的营养价值较高且发热量较大的，动物食之的日粮较低，如狗鱼（表 11 - 5）。

表 11 - 5 摄食不同食物的狗鱼的日粮

食物种类	鱼	钩虾	水蚯蚓	摇蚊幼虫
发热量（J）	4 345	3 534	3 172	2 296
日粮（%）	8.8	10.5	16.3	17.3

5. 嗜食性和可得性 嗜食的和可得的，自然是日粮较高。

6. 食物数量 摄食强度常随食物丰富程度而增高，但到饱和密度时不再增高而稳定。滤食性动物的食物，必须达到一定的临界浓度才能正常摄食生长。如浮游生物 3～5mg/L，鲢、鳙才吃得饱，生长迅速。一般 3mg/L 的食物，是很多滤食性动物的摄食起点浓度。

7. 其他因素 如水温、pH、光照和氧等，都影响摄食强度。

总之，水生动物的摄食强度通常表现有一定的节律性。如凶猛动物在一次大量摄食后，有一定时间的停食；经常摄食的动物常表现昼夜节律，如草、鲢、鳙白天摄食强度大于夜间，午夜大约有 4h 左右停食。水生动物摄食强度的季节节律较明显，温暖季节摄食强度较高。

（六）饲料投喂技术

在鱼、虾类养殖生产过程中，合理地选用优质饲料，采用科学的投饲技术，可保证鱼、虾体正常生长，降低生产成本，提高经济效益。如果饲料选用不当，投饲技术不合理，则浪费饲料，效益降低。当今，随着鱼、虾养殖科学技术的进步，新的养殖对象和新的养殖方式不断出现，如网箱养鱼、围栏养鱼、流水养鱼、工厂化养鱼和名、特、优水产动物的养殖等，新的养殖对象和精养高产方式不仅要求优质饲料，而且对投饲技术要求也高；池塘养鱼也要注意投饲技术，才能有效地提高池塘生产力。投饲技术包括确定投饲量、投饲次数、场所、时间以及投饲方法等内容。我国传统养鱼生产中提倡"四定"（即定质、定量、定时、定位）和"三看"（看天气、看水质、看鱼情）的投饲原则，是对投饲技术的高度概括。

1. 影响投饲率的因素 投饲率是指投放水体中的饲料占鱼体的百分数。投饲量是根据水体中载鱼量，在投饲率的基础上换算出来的具体数值，随着水体中载鱼量而变动。它受饲料的质量、鱼的种类、鱼体的大小和水温、溶氧量、水质等环境因子以及养殖技术等多种因素的影响。

（1）种类。不同种类的养殖鱼、虾类食性复杂，生活习性、生长能力以及最适生长所需的营养要求不同。另外，它们的争食能力、摄食量也不相同。如草鱼和团头鲂同属草食性鱼类，而草鱼摄食量大，争食力强；团头鲂则摄食量少，争食能力明显不如草鱼。在同一水温（15℃）条件下，50～100g 鲤鱼的投饲率为2.4%，而虹鳟则为 1.7%。

（2）体重。幼鱼阶段，新陈代谢旺盛，生长快，需要更多的营养，摄食量大；随着鱼体的生长，生长速度逐渐降低，所需的营养和食物就随之减少。所以，在养殖生产过程中，幼鱼比成鱼的投饲率要高，一般鱼类的体重与其饲料的消耗成负相关，如鲤饱食量与鱼体重之间的关系为：

$$\lg F = 0.948\ 8\lg W - 1.553\ 8$$

式中　F——摄食量；

　　　W——鱼体重。

如体重为 0.015g 的幼鲤，日摄食量可达体重的 54%；而体重 100g 的鲤，日摄食量只有体重的 5%。

（3）水温。鱼、虾类是变温水生动物，水温是影响鱼、虾类新陈代谢最主要的因素之一。对摄食量影响更大，一般在适温范围内随温度的升高而增加，如鲤（50～100g）的摄食率在 15℃ 时为 2.4%，20℃ 时为 3.4%，25℃ 时为 4.8%，30℃ 时为 6.8%。为满足鱼类营养的需要，应根据不同水温确定投饲率，在一年当中，各月水温不同，其投饲量的比例也有变化。

（4）溶氧。水中的溶氧，也是影响鱼、虾类新陈代谢的主要因素之一。水体中溶氧含量高，鱼、虾的摄食旺盛，消化率高，生长快，饲料利用率也高；水体中溶氧含量低，鱼、虾由于生理上的不适应，使摄食和消化率降低，并消耗较多的能量。因此生长缓慢，饲料效率低下。据苏联学者 B. 符拉索夫（1982）测定溶氧与鲤饲料消耗的关系（表 11-6）。

表 11 - 6　溶氧与鲤饲料消耗的关系

溶氧 O_2（mg/L）	1	2	3	4	5	6	7	8
摄食率（%）	0	3.0	4.5	5.4	6.1	6.5	6.8	7.0

从表 11 - 6 中可见，鱼类的摄食率随水体中的溶氧增加而增加。

另外，环境条件、饲料加工方法、饲料品质以及投饲方法等，均能影响饲料效率和投饲率。实践证明，个体和群体、单养和混养，鱼类的摄食能力也受到影响。一般说来，在群体和混养条件下，鱼类的摄食量都比较高。

2. 投饲量的确定

（1）鱼类投饲量的确定。正确的确定投饲量，合理投喂饲料，对提高鱼产量，降低生产成本有着重要意义。在生产上确定最适投饲量，常采用以下两种方法，即饲料全年分配法和投饲率表法。

①饲料全年分配法：就是根据养殖方式、所用饲料的营养价值以及生产实践经验相结合综合考虑的方法。其目的是为了做到有计划的生产，保证饲料能及时供应，根据鱼类生长的需要，规划好全年的投饲计划。首先，按池塘或网箱等不同养殖方式估算全年净产量，再确定所用饲料的饲料系数，估算出全年饲料总需要量；然后，根据季节、水温、水质与养殖对象的生长特点，逐月、逐旬甚至逐天的分配投饲量。

②投饲率表法：亦称日投饵率，指每天所投饲料量占养殖对象体重的百分数。投饲率表法是根据不同养殖对象，不同规格鱼类在不同水温条件下实验得出的最佳投饲率而制成的投饲率表，以此为主要根据，结合饲料质量及鱼类摄食状况，再按水体中实际载鱼量，来决定每天的投饲量。

我国对几种主要养殖鱼类，在不同养殖方式下的投饲率尚未完全形成。还需做一些基础的理论研究，才能研制出适合我国养殖生产方式的投饲率表。

另外，还可根据鱼类对饲料蛋白质需要量、对饲料的消化率以及饲料蛋白质含量，推算投饲率。其计算方法为：

$$投饲率 = \frac{鱼对蛋白质需要量[g/(d \cdot kg)]}{饲料中粗蛋白\% \times 粗蛋白消化率\%} \times 100\%$$

我国的池塘养鱼，几种主要养殖鱼类的总投饲率应掌握在 $3\%\sim6\%$ 为宜。当水温在 $15\sim20℃$ 时，可控制投饲率在 $1\%\sim20\%$；水温在 $20\sim25℃$ 时，可控制投饲率在 $3\%\sim4\%$；水温在 $25℃$ 以上时，可控制投饲率在 $4\%\sim6\%$。

每天的实际投饲量，主要根据季节、水色、天气和鱼类的吃食情况而定：①在不同季节，投饲量不同。冬季或早春气温低，鱼类摄食量少，要少投喂；在晴天无风气温升高时，可适量投喂，以不使鱼落膘；在刚开食时应避免大量投饲，防止鱼类摄食过量而死亡；清明以后，投饲量可逐渐增加，夏季水温升高，鱼类食欲增大，可大量投饵，并持续至 10 月上旬；10 月下旬以后，水温日渐下降，投饲量也应逐渐减少。②视水质状况而调整投饲量。水色过淡，可增加投饲量；水质变坏，应减少投饲量；水色为油绿色和酱红色时，可正常投饲；天气晴朗可多投饲，梅雨季节应少投饲，天气闷热无风或雾天应停止投饲。③根据鱼的吃食情况，适当调整投饲量。

（2）对虾投饲量的确定。对虾投饲量主要参考对虾摄食量来确定，日摄食量是指 1 尾对虾每天摄食饲料的克数。摄食量因对虾发育阶段而异，随体重而有变化，随着个体生长而逐渐增加，日摄食率（即对虾日摄食量与自身体重之百分比）则随对虾体重增加而下降。由于所投饲的饲料和质量不同，其日摄食量也不同。陈宗尧等（1987）以鲜蛤肉为例，提出下列公式，以计算不同大小的对虾的日摄食量：

$$日摄食量（鲜蛤肉，g） = 0.061\,32L^{1.562\,3}$$
$$或 = 0.630W^{0.511\,9}$$

式中　L——对虾体长（cm）；

　　　W——对虾体重（g）。

上式是中国对虾在良好水质条件下的实验数值，由于虾池水质条件不如自然海水，影响对虾的摄食量。因此，实际投饲量一般低于摄食量，其投饲量公式为：

$$日投饲量(g) = 0.06L^{1.5}$$

对配合饲料来说，日投饲量受配合饲料质量的影响很大。近年来，配合饲料的质量大大提高，饲料系数降至 2 以下，在此条件下，就不能机械地照搬该公式，可按数值的 $50\%\sim60\%$ 投饲。

四、水产养殖工程规划与设计

（一）普通养殖场建设

普通水产养殖场建设，主要工程与配套设施有：①水源和排灌系统；②养殖池；③附属建筑和设施；④养殖机械与动力配套。淡水养殖场与海水养殖场工程项目、设计与施工的原理和技术基本相同，只是水源不同。这里以淡水养殖场为例，介绍各项工程建设的基本要求与设计。

【总体规划与设计】

1. 场址选择

（1）水源。淡水水源主要有河流、湖泊、水库和地下水等。建设水产养殖场要靠近水源，水源充足，能满足养殖用水的需要。要对水源周围工业、农业、牧业及社会、人口情况进行调查，无工业、农业、牧业和生活污染，水源水质良好，符合渔业水质标准。

（2）地形、地貌。应选择地势平坦、供水方便和排水通畅的地方建场。对场址的地质、土质进行分析，要求地质坚固，保证建筑物的安全稳定；同时，要求土质为中性的壤土或沙壤土，建养殖池不渗漏，保水性和通气性好。

（3）水文、气象。对当地地面水、地下水的水量和水质进行分析；调查当地大小河流及其集水区面积、年降水量、雨季、台风和洪水情况，养殖场不应受到洪水侵袭。

（4）其他。建场要考虑交通条件、电力条件、原材料及产品购销、劳动力资源等社会经济条件。

2. 地形勘测与规划

（1）地形勘测。建设地点和范围确定后，要进行工程勘察。主要内容包括地形测量，要绘制 1/500 或 1/1 000 的地形图，供规划、设计和施工使用。对重要建筑物的选址，应根据需要确定钻探地点，以探明地层和地质构造。还应了解抗震设防裂度的要求及资料。

（2）规划。主要包括生产规模、发展远景和总体布局等。规划的一般原则是：①要以满足生产流程和使用功能为前提，充分考虑技术先进性和经济合理性；②合理使用土地，尽量扩大养殖水面，发挥生产效益；③合理安排电力线路和交通运输线路，要求路线短捷、畅通，尽量避免迂回交叉；④以绿色、环保、生态型养殖场为目标，合理进行绿化、美化，搞好环境保护和资源利用；⑤要考虑养殖场发展趋势和方向，留有扩建的余地。

3. 总体布局

（1）平面布置。①按照养殖工艺和生产流程，合理安排各建筑物、工程设施及道路的平面位置，要求布局紧凑；②按照建筑物的功能及相互关系，并考虑环境因素和卫生要求，将功能相近、联系紧密的安排在一起，进行功能分区，如产卵池、孵化车间和水的过滤设施相对集中，有利于节能和管理；③合理选择建筑物朝向和间距，生活区、办公区用房应尽量避免烟尘和噪音的干扰；④合理安排道路、供电线路，选定线路接入点、电杆、变电和配电室位置。

（2）竖向设计。①选择场地竖向布置方式，采用平坡式或台阶式方式，确定各建筑物及其设计标高；②拟定场地进、排水系统，合理设置注水渠道（管）、排水沟、防洪堤和其他工程设施，如提水站、水处理工程与设施等；③根据地形地势，选择适当的设计整平标高，尽量减少土石方工程量和基础工程量，设计整平地面，应力求与自然地形相近，各建筑物和整平标高，应等于或高于自然地形的平均标高；④按照设计整平标高，计算土石方工程量。初步估算，可利用地形高程图，用横断面近似计算法。对洼地和地形起伏较大的地段，可采用分块局部计算法。较精确的计算，可用方格网计算法。

【水源和排灌系统】

1. 水源与注水工程 以河水、湖水或水库水为水源，一般需要建提水站或引水渠。提水站的泵房应建在基础牢固地方，引水渠（包括蓄水池）水泵提水量应满足养殖用水的需要。引水和养殖池注水一般为明渠。以地下水为水源，引水和注水一般为暗管或明渠。下面以暗管为例，介绍工程设计要点。

（1）基本要求。一般采用水泥管，主管道长 4～5m，直径 500～700mm；分支管道直径 300～500mm。主干管路设计流速一般不超过 5m/s，坡降为 1/2 000～1/1 000。

（2）埋置深度。一般在冰冻线以下，否则，渠管下应铺粗沙 30～40cm。如果在冰冻层内，易断裂或发生变形而渗漏。

（3）检查井和闸门。较长的注水管路，中间应设检查井。检查井一般设在管道转弯处、分支处或管径改变处。管道直线段检查井的最大间距为 75m（管径＜700mm）、125m（管径＞700mm）。注水管路分支处设立闸门，闸门为圆形木制挡板，其直径与水泥管口径相同。

2. 排水工程 一般淡水养殖池排水难以做到自流排放，需要靠动力，用水泵将池水提至排水渠。所以，排水渠一般为土堤明渠。

（1）渠道坡降。排水干渠坡降一般为 1/4 000～1/2 000，支渠 1/2 000～1/1 000。

（2）流速和流量。根据养殖池最大（同时）排水量，设计排水渠断面和流速；一般流速不超过 2m/s。

（3）断面设计。明渠断面为等腰梯形。淡水养殖场一般排水渠道兼作蓄水和净化水用，所以，排水干渠应适当加大。

（4）渠道堤坡。排水渠道地面坡度一般为 1∶3 左右，可采用草皮护坡或水泥块石护坡。

【养殖土池塘】

1. 池塘形状 池形以长方形为宜，一短边与进、排水渠平行，另一边靠近注水渠（管道）和道路；长边尽量与养殖季节主要风向垂直。长宽比例一般为 4∶1～8∶1。功能相近池塘的宽度应尽量一致，以便于饲养管理、配备网具和拉网操作。

2. 池塘面积和深度 淡水鱼类养殖池面积以 3 000～10 000 m² 为宜；蓄水深度应达到 2.5m，不宜超过 4m。池底平坦，有倾斜，坡降一般为 1/100～1/200。

3. 池堤 一般为土堤，有条件可采用水泥或沥青堤面。为了方便饲养作业、车辆通行和机械化管理，池堤顶面宽度不应小于 8m。土质为沙壤土、壤土和黏土，适宜的堤面坡度分别为1∶4、1∶3～4 和 1∶2.5～3.5。采用石块或水泥板护坡时，堤面坡度可适当增大到 1∶2～2.5。

【附属工程】

水产养殖场建设，除水源和排灌系统、养殖池外，还应有生产、办公用房（包括化验室）等。综合性养殖场，还应包括苗种繁育设施、饲料加工车间和运输车辆等。

【养殖机械与电力配套】

1. 养殖机械 常用机械包括养殖池清挖机械、排灌机械、增氧机械和运输车辆等。

（1）清挖机械。养殖池清挖机械，一般采用农田水利和建筑工程通用的推土机、挖掘机和铲车等。清挖养殖池效果较好的，还有水利挖塘机组。该机组主要由供电系统（导线、控制箱）、冲泥系统（高压水泵、水枪、输水管等），输泥系统（泥浆泵、输泥管），浮体支架四部分组成。

（2）排灌机械。一般多采用普通水泵，有离心泵、轴流泵、混流泵和潜水泵。离心泵的特点是扬程高（一般总扬程在10m以上），但流量小，机身重，适用于泵站排灌；轴流泵的主要特点是流量大，扬程低，适用于提取地下水；混流泵兼有离心泵和轴流泵的特点；潜水泵的特点是重量轻，使用方便，适合移动作业。一般每 $2\sim3hm^2$ 养殖池配备1台（$2\sim3kW$）潜水泵。

（3）增氧机械。目前，水产养殖生产中使用的增氧机，主要有叶轮式、水车式、喷水式和空压射流式等。淡水养鱼池一般采用叶轮式增氧机，可按 $0.5hm^2$ 1台 $3.0kW$（电机）配备。养虾池一般采用水车式增氧机，按 $10kW/hm^2$ 配备。

2. 动力（电力）配套设施 主要包括变压器、输电线路和配电设备等。

（1）变压器。根据电压和用电负荷选用变压器，由于水产养殖生产季节性强，为了减少消耗，应选用两台或多台变压器。大容量变压器落地安装，四周设围栏，高度不低于1.7m，变压器底部距地面大于0.3m；小容量变压器可安装在室外电杆上。

（2）输电线路。高压输电线到达变压器，低压线路应到达每口池塘。输电线路一般设在道路旁，便于操作和检修，尽可能不跨越养殖池和建筑物。

（3）配电设施。养殖场应设立备用电源，根据关键设备的用电负荷配备发电机。每个养殖池应设配电箱（电闸、开关和漏电保护装置），也可两个养殖池共用1个配电箱。

（二）人工育苗设施

除亲体培育外，人工育苗设施包括供水系统、产卵池、孵化池（栖）、幼苗培育池和附属的饵料生物培养池等。

【供水系统】

包括蓄水池（水源）、过滤设施、水塔和供水管道等。

1. 蓄水池（水源）　一般人工育苗场，应有专门供孵化使用的蓄水池（水源）。孵化用水要求水质清新，无污染，无敌害生物，水温、pH 和盐度等指标适宜，符合孵化的要求；同时，水量要充足，能满足孵化用水的需要。

2. 过滤设施　贝类、虾蟹类人工育苗用水需要严格过滤。鱼类孵化用水虽不像贝类、虾蟹类育苗要求的那样严格，但一般也要经过滤后才能使用，以防野杂鱼、敌害生物（如桡足类）等进入。孵化用水通常采用砂石过滤或筛绢网过滤。砂石过滤方式，主要有砂滤池和砂滤罐。

（1）砂滤池。一般用钢筋混凝土砌成，池内分隔，根据过滤要求，分别填充不同颗粒的砂层。靠水的重力作用通过砂层，达到过滤的目的。

（2）砂滤罐。其主要部件有罐体和隔层支架（多层）、真空泵、进出水阀、排污阀和滤料。原理是利用真空压力过滤，即采用水泵在罐中抽（过滤后）水，罐内形成真空负压，使进入罐内水速度通过滤料层。在海水人工育苗中广泛使用。

3. 水塔　孵化要求有不间断的水流，而且进入孵化器的水要有一定的压力，保证流速以便冲起受精卵，所以，一般要采用水塔（或高位水池）。水塔（或高位水池）一般要高于孵化器3～4m，用砖石水泥砌成。从蓄水池提水，经过滤再进入水塔。为了保证不间断供水，提水水泵与水塔应安装自动开关，用水塔的水位来控制。

4. 供水管道　从水塔到孵化器一般用管道（铸铁或 PVC 材料）连接，放水和水量由阀门来控制。主管道一般较粗，直径20cm 左右。进入各孵化器的管道直径一般为 5～10cm，有阀门控制进水量和流速。

【亲体培育产卵池】

为提高产卵率和方便管理，一般用水泥池作为水产动物产卵池。根据产卵习性，可将产卵池设计成圆形或方形等。

1. 圆形产卵池

（1）面积、深度。面积一般为 50～80m² （直径为 8～10m），深度为 1.5～1.8m。池底为锅底形，坡降为 1/20～1/30。

（2）注排水。注水管直径 10cm 左右，设在池壁上缘，进水方向与池壁呈锐角。排水口设在池底中心，并有暗管（直径 20cm 左右）与集卵池连接。注水有一定压力，形成同心圆水流。

（3）集卵池。为方形或长方形，面积一般在 5～6m²，深度略深于产卵池。集卵池底设排水口，并用阀门（直径 20～25cm）调节和控制产卵池和集卵池的水位。集卵池内设浮动式网箱，并有袖网（或管道）与产卵池排水暗管连接。

（4）建筑要求。一般为钢筋混凝土结构，要求坚固、不渗漏，水流畅通、无死角；要求池底、池壁平整，表面光滑。为防止亲体磨伤，池底可用瓷砖铺设。建造产卵池和集卵池，要用沙石和水泥打好地基，地基深度应超过冰冻层，以防受冻发生断裂。注排水管和阀门可采用 PVC 材料，也可采用钢铁材料。

上述产卵池可供鲢、鳙、草鱼、青鱼等产漂流性卵鱼类产卵之用，也可用其他鱼类产卵。

2. 方形产卵池

（1）面积、深度。一般面积为 30～100m²，深度为 0.8～1.8m。池底有向排水口倾斜坡度，坡降为 1/20～1/30。方形池的池角通常为半圆形。

（2）注排水。注水管直径 8cm 左右，设在池壁上缘，进水方向与池壁呈锐角。排水口设在池底中心或池底一侧，有暗管（直径 15cm 左右）通向池外（排水沟），并有活结弯头和竖管连接，以控制池水水位。用于产浮性卵的产卵池，在池的上缘应设溢流口用于收卵。

（3）充气和加热。在池底可埋设充气管，可通过小孔向池水充气增氧。如果亲体培育和产卵时需要加温，可在池底部铺设加热管，通热气（或水）对池水进行加热。

（4）建筑要求。产卵池一般为钢筋混凝土结构，要求坚固、不渗漏，水流畅通、无死角；要求池底、池壁平整，表面光滑。为防止亲体磨伤，池底可用瓷砖铺设。产卵池建在室外，需要用沙石和水泥打好地基，地基深度应超过冰冻层，以防受冻发生断裂。注排水管和阀门可采用PVC材料，也可采用钢铁材料。

上述产卵池可用于在静水（或微流）中产卵的鱼类、贝类等，也可作为黏性鱼卵的孵化池和各种水产动物苗种培育池之用。

【孵化器】

由于水产动物种类不同，其受精卵性质、胚胎和早期幼苗发育不同，采取的孵化方式和孵化器也不尽相同。目前，水产动物孵化采用的孵化器，主要有孵化桶（缸）、孵化环道和孵化槽等。

1. 孵化桶（缸） 由桶身、筛绢网和网架、进水管和阀门、支架等组成。

（1）桶身。一般用玻璃钢、PVC、白铁板等材料制成。桶身上半部为圆柱形，直径80～150cm，高30～80cm；下半部为圆锥形，高40～50cm。

（2）筛绢网和网架。为梯形圆柱体与桶身连接；采用钢筋网架，筛绢网网目一般为1～2mm聚丙烯、铜丝和不锈钢丝材料。

（3）进水管和阀门。由桶身底部进水，在桶内形成垂直水流。排水在桶身顶部通过筛绢网溢出。进水管和阀门直径6～8cm，一般采用PVC材料。

（4）支架。可采用角钢，也可用砖石水泥砌成底座。

孵化桶适用于鲢、鳙、草鱼、青鱼、暗纹东方鲀、牙鲆等漂流性、浮性等受精卵的孵化。

2. 孵化环道（单环） 由环形池、筛绢网和支架、进排水等组成。

（1）环形池。用砖石水泥砌成，环形池外径一般为5～8m，内径4～7m，宽度为1m左右；外壁高0.8～1.0m，内壁高30～

40cm。环形池内是直径 4～6m、深与环形池一致的缓冲水池。

（2）筛绢网和支架。支架圆柱体，由钢筋制成。筛绢网支架坐落在环形池内缘的砖石水泥台（高 30～40cm）上。支架和筛绢网高度与环形池外壁一致。筛绢网为网目 1～2mm 的聚乙烯或聚酯材料。

（3）进排水。总进水管埋在池底由阀门控制，在环形池底有若干个鸭嘴形喷水管头，进水方向一致，在池内形成水平环形水流。排水口在缓冲水池底中心，由竖起的排水管控制水位。

孵化环道为较大型孵化器，适用于鲢、鳙、草鱼、青鱼等漂流性受精卵和鲤、鲫、团头鲂等黏性受精卵的孵化生产。

3. 孵化槽 由孵化槽、孵化盘和进排水组成。

（1）孵化槽。一般由玻璃缸和 PVC 材料制成，长 2～4m，宽 40cm，高 30cm。根据孵化盘宽度，分成若干隔，每隔有多层的支架。

（2）孵化盘。由细钢丝或塑料制成筛盘（孔径为 2～2.5mm），一般长、宽、高规格为 33cm×1.6cm×2.0cm。受精卵放于盘中孵化。

（3）进排水。由孵化槽一端进入，另一端排水，水流沿每个隔板自下而上流过每个孵化盘。

上述孵化槽适用于鲑鳟类、鲟鱼类等沉性受精卵的孵化。

【幼苗培育池】

淡水鱼苗可以在室内水泥池中培育，也可以放到室外土池塘中培育；海水鱼苗、贝类、和虾蟹类幼体，则应在水泥池中培育。室内培育鱼苗、贝类和虾蟹类幼体的水泥池结构，与上述介绍的方形产卵池基本相似。

【饵料生物培养池】

水产动物幼苗培育需要一系列生物饵料，有时需要专池培养。

1. 植物性饵料（单细胞藻类）培养池 通常为长方形、圆形等，一般用砖石水泥砌成，表面贴瓷砖；也有采用玻璃钢或PVC材料的水槽。培养池要求表面平整、光滑；光照充足，白天一般不低于 1 000lx。一级培养池面积 1～2m²，深度 40～50cm；二级培养池面积 8～15m²，深度 80～100cm。

2. 动物性饵料（轮虫）培养池 通常为长方形、正方形或圆形，一般用砖石水泥砌成，表面贴瓷砖；也有采用玻璃钢或PVC材料的水槽。培养池要求表面平整、光滑，光照≥500lx。轮虫培养池面积一般为 10～100m²，深度 1.0～1.5m。

（三）工厂化养殖设施

【养殖车间和养殖池】

1. 工厂化养殖车间（厂房） 与普通厂房建筑差不多，要求保温、隔热，温度基本恒定，光照适宜。

（1）墙体。采用空心砖或钢体材料，并设有门窗。

（2）房梁。采用钢材支架，为单跨、双跨或多跨结构，跨距为 9～18m；房顶为弧形或三角形。

（3）顶面。采用彩钢板、玻璃钢瓦和阳光板（深色）等，并设有泡沫的保温和隔热层（棚）；同时，设有天窗（采光和通气），一般用阳光板。

（4）室内照度。根据养殖种类需要设计，如鱼类养殖，晴天室内光照≤1 000lx。

2. 养殖池

（1）材料。砖混、混凝土、玻璃钢和工程塑料等。

（2）形状。圆形、正方形、长方形和八（六）角形等。

（3）面积。20～50m²，深度 1～1.5m。

（4）池底。向排水（污）口倾斜，坡度 0.3%～0.5%。可在池底布设充气暗管。

（5）注排水和排污。注水沿池周切入；排水在池底，排水口处有集污槽。

【水处理设施和机械】

1. 过滤设施

（1）砂滤。使用最普遍的是砂滤罐，其主要部件有罐体和隔层支架（多层）、真空泵、进出水阀、排污阀和滤料。原理是利用真空压力过滤，即采用水泵在罐中抽（过滤后）水，罐内形成真空负压，使进入罐内水迅速通过滤料层。在海水人工育苗中广泛使用。

（2）网（栅）滤。工厂化养殖中使用最普遍的是微滤机，其主要部件有圆筒形（鼓式）过滤网（不锈钢，两层网，可以更换）和真空水泵。它的工作原理是，圆筒形过滤器部分浸没在水中，水泵从鼓中间抽出过滤后的水，使鼓内形成负压；同时，鼓外过滤网转动，收集过滤下的颗粒物，并自动反冲。微滤机可连续工作，过滤效率高。

2. 生物净化设施

（1）淋水式生物过滤塔。以表面积大的小石子、沙子、沸石等作为基质，在基质上培养了大量的生物和微生物，如原生动物、附生藻类和好气性细菌等。污水通过基质时，由基质的过滤作用和生物群落的分解、吸收和转化作用，使污水净化。

（2）生物包。在生物过滤塔基础上，采用微生物纯化和培养技术，利用生物修复原理，对水体污染物分别进行处理。如利用细菌、真菌和放线菌等的氨化、硝化和反硝化作用，对水中氮化物进行处理。

3. 泡沫分离设施　污水通气后起泡沫，形成水—气—泡沫三相，溶解有机物分子在气泡表面形成薄膜；当气泡破裂后，易被清除。泡沫分离能分离溶液中的弱酸，而使溶液的 pH 略有上升。

4. 杀菌增氧设施

（1）紫外线和臭氧。利用紫外灯（线）发射紫外光，杀死水中各种细菌和微生物；臭氧发生器发出臭氧，利用臭氧的强氧化作用，杀死水中悬浮的微生物（包括病原菌和藻类）。

（2）增氧设备。主要有鼓风机、空气压缩机和制氧机等。目前，工厂化养殖使用最普遍的是罗氏鼓风机和空气压缩机。

（四）深水抗风浪网箱

大型深水抗风浪网箱的类型很多，主要有重力全浮式网箱、重力沉浮式网箱、碟形浮沉式网箱、圆柱体沉降网箱、方形组合网箱、浮绳式网箱和张力腿全潜网箱等，目前，使用最广泛、最具有代表性的是重力沉浮式网箱。下面以重力沉浮式网箱为例，介绍深水抗风浪网箱系统的设计与建造。

重力沉浮式网箱多为圆形，直径一般为 25～35m，周长为 80～110m；网箱深度 5～15m，可养鱼 200t。目前，最大网箱直径已达 90m，周长超过 280m。重力沉浮式网箱，主要由框架、箱体、固定系统、沉浮和气动设备以及配套设施组成。

【框架结构】

框架多采用高强度聚乙烯（HDPE）管材，这种材料具有良好的强度和韧性，具有较好的抗海水腐蚀性能及耐老化性能，使用寿命在 10 年以上，据称长达 50 年。网箱的框架，由底圈管、上圈管和支柱管组成。底圈管又称浮力管，是网箱的主要框架和浮力支撑，通常为管径 250mm 的 2～3 道，间距 0.4～0.5m，并有横板连接，构成了一个环形平台，人可在上面行走；上圈管又称扶手管，用于撑起网箱上缘，管径为 125mm；支柱管连接上下管圈，直径 125mm，高度为 1.0m 左右。

框架的装配采用专门设计的连接件，如接头管、三通管等，有时也采用焊接连接，以保证框架管的密封性。在使用中，向框架管注水或充气，使网箱下沉或上浮。

【养殖网箱】

常用的网衣材料，有聚乙烯（乙纶）、聚酰胺（尼龙）等，使用最多的是聚乙烯多股线编织的有结网片（小网目多采用无结网片）。由直径为 0.21mm 和 0.25mm 的单丝捻制而成，常用规格是 0.21/3/3（直径 0.21mm，3 根单丝为一股，共 3 股）。无论采用哪种材料都要刷涂料，进行防腐、防老化和防附着处理。有结网片，在使用前要经拉伸定型处理，以防在使用过程中结节松动和网目变形（多数出厂时已经过定型处理）。

网箱在水质的形状，为半截的倒锥体形（高 20～40m）；网箱底部是直径 15～20m 的平面，固定在钢管的圆框（重力圈）上，并有（副）缆绳与锚或砣连接。网衣的剪裁和拼接，已在前面做了介绍，这里不再重复。

【固定装置】

根据养殖地点的底质，采用锄式锚、混凝土预制块或打桩等固定方式；利用张力缓冲原理，用 3 根主缆绳三点固定于海底和 6 根副缆绳系在网箱的上下框，将整个网箱系统固定，可最大限度地减少风浪对网箱的冲击。主缆绳直径 4～6cm，长 40～60m；副缆绳直径 3～4cm，长 30m 左右。

【沉浮装置】

网箱的沉浮，是靠浮力管注入海水或充气来实现。为了保持网箱的平衡，框架管采用隔仓或半隔仓，采用双向进、排水，由自重感应阀门自动控制。网箱下沉时，上下阀门自动开启，水从下阀门双向进入，空气从上阀门排出；上浮时，由空气压缩机导入空气，上阀门自动关闭，空气压迫管中水体通过下阀门排出；当管中的水排尽后，下阀门也自动关闭。网箱整个上浮或下沉过程，由电脑和自重敏感元件控制，下潜时间可控制在 8～15min，上浮时间控制在 3～13min。

【动力、机械和配套设备】

深水抗风浪网箱养鱼，一般铺设海底电缆输电为动力，使用空气压缩机、自动投饵机、高压洗网机、自动卷网机和捕（吸）鱼机等机械。另外，还可设水下监视系统、溶氧和水温自动监测系统等，并配备活鱼处理和运输设备。

（五）海洋牧场工程

近年来，为了改变过度捕捞及环境污染造成的近海水产资源

日渐枯竭的现状，人们提出了建设海洋牧场的构想，即建设海洋
生物栖息、活动、增殖和放养的场所。目前，人工鱼礁是海洋牧
场建设的重要内容之一。人工鱼礁是人们在海中设置的构造物，
其目的是改善海洋环境，为海洋动、植物提供生长、发育和繁殖
等生息场所，达到保护、增殖和提高渔获量的目的。

【人工鱼礁的作用】

关于人工鱼礁集鱼的原理，目前还是一个有争议的问题。一
种理论认为，人工鱼礁使水流向上运动，形成上升流，把营养丰
富的海水带上来，吸引鱼群前来觅食；另一种理论认为，人工鱼
礁能产生阴影，许多鱼类喜欢阴影，故愿意游过来；还有一种理
论认为，人工鱼礁能给鱼儿提供躲避风浪和天敌的藏身之地，因
此它们喜欢来这里生活。实践证明，人工鱼礁具有以下几个功能
和作用：

（1）人工鱼礁能改善环境，鱼礁上会附着很多生物，从而引
诱来很多小鱼、小虾，形成一个饵料场。

（2）鱼礁会产生多种流态，上升流、线流和涡流等，从而改
善环境。

（3）鱼礁体内空间可保护幼鱼，从而使资源增殖。

（4）在禁渔区设置鱼礁，能真正起到禁捕作用。

鱼礁区不能拖网，也不能围网和刺网，只能用手钓，而手钓
产量有限。由于人工鱼礁对渔业资源保护和增殖的效能，因而为
各方所关注，投置鱼礁的国家越来越多。

但是，设置人工鱼礁的投资比较大，因为一个鱼礁区至少要
有 $4m^3$ 的礁体，鱼礁少了不起作用。再则，投礁地区的选择也
很重要，要避开泥质底和高低不平的海底。

【人工鱼礁的类型】

鱼礁的种类很多，按用途可分为诱集鱼礁、增殖鱼礁、产卵
礁、幼鱼保护礁和藻礁等。

按材料可分为钢筋混凝土鱼礁、钢制鱼礁、玻璃钢鱼礁、竹

制鱼礁、木制鱼礁、石块鱼礁和废弃物鱼礁等。

按设置位置可分为底置鱼礁、中层鱼礁和浮鱼礁等。

鱼礁投放海中后，形成新的生态环境，对水生生物的繁殖和成长起着重要作用。鱼礁的环境功能，体现在鱼礁内部以及周围区域的非生态环境和生态环境的变化。

【人工鱼礁的构造与设计】

1. 鱼类行为表现　按照鱼类的趋向习性，大致可将鱼类分为四类：

（1）趋触性鱼类。栖息于鱼礁孔隙中，由皮肤、侧线直接接触固体物，如石斑鱼、褐菖鲉等定栖性岩礁鱼类及六线鱼、蛸类等。

（2）近礁性鱼类。凭视觉、听觉感知鱼礁而趋近栖息，如潜伏海底的比目鱼类及鲷科鱼、平鲉、黑裙、三线矶鲈等趋礁鱼类。

（3）中上层鱼类。因鱼礁引起流态变化而趋集于鱼礁的上方，如鲕、鲐鲹、金枪鱼、沙丁鱼及头足类。

（4）埋栖型、潜掘型鱼类。以鱼体的大部分接触定型物体，需要强烈刺激的鱼类，如海鳗等。此外，礁区摄食、逃避敌害是鱼类的共有特性。根据上述鱼类的特（习）性，及海区鱼类组成状况，采取工程与生物相结合的建礁方法研制、投放礁体，以达到增殖、保护和合理利用资源的目的。

2. 人工鱼礁的结构　人工鱼礁类型的种类多种多样，结构差异大。根据不同海区的情况设置人工鱼礁，现已发展到在水深 $60\sim90\mathrm{m}$ 海域设置高 $30\sim40\mathrm{m}$、最大达 $70\mathrm{m}$ 的特大型鱼礁。鱼礁结构以中空形式为主，通常希望孔隙率越大越好，如用钢筋砼制作的鱼礁，其结构形式多为孔隙率很大的规则几何体，形状变化多样（图 11-4）。

（1）废弃物类型。用于鱼礁的废弃物材料，有废旧船、废轮胎、废汽车、废火车头、废车厢、废锅炉、废轮胎、废管道、废

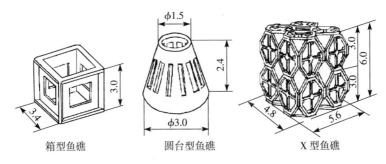

图 11-4 人工鱼礁（单位：m）

石油平台、废军舰和废货船。

（2）钢筋混凝土型。国内投放的鱼礁以钢筋砼制作的居多，辽宁省海洋渔业开发中心曾试验用粉煤灰代替部分水泥制作鱼礁，但由于礁体强度较低，耐久性差，未能推广，有待今后进一步研究。块石抛于海底可用作贝类礁或海参礁，造价比较便宜，但块石在海中浸泡后，其强度应不低于 $5\,000 \times 10^4\,Pa$。

（3）钢材人工鱼礁。它的优点是：①结构稳定性；②结构物具有适当阴阳、附着面积和内部空间，聚集鱼类效果好；③通过处理，防腐蚀性能高。

3. 鱼礁的设置

（1）增殖鱼礁。一般投放于浅海水域，主要放养海参、鲍鱼、扇贝和龙虾等海珍品，起到增殖作用。

（2）渔获鱼礁。一般建设于鱼类的洄游通道，主要诱集鱼类形成渔场，达到提高渔获效率的目的。

（3）游钓鱼礁。一般设置于滨海城市旅游区的沿岸水城，供休闲游钓活动之用。

（六）拦鱼工程与设施

【拦鱼设施的种类】

拦鱼设施按其所用材料构成，分有机械和电器的两大类。最常用的是机械式拦鱼设施，包括栏栅和栏网；电器拦鱼设施是电栅的电极形成电场，使鱼感电后发生防御性反应而改变游向，达到拦鱼目的的鱼种设施。有的拦鱼设施与捕鱼结合在一起，如网箔，实现拦捕结合，降低了成本，提高效率。

【网箔的结构】

网箔由栏网、兜网、须网和固定装置组成；设在航道上的栏网要有过船设施，在水库上游设网箔，还应有拦污网，以防漂浮物对网箔的冲击。

1. 栏网 又称主网或墙网，拦截水体横断面。一般在主网上还设有盖网和敷网，以防止鱼类逃逸。栏网一般为倒八字形，分左右两部分。倒八字的收口接兜网的门。栏网的结构、装配和铺设已在有关章节中介绍，这里不再重复。

2. 兜网 连接左右栏网的捕鱼设施，设有兜门，门内有须网。被拦截的鱼，通过兜门、须网进入兜网，成为"瓮中之鳖"。

3. 须网 在兜网内，为"喇叭"形，"喇叭"大口与兜门连接，"喇叭"开口于兜网内。

4. 固定装置 岸上的固定装置通常是埋的很深的水泥桩，将栏网的纲绳固定在水泥桩上。水下的固定装置一般采用铁锚、水泥墩（砣），敷网的固定采用铁链或石笼。

【网箔的设计要求】

1. 网箔设置地点的选定 设置网箔时，对拦鱼水体的水文、底质、地貌状况等进行调查，合理确定栏网、兜网的位置和方向。在确定网箔地点时，应注意以下几点：

（1）栏网设置地点的水流要平缓，最大水流不宜超过 0.7m/s。栏网应与水流方向垂直。

（2）栏网设置要远离水利工程，如溢洪道、闸门等。尽可能选择横断面较窄、水较浅的地方。水面上视野开阔，直线视距应在 100m 以上。

（3）栏网与岸边连接应紧密，便于固定。水底平坦，适宜铺设和固定敷网。

2. 栏网网衣和网目　栏网、兜网和须网的网衣，多采用聚乙烯多股线（0.25/3/3）编织的有结网；网目大小应根据被拦鱼体大小而定，一般不超过鱼体最大截面周长的1/2。水体栏网网目可因鱼设栏，也可因栏放鱼。栏网网衣高度视水体深度和水位波动而定，一般要留有余地。

网片先按设计尺寸和缩结系数剪裁，然后，按缩结系数将网片固定在网纲上。缩结系数是指网片装纲后，网目长度与网目拉直长度之比。装配网箱一般选择垂直缩结系数为0.8，水平缩结系数为0.6，网目保持菱形的自然状态。

3. 栏网纲和浮子、沉子　固定网片通常用直径0.3～0.5cm的聚乙烯绳，将网衣逐目与纲绳连接；网片与网片连接应有纵向纲。横向栏网纲一般采用直径4～5cm的聚乙烯绳索。浮子常用聚乙烯泡沫球，沉子常用铁链或石笼，浮子和沉子数量根据栏网的总浮力和总沉降力而定。一般过船处不装浮子，根据航道的宽窄设大的浮球，并设有红绿旗标志。

4. 兜网和须网　兜网形状一般为长方体，长50～150m，宽20～40m，高可根据水深设定，一般为5～10m。捕鱼时从兜网的尽端收鱼，为方便解系，常采用网线活络缝封口。兜网一般采用尼龙线编织的有结网，坚固、耐用，鱼体擦伤少；网目大小，根据捕捞鱼的规格确定。须网一般长20～30m，"喇叭"嘴直径0.3～0.5m。须网一般也采用尼龙线编织的有结网，网目一般为3～5cm。

第四节　渔业资源与捕捞技术

一、渔业资源评估

1. 资源量的估算　一般所说的资源量，是种群（或群体）资源量或种群（或群体）数量的简称，指的是种群的可捕捞部分，或称捕捞群体的数量，用尾数或重量表示。它包括补充部分和剩余部分，不包括补充以前的数量。因此，也有将种群资源称为经济资源、渔获资源和可捕资源的。要正确地测定种群数量尚有许多困难，在目前难以直接计数的情况下，只能用间接的方法推算。估算不仅要有完整的渔业统计资料或调查资料，而且要满足一定条件。一般来说，渔业生产的实际条件往往与这些条件相差较远。在这种情况下，估算的资源量正确性可能较差。

测定资源量的方法较多，大体上分两类。一类是用渔业统计资料进行概算；另一类是用调查资料进行概算。调查资料包括试捕调查、鱼卵仔鱼调查、声学仪器调查、标志放流调查和初级生产力调查等方面的资料。

2. 渔获量预报 资源状况的估计，即资源量的估算，是预报工作的一个重要环节，也是渔获量预报的基础，倘若资源状况一无所知，要进行渔获量预报是不可能的。但资源量估算不等于渔获量预报，前者不能代替后者。渔获量预报按预报要求，可分为渔获量趋势预报和渔获数量预报两大类。趋势预报是预报部门给生产指挥、渔业行政领导部门提出诸如"丰收"、"良好"、"一般偏好"、"一般"、"较差"等定性的渔获量预报。而渔获数量预报则是定量性的预报，即研究部门给生产指挥领导部门提出该年份或该鱼汛、或该渔业、或某鱼种的可望渔获量的预报。

渔获量预报按预报时间的长短，又可分为长期预报和短期预报。长期预报一般是指一年及最近几年的资源和可能渔获量预报，而短期预报则是在鱼汛前对当前一个鱼汛进行预报，也就是一般所说的对该鱼汛的鱼发时间、鱼发地点和鱼发数量等进行的鱼情预报。目前，国内外所采用的预报方法，大致可归纳为下面几种：

（1）统计分析法。这是根据历年捕捞的生产统计资料进行预报的方法。它通过把历年的生产统计资料中的数据用曲线形式描绘出来，就可以看到产量的历年变化趋势。这种趋势在某些种类往往表现着周期的波动，因此，只要环境因子的变化或船网数量变化不大的条件下，利用这种趋势来做长期性预测，是可望达到相当精确度的。这一方法要求有比较完整和可靠的生产统计资料，否则无法做统计分析。如从我国的黄海鲱和南海黄鳍马面鲀等资料，已初步可以看出其资源量变动的周期性，但目前人们并没有把握用统计分析法对此作出渔获量预报。

（2）相关分析法。该方法是根据自然环境因子或渔业统计资料，作为相关性预报指标，对照历年相对应的渔获量统计作相关分析，并建立预报性的回归方程（预报模型），据此预报方程对渔获量作出预报。这种预报方法在国内外的渔业实践中应用较多，在实际的工作中，应用这一方法进行的预报，往往在一定的时期内能取得较满意的效果。

（3）资源分析法。这是一种依据水产资源本身变化，来预报资源数量和渔获数量的方法，该预报方法在渔业实践中也应用较多。我国的刘传祯等（1981）采用平均每网每小时捕获的幼虾尾数做指标，以掌握世代的强弱，对渤海秋虾进行渔获量预报属资源分析法。还有，目前国内外采用较多的实际种群分析（VPA）法或股分析（世代分析）法，是对资源量和渔获物的估算和预报的有效方法，也应属资源分析法这一类。股分析或 VPA 法，可以推测出今后若干年，在一定的自然死亡率和一定捕捞死亡率作用下，可以从某一渔业资源群体中获得的渔获量及该资源群体的资源量。

（4）综合分析法。主要是以资源分析为基础，参照统计分析法和相关分析法进行综合分析预报。因此，应用这一方法所作出的预报，相对于前述三种方法来说是最为完善和可靠的。实际上在以往的预报工作中，人们一般很少只单独根据前述三种方法的某一种进行研究，发布预报，而在条件许可的条件下，还是最广泛应用多种方法进行综合分析。这与水产资源群体数量变动的复杂机制是相吻合的。

二、渔业环境保护

（一）渔业环境保护的意义

渔业水域是水生动植物生存和渔业可持续发展的基础，是渔民赖以生存的"土地"，是渔业生产的基本物质条件。水域污染直接损害渔业资源及其生态环境，破坏渔业生产，危及渔业可持续发展。作为渔业行政主管部门一定要引起高度重视，切实履行《水污染防治法》、《海洋环境保护法》等法律赋予的职责，以高度的责任心和使命感，加强渔业水域的环境保护工作，保障渔业生产者的合法权益，维护农村稳定和渔业经济的发展。

（二）渔业环境保护的措施

1. 全民海洋意识，树立全新的海洋观　我国领海享有主权和管辖权的海域面积超过 300 万 km^2，相当于我国陆地面积的 1/3，如果把这 300 万 km^2 的海洋国土的潜力充分挖掘出来，其财富是不可估量的。因此，每一个公民，特别是领导者，都应当增强海洋意识，树立起全新的海洋观。一是新的海洋自然观。海洋占地球 71%，随着科学技术的发展和进步，海洋越来越成为人类谋求可持续发展的资源宝库；同时，由于海洋处于地球最低处，生态环境不受破坏，显得尤为重要。我们必须从时间和空间的总体上去把握、认识海洋。二是新的海洋国土观。海洋国土是属于或置于一个沿海国家主权和管辖下的地域部分；是陆地国土（包括岛屿）向海洋的延续。海洋国土资源是国家国土资源的重要组成部分，这个意识必须牢固树立起来，真正做到"寸土必争"，"寸海不让"。三是新的海洋经济观。就是在时间上，不仅要看到当前的，还要看到长远的；在资源上，不仅要看到现实的，还要看到潜在的；在产业上，不仅要看到渔业产业化，更要看到海洋产业化；在效益上，不仅要看到直接经济效益，还要看到间接经济效益。

2. 依法加强环境保护和治理，提高海域生产力　海洋自然环境相对来说是比较和谐的，但不一定是生产力最高的环境。在发展海洋经济中，一方面，要按照可持续发展理论来保护海洋自然生态环境；另一方面，必须使海洋经济快速发展，各单位面积内生产出更多的财富。这就要求我们在认识自然的基础上，依靠科技进步，按照生态平衡的观点来保护、改造和利用自然。使海区从低级产出的生态平衡转化到高级产出的生态平衡。要实现这个目的，必须切实抓好四点：第一，把保护海洋生态作为一项战略任务来抓。保护海洋环境就是保护人类自己，这是海洋经济可持续发展的明智选择。加强环境保护，必须同经济建设、城乡建设统一规划，统筹考虑，真正做到"三同步"，实现经济效益、社会效益和环境效益"三统一"。同时，加大舆论宣传力度，增强全民环境保护意识，在全民中形成海洋发展"既要满足当代人的需要，又要有利于后人的生存和发展"的共识。第二，标本兼治，重在治本。特别是应当加强对海上各类作业船只排放废油等污染物的控改各沿岸、码头，修造船厂的污染治理。这是治本的重要措施，要加大投入，控制污染源。沿海在工业发展上，对污染重、耗能高、用淡水多的项目，应坚决控制。对生产、生活垃圾的处理，要搞好规划，定点堆放，及时清运，综合治理，防止大量垃圾入海。第三，完善有关法规，依法加强管理。我国现行的海洋法律法规中，尚无规范的海洋开发、海洋资源保护和海洋环境保护等方面的管理法规。这就使当前海洋开发过程中产生了开发无序、利用无度的状况，出现了海洋资源损害、自然景观破坏、局部环境污染和整体效益不高等现象。对此，应加大立法力度，真正做到有法可依，执法必严。特别是对宝贵的海洋资源，要坚持保护为主、保护与开发结合，做到合理有序，有计划地进行，不能搞破坏性、掠夺性开发。第四，建立减灾防灾体系。主要是依靠科技建立起生物防御体系、天气预报体系、赤潮和暴风潮抢险救灾体系。

3. 强化生态渔业研究，建立区域海洋生态渔业模式 海洋生态渔业是在较高层次生态平衡的基础上，达到获取最大财富目的的生产方式。这就要求强化海洋生态渔业研究，从单一生物品种的研究，转向区域生态系统内各种生物非生物之间相互影响的研究，建立最佳区域性生态型立体渔业模式。如在海水养殖的实践中，首先要优化结构，即要考虑海域合理规划和品种布局，在养殖方式上要加大浮梗间距，减少养殖密度，可以搞贝藻兼养、套养、轮养等。考虑上中下水层的综合利用及动植物的结构互补关系。在海水上中下层可分别实行藻类、贝类、海珍品养殖，上层藻类释放氧气供给中层贝类，并为底层海珍品提供饵料，中层贝类排放的二氧化碳和排泄物又可供养上层的藻类，各养殖品种的代谢物在生长过程中相互利用，组成一个完整的"食物链"。这样有利于提高复养指数，净化海水水质。在现阶段，应当特别重视在海底大量增殖或保护各种海藻，营造"海底森林"。就是采取海底投石、裙带菜半人工采苗、海带育苗和保护海底藻类资源等新技术，在岛礁周围潮间带、潮下带造成海底藻类的"森林长廊"。这样，一是可以直接为鱼类、海胆、鲍鱼、海参等动物提供充足饵料；二是由于风浪作用，海藻以碎屑形式进入生态系统，成为贝类等滤食性动物的主要食物来源；三是海藻栖息地方能形成包括垂直层在内的三维环境，适于多种生物栖息。稠密的"海底森林"能抗风浪，使水域形成一个平静的水域环境，成为许多生物的"避难所"和"安乐窝"。山东省长岛县近年来大力营造"海底森林"，收到明显成效，凡是藻类丛生的海区，经济贝类、各种海珍品的产量和质量都明显好于其他海区。

4. 健全领导体系，形成发展生态渔业的合力 发展生态渔业，关键在领导。各级领导都应从可持续发展的战略高度来认识这项工作，齐抓共管，整体推进。一是建立领导机构。特别是沿海地区，都要成立由党政一把手挂帅的领导小组，并组成专门工作机构，加强对发展生态渔业的统一组织、协调和指导。要研究制订长远目标和规划，并层层落实责任，实行严格奖惩，一级抓一级，一级对一级负责。二是完善发展机制。要把发展生态渔业同深化改革、扩大开放有机结合起来，靠灵活的机制，推动生态渔业不断上台阶。特别要进一步深化渔村改革，建立新的经营机制，充分调动各个层次、各个方面的积极性，做到国家、集体、个人一齐上，形成立体化、全方位开发海洋的新格局。要扩大对外开放，进一步拓宽国际国内两个市场，靠销售的拉动，在更大的领域开发海洋，促进生态渔业不断向纵深发展。三是进一步加大投入。发展生态渔业，投资大，风险大，效益高。国家应当建立专项基金，专门支持生态渔业的发展。各金融部门要积极为发展生态渔业输入资金，提供保障。同时采取多种有效形式，多渠道筹集社会资金，用于发展生态渔业。四是强化舆论宣传。发展生态渔业，是一项功在当今、利在千秋的社会系统工程。各级新闻宣传部门、舆论单位要大力宣传发展生态渔业的重大意义，真正做到家喻户晓，人人皆知。要开辟专栏，宣传有关知识，表彰先进典型，形成浓厚的舆论氛围，使发展生态渔业真正顺民心、合民意，变成每一个人的自觉行动。

（三）保护区的设计及原则

【指导思想和原则】

1. 指导思想　以保护区内自然环境和自然资源为对象，贯彻"全面规划，积极保护，科学管理，永续利用"的自然保护工作方针。坚持以保护湿地生态环境和水禽鸟类为中心，严格核心区的保护，最大限度地减少人为活动对鸟类的干扰和生态环境的破坏；充分利用保护区的生物多样性和生态完整性，大力开展科学研究、科普教育；在保护、恢复、发展生物资源和不降低环境质量的前提下，适当开展经营利用和生态旅游，达到社会、经济、环境协调发展，实现人与自然和谐共存。

2. 原则

（1）从实际出发，高标准起步，突出科学性、超前性和可操作性。

（2）规划要本着精简节约，讲求实效，结合实际，逐步提高的原则，积极采用先进技术；着眼未来，充分考虑与国际接轨。

（3）坚持保护第一、持续发展的原则，遵循自然规律，认识自然、改善和利用自然相结合，力求自然资源的永续利用，最大限度地发挥保护区的社会、生态和经济利益。

（4）因地制宜，合理规划，维护渔业水域生态系统的完整性和连续性，最大限度地使各种保护对象得到有效保护。

（5）规划与当地及周边地区社会经济发展规划及行业发展规划相结合，帮助当地群众脱贫致富。

（6）保护与开发结合，经营与利用结合，在强化保护管理、不破坏自然环境及生态系统的条件下，在实验区划出一定区域，建设必要的项目和设施，开展科学研究、生态旅游和多种经营。

【总体目标】

根据国家对自然保护区开发、建设的各项方针、政策、法律和法规，结合渔业自然保护区的性质、自然资源、社会经济状况和地理环境等，确定渔业自然保护区建设发展的总目标是：

（1）保护好渔业水域生态环境，保持渔业水域本来面貌，为水生生物生存、栖息提供理想场所。

（2）保护好珍稀濒危经济鱼类，使它们能在人工保护下正常地生存、繁衍，不受侵害。

（3）保护好区内自然资源，保持物种多样性，促进自然生态平衡。

（4）正确处理好当前与长远、局部与整体利益，妥善处理好渔业保护区与社区群众的关系，以及渔业自然保护区与当地经济建设、群众生产、生活的关系，使渔业水域自然保护区能在获得最佳生态效益的前提下，获得一定的经济效益和最好的社会效益。

【渔业保护区功能区划】

1. 区划原则

（1）全面总结以往区划成功的经验和做法，改进区划不足之处，达到区划科学、合理。

（2）把保护放在首位的原则，在实行全面保护的基础上要突出重点，所有的区划都是为了更好地保护保护对象。核心区是保护的重点，实验区、缓冲区都必须服从服务于核心区。

（3）从实际出发的原则，根据保护区内的生物资源、自然环境、功能和地形地物，进行合理区划，尽可能地保持生态系统完整性，保护对象有适宜的生长、栖息环境和条件。

（4）以自然区划为主、人工区划为辅的原则，尽量利用自然地形地物作为各功能区的界线，局部可结合行政、权属界线作为功能区的界线，达到封闭独立。

（5）有利于保护管理的原则，各项措施的实施，各项活动的组织与控制，要有利于保护区多功能、多效益的发挥。

2. 区划依据 根据《中华人民共和国自然保护区条例》、《自然保护区工程总体设计标准》等有关规定，结合渔业自然保护区建设的性质、保护对象，以及保护区内自然环境、自然资源分布状况、重要程度，在坚持以保护自然环境和自然资源，拯救濒危珍稀鱼类、贝类和一些种类的甲壳动物，积极开展科学研究，普及科学知识为主，适当开展经营利用和生态旅游的前提下，通过实地考察分析论证，按照保护功能的要求，对渔业自然保护区进行功能区划。

3. 功能分区 渔业保护区可以进行核心保护区和周边保护区的划分。在核心区，除不允许偷捕、乱捕、电鱼、炸鱼和过度开采渔业资源以外，还应还对渔业水域的水位进行严格的管理和控制，严禁竭泽而渔和放置定置网等非法的渔业生产活动。

【总体布局】

在渔业区域划分上，为了便于保护和管理，做到重点突出，目标明确，充分发挥各功能区的作用。将渔业保护区分成三个管理区域，即重点保护区域、一般保护区域和联合保护区域。

1. 重点保护区域　范围包括核心区和缓冲区，以保护和拯救珍稀濒危水生生物资源和水域生态环境，保持其自然状态。核心区实行严格保护，只供观测研究，不设置和从事任何影响或干扰生态环境的设施与活动。核心区的主要作用是，保护区内的自然资源和自然环境，保持其生态系统和物种不受人为干扰，在自然状态下演替和繁衍，保证核心区的完整和安全。

2. 一般保护区域　范围严格控制在实验区内，要限制人为活动，加以合理保护，积极发展，以促进和改善自然环境，合理利用自然、人文资源，发展经济为目的。在本区可开展培育经济资源、综合利用、生态旅游和科普宣传教育等活动，以增强保护区经济实力和改善工作、生活条件。

3. 联合保护区域　范围为分割现渔业保护区各湖泊的间隔地带，这些地带规划将来划为保护区，在没有划入前，实行联合保护。联合保护区域要控制人为活动，在不影响鱼类和其他水生生物及其栖息环境的前提下，可有计划地开展一些不破坏渔业水域环境的生产经营活动，以解决社区群众的实际生活问题。

【保护管理规划】

1. 保护的原则和目标

（1）原则。

①全面保护原则：对区内的整个自然环境资源、生物资源和人文景观，实行全面的保护。

②分区施策原则：核心区作为严格保护区，均保持其自然状态，禁止一切人为干扰；实验区可进行多种经营，但必须以不破坏自然环境、不影响资源保护为前提。

（2）目标。最大限度地保护渔业生态系统完整和保护区内的动植物资源，保护包括人类在内的生态系统的平衡与和谐，防止水域的减少、植被的破坏和生物种群的减少，探索合理利用自然资源的途径，促进生物圈进入良性循环与自然演替，达到人与自然的共生、和谐。

2. 保护措施

（1）恢复和扩大渔业水域面积，将渔业保护区现在的分割状连为一体，明确边界，便于管理和执法。

（2）强化核心区管理，解决渔业水域人为干扰活动频繁。

（3）组织强有力的保护队伍。成立渔业自然保护区公安分局，负责保护和执法任务。

（4）对专业保护管理人员实行责任承包制。按不同的保护管理面积、资源状况、维护难易程度定任务、定奖罚，把保护管理的各项任务分解落实责任到人。

（5）健全完善保护区管理局与各保护站点和周边地区群众保护组织及各保护管理机构、组织之间的协调联络。

（6）制订和完善自然保护区管理细则。按不同功能区和不同保护对象，制订不同的保护管理和开发利用的具体办法，落实以责任制为中心的各项管理制度。

三、捕捞新技术

随着社会经济和科学技术快速发展，近些年内，捕捞技术有了很快发展，不断涌现出各种新型的捕捞技术和器具，增加了捕捞的科技含量，同时大大提高了捕捞效率。如声学、光电学技术在水产捕捞业上的应用，利用声音探测水中鱼类的位置、数量，设置灯光诱捕装置和光电控制装置，从而提高捕捞器具的自动化程度，降低劳动强度，提高捕捞效率，减少捕捞成本。下面就以广东湛江胜浪海洋捕捞研究所研究设计的几种新型捕捞器具为例，做简要介绍：

1. 海底自动投网捕（鱼）机　主要由机体、自动平衡脚架、浮球投放装置、袋形网具、诱鱼装置、投料装置、重力置换装置、遥控系统和监控系统组成。投网捕鱼机专门捕捞珊瑚礁海区底层的各类鱼种。有机械作业自动化程度高，捕捞能力强、作业成本低，机械投放作业不会对海洋生态环境构成破坏等优点。

2. 海底自动龙虾捕笼　主要由两个宽大入口的笼体、光电控制装置、电动桥板、电动防逃闸门和腥诱装置组成。捕笼投放作业时，在腥诱装置的作用下，龙虾被吸引前来觅食。笼体两个入口的设置，解决了多个龙虾同时进入笼体的需要，宽大的入口设计解决了龙虾前刺须难以进入笼体的难题。当龙虾进入桥板时，光电控制装置开始运作，导通桥板和防逃闸门的电机，桥板向上翻动，防逃闸门打开，强制拨动龙虾进入笼体，从而达到捕捉龙虾的目的。有捕捞能力强，防逃功能完美，笼体投放作业不会对海洋生态环境构成破坏等优点。

3. 海底自动笼捕（鱼）机　主要由机体、自动平衡脚架、电动捕鱼闸门、电动防逃闸门、诱鱼装置、投料装置、增大流速装置、重力置换装置、遥控系统和监控系统组成。笼捕渔机专门捕捞珊瑚礁海区底层的各类鱼种，具有机械作业自动化程度高、捕捞能力强、作业成本低、机械投放作业不会对海洋生态环境构成破坏等优点。

4. 金枪鱼自动钓捕机　由多个可折叠单元的钓捕浮台、自动传送钓捕浮球的钓捕渔机、沙丁鱼声压传送器、喷水系统、发电机、动物血浆库和散血控制装置组成。钓捕浮台设置拼装机构，便于渔船装载运输。它具有诱捕能力强，捕捞效率高，自动化程度高，劳动强度低，能耗低，操作安全等特点。新技术金枪鱼钓捕机的应用，可更有效地发展远洋捕捞事业，大大地提高了捕捞量，降低了捕捞成本，可为捕捞企业带来无穷的财富。

5. 海底自动钓捕鱼机　由机架、机体自动平衡脚架、8组独立运行钓臂（每组钓臂有 10 个钓捕浮球）、重力置换装置、机体浮箱和诱鱼装置组成。机体具有伸缩折叠功能，便于渔船携带运输。海底自动钓捕鱼机每次投放作业可钓捕 80 条大鱼，每天可多次投放作业。因机械处于海底独立作业，人力无法扶助，所以要求机械全部动作要自动完成，机械的自动化程度高。钓捕鱼机为吸引更多鱼前来觅食，提高钓捕效率，机体设置了腥诱装置，钓捕浮球为吸引鱼类索饵还设置了受伤鱼仿真动作，机械的诱鱼能力及钓捕能力极强。新技术钓捕鱼机的应用，将可开发海洋底层渔业资源，开发捕捞一直未被人们开发利用的大体量鱼种资源。

第五节　水产品质量感官检测技术

水产品加工制品，是指水产生物经过精细加工去头、去骨、去皮、去壳和去内脏等工序，或直接脱水干制、熟制、盐渍、熏制、糖制、醉、糟和发酵等工艺，或经过罐装、软包装及定型产品等。制成淡干、咸干、熟干及鱼糜制品，如鱼片、鱼段、鱼米、去头虾、虾段、虾仁、虾球、虾米、虾皮、蟹肉、蟹螯足、蟹足棒、贝肉、扇贝柱、干贝、海蜇、蛰皮、蛰头、海参、鲍鱼、鲨鱼翅、鱼子、虾子、蟹子、鱼丸、鱼饼、鱼卷、鱼糕、鱼肠、鱼松、鱼糜、鱼干、虾干和贝干等。

感官检查的内容包括味变、酸败、受潮、霉变、寄生虫及有害物质，有无虫害、杂质、异物等。

1. 咸干水产品的卫生评价　原料应为鲜鱼、鲜虾、活贝、活蟹或次鲜鱼，不得混有毒鱼和变质水产品。盐渍中氯化钠含量在 9.6％以上，且不含盐沙雷氏菌。不得有干酪蝇及鲣甲虫。

水产品经腌制、烘烤、曝晒后，蛋白质已凝固，性状已不同于鲜鱼，不能搬用鲜鱼质量检验的各项指标，去检验咸干品的质量。一般情况下，对咸干水产品应侧重检验以下几方面：

（1）盐腌。鱼体有无光泽和清洁度，鱼体大小，鱼肉肥满程度和坚实度，鱼体有无伤痕及腹部情况，肌纤维是否清晰以及鳞片状况等。检验卤液是否混浊、发红，有无腐败臭味。

（2）干制。鱼体色泽气味、鱼体大小、切割形式、外形完整度、有无裂纹、含盐量、有无异物和杂质等。对含油脂多的咸干鱼，检验有无外干内潮的"龟裂"现象。应注意肌肉深部的检查。虾干和半干的盐烤虾：应注意检验头胸节与腹节的连接程度。如头胸节脱落的较多或触之易脱落，说明加工前质量就较差。检验肉质是否黏糊或有异臭味，如有此现象，说明加工前或加工后已变质。

（3）咸蟹。应注意检验螯足内的肌肉，因盐分渗入螯足较难，含盐量较低而易变质。

2. 咸干水产品的卫生评价

（1）优质咸干鱼。外观体表光亮、坚实，眼球呈乳白色、微黄，鳞片呈浅灰黄色，肌肉呈纤维状，肌肉切面洁净，有咸干鱼香，无异味或臭味。

（2）变质咸干鱼。鱼体色灰暗，无光泽，污秽、松软或破碎不整，眼球发红或破碎，肌肉切面湿润呈泥糊状，发黏，用手指揉搓即成面团状，有异味或恶臭味。

（3）优质虾干。外观干燥洁净，虾体完整，色泽橘黄明亮，虾肉坚实，具有鲜香虾味，无氨味或异味。

（4）变质虾干。表面潮黏，色灰白或黄褐，无光泽，虾皮松软有霉味，或氨味，刺臭味。

对于不同的水产品，我国均有相应的国家食品卫生标准。但随着我国加入 WTO，人民生活水平的不断提高，检测手段的加强，这些标准有的已不能适应现在社会的要求，已存在修改的可能和必要。在当前对不同的要求，要使用相应的标准。现将现有的国家水产品卫生标准整理如下：

①中华人民共和国国家标准 GB 2733—1994：海水鱼卫生标准（表11-7），代替 GB 2733—2734—1981，GB 2737—2738—1981（1994—03—18 批准 1994—09—01 实施）。

本标准适用于黄鱼、带鱼、鲳鱼、鳓、鳗、鲚、黄姑鱼、鲐、铁甲鱼、鲅、鲱等。其他海水鱼可参照本标准执行。本标准不适用于海水软骨鱼。

表 11 - 7　海水鱼卫生标准的感官指标

部位	感　官　指　标
体表	鳞片完整或较完整，不宜脱落，体表黏液透明无异臭，具有故有光泽
鱼鳃	鳃丝较清晰，色鲜红或暗红，黏液不混浊，无异臭味
眼睛	眼球饱满，角膜透明或稍有混浊
肌肉	组织有弹性，切面有光泽，肌纤维清晰

②中华人民共和国国家标准 GB 2735—1994：头足类海产品卫生标准（表 11 - 8），代替 GB 2735—1981（1994 - 01 - 24 批准，1994 - 08 - 01 实施）。本标准适用于以墨鱼、蛸、鱿鱼等头足类海产品。

表 11 - 8　头足类海产品卫生标准的感官指标

部位	感　官　指　标
体表	背部及腹部呈青白色或微红色，鱿鱼可呈紫色
肌肉	去皮后，肌肉呈白色，鱿鱼允许呈微红色
气味	具有固有气味或海水气味，无异味

③中华人民共和国国家标准 GB 2736—1994 代替 GB 2736—1981（1994 - 01 - 24 批准，1994 - 08 - 01 实施）：淡水鱼卫生标准（表 11 - 9），本标准适用于青鱼、草鱼、鲢、鲤、鲫、鲇、鳊等淡水鱼。

表 11 - 9　淡水鱼卫生标准的感官指标

部位	感　官　指　标
体表	有光泽，鳞片较完整，不易脱落，黏液无混浊，肌肉组织紧密有弹性
鱼鳃	鳃丝清晰，色鲜红或暗红，无异臭味
眼睛	眼球饱满，角膜透明或稍有混浊
肛门	紧缩或稍有突出

④中华人民共和国国家标准 GB 2743—1994 代替 GB 2743—1981（1994 - 01 - 24 批准，1994 - 08 - 01）：海蟹卫生标准（表 11 - 10），本标准适用于梭子蟹、日本蟹、锯缘蟹以及在身体结构上与上述蟹类相似的海蟹，不适用于盐腌制品。

表 11 - 10　海蟹卫生标准的感官指标

部位	感官指标
气味	具有海蟹的固有气味，无任何气味
体表	纹理清晰，有光泽，脐上部无胃印
步足	步足与躯体联系紧密，提起蟹体时步足不松弛下垂
鳃	鳃丝清晰，白色或微褐色
蟹黄	蟹黄凝固不流动
肌肉	肌肉纹理清晰，有弹性，不易剥离

⑤中华人民共和国国家标准 GB 2740—1994 代替 GB 2740—1981（1994 - 01 - 24 批准，1994 - 08 - 01 实施）：河虾卫生标准，本标准适用于人工养殖或野生的河虾。

感官标准：虾体具有各种河虾固有的色泽，外壳清晰透明，虾体与虾头连接不易脱落，尾节有伸屈性，肉质致密无异臭味。

⑥中华人民共和国国家标准 GB 2741—1994 代替 GB 2741—1981（1994 - 01 - 24 批准，1994 - 08 - 01 实施）：海虾卫生标准（表 11 - 11），本标准适用于对虾、海白虾、虾蛄、鹰爪虾等海虾，不适用盐腌、干制品。

表 11 - 11　海虾卫生标准的感官指标

部位	感官指标
体表	虾体完整，体表纹理清晰、有光泽
肢节	头胸甲与体节连接紧密，允许稍松弛；壳允许有轻微红色或黑色
眼球	眼球饱满突出，允许稍微缩
肌肉	肌肉纹理清晰，呈白玉色，有弹性，不易脱落
气味	具有海虾固有气味，无任何异味

⑦中华人民共和国国家标准 GB 2744—1994 代替 GB 2744—1981，GB 2745—1981（1996 - 06 - 19 批准，1996 - 09 - 01 实施）：海水贝类卫生标准（表 11 - 12），本标准规定了海水贝类的卫生要求和检验方法。本标准适用于扇贝、贻贝、杂色蛤、文蛤、缢蛏等贝类，不适用于毛蚶类。

表 11 - 12　海水贝类卫生标准的感官指标

部位	感　官　指　标
外壳	完整呈固有形态、色泽，平时微张开，受惊闭合
气味	具有固有气味，无异臭味
肌肉	斧足与触角伸缩灵活，肌肉组织致密有弹性，呈固有色泽

◆【本章习题】

1. 渔业科技成果和技术引进与推广，应考虑哪些风险因素？

2. 什么是系统误差？随机误差？

3. 试验设计应遵循哪些原则？

4. 常用的试验设计有哪几种？

5. 项目可行性分析论证的内容有哪些方面？

6. 什么是生物技术？有哪些优点？

7. 转基因的步骤有哪些？

8. 基因工程在水产上的应用有哪些具体方面？

9. 水生生物病害检测的一般方法有哪些？

10. 水生生物病害诊断新技术有哪些？

11. 水生生物病害防治技术有哪些？

12. 选择饲料原料应考虑哪些影响因素？

13. 饲料中天然抗营养因子有哪些？

14. 什么是日粮？其影响因素是什么？

15. 什么是投饲率？影响投饲率的因素有哪些？

16. 普通水产养殖场建设主要工程与配套设施有哪些？

17. 人工育苗设施包括哪些内容？

18. 工厂化养殖都有哪些设施？

19. 人工鱼礁有哪些类型？有哪些作用？

20. 拦鱼设施有哪些种类？网箔的结构及设计要求有哪些？

21. 渔业资源评估的常用方法有哪些？

22. 渔业环境保护的措施有哪些？

23. 保护区设计的原则和总体目标是什么？

24. 捕捞新技术有哪些优点？

第十二章　技术咨询培训

第一节　水产推广演讲技能

一、演讲稿的撰写

撰写演讲稿，是演讲成功的条件之一。应注意做好以下工作：

1. 确定好主题　主题就是演讲所要论证分析的主要问题，面对不同推广对象，所做的演讲应选择好合适的主题，满足听众对象的需求。

2. 选择好材料　演讲主题要靠材料来说明、论证。指导员演讲材料的选择，应注意以下几点：

（1）基于真实性。演讲使用的材料必须有事实根据，而且应该是经过反复证明结论是正确的。

（2）强化针对性。选择的材料要紧紧围绕主题，有利于主题的论证和说明。

（3）突出典型性。选择的材料要有代表性，能有力地揭示事物本质，使人信服。

（4）强调吸引性。材料要生动，能反映听众身边的事和人，以吸引听众。

3. 安排好结构　正确表达主题演讲稿的结构，就是围绕已确立的主题，把选好的材料有机地组织起来，使主题得到最好的表达。常见的结构方法有议论和叙述两类。议论式结构方法有排列法、总分法、深入法和对比法；叙述式演讲稿的结构有时间法、空间法、因果法和问题法等。

4. 注意语言修辞　写好一篇演讲稿，在语言词汇应用上应该注意以下两点：

（1）逻辑性。要恰当、准确、巧妙地选择词语，不任意夸大，不自相矛盾。

（2）技巧性。根据不同的场所、不同对象，选用恰当的词语，会收到良好的效果。

5. 演讲的开头与结尾

（1）演讲的开头。演讲是一个吸引人、鼓舞人、说服人的语言活动过程。一个好的开头，对整个演讲的成功至关重要。演讲者或者听众沟通情感，产生心理共鸣，或者提出问题，吸引听众，让听众的思想随演讲者调动，或者阐明宗旨，引起下文。总体来讲，演讲者应因时、因地、因人而异，开好演讲的头。

（2）演讲的结尾。俗话说"头难起，尾难落"。好的结尾比开头更精彩，使演讲在高潮中结束。演讲的结尾可依以下几种方式进行：a. 揭示主题，加深认识，即用简要的语言，对主题进行概括与升华；b. 收拢全篇，统一完整，使结论自圆其说；c. 激励听众，树立信心；d. 发人深省，耐人寻味，让听众在实践中去探索、证实。

二、演讲的临场发挥

为了演讲时发挥得好，收到好的效果，应掌握以下技巧：

1. 保持沉着自信　指导员首要树立信心，沉着冷静、自然大方地面对观众，避免怯场。要做到这一点，必须对推广技术精益求精，对推广内容和推广程序熟练掌握。即使出现忘词，也能即兴发挥，及时补救，不要冷场。

2. 把握听众心理　不同的听众，听演讲的目的或需要有所不同，或好奇，或想学知识，或想了解信息。演讲者应认真分析听众的心理，选择适当内容，灵活采取演讲方式，做到有的放矢。

3. 正确运用声调 演讲者在整个演讲过程中，随着内容的变化，在声调方面要注意音量和节奏的相应调整，做到抑扬顿挫，引人入胜。

4. 掌握神态表情 要运用好眼神，注视听众，使眼神与思想感情变化相一致；应注意面部表情给人以灵敏、鲜明、真诚的感觉；演讲时也必须灵活运用手势，表达情感和内容等。

5. 注意整体形象 演讲者应注意仪表和举止礼仪，使人赏心悦目，以赢得听众的尊敬，调动听众的情绪。

第二节 水产专业技术培训教材、教案的编写

教材就是人们按照一定教学目标，遵循相应的教学规律组织起来并发展着的科学理论和技术的知识系统。教材主要包括教科书、教学参考资料、阅读资料、活动指导书、教学音像资料和教学图表等。编写水产专业技术培训教材和教案，一定要围绕教学目标和教学目的，根据水产专业发展和行业发展需要，以及培训对象的特点来进行，要做到有的放矢。同时，也要了解教材和教案的属性和特征。

一、教材的基本属性

1. 工具性 教材是帮助教师施教，学生学习，并最终促进学生发展的有效工具。

2. 系统性 教材是为教学服务的，因此，教材设计要符合教学论要求。同时，在整体上形成知识网络或知识链，一方面要保持自身的系统性；另一方面要与直接关联的教材在内容上相衔接。

3. 科学性 教材的首要功能是，传递人类文化知识经验的精华，反映现代科技发展水平，因此教材所选择的内容，要切实

保证其科学性和逻辑性。

4. 教育性 教材作为道德教育与品德教育的重要途径，具有重大的教育价值。

5. 教学性 编制教材的目的是为了教学，因此，教材不仅是一部科学著作，而且要符合学生的认知特性，深入浅出，循序渐进，这是教材不同于一般科学著作的特性，它明确反映在教材的结构和内容上。

6. 规范性 教材尽管随社会的进步而变化，教材的基本结构业已形成，强调知识的基础性、基本性，因此教材内容显得相对稳定，在教材的编制体例、印刷规格、符号、质量要求等方面相对统一标准。

7. 艺术性 教材作为学生获取知识能力的支持工具，它就应当利于学生认知、理解、吸收、消化和运用，为此，教材在表达上要求符合审美特性。

8. 实践性 教材与其他知识载体相比较，不仅以一般的实践为基础，而且是科学实践、生产实践、生活实践和教学实践综合作用的产物，是各种社会实践宏观规律的综合反映，仅靠理论思辨或某一种社会实践，难以编出优质教材。

9. 发展性 教材本身的成长是一个反复使用实验修改和不断完善的过程，同时，随着知识信息的增加，社会的进化，教育的发展，教材需要不断更新换代，才能适应社会的需要。

10. 民族性 教材深刻反映民族文化和心理意识，这一点在人文科学教材上反映最为明显，民族教材、乡土教材的兴起，反映了教材民族化的趋势。

11. 国际性 伴随世界政治、经济、文化教育交流与合作的广泛与加深，教材在国际范围内的交流与合作也得到加强。

二、教材的本质特征

（1）教材是一种综合社会实践的产物，它是为一定的教学目标服务的，是一定教学目标下知识结构的具体化。

（2）教材是以整体的科学知识系统的形式而存在的。

（3）教材体系毕竟是人工设计创作的系统，而不是人类经验本身。

（4）教材系统是一个发展着的相对稳定的系统。

综上所述，从中推演教材的本质特征，即与其他知识载体的根本区别点是：教材就是人们按照一定教学目标，遵循相应的教学规律组织起来，并发展着的科学理论和技术的知识系统。教材的本质特征是作为教学资源尤其是学习资源而存在，其基本功能是教学功能，这个基本特征和基本功能在教材发展史上始终存在，所变化的只是教材的非本质特征和附带功能。对此问题的明确认识，有助于改变人们的教材观，提高教材教学的质量与效率。

三、教案编写的注意事项

讲课是一门艺术，既要使所讲授内容有深度和广度，上下左右联系紧密，又要使学员理解吸收。作为一名专业教师，对本专业的人才培养目标、教学计划及课程体系要有深刻的了解，所讲授的课程在本专业中所处的地位、在整个课程体系中与其他课程的关系也要十分清楚。所有这些对编写教材或选择教材和编写教案，都有十分重要的作用。因此，要做到以下几点：

1. 选好教材，吃透其内容 培训学员最好是专门编写特色教材，选用教材要适合本专业。可以多找几本同类型教材进行比较，以便选择最合适的教材，编写教案时也能扬长避短。

2. 收集材料，选用参考书 教师仅凭一本教材是讲不好课的，还要找各种参考书来启发思路，整理讲述顺序与内容，选择图表和例题。

3. 处理教材，编写好教案 应做到少而精，保重点、兼顾前沿，通俗易懂。具体注意以下几点：

（1）确立培训的主题。应是开宗明义的，是整个培训教案的实质性内容，是学员获取培训信息的第一渠道，主题鲜明、深刻，有助于加深学员的记忆效果，提高培训的效率。

（2）确定授课内容。要认真研究和思考培训内容在专业上的地位，及其在培养计划中的作用，确定授课内容，并构思培训提纲，多渠道去搜集和占有素材。

（3）要有科学性。知识体系完整、严密，科学性强；内容阐述准确、清晰、简明，深入浅出，有吸引力，并注意传授方法的科学性。

（4）具备先进性。教学的内容吸收本领域的最新成果，介绍本领域研究的新动态，利用多种教学手段，启发学生的思维。

（5）突出适用性。重点突出，繁简得当，符合培养目标的要求，章节清晰合理，有一定的习题和思考题。

第三节　测定技能

测定技能包括水中叶绿素 a、浮游生物和底栖动物密度的测定等几个方面。

一、叶绿素 a 的测定方法

1. 方法原理（分光光度法）　以丙酮溶液提取浮游植物色素，依次在 664nm、647nm、630nm 下测定吸光度，按 Jeffrey-Humphrey 的方程式计算，可分别得出叶绿素 a、叶绿素 b、叶绿素 c 的含量。

2. 试剂配制

（1）丙酮溶液（90％或 95％）。

（2）碳酸镁悬浮液（10g/L）。

（3）变色硅胶。

3. 仪器设备　分光光度计（波带宽度应小于 3nm，吸光值可读到 0.001 单位。附 3～10cm 测定池）；玻璃纤维滤膜

（Whatman GF/C，ϕ447mm）或 0.45μm 的纤维素酯微孔滤膜；离心管（具塞 10mL 或 15mL，若干）；所需其他设备类同荧光分光光度法。

4. 测定步骤

（1）样品制备。量取 2～5L 海水样品，加入 3mL 碳酸镁悬浮液，混匀，用滤膜过滤，过滤负压不得超过 50kPa。

（2）样品的提取。将带有样品的滤膜放入具塞离心管，加丙酮溶液 10mL，摇荡，放置冰箱贮存室中 14～24h，提取叶绿素 a。若滤得样品不能及时提取，应将该滤膜抽干、对折，再套上一张滤纸，置于含硅胶的干燥器内，贮存在低于 1℃ 的冰箱中。

（3）样品离心。离心速度：3 000～4 000r/min，离心时间 10min。

（4）样品测定。小心将离心的上清液注入测定池。用丙酮溶液作参比，分别在 750nm、664nm、647nm、630nm 波长处测定吸光值。其中，750nm 处的测定，用以校正提取液的浊度，当测定池 1cm 光程的吸光值超过 0.005 时，提取液应重新离心。

5. 记录与计算 分别把在波长 664nm、647nm、630nm 上测得的吸光值，减去 750nm 下的吸光值，得到校正后的吸光值 E_{664}、E_{647}、E_{630}，再按式（1）、式（2）、式（3）计算叶绿素 a、b、c 含量。

$$\rho_{chl\text{-}a} = (11.85E_{664} - 1.54E_{647} - 0.08E_{630})V_0/V \times L \quad (1)$$

$$\rho_{chl\text{-}b} = (21.03E_{647} - 5.43E_{664} - 2.66E_{630})V_0/V \times L \quad (2)$$

$$\rho_{chl\text{-}c} = (24.52E_{630} - 1.67E_{664} - 7.60E_{647})V_0/V \times L \quad (3)$$

式中 　$\rho_{chl\text{-}a}$——样品中叶绿素 a 含量（μg/L）；

　　　　$\rho_{chl\text{-}b}$——样品中叶绿素 b 含量（μg/L）；

　　　　$\rho_{chl\text{-}c}$——样品中叶绿素 c 含量（μg/L）；

　　　　V_0——样品提取液体积（mL）；

　　　　V——海水样品实际用量（L）；

　　　　L——测定池光程（cm）。

二、水生生物种群密度的测定方法

【浮游植物的采集和定量】 见图 12-1。

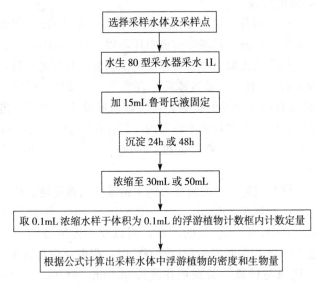

选择采样水体及采样点

水生 80 型采水器采水 1L

加 15mL 鲁哥氏液固定

沉淀 24h 或 48h

浓缩至 30mL 或 50mL

取 0.1mL 浓缩水样于体积为 0.1mL 的浮游植物计数框内计数定量

根据公式计算出采样水体中浮游植物的密度和生物量

图 12-1 浮游植物采样、定量流程图

1. 仪器、用品 塑料瓶，医用输液管，浮游生物网，量杯，碘液，甲醛，刻度吸管。

2. 实验内容

(1) 采样点的选择。一般情况下应顾及水体中心、边缘，水库应在上、中、下游分别设点。海洋中站位的设置，因与环境监测站相一致，或根据污染、赤潮发生范围等酌情而定。

(2) 采样层次、采水量及采样次数。凡水深不超过 2m 者，可与采样点水下 0.5m 处采水；水深 2～10m 以内，应与距底 0.5m 处另采一个水样。水深超过 10m 时，应与中层增采一个水样。深水湖泊、水库可根据具体情况确定采样层次。海洋中，水深 15m 以内的浅海，采表、底两层；水深大于 15m，采表、中、底 3 层。

每一采样点应采水 1 000mL，若系一般性调查，可将各层采水等量混合。取 1 000mL 混合水样固定，或者分层采水，分别计数后取平均值。分层采水，可以了解每一采样点各层水中浮游植物的数量和种类。采得水样后，应立即加入 10～15mL 碘液（即鲁哥氏液）固定（将 6gKI 溶于 20mL 水中，待其完全溶解后，加入 4gI$_2$ 充分摇动，待 I$_2$ 全溶解后，加入 80mL 的水，即配成 100mL 鲁哥氏液）。

采样次数可多可少。有条件可每月采一次，一般情况可每季度采样一次，最低限度应在春季和夏末、秋初各采一次。

采水器各种形式的均可，但一定要能分层采水，一般水深不超过 10m，可用 1 000mL 的玻瓶采水器，水更深必须用颠倒采水器、北原式采水器或其他形式的采水器。海洋中用浮游植物拖网采样，在详细分析种类组成时采用。一般用规定的网具，从海底至水面垂直拖网。若需了解垂直分布，可按 5～0m、10～5m、底～10m 等垂直分层拖网。采水时，每一瓶都应有标签标明时间、地点、站号、样品号、水层和温度等。

（3）沉淀与浓缩。采得水样后，一般须经浓缩沉淀方适于研究和保存。凡以碘液固定的水样，瓶塞要拧紧，还要加入 2%～4% 的甲醛固定液以利保存，定量水样应放入 1 000mL 分液漏斗中，静置 24～36h 后，用内径为 3mm 的橡皮乳胶管，接上橡皮球，利用虹吸法将沉淀上层清液缓慢吸出（切不可搅动底部，万一动了应重新静置沉淀），剩下 30～50mL 沉淀物，倒入定量瓶中以备计数。为不使漂浮水面的某些微小生物等进入虹吸管内，管口应始终低于水面，虹吸时流速流量不可过大，吸至澄清液 1/3 时，应控制流速流量，使其成滴缓慢流下为宜。

对于鱼池肥水或海洋赤潮发生期间，浮游植物数量大于 1×10^5 个/L 时，可不需浓缩，直接计数。

（4）计数。将浓缩沉淀后的水样充分摇匀，吸出 0.1mL 置计数框内（表面积最好为 20mm×20mm），在 400～600 倍显微镜下观察计数。每瓶标本计数 2 片取其平均值，每片大约计算 50 个视野。如果平均每个视野有 5～6 个时，就要数 100 个视野；如平均每个视野不超过 1～2 个时，要数 200 个视野以上。同一样品的 2 片计算结果和平均数之差，如不大于其均数的 ±15%，其均数可视为有效结果。否则还必须测第 3 片，直至 3 片平均数与相近两数之差不超过均数的 15% 为止，这两相近值的均数，即可视为计算结果。

计算过程中常可碰到某些个体的一部分在视野中，而另一部分在视野外，可规定出在视野上半圈者计数，下半圈者不计数。此外，数量最好用细胞数表示，对不易用细胞数表示的群体或丝状体，可求出其平均细胞数。

计算时优势种类尽可能鉴别到种，其余鉴别到属。注意不要把微型浮游植物当作杂质而漏计。

计数具体要求：①校正计数框容积；②定量用的盖玻片，应以碱水或肥皂水洗净备用，用前可浸于 70% 酒精中，用时取出拭干；③滴取样品以后，最好用液体石蜡封好计数框四周，以防计数过程中干燥；④用台微尺测显微镜一定倍数下的视野直径；⑤选好与计数框同样容积的定量吸管；⑥定量时应将浓缩标本水样充分摇匀，快吸快滴；⑦加上盖玻片后不应有气泡出现；⑧计数后的定量样品应保存下来。1L 水样中的浮游植物的数量（N），可用下列公式计算：

$$N = (C_s \times V)/(F_s \times F_n \times U) \times P_n$$

式中　C_s——计数框的面积（mm^2）；

　　　F_s——显微镜的视野面积（mm^2）；

　　　F_n——计数的视野数；

　　　V——1L 水样浓缩后的体积（mL）；

　　　U——计数框的体积（mL）；

　　　P_n——计数出的浮游植物个数。

如果计数框、显微镜固定不变，F_s、V、U 也固定不变，公式 $(C_s \times V) / (F_s \times F_n \times U)$ 用常数 K 代替，上述公式可简化为：

$$N = K \times P_n$$

对于较大型浮游植物（如海洋中的），可取 0.25mL 计数框，做全片计数。计数前事先在计数框背面划出 1mm 或 0.5mm 等距离垂线。

（5）生物量的换算。生物量较数量更能反应水体中浮游植物的现存量，不同水体的数据也更具可比性，所以，计算出的数值应按湿重换算成生物量。湿重通常按体积计算，由于不同水体的个体差异较大，所以，最好每个样品都能实测其优势种的体积，但此项工作量相当大。

【浮游动物的采集和定量】 见图 12 - 2。

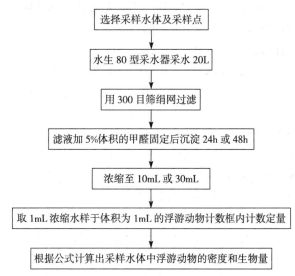

图 12 - 2 浮游动物采样、定量流程图

（注：对于小型浮游动物的定量，使用浮游植物浓缩后的水样进一步浓缩至 10mL 后，取 0.1mL 水样在浮游植物计数框上全片计数。）

1. 仪器、用品 塑料瓶，医用输液管，浮游生物网，量杯，甲醛，刻度吸管。

2. 实验内容

（1）采样。采样点的选择、采样层次及采样次数，同浮游植物。

采水量：淡水水体的原生动物、轮虫和无节幼体等小型浮游动物采水量，同浮游植物。枝角类、桡足类成体则应用广口采水器采 10～30L 水，用浮游生物网过滤。海洋中采集中、小型浮游动物，用浅水Ⅱ型浮游生物网。

（2）沉淀与浓缩。小型浮游动物水样（11）经固定沉淀 12h，即可用虹吸法吸出其清液，浓缩至 10～20mL。也可将浮游植物定量完毕后的水样，再浓缩到 10～20mL 使用。用于大型浮游动物定量所采的 10～30L 水，应现场用 200 目筛绢网过滤。样品集中于 100mL 的广口瓶中，并加入福尔马林液固定。可按标本瓶容量的 5％左右加入甲醛溶液。

（3）计数。原生动物、轮虫和无节幼体的计数，是将标本摇匀，吸出 0.1～0.5mL，注入相应的计数框中，盖上玻片置低倍镜下计数全片。每个样品计数 2 片后，按水量换算成 1L 水中的含量。

枝角类、桡足类计数，如果样品中数量极多，可将水滤去，直接称重，如果数量少（＜1 000 个）可全部计数。如果数量较多而又难以称重时，可按前述计数小型浮游动物的办法，用大口吸管吸出 1/5 左右的水量，置计数框中在低倍镜下计数。

海洋中标本的量较少的应全部计数，若其他种类数量较大，应先将个体大的标本（如水母、虾类、箭虫等）全部拣出分别计数，其余样品稀释成适当体积，再取样计数。

浮游动物的残损个体，以有头部的计数，甲壳动物空壳不能计数。

（4）计算。浓缩计数公式为：

$$N = n \cdot v'/v \cdot v''$$

式中　N——每升（或每 m^3）的个体数（个/L）（或个/m^3）；

　　　n——取样计数的个体数（个）；

　　　v——采水量（L）（或滤水量 m^3）；

　　　v'——水样浓缩的体积（mL）；

　　　v''——取样计数的体积（mL）。

网采滤水量 V＝网口面积（S）·放出绳长（D）

（5）换算生物量。

三、底栖动物采集和定量

1. 采样点的选择　根据水域形状、水深、进水口、库湾和敞水带等多种因素，进行采样点的选定，一般选5～10个采样点。

2. 采样　用改良彼得生采泥器（$1/16m^2$）采集小型底栖动物（如摇蚊幼虫、寡毛类），在每个样站连续采集2次，混合为代表样品。

3. 标本处理　将底栖动物样品带回实验室，用3个不同孔径的金属筛（上层孔径为5～10mm，中层为1.5～2.5mm，下层为0.5mm）进行筛洗，挑出肉眼可见的生物放入瓶内，用福尔马林溶液（4%）固定。

4. 标本的分类和定量　样本分类可以参考各文献。定量工作包括计数与称重。

（1）计数。计数工作可在挑选同时进行，并在各采集点的基础上，尽可能地分门别类的进行工作，其数值应随时记录。

（2）称重。将小型底栖动物放在吸水纸上轻轻翻动，吸去标本附着的水分，然后用分析天平称重，先称各采集点总重，再分类称重。

物种多样性用三种指数来表示：

Marglef 多样性指数：$d＝（S-1）/\ln N$。其中，S＝种类数，D＝总密度（个/m^2）。

Simpson 多样性指数：$D=1/\left[\sum(N_i/N)^2\right]$。其中，$N_i=i$ 种的密度（ind. /m², $N=$ 总密度（个/m²）。

Shannon-Wiener 多样性指数：$H=-\sum(N_i/N)\log_2(N_i/N)$。其中，$N_i=i$ 种的密度（个/m²），$N=$ 总密度（ind. /m²）。当 $H>3$ 时为清洁；$1\sim2.9$ 时为中污染；$0\sim0.9$ 时为重污染。

四、浮游生物调查网具的鉴别和使用常识

【网具的鉴别】

海水中常用的网具，有浅海 I 型、II 型、III 型浮游生物网，这几种网具的规格见表 12-1。淡水中常用的网具主要为 25# 浮游生物网，网圈直径为 10cm，网目大小为 64μm。这几种常用的浮游生物网见图 12-3。

表 12-1　常用浮游生物网网具规格

型号 部位	浮游生物 I 型网	浮游生物 II 型网	浮游生物 III 型网
网圈	直径 10cm 的圆钢条	直径 10cm 的圆钢条	直径 10cm 的圆钢条
网口部	内径 31.6cm，网口面积 0.08m²	内径 50cm，网口面积 0.20m²	内径 37cm，网口面积 0.1m²
头锥部	—	长 35cm 的细帆布，中圈直径 50cm	—
过滤部	上部为 5cm 长的细帆布，下部为 135cm 长的 CQ14 或 JP$_{12}$ 筛绢	100cm 长的 CB36 或 JP$_{36}$ 筛绢	上部为 5cm 长的细帆布，下部为 130cm 长的 JF$_{62}$ 或 JP$_{80}$ 筛绢
网底部	直径 9cm，长 5cm 的细帆布	直径 9cm，长 6cm 的细帆布	直径 9cm，长 7cm 的细帆布
全长	145cm	140cm	140cm
主要用途	采集大型浮游动物及鱼卵、仔稚鱼等	采集中、小型浮游动物	采集浮游植物，供分析种类组成

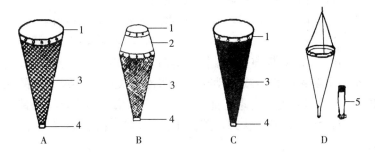

图 12-3 常用的浮游生物网

A. 浅水 I 型浮游生物网　B. 浅水 II 型浮游生物网

C. 浅水 III 型浮游生物网　D. 25# 浮游生物网

1. 网口部　2. 头锥部　3. 过滤部　4. 网底部　5. 网底管

【网具的使用】

1. 垂直拖网

（1）下网。每次下网前应检查网具有否破损，发现破损应及时修补或更换网衣；检查网底管是否处于正常状态；网口入水后，下网速度一般不能超过 1m/s，以线绳保持紧直为准；当沉锤着底、线绳出现松弛时，应立即停止放绳，记下绳长。

（2）起网。网具到达海底后可立即起网，速度保持在 0.5m/s 左右。

（3）样品的收集。把网上升至适当高度，自上而下反复冲洗网衣外表面（切勿使冲洗的海水从网口进入），使黏附于网上的标本集中于网底管内；将网收入船上，开启网底管活门，把标本装入标本瓶。再关闭网底管活门，用海水外向内冲洗筛绢套，如此反复多次，直至残留标本全部收入标本瓶中。

（4）样品的固定。按样品体积的 5%，加入甲醛溶液。

2. 分层拖网　若需分层采集，必须在网具上装置闭锁器，按规定层次逐一采样。其操作步骤为：

（1）下网。下网前必须使网具、闭锁器、钢丝绳、拦腰绳等处于正常采样状态，下网时按垂直拖网方法。

（2）起网。网具降至预定采样水层下界时应立即起网，速度如垂直拖网；当网将达采样水层上界时，应减慢速度（勿停，以防样品的外溢），提前打下使锤（提前量每 10m 水深约 1m）；当钢丝绳出现瞬间松弛或振动时，说明网已关闭（记录此时的绳长），可适当加快起网速度直至网具露出水面；之后，将闭锁状态的网具恢复成采样状态，并按垂直拖网法冲网和收集、固定标本。

◆【本章习题】

1. 如何撰写演讲稿？

2. 什么是教材？教材的基本属性有哪些？本质特征是什么？

3. 教案的主要内容有哪些？

4. 水中的溶解氧如何测定？

5. 浮游生物采集、定量的方法有哪些？

主要参考文献

包建中，古德祥 . 1998. 中国生物防治 . 太原：山西科学技术出版社 .

曹明德，黄锡生 . 2004. 环境资源法 . 北京：中信出版社 .

常亚青，等 . 2004. 海参、海胆生物学研究与养殖 . 北京：海洋出版社 .

崔建章 . 1997. 渔具与渔法学 . 北京：中国农业出版社 .

陈奖励，何昭阳，赵文 . 1993. 水产微生物学 . 北京：农业出版社 .

陈辉，杨先乐 . 2003. 渔用药无公害使用技术 . 北京：中国农业出版社 .

陈大刚 . 1997. 渔业资源生物学 . 北京：中国农业出版社 .

邓景耀，赵传绸，等 . 1991. 海洋渔业生物学 . 北京：中国农业出版社 .

董双林，赵文 . 2004. 养殖水域生态学 . 北京：中国农业出版社 .

郭尧君 . 2005. 蛋白质电泳实验技术 . 北京：科学出版社 .

国务院 . 2004. 兽药管理条例（中华人民共和国国务院令第 404 号）.

国家环境保护总局政策法规司 . 1999—2001. 中国环境保护法规全书 . 北京：中国环境科学出版社 .

国务院法制办公室 . 2005. 中华人民共和国法规汇编 . 北京：中国法制出版社 .

何志辉，赵文 . 2001. 养殖水域生态学 . 大连：大连出版社 .

黄琪琰 . 1993. 水产动物疾病学 . 上海：上海科学技术出版社 .

黄锡昌 . 1984. 实用拖网渔具渔法 . 北京：农业出版社 .

黄锡昌 . 1990. 海洋捕捞手册 . 北京：农业出版社 .

华鼎可，吴定虎 . 1992. 鱼虾类疾病诊断与防治 . 北京：中国农业出版社 .

纪成林 . 1989. 中国对虾养殖新技术 . 北京：金盾出版社 .

姜志强，吴立新，等 . 2005. 海水养殖鱼类生物学及养殖 . 北京：海洋出版社 .

雷慧僧，等 . 1981. 池塘养鱼学 . 上海：上海科学出版社 .

雷衍之 . 2004. 养殖水环境化学 . 北京：中国农业出版社 .

雷霁霖 . 2005. 海水鱼类养殖理论与技术 . 北京：中国农业出版社 .

李思发 . 1996. 中国淡水鱼类种质资源和保护 . 北京：中国农业出版社 .

李德尚.1993.水产养殖手册.北京：农业出版社.

楼士林，等.2003.基因工程.北京：科学出版社.

楼允东.2001.鱼类育种学.北京：中国农业出版社.

刘焕亮.2000.水产养殖学概论.青岛：青岛出版社.

刘焕亮.2008.中国水产养殖学.北京：科学出版社.

刘健康，何碧梧.1992.中国淡水鱼类养殖学.北京：科学出版社.

刘建康.1999.高级水生生物学.北京：科学出版社.

孟庆显，俞开康.1996.鱼虾蟹贝疾病诊断和防治.北京：中国农业出版社.

农业部人力资源开发中心.2009.农业技术指导员（畜牧业）.北京：中国农业出版社.

农业部.2005.水产苗种管理办法（农业部令第46号）.

全国人民代表大会常务委员会.2004.中华人民共和国渔业法（中华人民共和国主席令第25号）.

沈俊宝，张显良.2002.引进水产优良品种及养殖技术.北京：金盾出版社.

史为良.1996.内陆水域鱼类增殖与养殖学.北京：中国农业出版社.

沈月新.1996.水产品冷藏加工.北京：中国轻工业出版社.

苏锦祥.1993.鱼类学与海水鱼类养殖.北京：中国农业出版社.

佟建明.2000.实用饲料检验手册.北京：中国农业大学出版社.

王清印.2005.中国水产生物种质资源与利用.第1卷.北京：海洋出版社.

王吉桥，赵兴文.2000.鱼类增养殖学.大连：大连理工大学出版社.

王如才.1993.海水贝类养殖学.青岛：青岛海洋大学出版社.

王克行，吴琴瑟，纪成林，等.1997.虾蟹类增养殖学.北京：中国农业出版社.

王武.2000.鱼类增养殖学.北京：中国农业出版社.

汪涛，杨风光，于谦林.2003.无公害水产品加工综合技术.北京：中国农业出版社.

夏玉宇.1993.食品卫生质量检验与监查.北京：北京工业大学出版社.

杨胜.1993.饲料分析及饲料质量检测技术.北京：北京农业大学出版社.

俞开康，战文斌，周丽.2000.海水养殖病害诊断与防治手册.上海：上海科学技术出版社.

于立欣.2004.出入境检验检疫标准化工作手册.北京：中国标准出版社.

曾呈奎，等 . 1962. 中国经济海藻志 . 北京：科学出版社 .

战文斌 . 2004. 水产动物病害学 . 北京：中国农业出版社 .

张扬宗 . 1989. 中国池塘养鱼学 . 北京：科学出版社 .

张万萍 . 1995. 水产品加工新技术 . 北京：中国农业出版社 .

张觉民，何志辉 . 1991. 内陆水域渔业自然资源调查手册 . 北京：农业出版社 .

张玺 . 1962. 中国经济动物志，海产软体动物 . 北京：科学出版社 .

章宗涉，黄祥飞 . 1991. 淡水浮游生物研究方法 . 北京：科学出版社 .

赵亚力，马学斌，韩为东 . 2006. 分子生物学基本实验技术 . 北京：清华大学出版社 .

赵文 . 2004. 水生生物学（水产饵料生物学）实验 . 北京：中国农业出版社 .

赵文 . 2005. 水生生物学 . 北京：中国农业出版社 .

赵文 . 2006. 水产技术推广与指导 . 北京：中国农业出版社 .

赵文 . 2009. 刺参池塘养殖生态学及健康养殖理论 . 北京：科学出版社 .

钟若英 . 1996. 渔具材料与工艺学 . 北京：中国农业出版社 .

中华人民共和国渔政渔港监督管理 . 1999. 渔业法津法规章全书（上、下册）. 北京：中国法制出版社 .

中国标准出版社第一编辑室 . 2001. 中国农业标准汇编·饲料卷 . 北京：中国标准出版社 .

中华人民共和国卫生部，中国国家标准化管理委员会发布 . 2004. 中华人民共和国国家标准食品卫生检验方法理化部分（一）（二）. 北京：中国标准出版社 .

周同惠 . 1998. 国际标准常规分析方法大全 . 北京：科学出版社 .

图书在版编目（CIP）数据

农业技术指导员．渔业/农业部人力资源开发中心，
全国水产技术推广总站编．—北京：中国农业出版社，
2010.11

全国农业职业技能培训教材
ISBN 978-7-109-15085-0

Ⅰ.①农…　Ⅱ.①农…②全…　Ⅲ.①农业技术-技
术培训-教材②渔业-技术培训-教材　Ⅳ.①S②S9

中国版本图书馆 CIP 数据核字（2010）第 202482 号

中国农业出版社出版
（北京市朝阳区农展馆北路 2 号）
（邮政编码 100125）
策划编辑　杨金妹
文字编辑　王志红

北京中兴印刷有限公司印刷　新华书店北京发行所发行
2010 年 12 月第 1 版　2010 年 12 月北京第 1 次印刷

开本：850mm×1168mm　1/32　印张：14
字数：355 千字
定价：35.00 元
（凡本版图书出现印刷、装订错误，请向出版社发行部调换）